高等学校教材

弹性力学教程

刘建林 编

中国石油大学出版社
CHINA UNIVERSITY OF PETROLEUM PRESS
山东·青岛

图书在版编目(CIP)数据

弹性力学教程/刘建林编. --青岛:中国石油大学出版社,2024. 11. -- ISBN 978-7-5636-8422-9

Ⅰ. O343

中国国家版本馆 CIP 数据核字第 2024956W7H 号

中国石油大学(华东)规划教材

书　　名: 弹性力学教程

TANXING LIXUE JIAOCHENG

编　　者: 刘建林

责任编辑: 秦晓霞(电话　0532-86983567)

责任校对: 张晓帆(电话　0532-86983567)

封面设计: 青岛友一广告传媒有限公司

出 版 者: 中国石油大学出版社

(地址:山东省青岛市黄岛区长江西路 66 号　邮编:266580)

网　　址: http://cbs. upc. edu. cn

电子邮箱: shiyoujiaoyu@126. com

排 版 者: 青岛友一广告传媒有限公司

印 刷 者: 青岛新华印刷有限公司

发 行 者: 中国石油大学出版社(电话　0532-86983567,86983440)

开　　本: 787 mm×1 092 mm　1/16

印　　张: 14. 25

字　　数: 345 千字

版 印 次: 2024 年 11 月第 1 版　2024 年 11 月第 1 次印刷

书　　号: ISBN 978-7-5636-8422-9

定　　价: 40. 00 元

前言

PREFACE

弹性力学是理工科相关专业的本科生和研究生所要掌握的重要力学知识。弹性力学的目的是分析处于弹性阶段的各种工程结构，在外载荷、边界约束、温度、湿度、中子辐射、电磁场变化等外界因素作用下所产生的应力、应变和位移等力学量，校核这些结构是否具有所需的强度、刚度和稳定性，并寻求或改进对其定量分析的计算方法。党的二十大报告指出："坚持把发展经济的着力点放在实体经济上，推进新型工业化，加快建设制造强国、质量强国、航天强国、交通强国、网络强国、数字中国。"马克思认为力学是"大工业的真正科学基础"。很显然，弹性力学在很多工程领域，如航空、航天、机械、土木、水利、材料、矿业、化工等领域都有着非常广泛的应用。

本书的主要内容包括弹性力学发展简史、张量分析基础知识、应力分析、应变分析、弹性力学的微分提法、平面应力和平面应变问题、等截面直杆的扭转、空间问题的求解、变分法介绍、最小势能原理和最小余能原理(弹性力学的变分提法)等。通过系统学习弹性力学知识，学生能够从受力分析和能量法两个角度审视其分析思路，同时能够掌握按位移求解、按应力求解、逆解法和半逆解法的精髓。通过方程的推导，学生能够深刻体会弹性力学的简约精炼之美；通过对相关力学参数的量纲和量级分析，可了解弹性力学的定性分析方法。

本书的主要特点如下：

1. 本书重点引入张量这一工具，利用张量符号把烦琐冗长的方程写得简练优美，并全面展示其物理本质。通过推导张量方程，深刻体现逻辑推理的严密性。张量之美在弹性力学中发挥得淋漓尽致，那种内在的美丽让人着迷和震撼，因而无数科学家为其竞折腰。

2. 本书深入讨论对称性这一重要概念，利用对称性可以判断很多力学量的数值。

3. 本书在讲授理论知识的同时，引入大量工程问题的简化案例，另外还加入了笔者的一些研究成果及心得体会，从而展示出弹性力学学以致用的威力。本书在讲解平面轴对称问题时，介绍了求解欧拉型常微分方程的有效方法。

4. 本书重点介绍等效应力、等效应变、偏应力、偏应变等概念，以便于与后续相关课程进行衔接，例如塑性力学、断裂力学、损伤力学等。同时书中还梳理了各种经典模型中应变能和应变余能的表达式，并给出了详细推导。

5. 本书最后给出多个基于最小势能原理和最小余能原理的例子，尤其是对最简单并且能够反映力学本质的梁模型给出其欧拉方程和自然边界条件。

尽管弹性力学的每一部分内容都很重要，但是考虑到现有本科阶段不同专业的弹性力学课程一般为 48～80 学时，为了使读者能够在有限的时间内掌握弹性力学的精髓，我们对课程内容进行了适当的删减。对于弹性力学中的一些重要内容，如热弹性问题、板壳问题、弹性波问题、复变函数解法等，本书没有进行详细介绍，但是通过一些例子涉及了相关内容。没有介绍这些内容的一方面原因是篇幅有限，另一方面原因是随着电子计算机的快速发展，已经较少使用复变函数求解平面问题，而弹性波、热弹性、板壳问题亦有专门书籍进行介绍。

在本书编写过程中，研究生刘世阳、姚梅、王子栋、金禹辰、曹功奇等人帮忙进行了绘图、校稿工作，在此一并感谢。由于笔者的水平和经验所限，本书虽然几经易稿，但仍然存在很多不妥之处，例如一些前沿领域的研究成果展示较少，并且从工程领域提炼力学模型的过程介绍较少，恳请读者在阅读过程中多多指正。

刘建林
2024 年 11 月

主要符号表

符　号	名　称
E	弹性模量
ν	泊松比
$\boldsymbol{f}$	体　力
$\bar{\boldsymbol{t}}$	面　力
$\boldsymbol{u}$	位　移
$\boldsymbol{i}$	沿着 x 轴的基矢量
$\boldsymbol{j}$	沿着 y 轴的基矢量
$\boldsymbol{k}$	沿着 z 轴的基矢量
f_x, f_y, f_z	笛卡儿坐标系中体力的分量
$\bar{t}_x, \bar{t}_y, \bar{t}_z$	笛卡儿坐标系中面力的分量
u, v, w	笛卡儿坐标系中位移的分量
f_ρ, f_φ	极坐标中体力的分量
f_ρ, f_φ, f_z	柱坐标中体力的分量
$\bar{t}_\rho, \bar{t}_\varphi$	极坐标中面力的分量
$\bar{t}_\rho, \bar{t}_\varphi, \bar{t}_z$	柱坐标中面力的分量
u_ρ, u_φ	极坐标中位移的分量
u_ρ, u_φ, u_z	柱坐标中位移的分量
m	质　量
ρ_s	密　度
g	重力加速度
T	温度或扭矩
Q	热　量
$\boldsymbol{q}$	热流密度

续表

符　号	名　称
N	轴　力
Q_x, Q_y	x 和 y 方向的剪力
M_x, M_y	绕着 x 轴和 y 轴的弯矩
EI	梁的抗弯刚度
M	力偶矩
ϕ	应力函数
φ	极　角
ρ	极半径
$\boldsymbol{\sigma}$	应力张量
$\boldsymbol{\varepsilon}$	柯西应变张量
$\mathbf{E}$	格林应变张量
σ_{ij}	应力张量的分量
ε_{ij}	应变张量的分量
$\sigma_x, \sigma_y, \sigma_z$	沿着 x,y,z 轴方向的正应力分量
$\varepsilon_x, \varepsilon_y, \varepsilon_z$	沿着 x,y,z 轴方向的正应变分量
$\tau_{xy}, \tau_{yz}, \tau_{zx}$	剪应力分量
$\varepsilon_{xy}, \varepsilon_{yz}, \varepsilon_{zx}$	剪应变分量
$\gamma_{xy}, \gamma_{yz}, \gamma_{zx}$	工程剪应变分量
$\sigma_1, \sigma_2, \sigma_3$	第一、第二、第三主应力
$\varepsilon_1, \varepsilon_2, \varepsilon_3$	第一、第二、第三主应变
σ_{eq}	等效应力
ε_{eq}	等效应变
J_1, J_2, J_3	应力张量的第一、第二、第三不变量
I_1, I_2, I_3	应变张量的第一、第二、第三不变量
$\mathbf{I}$	单位二阶张量
δ_{ij}	克罗尼克尔 delta
$\mathbf{0}$	零张量
U_s	应变能
U_c	应变余能
u_s	应变能密度
u_c	应变余能密度

续表

符　号	名　称
Π_s	系统的势能泛函
Π_c	系统的余能泛函
$\boldsymbol{p}$	全应力
p_n	截面正应力分量
p_τ	截面内切应力分量
$\boldsymbol{n}$	截面法向矢量
$\boldsymbol{\tau}$	截面切向矢量
$\boldsymbol{\sigma}'$	偏应力张量
$\boldsymbol{\varepsilon}'$	偏应变张量
σ_0	平均应力
K	体积模量或者动能
G	剪切模量
λ 或 G	拉梅系数
$\boldsymbol{\Omega}$	转动张量
$\boldsymbol{\omega}$	转动矢量
e_{ijk}	排列符号
$\boldsymbol{\Lambda}$	不协调张量
θ	体积应变
Θ	体积应力
$\boldsymbol{c}$	弹性张量
$\boldsymbol{d}$	刚度张量
$\bar{\boldsymbol{u}}$	给定位移
α	直杆单位长度的扭转角
D	板的抗弯刚度
I	截面惯性矩
$\boldsymbol{L}$	勒夫应变函数
$\boldsymbol{a}$	伽辽金矢量
W	外力功
V_s	外力势能
V_c	约束系统的余势能

续表

符　号	名　称
γ	薄膜的张力
ω	角速度
n	转　速
f	频　率

目录
CONTENTS

第1章

绪　论

1.1　弹性力学的发展简史

弹性力学是固体力学的一个重要分支，它研究具有**弹性**(elasticity)的物体在外力和其他外界因素作用下产生的力学响应，又称为弹性理论。通常所说的弹性和**塑性**(plasticity)都是固体材料和结构的基本属性。所谓的弹性是指，当施加在物体上的外力或者其他作用撤掉后，所对应的变形(deformation)会完全消失，即物体能够完全恢复到原始状态的特性。物体发生塑性变形时，外力或其他作用撤掉后，发生的变形不能够完全消失而有一部分会保留下来。

大部分工科学生都系统地学习过材料力学知识。从研究任务和对象来看，弹性力学和材料力学都属于变形体力学的范畴，在研究任务上基本是相同的，但弹性力学的研究对象比材料力学广泛很多。弹性力学与材料力学、结构力学类似，力图分析各种结构物或构件处于弹性阶段时，在外载荷、边界约束或温度、湿度、中子辐射、电磁场变化等外界因素作用下所产生的应力(stress)、应变(strain)和位移(displacement)等力学量，校核它们是否具有所需要的强度(strength)、刚度(stiffness)和稳定性(stability)，并寻求或改进它们的计算方法。由此可见，弹性力学在很多工程领域，例如航空、航天、机械、土木、水利、材料、煤炭、石油、化工等领域都有着非常广泛的应用。学习好弹性力学的知识是从事基础理论研究和工程应用研究的重要保障之一。

具体而言，材料力学的研究对象主要集中于细长的杆状构件，也就是长度远大于高度和宽度的构件，如柱体(column)、梁(beam)、杆(bar 或者 rod)和轴(shaft)等。如何求解这些几何形状相对简单的构件在拉伸、压缩、剪切、弯曲、扭转作用下所产生的应力和位移等变量，是材料力学的主要研究内容。而结构力学主要是在材料力学的基础上研究杆状构件所组成的工程结构，也就是所谓的杆件系统，如桁架、钢架等工程结构的力学响应。除了常见的杆状结构，实际工程中还存在大量的其他特殊结构，例如板(plate)和壳体(shell)，以及挡土墙、堤坝、地基、机械零件等实体(body)结构，需要运用弹性力学的知识才能加以分析(图 1.1)。

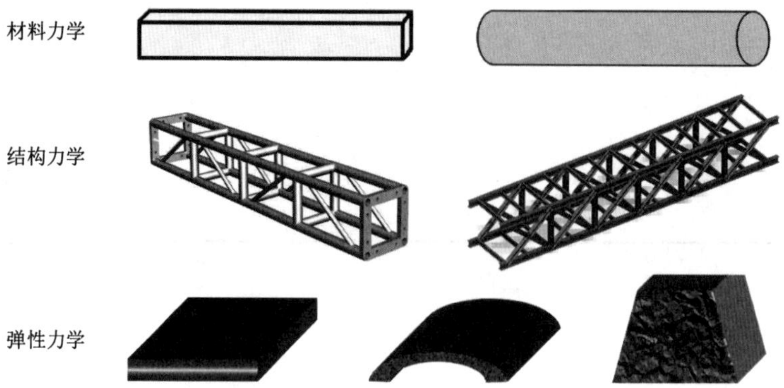

图 1.1　材料力学、结构力学、弹性力学(包含板、壳、高梁、体等)的研究对象

材料力学里求解杆状构件的应力和变形时，除了静力平衡方程、几何方程、物理方程等三类方程以外，还引用一些关于构件的变形状态或应力分布的假设(postulation)，这种做法的好处是大大简化了数学推导，但是由于过度简化，得到的解答往往是近似的。运用弹性力学知识研究杆状构件时，一般不需要采用这些假设，因而得到的结果比较精确。从数学上来看，弹性力学问题归结为在给定边界条件(boundary conditions，B. C.)下求解偏微分方程(partial differential equation，PDE)，属于偏微分方程的边值问题(boundary value problem，BVP)，常用的解法有分离变量法、级数解法、复变函数解法、积分变换法等，其解答为封闭的精确解或者解析解(analytical solution)。对于很多问题，采用上述两种理论进行求解，得到的结果存在较大差异。例如，运用材料力学知识研究直梁在横向载荷作用下的弯曲时就引用了平面截面假设，得出的结论是横截面上的正应力按线性分布。而运用弹性力学知识进行分析得到的结果则不同，尤其当梁的高度不远小于梁的跨度，尺寸比较接近时，梁称为“高梁”或者“深梁”，其横截面上的正应力并不是直线分布，而是曲线变化的。这说明，对于高梁的应力，如果采用材料力学知识进行分析将会带来较大的误差。再比如，在材料力学里计算带孔的板件受拉行为，通常假定拉应力在净截面上均匀分布。由弹性力学的计算结果发现，净截面上的拉应力远非均匀分布，而是在孔的附近发生应力集中，孔边的最大拉应力比平均拉应力大得多。

力学(mechanics)是一座雄伟壮丽的大厦，历史上有很多科学家和工程师为这座大厦不断添砖加瓦。例如，亚里士多德(Aristotle，前 384－前 322)的运动学思想，阿基米德(Archimedes，前 287－前 212)的杠杆定律、浮力定律、微积分思想，欧几里得(Euclid，前 330－前 275)的几何学，开普勒(J. Kepler，1571－1630)的行星运动三定律，笛卡儿(R. Descartes，1596－1650)和莱布尼兹(G. W. Leibniz，1646－1716)对动能(kinetic energy)和动量(momentum)的讨论等。这些力学知识为弹性力学理论的构建奠定了基础。

弹性力学是在持续解决工程实际问题的过程中不断发展的，其系统和定量的研究源于 17 世纪。意大利学者达・芬奇(L. da Vinci，1452－1519)最早开展实验研究材料的强度，他选用不同长度的铁丝来悬挂容器，向容器内注入细沙直至铁丝发生断裂。在实验中他发现铁丝越短，其强度越高，这是由于铁丝越短，它含有的缺陷数量越少。1638 年，由于土木和建筑工程的需要，伽利略(G. Galilei，1564－1642)首先研究了梁的承载问题，在此基础上提出了第一强度理论。后续英国科学家胡克(R. Hooke，1635－1703)根据金属丝、弹簧和悬臂木梁的实验结果，于1678年正式发表了弹性定律，即弹性体的变形与作用力成正比。如图1.2所示，可以将弹性体想象成一个弹簧，如果其刚度系数为 k，位移为 x，则质量块 m 拉伸或者压缩弹簧时，对应的弹性力 $F=kx$。1680年，马略特(E. Mariotte，1620－1684)独立提出类似的力学规律。值得一提的是，我国东汉学者郑玄(127－200)为《冬官考工记·弓人》做的注解也提出了相近思想，这一发现比胡克早1 500年，因此胡克定律有时候也称为"郑玄-胡克定律"。

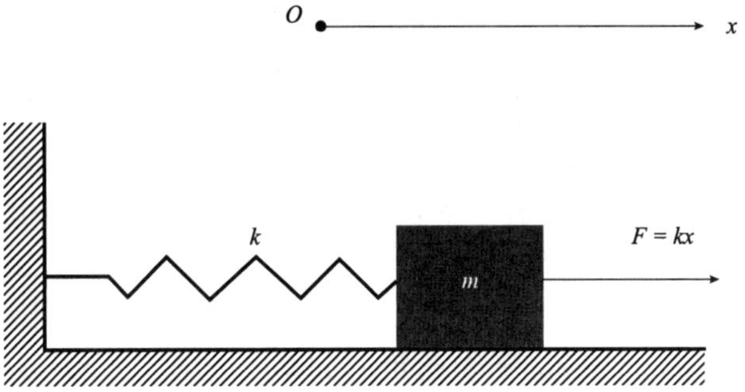

图1.2 满足胡克定律的弹簧

在弹性力学发展的初级阶段，人们仅仅局限于处理梁、杆、柱、拱等一维工程结构问题，取得了很多研究成果。1686年，马略特讨论了梁的应力分布，认为梁横截面上的应力沿高度方向呈线性分布。胡克在此之前也预测到梁中性层的大致位置。1687年，牛顿(I. Newton，1643－1727)的经典巨著《自然哲学的数学原理》出版，他在书中提出了运动学的三大定律，这标志着经典力学理论体系已经接近完善。1704年，约翰·伯努利(J. Bernoulli，1667－1748)建立了弦振动方程，给出了弹性弦的张力和伸长量之间的关系。18世纪中期，丹尼尔·伯努利(D. Bernoulli，1700－1782)和欧拉(L. Euler，1707－1783)研究了梁的弯曲问题，提出了弹性线(elastica)模型，并建立了受压柱体的微分方程及其失稳的临界值公式，通常称为欧拉失稳公式。

18世纪中后期，工业革命结束，随着制造业、土木工程和交通运输业的迅速发展，工程中提出了各种复杂的强度和应力分析问题，进一步促进了弹性理论体系的构建和完善。弹性力学比较完整的理论体系主要是在19世纪20至50年代由法国桥梁道路学院的三位著名学者建立的，即曾在该校求学的柯西(A. Cauchy，1789－1857)、纳维叶(C. Navier，1785－1836)及其学生圣维南(A. J. C. B. de Saint-Venant，1797－1886)。其中柯西和纳维叶被公认为是弹性力学一般理论的奠基人，圣维南则提供了大量实际工程中弹性力学问题的解答，这些研究有力地促进了弹性力学理论研究与工程应用的结合。具体而言，纳维叶建立了各向同性弹性体以位移表达的平衡微分方程；柯西从数学的角度给出了一点的应力和应变状态的严格定义，引入了应力张量和主应力等概念，建立了弹性力学的控制方程，即平衡方程、几何方程和广义胡克定律。作为纳维叶的学生，圣维南修订了老师所编写的力学讲义《力学在结构和机械方面的应用》，使原书篇幅增加了9倍，并且第一个验证了弯曲基本假设的精确性，提出和发展了求解弹性力学的半逆解法。长期以来，人们对各向同性材料独立弹性系数的个数一直存在争议，纳维叶认为独立参数只有1个，而柯西认为有2个。法国数学家拉梅(G. Lamé，1795－1870)开展实验，阐明了各向同性材料的弹性常数为2个，均被称为拉梅系数。从1822年起，柯西给出了应力和应变的严格定义，导出了六面体微元的平衡微分方程，建立了应变和位移的关系，推导了各向同性和各向异性材料的广义胡克定律，并证明对于各向同性弹性体，其主应力和主应变方向应当重合，有2个独立的弹性常数。1807年，英国物理学家托马斯·杨(T. Young，1773－1829)定义了单向拉伸时正应力和正应变之间的比例系数为弹性模量(elastic modulus)，又称为杨氏模量(Young′s modulus)。法国科学家泊松(S. D. Poisson，1781－1840)定义了泊松比(Poisson′s ratio)，即材料中任意一点横向应变与纵向应变的比值。1852年，勒夫(A. E. H. Love，1863－1940)出版了第一部弹性力学著作《固体弹性的数学理论教程》，这标志着弹性力学理论框架的形成。

在很多数学家和力学家的大力推动下，弹性力学产生了各种解析解法和数值解法，所得到的结果也更广泛地应用于解决工程实际问题。1850年，柯希霍夫(G. R. Kirchhoff，1824－1887)解决了细长杆和平板的平衡以及振动问题。1855年，圣维南解决了柱体的自由扭转和弯曲问题，并提出了圣维南原理。1862年，英国科学家艾瑞(G. B. Airy，1801－1892)提出了按应力求解平面问题的应力函数方法。1873年，意大利工程师卡斯提利亚诺(A. Castigliano，1847－1884)提出了卡氏第一和第二定理。1882年，赫兹(H. R. Hertz，1857－1894)系统研究了固体的接触问题，给出了赫兹公式。1898年，德国的基尔斯(G. Kirsch，1841－1901)给出了孔边的应力集中问题的解答。1877年和1908年，英国的瑞利(L. Rayleigh，1842－1919)和瑞士的里兹(W. Ritz，1878－1909)分别从弹性体的虚功原理和最小势能原理出发，提出了后来被人们称为瑞利-里兹法的变分问题直接解法。苏联学者穆斯赫利什维利(N. I. Muskhelishvili，1891－1976)对一般的弹性力学平面边值问题进行了严格的论证，把复变函数引入弹性力学，建立了完整的弹性力学复变函数方法，并出版了《数学弹性力学的几个基本问题》和《奇异积分方程》两本专著。美国应用力学家冯·卡门(T. von *Kármán*，1881－1963)考虑几何非线性，建立了薄板大挠度问题的控制方程，被称为卡门板方程。

随着自然科学和工程技术的飞速发展，新兴交叉边缘学科不断涌现，弹性力学与新材料、生物医学、地质学、纳米技术、能源开采、机电装备、微机电系统等领域形成了密不可分的关系。一系列新型的力学分支也都在弹性力学的基础上发展起来，例如塑性理论、黏弹性理论、黏塑性理论、细观力学、断裂力学、损伤力学、复合材料力学、渗流力学等。同时，大量的数值解法广泛应用于弹性力学问题，例如有限差分法(finite difference method，FDM)、有限单元法(finite element method，FEM)、边界元法(boundary element method，BEM)、半解析数值法以及加权残数法(加权余量法)等。尤其是随着电子计算机的问世，以变分原理为基础的有限单元法成为解决工程技术问题和进行科学研究非常重要的技术手段。

1.2 弹性力学的基本假设

弹性力学的研究对象是由实际工程材料和结构所抽象出来的弹性可变形体，简称弹性体(elastic body)。由于实际的工程问题是极其复杂的，如果不分主次地考虑所有影响因素，会导致方程过于复杂，数学上也不可能得到解答。因此需要根据具体问题，忽略一些可以暂时忽略的因素，从而引入一些假设，使得在此基础上建立的理想模型既符合客观实际和工程要求，又便于数学求解，对于力学建模这种处理方法很自然。例如说工程中的“绝对直的、绝对光滑的杆”在现实生活中是不存在的，而材料力学中的“固定端约束”等边界条件在现实生活中也不一定严格满足。

弹性力学的基本假设如下。

1.2.1 连续性假设

这一假设认为弹性体是一种密实的连续介质，物体中没有空隙，并在整个变形过程中保持连续性。

从物理角度来看，任何物体都是由分子、原子组成的，原子与原子之间、分子与分子之间必然存在间隙，因此物体内的介质实际上是离散分布的、不连续的。但原子之间、分子之间的间隙相对于物体的宏观尺寸来说是很微小的，工程实际中忽略这些间隙不会引起明显的误差。因此弹性力学不考虑实际工程材料的微观粒子结构，而采用由宏观性能实验测定的材料统计物理性质，如质量、密度、弹性系数、膨胀系数等来描述物体的变形。

关于弹性力学的连续性假设，有以下两点需要重点说明：

(1) 物体被抽象成一个形状和位置与其相通的、连续而密实的空间几何体，物体的统计物理性质以及位移、应变、应力、能量等物理量都可作为空间点位的函数定义在这个几何体上，从而可以用坐标的连续函数来表示，这样就可以使用数学分析中连续和极限的概念。这种抽象的数学模型称为连续介质(continuum)，对应的力学一般称为连续介质力学(continuum mechanics)。

(2) 物体在整个变形过程中始终保持连续，即原来相邻的任意两个点，变形后仍然是相邻的点，不会出现开裂或者重叠现象。用数学描述即定义在该连续介质上的物理性质和物理量，除了在某些孤立的点、线、面上可能出现奇异或间断外，在变形过程中始终保持为空间点位的连续函数。基于此假设可以利用微积分知识来处理连续介质问题。

1.2.2 弹性假设

这一假设的含义为，弹性体的变形与载荷在整个加载和卸载的过程中存在一一对应的单值函数关系，且当载荷卸去后变形完全消失，弹性体恢复至初始的形状和尺寸。

由材料力学知识可知，当应力小于弹性极限时，大多数工程材料的应力应变关系是线性(linear)的，服从胡克定律，称为**线弹性材料**。也有少数材料的弹性应力应变关系是非线性(nonlinear)的，称为**非线性弹性材料**。

材料的弹性响应可表述成数学形式 $\boldsymbol{\sigma}=\boldsymbol{T}(\boldsymbol{F},\boldsymbol{X})$，式中，$\boldsymbol{\sigma}$ 为应力张量，$\boldsymbol{F}=\partial \boldsymbol{x}/\partial \boldsymbol{X}$ 为变形梯度，$\boldsymbol{X}$ 和 $\boldsymbol{x}$ 分别是材料点坐标和空间坐标(这些概念后面将详细介绍)。弹性响应函数 $\boldsymbol{T}$ 仅取决于 $\boldsymbol{F}$ 的当前值，如果材料是均匀的，则其表达式中不显含 $\boldsymbol{X}$。关于弹性的定义有下述几点说明：

(1) 按照定义，材料的弹性响应仅与当前的变形状态有关，而与变形的历史和过程无关，因此变形率不影响本构响应。应力和变形梯度是一一对应的，不存在迟滞回线，表明弹性体在完全卸载后会恢复到初始未变形状态。

(2) 对于小变形而言，弹性响应表达式为 $\boldsymbol{\sigma}=\boldsymbol{T}(\boldsymbol{\varepsilon},\boldsymbol{X})$，其中 $\boldsymbol{\varepsilon}$ 表示应变张量。应注意弹性响应函数 $\boldsymbol{T}$ 并不一定为线性函数。

(3) 有限变形时表达式为 $\boldsymbol{\sigma}=\boldsymbol{T}(\boldsymbol{F})$，小变形时为 $\boldsymbol{\sigma}=\boldsymbol{T}(\boldsymbol{\varepsilon})$。

(4) 对于均匀材料，在线弹性小变形的特殊情况下，弹性响应退化为广义胡克定律 $\boldsymbol{\sigma}=\boldsymbol{c}:\boldsymbol{\varepsilon}$，

式中，$\boldsymbol{c}$ 为四阶弹性刚度张量。

1.2.3 均匀性假设

这一假设认为物体在不同点处的弹性处处相同，不会因为坐标位置的变化而变化。根据这一假设，由物体的某一部分测定的弹性常数适用于整个物体。实际上，工程中大量应用的金属材料一般都可以看作均匀的。对于混凝土、玻璃钢、复合材料等非均质材料，如果不细究其不同组分交界面处的局部应力，也可以在足够大的材料试件上测试得到等效弹性常数，用这一常数作为材料的力学参数进行计算。

1.2.4 各向同性假设

这一假设认为物体在同一点处的弹性与考察方向无关，即假设物体在不同方向上都具有相同的物理性质，物体的弹性常数不随坐标方向而变化。实际上绝大多数金属材料都是各向同性(isotropy)的。例如，常见的钢材尽管由无数个各向异性(anistropy)的晶体组成，但因为晶体很小，其排列是杂乱无章的，所以从宏观上看，钢材可以认为是各向同性的。但是在现实中，许多材料不具有这种性质，如木材、竹材、复合材料等。

1.2.5 小变形假设

严格地说，与外力平衡的内力作用在变形后的物体上，应该以物体变形后的几何形状为基础来建立平衡方程。但对于小变形(infinitesimal deformation)情况，变形前后物体形状几乎不变，因此可以近似地用初始形状来建立平衡方程。在小变形情况下，应变和位移导数间的几何关系是线性的。但对于大变形情况，需要考虑几何关系中的二阶或高阶非线性项，这会导致变形与载荷的非线性关系，称为几何非线性效应。

1.2.6 无初应力假设

假设物体处于自然状态，即载荷或温度变化等作用之前和之后物体内部没有初始应力。弹性力学所得到的应力仅是由于载荷或温度变化等所产生的。若物体内有初应力，则由弹性力学所求得的应力加上初应力才是物体中的实际应力。实际上制造工艺引起的残余应力和装配应力是不可避免的，而在一切生物体中也都存在初应力，否则其生命就无法维持。在焊接结构中初应力一般是有害的，但在土建工程中常采用一些预应力结构，可以全部或部分抵消载荷导致的拉应力，以便充分利用材料。

1.3 弹性力学的基本概念

1.3.1 力

从物理角度来看，自然界中有四种力(force)，即强相互作用、弱相互作用、万有引力和电磁力。这种分类和命名方法与我们平时接触到的力有所不同。在工程中，某一结构往往会受到很多力，我们通常称之为载荷(load)。尽管工程中对力的称谓不同，例如压力、拉力、接触力、剪力等，但这些力必定对应着上述从物理角度分类的四种力之一，其中电磁力是带电荷的粒子之间引起的力，它是四种基本力中第二强的力。从微观角度看，工程中的拉力和压力等都属于分子间的作用力，因此归类到电磁力。

在连续介质力学中，往往采用**场**(field)的概念，即某一力学量必须是关于坐标的函数。弹性体内任意一点都会受到力的作用，不同的点具有不同的力，因此提到受力，就必须明确力的**作用点**。例如，弹性体内每一个微元或者每一个质点都具有重力，所有质点的重力之合力就是物体的重量，也就是通常意义上所说的“重力”，它作用在物体的重心上。单纯地说“一个物体受到的力”，其潜意识中是把这个物体看作一个质点来分析，但对于具有无数个质点的连续介质力学而言，这种说法显然是不合适的。

1.3.2 体力、面力

外载荷一般可以分为集中力(concentrated force)和分布力(distributed force)。但在现实中，所谓的集中力是不存在的，因为它的含义是仅仅作用在某一点上。任何载荷，即便其作用范围极小，但都有一个作用面积，例如对于极细的原子力显微镜的探针，其末端也具有一定的曲率(curvature)。从这个意义上来看，所谓的集中力仅仅是一种理想化的抽象模型。为了对问题进行简易分析，在材料力学和结构力学中经常把高度集中的表面载荷简化为集中力。在弹性理论中则把集中力还原成作用在局部表面上的表面力来处理。

外载荷可以分成两大类。第一类载荷，如重力、机械力和电磁力等，可以简化为作用在物体上的外力，由外力再引起物体的变形和内力。第二类载荷，如温度和中子辐射等物理因素产生的力，会直接引起物体变形，当这种变形互不协调或受到约束时，物体内才产生内力。

如图1.3所示，根据作用域的不同，外力可以分为体积力(body force)和表面力(surface force)。体积力是作用在物体内部体积上的外力，简称体力，其单位为 N/m^3。例如，重力、惯性力、电磁力等都是体力。体力通常为矢量，即

$$\boldsymbol{f}=\lim_{\Delta V\to 0}\frac{\Delta \boldsymbol{F}}{\Delta V}=\frac{\mathrm{d}\boldsymbol{F}}{\mathrm{d}V} \tag{1-1}$$

式中，ΔV 为受力体作用的微元体的体积，$\Delta \boldsymbol{F}$ 为 ΔV 上外力的合力。

在直角坐标系 $Oxyz$ 中 $\boldsymbol{f}$ 可以表示为

$$\boldsymbol{f}=f_x\boldsymbol{i}+f_y\boldsymbol{j}+f_z\boldsymbol{k} \tag{1-2}$$

式中，$\boldsymbol{i},\boldsymbol{j},\boldsymbol{k}$ 分别为 x,y,z 方向的单位基矢量，f_x,f_y,f_z 分别为体力矢量在三个方向上对应的分量。

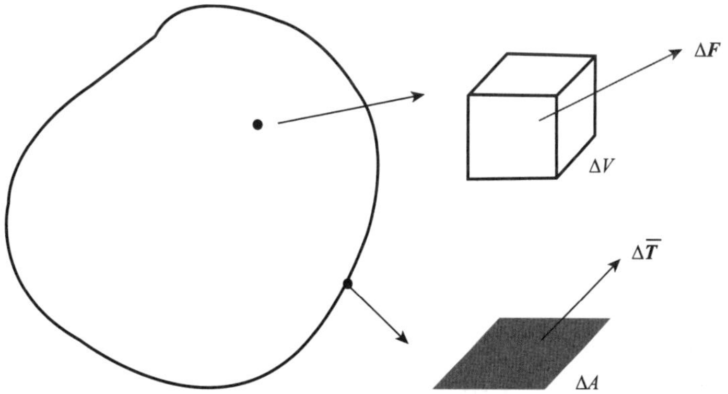

图1.3 体力和面力示意图

在实际工程中，体力往往是分布力，是**场变量**，它作用在某一体积范围内。

表面力是作用在物体表面上的外力，简称面力。例如，液体或者气体的压力、固体间的

接触力等。面力通常用矢量表示为

$$\bar{t}=\lim_{\Delta A\to 0}\frac{\Delta\bar{\boldsymbol{T}}}{\Delta A}=\frac{\mathrm{d}\bar{\boldsymbol{T}}}{\mathrm{d}A} \tag{1-3}$$

式中，ΔA 为受面力作用的微小面元的面积，$\Delta\bar{\boldsymbol{T}}$ 为 ΔA 上外力的合力。

在直角坐标系 $Oxyz$ 中面力可以表示为

$$\bar{\boldsymbol{t}}=\bar{t}_x\boldsymbol{i}+\bar{t}_y\boldsymbol{j}+\bar{t}_z\boldsymbol{k} \tag{1-4}$$

式中，$\bar{t}_x$，$\bar{t}_y$，$\bar{t}_z$分别为面力矢量在 x，y，z 三个方向上对应的分量。

在实际工程中，表面力往往是分布力，是**场变量**，它作用在某一表面范围内。简单来说，面力就是单位面积上的外力，其单位为 $\mathrm{N/m^2}$或者 Pa，MPa。

1.3.3 截面上的内力

根据弹性力学的无初应力假设可知，若弹性体不受外力（如体力和面力）作用，则其内部不产生内力。当弹性体承受外力作用时会发生变形，变形会改变分子间距，继而在物体内形成一个附加的内力场。当这个内力场足以和外力平衡时，变形不再继续，物体达到平衡。

研究物体所受到的内力需要采用我们所熟悉的截面法。我们假想将弹性体用一个截面分成两部分，则截面上会分布着一堆非常复杂的力，组成一个空间一般力系。为了定量研究这一力系的性质，考虑到弹性体的小变形特性，可以采用理论力学中所学过的力系简化原理加以简化。

如图 1.4 所示，将弹性体截面上的空间一般力系向作用面内一点 O 简化，可以得到一个力和一个力偶（couple）。建立坐标系 $Oxyz$，其中 O 点位于截面形心，z 轴沿着截面外法线方向，x 轴和 y 轴位于截面内。定义截面的单位法向矢量 $\boldsymbol{n}=\boldsymbol{k}$。由力系的简化结果（力和力偶）可知，这个力的大小和方向等于该力系的主矢（principal vector）$\boldsymbol{R}$，可以表达为

$$\boldsymbol{R}=N\boldsymbol{n}+Q_x\boldsymbol{i}+Q_y\boldsymbol{j} \tag{1-5}$$

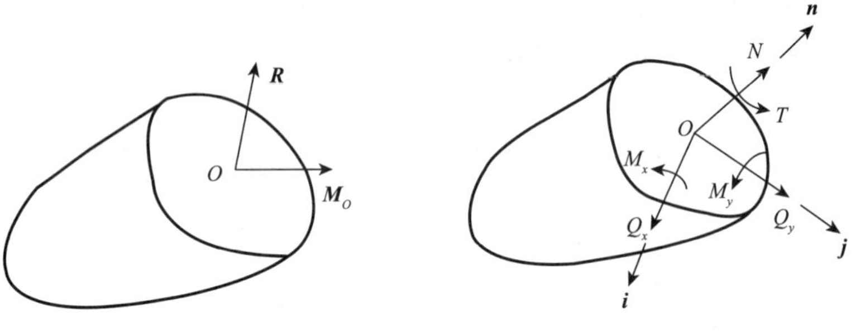

图 1.4 截面上内力示意图

这个力偶的大小和方向等于主矩（principal moment，主矢和主矩为力系的两个特征量）$\boldsymbol{M}_O$，可以表达为

$$\boldsymbol{M}_O=T\boldsymbol{n}+M_x\boldsymbol{i}+M_y\boldsymbol{j} \tag{1-6}$$

此处，N 的方向沿着截面的法向 $\boldsymbol{n}$，通常称为轴力或者法向力（normal force）。Q_x和 Q_y均位于面内，通常称为剪力（shear force）。T 为使弹性体绕着 z 轴转动的矩，通常称为扭矩（torque）；M_x和 M_y分别为使得弹性体绕着 x 轴和 y 轴转动的矩，通常称为弯矩（bending moment）。

两个矢量点积的物理含义可以用某一个矢量在另一个矢量方向的投影来进行解释。上述力 $\boldsymbol{R}$ 可以分解成三个分量，即其在 x，y，z 三个方向上的投影为

$$\begin{cases} \boldsymbol{R}\cdot\boldsymbol{n}=N \\ \boldsymbol{R}\cdot\boldsymbol{i}=Q_x \\ \boldsymbol{R}\cdot\boldsymbol{j}=Q_y \end{cases} \tag{1-7}$$

类似地，所得到的力偶矩也可以分解成三个分量，即其在 x，y，z 三个方向上的投影为

$$\begin{cases} \boldsymbol{M}_O\cdot\boldsymbol{n}=T \\ \boldsymbol{M}_O\cdot\boldsymbol{i}=M_x \\ \boldsymbol{M}_O\cdot\boldsymbol{j}=M_y \end{cases} \tag{1-8}$$

进一步，简化得到力和力偶矩分别为

$$\boldsymbol{R}=\boldsymbol{R}\cdot\boldsymbol{nn}+\boldsymbol{R}\cdot\boldsymbol{ii}+\boldsymbol{R}\cdot\boldsymbol{jj} \tag{1-9}$$

$$\boldsymbol{M}_O=\boldsymbol{M}_O\cdot\boldsymbol{nn}+\boldsymbol{M}_O\cdot\boldsymbol{ii}+\boldsymbol{M}_O\cdot\boldsymbol{jj} \tag{1-10}$$

1.3.4 弹性力学的研究方法

在学习材料力学时，我们常常采用截面法来计算物体中的应力，其思想为，假想将物体分成两部分，移去其中一部分，用内力来代替它对留下部分的作用。由于研究的是连续体，在分析应力时，需要根据实验结果对截面变形的状态做出合适的附加几何假定，再结合应力和应变之间的物理关系，用应力来表示这些几何关系。最后利用静力平衡条件列出平衡方程，以求得截面上的应力。如前所述，材料力学解决问题时，需要借助静力平衡、几何关系和物理方程三个方面来加以分析。

运用弹性力学解决问题时也要从以上三个方面考虑，但具体的处理办法是不同的。在学习弹性力学时，我们假想物体内部由无数个微小六面体元组成，表面由无数个微小四面体元组成。考虑这些体元的平衡，可得到一组平衡微分方程，但未知应力的个数总是比微分方程的个数多，即只考虑平衡方程时弹性力学问题总是超静定的，必须考虑变形条件才能进行求解。由于物体变形后仍保持连续，所以微小体元之间的变形必须是协调的，这就可以得到一组表示变形连续的微分方程，同时还需要用广义胡克定律表示应力与应变之间的关系。在物体表面需要考虑物体内部应力和外载荷之间的平衡，以及外加约束对物体变形的限制，这称为边界条件。这样就有足够的微分方程和附加条件用以求解未知的应力、应变和位移。总之，求解弹性力学问题，必须考虑平衡条件、应变连续条件和广义胡克定律，即考虑静力平衡、几何关系和物理关系以及边界条件。

以上方程可以简化为以位移为基本未知函数的微分方程，或以应力为基本未知函数的微分方程。这些方程都是偏微分方程，往往不能求得通解，通常采用的处理方法是**逆解法**和**半逆解法**。逆解法是先设一个解答，如果这个解答能满足所有的偏微分方程，同时也满足边界条件，这一解答就是正确的解答，也是弹性力学问题唯一的解答。半逆解法是先设一部分解答，另一部分解答在解题过程中求出。由于实际结构和载荷的复杂性，能够用严格的数学方法求解的弹性力学问题是十分有限的，对于复杂的工程实际问题，常采用差分法、变分法、有限元法等近似的数值方法来解决。

习 题

1-1 调研相关文献，了解麦克斯韦、托马斯·杨、莱布尼兹等力学家在弹性力学方面的

贡献。

1-2 根据微积分的知识，从每一点所受的重力体力出发，计算推导物体的重力表达式，并给出其重心位置的表达式。通过这个例子，深刻体会力是场变量的概念。

1-3 调研相关文献，了解残余应力在工程中的应用案例。一个特殊例子就是生物体内的残余应力，著名力学家冯元桢根据这一现象发展了生物力学这一新兴学科，因此他被誉为“生物力学之父”。

1-4 阅读勒夫所著的 *A Treatise on the Mathematical Theory of Elasticity* 一书，并认真核对其对弹性力学的定义是否与下述一致：数学弹性理论致力于研究某一受平衡力系作用或处于轻微的内部相对运动状态下的固体，试图把它的内部应变状态或相对位移纳入计算，并努力为建筑、工程以及所有构造材料为固体的工艺求得重要的实用结果。

1-5 材料力学中有哪些非线性问题？它们的解答和线性问题的解答有什么重要差别？

第 2 章

张量基础知识

2.1 张量的基本概念

为了描述自然界和工程技术里面的大量实际问题，人们经常需要建立各种力学模型和方程，从而会涉及很多物理量。我们常见的物理量可以分为三类，即标量(scalar)、矢量(vector)和张量(tensor)。

所谓的标量，又称为纯量，通常只有大小，而没有明确的方向。常见的标量有：时间、质量、体积、面积、密度、温度、静水压力、动能、势能、速率、长度、弧长、功和功率等。

矢量也称为向量，通常既有大小又有方向。常见的矢量有：力、力对点之矩、矢径、位移、速度、加速度、动量矩、动量、冲量、温度梯度、压力梯度等。

张量与矢量相比其表达方式更加复杂，因为仅仅通过一个方向无法表达清楚。张量可以认为是对矢量的扩张。我们可以认为标量为零阶张量，矢量为一阶张量，而通常所说的张量往往是指二阶或二阶以上的。常见的张量有：应力张量、应变张量、应变率张量、惯性矩张量、弹性系数张量、变形梯度张量、位移梯度张量、压电系数张量、转动张量、速度梯度张量、变形率张量、单位张量、构型力等。

张量分析是数学的一个重要分支，已经渗透到天文学、微分几何、大地测量学、理论物理、电磁学、连续介质力学、理性力学、电动力学、材料学、量子力学等各个领域，并在工程技术的多个领域发挥了重要作用。目前张量分析已经成为学习弹性力学等课程所必备的数学基础。引入张量之后，可以把描述自然规律的冗长公式变得简洁和紧凑，能够更加突出其物理本质，突出其理性之美。

在工程技术和自然规律的研究中，我们运用最多的就是笛卡儿直角坐标系。下面我们就以该坐标系为例来介绍张量的知识。

若不考虑坐标系，则矢量 $\boldsymbol{u}$ 可以表示为

$$\boldsymbol{u}=u\boldsymbol{n} \tag{2-1}$$

式中，u 为矢量的模，$u=|\boldsymbol{u}|$；$\boldsymbol{n}$ 为矢量 $\boldsymbol{u}$ 对应的单位矢量，$|\boldsymbol{n}|=1$。

矢量 $\boldsymbol{u}$ 可以有很多物理意义，如可以代表位移矢量、力矢量、速度矢量等。

如图 2.1 所示 $Oxyz$ 坐标系中的位移 $\boldsymbol{u}$ 可以表示为

$$\boldsymbol{u}=u_x\boldsymbol{i}+u_y\boldsymbol{j}+u_z\boldsymbol{k} \tag{2-2}$$

式中，u_x，u_y，u_z 分别为 $\boldsymbol{u}$ 在 x，y，z 轴上的三个分量。$\boldsymbol{u}$ 与 x，y，z 三个坐标轴的夹角分别为 α，β 和 γ，有

$$u=\sqrt{u_x^2+u_y^2+u_z^2} \tag{2-3}$$

$$\begin{cases}\cos\alpha=\dfrac{u_x}{u}\\[2mm] \cos\beta=\dfrac{u_y}{u}\\[2mm] \cos\gamma=\dfrac{u_z}{u}\end{cases} \tag{2-4}$$

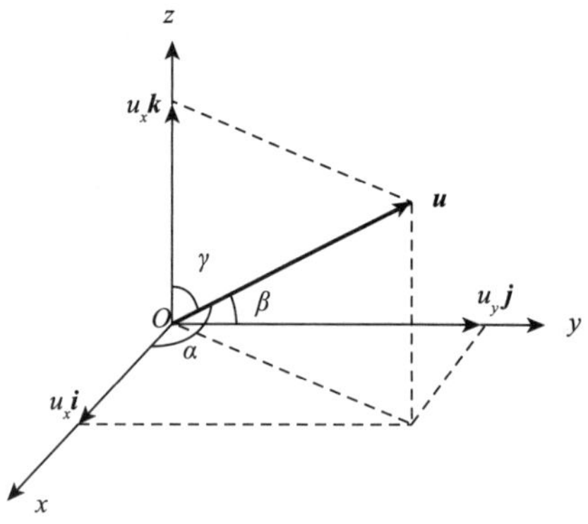

图 2.1　直角坐标系中的矢量

则有

$$\boldsymbol{u}=u(\cos\alpha\boldsymbol{i}+\cos\beta\boldsymbol{j}+\cos\gamma\boldsymbol{k}) \tag{2-5}$$

继而

$$\boldsymbol{n}=\cos\alpha\boldsymbol{i}+\cos\beta\boldsymbol{j}+\cos\gamma\boldsymbol{k} \tag{2-6}$$

如果定义三个坐标轴 x，y，z 分别为 x_1，x_2，x_3，定义 $\boldsymbol{e}_1=\boldsymbol{i}$，$\boldsymbol{e}_2=\boldsymbol{j}$，$\boldsymbol{e}_3=\boldsymbol{k}$，$u_1=u_x$，$u_2=u_y$，$u_3=u_z$，则有

$$\boldsymbol{u}=u_1\boldsymbol{e}_1+u_2\boldsymbol{e}_2+u_3\boldsymbol{e}_3=\sum_{i=1}^{3}u_i\boldsymbol{e}_i \tag{2-7}$$

从上式可以看到，对于一些内含指标规律的公式，有时其书写非常烦琐。为了便于张量公式的紧凑书写，我们引入爱因斯坦（A. Einstein，1879－1955）求和约定，则矢量 $\boldsymbol{u}$ 可以写为

$$\boldsymbol{u}=u_i\boldsymbol{e}_i \tag{2-8}$$

式中，指标 i 称为哑标，在同一项中成对出现，表示遍历其取值范围求和。对于一对带哑标的字母可以用相同取值范围的另一对字母任意代替，其意义不变，例如 $\boldsymbol{u}=u_i\boldsymbol{e}_i=u_j\boldsymbol{e}_j$。我们规定拉丁字母（$i$，$j$，$k$ 等）用于三维问题，取值范围为 1，2，3；规定希腊字母（α，β，γ 等）用于二维问题，取值范围为 1，2。例如，$\boldsymbol{u}=u_\beta\boldsymbol{e}_\beta=u_1\boldsymbol{e}_1+u_2\boldsymbol{e}_2$。与哑标相对应的是自由指标，它在各项中都只出现一次，例如 a_i 代表矢量 $\boldsymbol{a}$ 的分量有可能取 a_1，a_2 或者 a_3。

应用爱因斯坦求和约定，前文介绍过的体力和面力可以分别表示为

$$\begin{cases}\boldsymbol{f}=f_i\boldsymbol{e}_i\\ \bar{\boldsymbol{t}}=\bar{t}_i\boldsymbol{e}_i\end{cases} \tag{2-9}$$

对于平面问题，可以写为

$$\begin{cases}\boldsymbol{f}=f_\alpha\boldsymbol{e}_\alpha\\ \bar{\boldsymbol{t}}=\bar{t}_\alpha\boldsymbol{e}_\alpha\end{cases} \tag{2-10}$$

下面给出张量的定义：当坐标系改变时，由若干个满足坐标转换关系的有序数组成的集合为张量。例如，一个由 9 个有序数组成的集合 $T(i,j)$ $(i,j=1,2,3)$ 在坐标变换时，这组数按照以下坐标转换关系而变化

$$T(i',j')=\beta_{i'k}\beta_{j'l}T(k,l)\quad (i'=1,2,3;j'=1,2,3) \tag{2-11}$$

则这组有序数的集合就是张量。式（2-11）中 $\beta_{i'k}$ 和 $\beta_{j'l}$ 为坐标变换系数。

张量可以写成各个分量与基矢量的组合。如在笛卡儿直角坐标系中，二阶张量可以写为

$$\boldsymbol{T}=T_{ij}\boldsymbol{e}_i\boldsymbol{e}_j \tag{2-12}$$

其中，$\boldsymbol{T}$ 为实体形式，展开后对应分量形式，其表达式为

$$\begin{aligned}\boldsymbol{T}=&T_{11}\boldsymbol{e}_1\boldsymbol{e}_1+T_{12}\boldsymbol{e}_1\boldsymbol{e}_2+T_{13}\boldsymbol{e}_1\boldsymbol{e}_3+T_{21}\boldsymbol{e}_2\boldsymbol{e}_1+T_{22}\boldsymbol{e}_2\boldsymbol{e}_2+\\&T_{23}\boldsymbol{e}_2\boldsymbol{e}_3+T_{31}\boldsymbol{e}_3\boldsymbol{e}_1+T_{32}\boldsymbol{e}_3\boldsymbol{e}_2+T_{33}\boldsymbol{e}_3\boldsymbol{e}_3\end{aligned} \tag{2-13}$$

此时 $\boldsymbol{T}$ 对应着一个二阶矩阵，可以写为

$$\boldsymbol{T}=\begin{pmatrix}T_{11} & T_{12} & T_{13}\\ T_{21} & T_{22} & T_{23}\\ T_{31} & T_{32} & T_{33}\end{pmatrix} \tag{2-14}$$

在弹性力学中，应力张量 $\boldsymbol{\sigma}=\sigma_{ij}\boldsymbol{e}_i\boldsymbol{e}_j$ 和应变张量 $\boldsymbol{\varepsilon}=\varepsilon_{ij}\boldsymbol{e}_i\boldsymbol{e}_j$ 都是常见的二阶张量，其表达式分别为

$$\boldsymbol{\sigma}=\begin{pmatrix}\sigma_{11} & \sigma_{12} & \sigma_{13}\\ \sigma_{21} & \sigma_{22} & \sigma_{23}\\ \sigma_{31} & \sigma_{32} & \sigma_{33}\end{pmatrix} \tag{2-15}$$

$$\boldsymbol{\varepsilon}=\begin{pmatrix}\varepsilon_{11} & \varepsilon_{12} & \varepsilon_{13}\\ \varepsilon_{21} & \varepsilon_{22} & \varepsilon_{23}\\ \varepsilon_{31} & \varepsilon_{32} & \varepsilon_{33}\end{pmatrix} \tag{2-16}$$

2.2　张量的基本运算

常见的张量有一些基本运算，下面逐一介绍。

2.2.1　张量相等和加、减、并乘运算

若两个张量 $\boldsymbol{T}$,$\boldsymbol{S}$ 在同一个坐标系中的分量一一相等，即

$$T_{ij}=S_{ij} \tag{2-17}$$

则这两个张量相等，即

$$\boldsymbol{T}=\boldsymbol{S} \tag{2-18}$$

若将两个张量 $\boldsymbol{T}$,$\boldsymbol{S}$ 在同一坐标系中的分量一一相加，得到一组数，则这组数是新张量 $\boldsymbol{U}$ 的分量

$$T_{ij}+S_{ij}=U_{ij} \tag{2-19}$$

即

$$\boldsymbol{T}+\boldsymbol{S}=\boldsymbol{U} \tag{2-20}$$

同样，张量减法的定义也是类似的，若

$$T_{ij}-S_{ij}=U_{ij} \tag{2-21}$$

即

$$\boldsymbol{T}-\boldsymbol{S}=\boldsymbol{U} \tag{2-22}$$

若将张量在某一坐标系中的分量乘以一个标量 k，则得到一组数，也是张量的分量，即

$$kT_{ij}=U_{ij} \tag{2-23}$$

即

$$k\boldsymbol{T}=\boldsymbol{U} \tag{2-24}$$

两个张量 $\boldsymbol{T},\boldsymbol{S}$ 的并乘写为

$$\boldsymbol{TS}=T_{ij}\boldsymbol{e}_i\boldsymbol{e}_jS_{kl}\boldsymbol{e}_k\boldsymbol{e}_l=T_{ij}S_{kl}\boldsymbol{e}_i\boldsymbol{e}_j\boldsymbol{e}_k\boldsymbol{e}_l \tag{2-25}$$

张量并乘时其顺序不能任意调换，即

$$\boldsymbol{TS}\neq\boldsymbol{ST} \tag{2-26}$$

退化之后，两个矢量的并乘称为并矢，例如矢量 $\boldsymbol{a}$ 和 $\boldsymbol{b}$ 的并矢为 $\boldsymbol{ab}$，其结果也不一定等于 $\boldsymbol{ba}$。

2.2.2 张量点积

引入两个矢量 $\boldsymbol{a}$ 和 $\boldsymbol{b}$ 的点积(dot product)，又称为标量积或数量积，定义为

$$\boldsymbol{a}\cdot\boldsymbol{b}=ab\cos\theta \tag{2-27}$$

式中，θ 为矢量 $\boldsymbol{a}$ 和 $\boldsymbol{b}$ 的夹角。

如图 2.2 所示，两个矢量的点积运算，其物理意义涉及一个矢量在另一个矢量方向上的投影。

在笛卡儿坐标系中

$$\boldsymbol{a}\cdot\boldsymbol{b}=a_xb_x+a_yb_y+a_zb_z \tag{2-28}$$

式中，$\boldsymbol{a}=a_x\boldsymbol{i}+a_y\boldsymbol{j}+a_z\boldsymbol{k}$，$\boldsymbol{b}=b_x\boldsymbol{i}+b_y\boldsymbol{j}+b_z\boldsymbol{k}$。采用求和约定，则可以写为

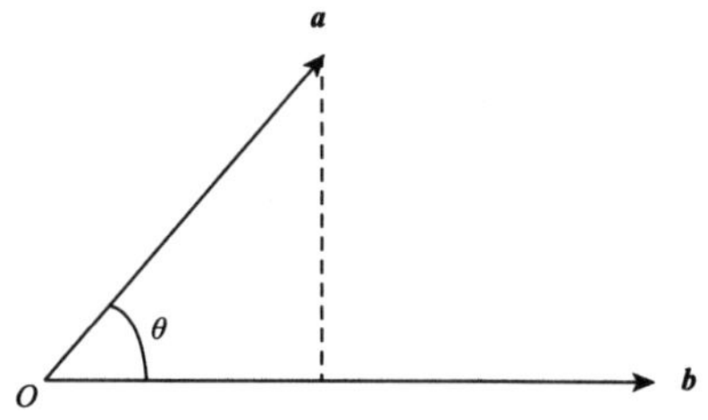

图 2.2 两个矢量点积与投影

$$\boldsymbol{a}\cdot\boldsymbol{b}=a_1b_1+a_2b_2+a_3b_3=\sum_{i=1}^{3}a_ib_i \tag{2-29}$$

根据基矢量之间的点积结果，可以定义

$$\boldsymbol{e}_i\cdot\boldsymbol{e}_j=\delta_{ij} \tag{2-30}$$

式中，δ_{ij} 为克罗尼克尔 delta，定义为

$$\delta_{ij}=\begin{cases}1 & (i=j)\\0 & (i\neq j)\end{cases} \tag{2-31}$$

其对应的矩阵为单位矩阵

$$(\delta_{ij})=\begin{pmatrix}1 & 0 & 0\\0 & 1 & 0\\0 & 0 & 1\end{pmatrix} \tag{2-32}$$

根据求和约定，有

$$\delta_{ii}=\delta_{11}+\delta_{22}+\delta_{33}=3 \tag{2-33}$$

$$\delta_{ij}\delta_{jk}=\delta_{ik} \tag{2-34}$$

$$\delta_{ij}\delta_{jk}\delta_{kt}=\delta_{it} \tag{2-35}$$

$$\delta_{ij}\delta_{ji}=\delta_{ii}=3 \tag{2-36}$$

在二维问题中，类似定义

$$\boldsymbol{e}_\alpha\cdot\boldsymbol{e}_\beta=\delta_{\alpha\beta} \tag{2-37}$$

其中

$$\delta_{\alpha\beta}=\begin{cases}1 & (\alpha=\beta)\\0 & (\alpha\neq\beta)\end{cases}\tag{2-38}$$

根据求和约定，有

$$\delta_{\alpha\alpha}=2\tag{2-39}$$

$$\delta_{\alpha\beta}\delta_{\beta\gamma}=\delta_{\alpha\gamma}\tag{2-40}$$

在笛卡儿坐标系中的点积运算具体为

$$\boldsymbol{a}\cdot\boldsymbol{b}=a_i\boldsymbol{e}_i\cdot b_j\boldsymbol{e}_j=a_ib_j\delta_{ij}=a_ib_i\tag{2-41}$$

两个二阶张量 $\boldsymbol{T}$,$\boldsymbol{S}$ 的点积可写为

$$\boldsymbol{T}\cdot\boldsymbol{S}=T_{ij}S_{kl}\boldsymbol{e}_i\boldsymbol{e}_j\cdot\boldsymbol{e}_k\boldsymbol{e}_l=T_{ij}S_{kl}\delta_{jk}\boldsymbol{e}_i\boldsymbol{e}_l=T_{ij}S_{jk}\boldsymbol{e}_i\boldsymbol{e}_k\tag{2-42}$$

即张量的点积是与点积符号靠得最近的两个基矢量相互点积。点积一次，所得到的新张量会降低两阶。其中，一个二阶张量 $\boldsymbol{T}$ 与一个矢量 $\boldsymbol{u}$ 点积之后得到另外一个矢量 $\boldsymbol{w}$，即

$$\boldsymbol{w}=\boldsymbol{T}\cdot\boldsymbol{u}=T_{ij}u_j\boldsymbol{e}_i\tag{2-43}$$

或者

$$w_i=T_{ij}u_j\tag{2-44}$$

从数学上看，这个点积过程中的二阶张量对应于一个线性变换，称为映射(mapping)。每个二阶张量都定义了一个将矢量空间的任一矢量 $\boldsymbol{u}$ 映射为另一矢量 $\boldsymbol{w}$ 的线性变换。这一点积过程也是降低了两阶(2+1−2=1)。

可以证明

$$\boldsymbol{T}\cdot(\alpha\boldsymbol{u}+\beta\boldsymbol{v})=\alpha\boldsymbol{T}\cdot\boldsymbol{u}+\beta\boldsymbol{T}\cdot\boldsymbol{v}\tag{2-45}$$

式中，α 和 β 为线性系数。

进而可以定义张量的双点积，分为并联式和串联式两种。我们取 $\boldsymbol{T}$ 为一个三阶张量，$\boldsymbol{S}$ 为一个二阶张量。

并联式点积为

$$\boldsymbol{T}:\boldsymbol{S}=T_{ijk}\boldsymbol{e}_i\boldsymbol{e}_j\boldsymbol{e}_k:S_{ml}\boldsymbol{e}_m\boldsymbol{e}_l=T_{ijk}S_{ml}\delta_{jm}\delta_{kl}\boldsymbol{e}_i=T_{ijk}S_{jk}\boldsymbol{e}_i\tag{2-46}$$

即在双点积符号两侧最近的四个基矢量进行相互点积，$\boldsymbol{T}$ 的基矢量 $\boldsymbol{e}_j$ 与 $\boldsymbol{S}$ 的基矢量 $\boldsymbol{e}_m$ 作用，$\boldsymbol{T}$ 的基矢量 $\boldsymbol{e}_k$ 与 $\boldsymbol{S}$ 的基矢量 $\boldsymbol{e}_l$ 相互作用。

串联式点积为

$$\boldsymbol{T}:\boldsymbol{S}=T_{ijk}\boldsymbol{e}_i\boldsymbol{e}_j\boldsymbol{e}_k\cdot\cdot S_{ml}\boldsymbol{e}_m\boldsymbol{e}_l=T_{ijk}S_{ml}\delta_{km}\delta_{jl}\boldsymbol{e}_i=T_{ijk}S_{kj}\boldsymbol{e}_i\tag{2-47}$$

此时对称靠近于双点积符号两侧的基矢量两两对应做点积，即此时 $\boldsymbol{e}_k$ 与 $\boldsymbol{e}_m$ 点积，$\boldsymbol{e}_j$ 与 $\boldsymbol{e}_l$ 点积。

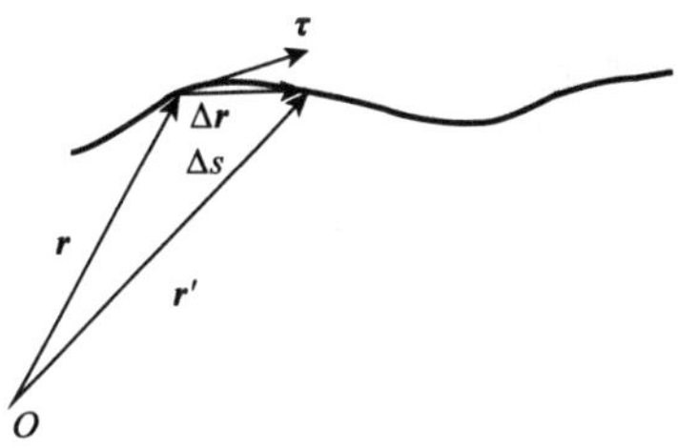

图 2.3　线元

点积的概念在工程中有很多应用实例。如图 2.3 所示，可以运用点积来描述线元的概念。在笛卡儿坐标系中，任意一点的矢径 $\boldsymbol{r}=x_i\boldsymbol{e}_i$，则位移 $\Delta\boldsymbol{r}=\boldsymbol{r}'-\boldsymbol{r}$ 对应弧长变化 Δs，则有

$$\lim_{\Delta s\to 0}\frac{\Delta\boldsymbol{r}}{\Delta s}=\frac{\mathrm{d}\boldsymbol{r}}{\mathrm{d}s}=\boldsymbol{\tau}\tag{2-48}$$

式中，$\boldsymbol{\tau}$ 为单位切向矢量，即 $|\boldsymbol{\tau}|=1$。

进而矢径微分为

$$\mathrm{d}\boldsymbol{r}=\boldsymbol{\tau}\mathrm{d}s\tag{2-49}$$

$$ds^2 = d\boldsymbol{r} \cdot d\boldsymbol{r} = dx_i dx_i \tag{2-50}$$

如图 2.4 所示，在直角坐标系 $Oxyz$ 中，线元可以用三个坐标轴方向的微元表示为

$$ds^2 = dx^2 + dy^2 + dz^2 \tag{2-51}$$

类似地，如图 2.5 所示，在柱坐标系 $Or\varphi z$ 中，r 是柱形水平截面内任意一点的极半径，φ 为对应的极角，z 为垂直于截面的纵向坐标，则有

$$ds^2 = dr^2 + (rd\varphi)^2 + dz^2 \tag{2-52}$$

如图 2.6 所示，在球坐标系 $OR\theta\varphi$ 中，R 为对应的球半径，θ 为 R 与 z 轴的夹角，φ 为 R 在 xy 平面内的投影与 x 轴的夹角，则有

$$ds^2 = dR^2 + (Rd\theta)^2 + (R\sin\theta d\varphi)^2 \tag{2-53}$$

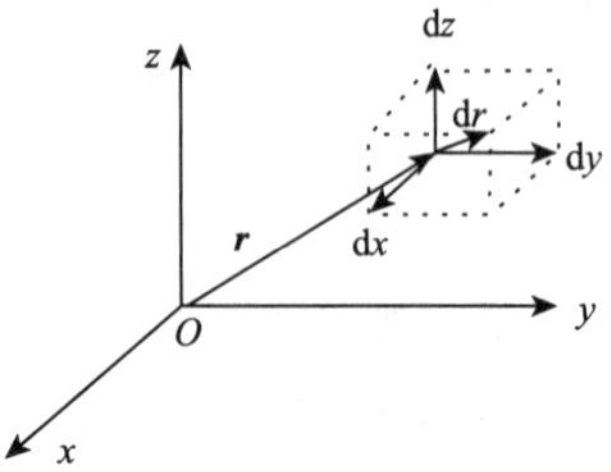

图 2.4　直角坐标系中的线元

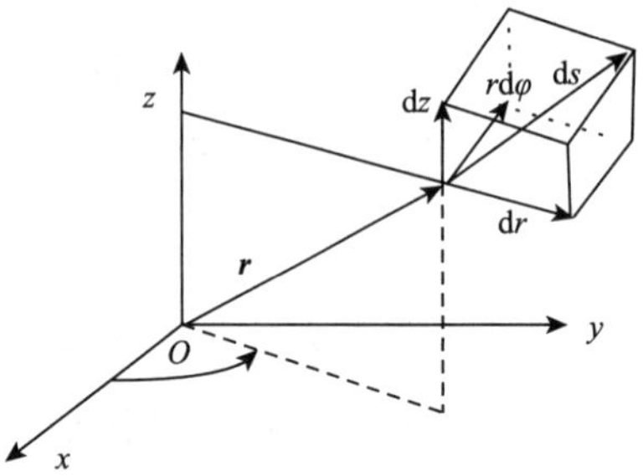

图 2.5　柱坐标系中的线元

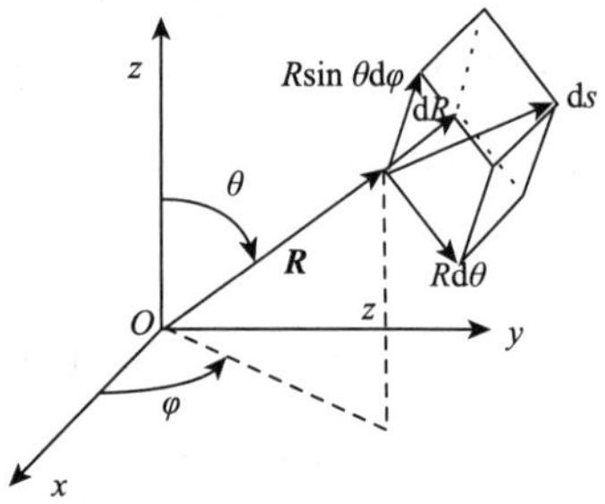

图 2.6　球坐标系中的线元

2.2.3　矢量叉积

定义排列符号

$$e_{ijk} = \begin{cases} 1 & i,j,k \text{ 顺序排列} \\ -1 & i,j,k \text{ 逆序排列} \\ 0 & i,j,k \text{ 非序排列} \end{cases} \tag{2-54}$$

考虑到 $\boldsymbol{e}_1 \times \boldsymbol{e}_2 = \boldsymbol{e}_3, \boldsymbol{e}_2 \times \boldsymbol{e}_3 = \boldsymbol{e}_1, \boldsymbol{e}_3 \times \boldsymbol{e}_2 = -\boldsymbol{e}_1$ 等，有

$$\boldsymbol{e}_i \times \boldsymbol{e}_j = e_{ijk} \boldsymbol{e}_k \tag{2-55}$$

由此，两个矢量 $\boldsymbol{a}$ 和 $\boldsymbol{b}$ 的叉积可以写为

$$\boldsymbol{a} \times \boldsymbol{b} = a_i \boldsymbol{e}_i \times b_j \boldsymbol{e}_j = e_{ijk} a_i b_j \boldsymbol{e}_k \tag{2-56}$$

如图 2.7 所示，式(2-56)的物理意义为得到一个垂直于 $\boldsymbol{a}$ 和 $\boldsymbol{b}$ 所确定平面的新矢量，该矢量的大小等于以矢量 $\boldsymbol{a}$ 和 $\boldsymbol{b}$ 为边长的平行四边形的面积。张量叉积的计算法则类似。

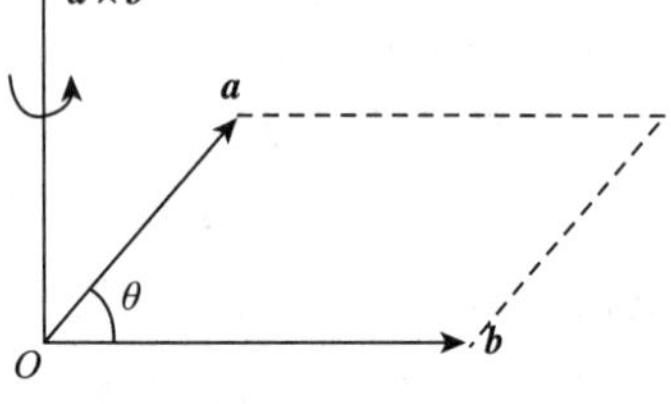

图 2.7　两个矢量的叉积

三个矢量 $\boldsymbol{u}, \boldsymbol{v}, \boldsymbol{w}$ 的混合积可以写为

$$[\boldsymbol{u} \quad \boldsymbol{v} \quad \boldsymbol{w}] = \boldsymbol{u} \times \boldsymbol{v} \cdot \boldsymbol{w} = e_{ijk} u_i v_j w_k = [\boldsymbol{v} \quad \boldsymbol{w} \quad \boldsymbol{u}] = [\boldsymbol{w} \quad \boldsymbol{u} \quad \boldsymbol{v}] = \begin{vmatrix} u_1 & u_2 & u_3 \\ v_1 & v_2 & v_3 \\ w_1 & w_2 & w_3 \end{vmatrix} \tag{2-57}$$

混合积的物理意义就是以矢量 $\boldsymbol{u}, \boldsymbol{v}, \boldsymbol{w}$ 的大小为边长的平行六面体的体积。例如在连续介质力学中，如果要研究某一点的应力状态，通常取一个小的微元体，其三边分别用 $d\boldsymbol{r}$，$d\boldsymbol{s}$ 和 $d\boldsymbol{t}$ 三个矢量表示(图 2.8)，则微元体的体积可以表示为

$$[d\boldsymbol{r} \ d\boldsymbol{s} \ d\boldsymbol{t}] = d\boldsymbol{r} \times d\boldsymbol{s} \cdot d\boldsymbol{t} = e_{ijk} dr_i ds_j dt_k \tag{2-58}$$

在工程力学中，关于矢量的叉积还有如下实例，如力对点之矩。空间中任意一点的矢径

为 $\boldsymbol{r}$,作用在该点的力 $\boldsymbol{F}$ 对原点 O 之矩为

$$\boldsymbol{M}_O(\boldsymbol{F})=\boldsymbol{r}\times\boldsymbol{F}=e_{ijk}x_iF_j\boldsymbol{e}_k \tag{2-59}$$

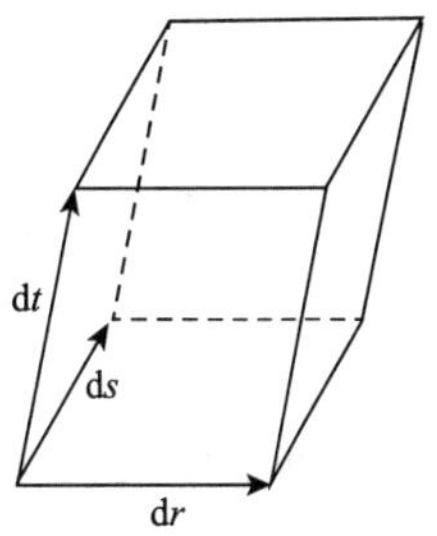

图 2.8　微元体

在直角坐标系中展开为

$$\boldsymbol{M}_O(\boldsymbol{F})=\begin{vmatrix} \boldsymbol{i} & \boldsymbol{j} & \boldsymbol{k} \\ x & y & z \\ X & Y & Z \end{vmatrix}$$

$$=(yZ-zY)\boldsymbol{i}+(zX-xZ)\boldsymbol{j}+(xY-yX)\boldsymbol{k} \tag{2-60}$$

式中,$\boldsymbol{r}=x\boldsymbol{i}+y\boldsymbol{j}+z\boldsymbol{k}$,$\boldsymbol{F}=X\boldsymbol{i}+Y\boldsymbol{j}+Z\boldsymbol{k}$。

式(2-60)中 $M_x=yZ-zY$,$M_y=zX-xZ$,$M_z=xY-yX$ 分别为绕着 x,y,z 轴转动的矩,这表明力对轴之矩与力对点之矩存在对应关系,也是合力矩定理的一种表达形式。

2.2.4　张量转置

另外定义二阶张量 $\boldsymbol{T}$ 的转置为

$$\boldsymbol{T}^{\mathrm{T}}=T_{ji}\boldsymbol{e}_i\boldsymbol{e}_j=T_{ij}\boldsymbol{e}_j\boldsymbol{e}_i \tag{2-61}$$

若

$$\boldsymbol{N}^{\mathrm{T}}=\boldsymbol{N} \tag{2-62}$$

则称 $\boldsymbol{N}$ 为对称张量,其分量之间的关系为

$$N_{ij}=N_{ji} \tag{2-63}$$

若

$$\boldsymbol{\Omega}^{\mathrm{T}}=-\boldsymbol{\Omega} \tag{2-64}$$

则称 $\boldsymbol{\Omega}$ 为反对称张量,其分量之间的关系为

$$\Omega_{ij}=-\Omega_{ji} \tag{2-65}$$

可以证明

$$\boldsymbol{T}\cdot\boldsymbol{u}=\boldsymbol{u}\cdot\boldsymbol{T}^{\mathrm{T}} \tag{2-66}$$

考虑张量的对称性,有

$$\boldsymbol{N}\cdot\boldsymbol{u}=\boldsymbol{u}\cdot\boldsymbol{N} \tag{2-67}$$

$$\boldsymbol{\Omega}\cdot\boldsymbol{u}=-\boldsymbol{u}\cdot\boldsymbol{\Omega} \tag{2-68}$$

2.3　常见的张量

2.3.1　度量张量

定义度量张量:在笛卡儿坐标系中度量张量对应单位二阶张量

$$\boldsymbol{I}=\boldsymbol{e}_i\boldsymbol{e}_i=\delta_{ij}\boldsymbol{e}_i\boldsymbol{e}_j \tag{2-69}$$

在笛卡儿直角坐标系中,度量张量对应单位矩阵

$$\boldsymbol{I}=\begin{pmatrix} 1 & 0 & 0 \\ 0 & 1 & 0 \\ 0 & 0 & 1 \end{pmatrix} \tag{2-70}$$

则有

$$\boldsymbol{I}\cdot\boldsymbol{T}=\boldsymbol{T} \tag{2-71}$$

$$\boldsymbol{I}:\boldsymbol{T}=\boldsymbol{I}\cdot\cdot\boldsymbol{T}=\boldsymbol{e}_i\boldsymbol{e}_i\cdot\cdot T_{mn}\boldsymbol{e}_m\boldsymbol{e}_n=T_{ii}=\mathrm{tr}\,\boldsymbol{T} \tag{2-72}$$

$\mathrm{tr}\,\boldsymbol{T}$ 为二阶张量 $\boldsymbol{T}$ 的迹(trace),即

$$\mathrm{tr}\,\boldsymbol{T}=T_{11}+T_{22}+T_{33} \tag{2-73}$$

$$\mathrm{tr}\,\boldsymbol{I}=\delta_{kk}=3 \tag{2-74}$$

我们定义二阶张量 $\boldsymbol{T}$ 的第一、第二、第三不变量为

$$J_1=\mathrm{tr}\,\boldsymbol{T} \tag{2-75}$$

$$J_2=\frac{1}{2}(T_{ii}T_{jj}-T_{ij}T_{ji})=\frac{1}{2}[(\mathrm{tr}\,\boldsymbol{T})^2-\boldsymbol{T}\cdot\cdot\boldsymbol{T}] \tag{2-76}$$

$$J_3=\frac{1}{6}e_{lmn}e_{ijk}T_{il}T_{jm}T_{kn}=\det\boldsymbol{T} \tag{2-77}$$

其中第三不变量代表张量对应矩阵的行列式。

可以证明 $\boldsymbol{T}\cdot\cdot\boldsymbol{T}=T_{ij}\boldsymbol{e}_i\boldsymbol{e}_j\cdot\cdot T_{kl}\boldsymbol{e}_k\boldsymbol{e}_l=T_{ij}T_{kl}\delta_{il}\delta_{jk}=T_{ij}T_{ji}=\mathrm{tr}\,\boldsymbol{T}^2$。

2.3.2 零张量

零张量的分量均为 0,如零二阶张量对应的矩阵为

$$\boldsymbol{0}=\begin{bmatrix}0&0&0\\0&0&0\\0&0&0\end{bmatrix} \tag{2-78}$$

零张量与任意张量进行点积结果为零张量,即

$$\boldsymbol{0}\cdot\boldsymbol{T}=\boldsymbol{0} \tag{2-79}$$

2.3.3 二阶张量的幂

n 个二阶张量 $\boldsymbol{T}$(假设其阶数足够)的连续点积,称为 $\boldsymbol{T}$ 的 n 次幂,即

$$\begin{cases}\boldsymbol{T}^1=\boldsymbol{T}=\boldsymbol{T}\cdot\boldsymbol{I}\\ \boldsymbol{T}^2=\boldsymbol{T}\cdot\boldsymbol{T}\\ \boldsymbol{T}^3=\boldsymbol{T}\cdot\boldsymbol{T}\cdot\boldsymbol{T}\\ \boldsymbol{T}^n=\underbrace{\boldsymbol{T}\cdot\boldsymbol{T}\cdot\cdots\cdot\boldsymbol{T}}_{n\text{个}\boldsymbol{T}}\\ \boldsymbol{T}^0=\boldsymbol{I}\\ \boldsymbol{T}\cdot\boldsymbol{T}^{-1}=\boldsymbol{I}\\ \boldsymbol{T}^{-2}=\boldsymbol{T}^{-1}\cdot\boldsymbol{T}^{-1}\\ \boldsymbol{T}^{-n}=\underbrace{\boldsymbol{T}^{-1}\cdot\boldsymbol{T}^{-1}\cdot\cdots\cdot\boldsymbol{T}^{-1}}_{n\text{个}\boldsymbol{T}}\end{cases} \tag{2-80}$$

2.3.4 正交二阶张量

若二阶张量的行列式 $\det\boldsymbol{T}=0$,则称 $\boldsymbol{T}$ 为退化的二阶张量。反之,若 $\det\boldsymbol{T}\neq0$,则称 $\boldsymbol{T}$ 为正则的二阶张量。

对于一个正则的二阶张量 $\boldsymbol{Q}$,若满足

$$\boldsymbol{Q}^{\mathrm{T}}=\boldsymbol{Q}^{-1} \tag{2-81}$$

$$\boldsymbol{Q}^{\mathrm{T}}\cdot\boldsymbol{Q}=\boldsymbol{I} \tag{2-82}$$

则称 $\boldsymbol{Q}$ 为正交张量。

正交张量的矩阵对应的行列式为

$$\det \boldsymbol{Q}=\pm 1 \tag{2-83}$$

矢量 $\boldsymbol{u},\boldsymbol{v}$ 用同一个正交张量进行映射后，其内积不变，即

$$(\boldsymbol{Q}\cdot\boldsymbol{u})\cdot(\boldsymbol{Q}\cdot\boldsymbol{v})=\boldsymbol{u}\cdot\boldsymbol{v} \tag{2-84}$$

证明过程为

$$(\boldsymbol{Q}\cdot\boldsymbol{u})\cdot(\boldsymbol{Q}\cdot\boldsymbol{v})=\boldsymbol{u}\cdot\boldsymbol{Q}^{\mathrm{T}}\cdot\boldsymbol{Q}\cdot\boldsymbol{v}=\boldsymbol{u}\cdot\boldsymbol{v} \tag{2-85}$$

2.3.5　爱丁顿张量

定义爱丁顿(A. S. Eddington，1882－1944)张量为

$$\boldsymbol{\epsilon}=e_{ijk}\boldsymbol{e}_i\boldsymbol{e}_j\boldsymbol{e}_k \tag{2-86}$$

定义行列式

$$a=\begin{vmatrix} a_{11} & a_{12} & a_{13} \\ a_{21} & a_{22} & a_{23} \\ a_{31} & a_{32} & a_{33} \end{vmatrix} \tag{2-87}$$

则有

$$\begin{vmatrix} a_{ir} & a_{is} & a_{it} \\ a_{jr} & a_{js} & a_{jt} \\ a_{kr} & a_{ks} & a_{kt} \end{vmatrix}=ae_{ijk}e_{rst} \tag{2-88}$$

类似地有

$$\begin{vmatrix} \delta_{ir} & \delta_{is} & \delta_{it} \\ \delta_{jr} & \delta_{js} & \delta_{jt} \\ \delta_{kr} & \delta_{ks} & \delta_{kt} \end{vmatrix}=e_{ijk}e_{rst} \tag{2-89}$$

展开后可以得到具体表达式。

对于两个爱丁顿张量，如果进行点积，则有关系式

$$e_{ijk}e_{ist}=\delta_{js}\delta_{kt}-\delta_{jt}\delta_{ks} \tag{2-90}$$

$$e_{ijk}e_{ijt}=\delta_{jj}\delta_{kt}-\delta_{jt}\delta_{kj}=2\delta_{kt} \tag{2-91}$$

$$e_{ijk}e_{ijk}=2\delta_{kk}=6 \tag{2-92}$$

式(2-91)和式(2-92)中后面两个等式的实体形式为

$$\boldsymbol{\epsilon}:\boldsymbol{\epsilon}=2\boldsymbol{I} \tag{2-93}$$

$$\boldsymbol{\epsilon}\,\vdots\,\boldsymbol{\epsilon}=6 \tag{2-94}$$

这些等式称为 $\boldsymbol{\epsilon}-\boldsymbol{\delta}$ 等式。这一等式在实际应用中具有非常重要的意义，可以对很多复杂的公式进行化简。

运用此恒等式可以证明，对于四个矢量 $\boldsymbol{A},\boldsymbol{B},\boldsymbol{C},\boldsymbol{D}$，有 $\boldsymbol{A}\times\boldsymbol{B}\times\boldsymbol{C}\times\boldsymbol{D}=\boldsymbol{C}(\boldsymbol{A}\cdot\boldsymbol{B}\times\boldsymbol{D})-\boldsymbol{D}(\boldsymbol{A}\cdot\boldsymbol{B}\times\boldsymbol{C})$。

2.3.6　转动张量

对于反对称张量 $\boldsymbol{\Omega}$，在任一坐标系中，其矩阵表达式为

$$\boldsymbol{\Omega}=\begin{pmatrix} 0 & \Omega_{12} & \Omega_{13} \\ \Omega_{21} & 0 & \Omega_{22} \\ \Omega_{31} & \Omega_{32} & 0 \end{pmatrix}=\begin{pmatrix} 0 & \Omega_{12} & \Omega_{13} \\ -\Omega_{12} & 0 & \Omega_{23} \\ -\Omega_{13} & -\Omega_{23} & 0 \end{pmatrix} \tag{2-95}$$

定义 $\boldsymbol{\Omega}$ 的反偶矢量为

$$\boldsymbol{\omega}=-\frac{1}{2}\boldsymbol{\epsilon}:\boldsymbol{\Omega} \tag{2-96}$$

$$\boldsymbol{\Omega}=-\boldsymbol{\epsilon}\cdot\boldsymbol{\omega} \tag{2-97}$$

分量形式为

$$\omega_i=-\frac{1}{2}e_{ijk}\Omega_{jk} \tag{2-98}$$

$$\Omega_{ij}=-e_{ijk}\omega_k \tag{2-99}$$

$\boldsymbol{\Omega}$ 与任意矢量 $\boldsymbol{u}$ 所做的线性变换可以写为

$$\boldsymbol{\Omega}\cdot\boldsymbol{u}=\boldsymbol{\omega}\times\boldsymbol{u} \tag{2-100}$$

证明过程为

$$\boldsymbol{\Omega}\cdot\boldsymbol{u}=\Omega_{ij}u_j\boldsymbol{e}_i=-e_{ijk}\omega_k u_j\boldsymbol{e}_i=e_{kji}\omega_k u_j\boldsymbol{e}_i \tag{2-101}$$

$$\boldsymbol{\omega}\times\boldsymbol{u}=e_{ijk}\omega_i u_j\boldsymbol{e}_k=e_{kji}\omega_k u_j\boldsymbol{e}_i \tag{2-102}$$

因此二者相等。

2.3.7　实对称二阶张量

实际上,实对称二阶张量 $\boldsymbol{N}$ 还具有一些通用的性质。首先,设矢量 $\boldsymbol{a}$ 的方向为 $\boldsymbol{N}$ 的一个主方向,则 $\boldsymbol{N}$ 将 $\boldsymbol{a}$ 映射为与其自身平行的数量,并加以放大或缩小,设倍数为 λ,则 λ 是 $\boldsymbol{a}$ 所对应的主分量,即

$$\boldsymbol{N}\cdot\boldsymbol{a}=\lambda\boldsymbol{a} \tag{2-103}$$

即

$$(\boldsymbol{N}-\lambda\boldsymbol{I})\cdot\boldsymbol{a}=\boldsymbol{0} \tag{2-104}$$

则有特征多项式,即凯利-哈密顿(A. Cayley,1821－1895;W. R. Hamilton,1805－1865)等式

$$\lambda^3-J_1\lambda^2+J_2\lambda-J_3=0 \tag{2-105}$$

类似地,二阶张量满足凯利-哈密顿等式

$$\boldsymbol{N}^3-J_1\boldsymbol{N}^2+J_2\boldsymbol{N}-J_3\boldsymbol{I}=\boldsymbol{0} \tag{2-106}$$

实对称二阶张量的特征方程必定有 3 个实根。设有一个复根 λ,其共轭复数 $\bar{\lambda}$ 也必为特征方程的另一个根。若 λ 对应的特征矢量为 $\boldsymbol{a}$,则 n 对应的特征矢量为 $\bar{\boldsymbol{a}}$。由

$$\boldsymbol{N}\cdot\boldsymbol{a}=\lambda\boldsymbol{a} \tag{2-107}$$

$$\boldsymbol{N}\cdot\bar{\boldsymbol{a}}=\bar{\lambda}\bar{\boldsymbol{a}} \tag{2-108}$$

可得

$$\bar{\boldsymbol{a}}\cdot\boldsymbol{N}\cdot\boldsymbol{a}=\lambda\bar{\boldsymbol{a}}\cdot\boldsymbol{a} \tag{2-109}$$

$$\boldsymbol{a}\cdot\boldsymbol{N}\cdot\bar{\boldsymbol{a}}=\bar{\lambda}\boldsymbol{a}\cdot\bar{\boldsymbol{a}} \tag{2-110}$$

由于 $\boldsymbol{N}$ 对称,故而

$$(\bar{\lambda}-\lambda)\bar{\boldsymbol{a}}\cdot\boldsymbol{a}=0 \tag{2-111}$$

故而 $\bar{\lambda}=\lambda$ 为实数。

当对称二阶张量具有 3 个不等实根 $\lambda_1,\lambda_2,\lambda_3$,且 $\lambda_1>\lambda_2>\lambda_3$,则所对应的三个主轴方向 $\boldsymbol{a}_1,\boldsymbol{a}_2,\boldsymbol{a}_3$ 是唯一的且相互正交。例如,对于 $\boldsymbol{a}_1,\boldsymbol{a}_2$,有

$$\boldsymbol{N}\cdot\boldsymbol{a}_1=\lambda_1\boldsymbol{a}_1 \tag{2-112}$$

$$\boldsymbol{N}\cdot\boldsymbol{a}_2=\lambda_2\boldsymbol{a}_2 \tag{2-113}$$

$$\boldsymbol{a}_2\cdot\boldsymbol{N}\cdot\boldsymbol{a}_1=\lambda_1\boldsymbol{a}_2\cdot\boldsymbol{a}_1 \tag{2-114}$$

$$\boldsymbol{a}_1\cdot\boldsymbol{N}\cdot\boldsymbol{a}_2=\lambda_2\boldsymbol{a}_1\cdot\boldsymbol{a}_2 \tag{2-115}$$

故而

$$(\lambda_1-\lambda_2)\boldsymbol{a}_1\cdot\boldsymbol{a}_2=0 \tag{2-116}$$

2.4 张量分解

2.4.1 加法分解

一个二阶张量 $\boldsymbol{T}$ 可以写成两部分，即

$$\boldsymbol{T}=\boldsymbol{N}+\boldsymbol{\Omega} \tag{2-117}$$

式中，$\boldsymbol{N}$ 为对称张量，为

$$\boldsymbol{N}=\frac{1}{2}(\boldsymbol{T}+\boldsymbol{T}^{\mathrm{T}}) \tag{2-118}$$

$\boldsymbol{\Omega}$ 为反对称张量，为

$$\boldsymbol{\Omega}=\frac{1}{2}(\boldsymbol{T}-\boldsymbol{T}^{\mathrm{T}}) \tag{2-119}$$

可以证明：一个对称二阶张量和一个反对称二阶张量进行双点积结果为 0。推导如下

$$\begin{aligned}\boldsymbol{N}:\boldsymbol{\Omega}&=N_{ij}\boldsymbol{e}_i\boldsymbol{e}_j:\Omega_{kl}\boldsymbol{e}_k\boldsymbol{e}_l\\&=N_{ij}\Omega_{ij}=N_{ji}\Omega_{ji}=-N_{ij}\Omega_{ij}=0\end{aligned} \tag{2-120}$$

进一步，一个对称张量 $\boldsymbol{N}$ 可以分解为一个球形张量 $\boldsymbol{P}$ 和一个偏斜张量 $\boldsymbol{D}$ 的和，即

$$\boldsymbol{N}=\boldsymbol{P}+\boldsymbol{D} \tag{2-121}$$

其中

$$\boldsymbol{P}=\frac{1}{3}\mathrm{tr}\,\boldsymbol{T}\boldsymbol{I}=\frac{1}{3}J_1\boldsymbol{I} \tag{2-122}$$

2.4.2 乘法分解(极分解)

一个正则的二阶张量 $\boldsymbol{T}$ 可以分解为一个正交张量 $\boldsymbol{Q}$(或者 $\boldsymbol{Q}_1$)与一个对称张量 $\boldsymbol{H}$(或 $\boldsymbol{H}_1$)的点积，即

$$\boldsymbol{T}=\boldsymbol{Q}\cdot\boldsymbol{H}=\boldsymbol{H}_1\cdot\boldsymbol{Q}_1 \tag{2-123}$$

上式等号两边分别称为二阶张量 $\boldsymbol{T}$ 的左极分解和右极分解。

对二阶张量 $\boldsymbol{T}$ 做进一步运算，可以得到

$$\begin{cases}\boldsymbol{T}^{\mathrm{T}}=(\boldsymbol{Q}\cdot\boldsymbol{H})^{\mathrm{T}}=\boldsymbol{H}\cdot\boldsymbol{Q}^{\mathrm{T}}\\\boldsymbol{T}^{\mathrm{T}}=(\boldsymbol{H}_1\cdot\boldsymbol{Q}_1)^{\mathrm{T}}=\boldsymbol{Q}_1^{\mathrm{T}}\cdot\boldsymbol{H}_1\\\boldsymbol{T}^{\mathrm{T}}\cdot\boldsymbol{T}=\boldsymbol{H}\cdot\boldsymbol{Q}^{\mathrm{T}}\cdot\boldsymbol{Q}\cdot\boldsymbol{H}=\boldsymbol{H}^2\\\boldsymbol{T}\cdot\boldsymbol{T}^{\mathrm{T}}=\boldsymbol{H}_1\cdot\boldsymbol{Q}_1\cdot\boldsymbol{Q}_1^{\mathrm{T}}\cdot\boldsymbol{H}_1=\boldsymbol{H}_1^2\end{cases} \tag{2-124}$$

若 $\boldsymbol{M}^2=\boldsymbol{N}$，则定义 $\boldsymbol{N}$ 的方根为 $\boldsymbol{M}$，有

$$\boldsymbol{M}=\boldsymbol{N}^{1/2} \tag{2-125}$$

故有

$$\begin{cases}\boldsymbol{H}=\sqrt{\boldsymbol{T}^{\mathrm{T}}\cdot\boldsymbol{T}}\\ \boldsymbol{H}_1=\sqrt{\boldsymbol{T}\cdot\boldsymbol{T}^{\mathrm{T}}}\end{cases}\tag{2-126}$$

而

$$\begin{cases}\boldsymbol{Q}=\boldsymbol{T}\cdot\boldsymbol{H}^{-1}\\ \boldsymbol{Q}_1=\boldsymbol{H}_1^{-1}\cdot\boldsymbol{T}\end{cases}\tag{2-127}$$

同一张量的左、右极分解存在关系

$$\boldsymbol{Q}=\boldsymbol{Q}_1\tag{2-128}$$

$$\boldsymbol{H}=\boldsymbol{Q}^{\mathrm{T}}\cdot\boldsymbol{H}_1\cdot\boldsymbol{Q}\tag{2-129}$$

$$\boldsymbol{H}_1=\boldsymbol{Q}\cdot\boldsymbol{H}\cdot\boldsymbol{Q}^{\mathrm{T}}\tag{2-130}$$

张量的乘法分解具有广泛的应用。例如,在连续介质力学中,变形梯度张量 $\boldsymbol{F}$ 可以进行如下极分解

$$\boldsymbol{F}=\boldsymbol{R}\cdot\boldsymbol{U}=\boldsymbol{V}\cdot\boldsymbol{R}\tag{2-131}$$

式中,$\boldsymbol{R}$ 为正交张量,代表转动。其中 $\boldsymbol{R}\cdot\boldsymbol{U}$ 为变形梯度张量的右极分解,表示介质先按照张量 $\boldsymbol{U}$ 变形,然后按照正交张量 $\boldsymbol{R}$ 转动。$\boldsymbol{V}\cdot\boldsymbol{R}$ 为变形梯度张量的左极分解,表示介质先按照正交张量 $\boldsymbol{R}$ 转动,然后按照张量 $\boldsymbol{V}$ 变形。

$$\boldsymbol{U}=\sqrt{\boldsymbol{F}^{\mathrm{T}}\cdot\boldsymbol{F}}\tag{2-132}$$

$$\boldsymbol{V}=\sqrt{\boldsymbol{F}\cdot\boldsymbol{F}^{\mathrm{T}}}\tag{2-133}$$

2.5 张量的导数

2.5.1 张量函数的导数

矢量 $\boldsymbol{x}$ 在很多场合下代表矢径,即 $\boldsymbol{x}=x_i\boldsymbol{e}_i$。由此定义以下各种张量函数的导数:

(1) 矢量 $\boldsymbol{x}$ 的标量函数 $\varphi=f(\boldsymbol{x})$。

函数的微分为

$$\mathrm{d}f=f'(\boldsymbol{x})\cdot\boldsymbol{x}\tag{2-134}$$

导数

$$f'(\boldsymbol{x})=\frac{\mathrm{d}f}{\mathrm{d}\boldsymbol{x}}\tag{2-135}$$

为一个矢量,展开为

$$f'(\boldsymbol{x})=\frac{\mathrm{d}f}{\mathrm{d}\boldsymbol{x}}=\frac{\partial f}{\partial x_i}\boldsymbol{e}_i\tag{2-136}$$

定义梯度算子

$$\nabla(\ )=\boldsymbol{e}_i\frac{\partial(\ )}{\partial x_i}\tag{2-137}$$

$$(\ )\nabla=\frac{\partial(\ )}{\partial x_i}\boldsymbol{e}_i\tag{2-138}$$

则

$$f'(\boldsymbol{x})=\frac{\mathrm{d}f}{\mathrm{d}\boldsymbol{x}}=f\,\nabla=\nabla f \tag{2-139}$$

(2) 矢量 $\boldsymbol{x}$ 的矢量函数 $\boldsymbol{w}=\boldsymbol{F}(\boldsymbol{x})$。

矢量函数的微分为

$$\mathrm{d}\boldsymbol{F}(\boldsymbol{x})=\boldsymbol{F}'\cdot\mathrm{d}\boldsymbol{x}=\boldsymbol{F}\,\nabla\cdot\mathrm{d}\boldsymbol{x}=\mathrm{d}\boldsymbol{x}\cdot\nabla\boldsymbol{F} \tag{2-140}$$

导数为

$$\boldsymbol{F}'(\boldsymbol{x})=\frac{\mathrm{d}\boldsymbol{F}}{\mathrm{d}\boldsymbol{x}}=\frac{\partial\boldsymbol{F}}{\partial x_i}\boldsymbol{e}_i=\frac{\partial F_k}{\partial x_i}\boldsymbol{e}_k\boldsymbol{e}_i \tag{2-141}$$

为一个二阶张量。

(3) 矢量 $\boldsymbol{x}$ 的二阶张量函数 $\boldsymbol{H}=\boldsymbol{T}(\boldsymbol{x})$。

二阶张量函数的微分为

$$\mathrm{d}\boldsymbol{T}(\boldsymbol{x})=\boldsymbol{T}'\cdot\mathrm{d}\boldsymbol{x}=\boldsymbol{T}\,\nabla\cdot\mathrm{d}\boldsymbol{x}=\mathrm{d}\boldsymbol{x}\cdot\nabla\boldsymbol{T} \tag{2-142}$$

导数

$$\boldsymbol{T}'(\boldsymbol{x})=\frac{\mathrm{d}\boldsymbol{T}}{\mathrm{d}\boldsymbol{x}}=\frac{\partial\boldsymbol{T}}{\partial x_i}\boldsymbol{e}_i=\frac{\partial T_{kl}}{\partial x_i}\boldsymbol{e}_k\boldsymbol{e}_l\boldsymbol{e}_i \tag{2-143}$$

为一个三阶张量。

2.5.2 工程中常见的例子

(1) 液体压力梯度。

$$\boldsymbol{f}=-\nabla p \tag{2-144}$$

$$\boldsymbol{f}=-\frac{\partial p}{\partial x_i}\boldsymbol{e}_i=-\frac{\partial p}{\partial x}\boldsymbol{i}-\frac{\partial p}{\partial y}\boldsymbol{j}-\frac{\partial p}{\partial z}\boldsymbol{k} \tag{2-145}$$

(2) 有势力、保守力。

$$\boldsymbol{F}=\nabla\phi \tag{2-146}$$

$$\boldsymbol{F}=\frac{\partial\phi}{\partial x_i}\boldsymbol{e}_i=\frac{\partial\phi}{\partial x}\boldsymbol{i}+\frac{\partial\phi}{\partial y}\boldsymbol{j}+\frac{\partial\phi}{\partial z}\boldsymbol{k} \tag{2-147}$$

例如,重力

$$mg\boldsymbol{k}=\nabla\phi \tag{2-148}$$

式中,$\phi=mgz$。

弹簧(竖直伸长)弹力

$$Kx\boldsymbol{i}=\nabla\phi \tag{2-149}$$

式中,$\phi=\frac{1}{2}Kx^2$,K 为弹性系数。

(3) 矢径梯度。

$$\nabla\boldsymbol{r}=\boldsymbol{I} \tag{2-150}$$

而

$$\nabla\boldsymbol{I}=\boldsymbol{0} \tag{2-151}$$

(4) 傅里叶热传导定律。

热流密度为

$$\boldsymbol{q}=-k\nabla T \tag{2-152}$$

$$\boldsymbol{q}=-k\frac{\partial T}{\partial x_i}\boldsymbol{e}_i=-k\frac{\partial T}{\partial x}\boldsymbol{i}-k\frac{\partial T}{\partial y}\boldsymbol{j}-k\frac{\partial T}{\partial z}\boldsymbol{k} \tag{2-153}$$

式中，k 为热传导系数，T 为温度。

热流密度在任意一个方向 $\boldsymbol{n}$ 上的投影为

$$q_n=\boldsymbol{q}\cdot\boldsymbol{n}=q_i n_i=-k\frac{\partial T}{\partial x}n_x-k\frac{\partial T}{\partial y}n_y-k\frac{\partial T}{\partial z}n_z \tag{2-154}$$

考虑热传导系数的各向异性，为了更全面地表达，进一步定义热流密度二阶张量为

$$\boldsymbol{Q}=-\boldsymbol{k}\ \nabla T \tag{2-155}$$

$$Q_{ij}=-k_i\frac{\partial T}{\partial x_j} \tag{2-156}$$

定义热流密度（下标符号下面带横线表示不进行求和约定）为

$$q_i=Q_{\underline{ii}}=-k_{\underline{i}}\frac{\partial T}{\partial x_{\underline{i}}} \tag{2-157}$$

$$\begin{cases} q_x=-k_x\dfrac{\partial T}{\partial x} \\ q_y=-k_y\dfrac{\partial T}{\partial y} \\ q_z=-k_z\dfrac{\partial T}{\partial z} \end{cases} \tag{2-158}$$

此为各向异性传热；若为各向同性传热，则有 $k_x=k_y=k_z=k$，即

$$\begin{cases} q_x=-k\dfrac{\partial T}{\partial x} \\ q_y=-k\dfrac{\partial T}{\partial y} \\ q_z=-k\dfrac{\partial T}{\partial z} \end{cases} \tag{2-159}$$

2.5.3 散度算子实例

（1）定义散度算子。

$$\nabla\cdot(\ )=\boldsymbol{e}_i\cdot\frac{\partial(\ )}{\partial x_i} \tag{2-160}$$

$$(\ )\cdot\nabla=\frac{\partial(\ )}{\partial x_i}\cdot\boldsymbol{e}_i$$

（2）定义矢径散度。

$$\nabla\cdot\boldsymbol{r}=\boldsymbol{e}_i\cdot\boldsymbol{e}_j\frac{\partial x_j}{\partial x_i}=\delta_{ii}=3 \tag{2-161}$$

2.5.4 旋度算子实例

定义旋度算子为

$$\nabla\times(\ )=\boldsymbol{e}_i\times\frac{\partial(\ )}{\partial x_i} \tag{2-162}$$

$$(\ )\times\nabla=\frac{\partial(\ )}{\partial x_i}\times\boldsymbol{e}_i \tag{2-163}$$

矢量 $\boldsymbol{A}$ 的旋度为

$$\text{rot}\ \boldsymbol{A}=\text{curl}\ \boldsymbol{A}=\nabla\times\boldsymbol{A}=\boldsymbol{e}_i\times\frac{\partial\boldsymbol{A}}{\partial x_i}=-\boldsymbol{A}\times\nabla \tag{2-164}$$

2.5.5　拉普拉斯算子实例

拉普拉斯(P. S. Laplace,1749—1827)算子定义为

$$\nabla^2(\ )=\Delta(\ )=\nabla\cdot\nabla(\ ) \tag{2-165}$$

拉普拉斯算子有如下实例。

(1) 热传导方程。

$$\begin{cases}\dfrac{\partial \boldsymbol{u}}{\partial t}=a^2\ \nabla^2\boldsymbol{u}+\boldsymbol{f}\\[2mm]\dfrac{\partial u_i}{\partial t}=a^2\ \nabla^2 u_i+f_i\end{cases} \tag{2-166}$$

在直角坐标系中的表达式为

$$\begin{cases}\dfrac{\partial u_x}{\partial t}=a^2\ \nabla^2 u_x+f_x\\[2mm]\dfrac{\partial u_y}{\partial t}=a^2\ \nabla^2 u_y+f_y\\[2mm]\dfrac{\partial u_z}{\partial t}=a^2\ \nabla^2 u_z+f_z\end{cases} \tag{2-167}$$

(2) 波动方程或弦振动方程。

$$\begin{cases}\dfrac{\partial^2 \boldsymbol{u}}{\partial t^2}=a^2\ \nabla^2\boldsymbol{u}+\boldsymbol{f}\\[2mm]\dfrac{\partial^2 u_i}{\partial t^2}=a^2\ \nabla^2 u_i+f_i\end{cases} \tag{2-168}$$

在直角坐标系中的表达式为

$$\begin{cases}\dfrac{\partial^2 u_x}{\partial t^2}=a^2\ \nabla^2 u_x+f_x\\[2mm]\dfrac{\partial^2 u_y}{\partial t^2}=a^2\ \nabla^2 u_y+f_y\\[2mm]\dfrac{\partial^2 u_z}{\partial t^2}=a^2\ \nabla^2 u_z+f_z\end{cases} \tag{2-169}$$

(3) 泊松方程。

$$\begin{cases}a^2\ \nabla^2\boldsymbol{u}+\boldsymbol{f}=\boldsymbol{0}\\a^2\ \nabla^2 u_i+f_i=0\end{cases} \tag{2-170}$$

在直角坐标中的表达式为

$$\begin{cases}a^2\ \nabla^2 u_x+f_x=0\\a^2\ \nabla^2 u_y+f_y=0\\a^2\ \nabla^2 u_z+f_z=0\end{cases} \tag{2-171}$$

(4) 拉普拉斯方程。

$$\begin{cases}\nabla^2\boldsymbol{u}=\boldsymbol{0}\\\nabla^2 u_i=0\end{cases} \tag{2-172}$$

在直角坐标系中的表达式为

$$\begin{cases}\nabla^2 u_x=0\\\nabla^2 u_y=0\\\nabla^2 u_z=0\end{cases} \tag{2-173}$$

一个典型的例子就是肥皂泡，其方程为

$$\Delta p=\gamma(C_1+C_2) \tag{2-174}$$

即曲面的拉普拉斯方程。

对于小变形，式(2-174)可简化为

$$\Delta p=\gamma \nabla^2 z \tag{2-175}$$

式中，$z=z(x,y)$，上式中的$\nabla^2 z$是小变形时曲面的曲率。

对于更为特殊的情形，如图 2.9 所示的肥皂泡，由于其液膜内外均为液气界面，故存在两倍的表面张力数值；另外，肥皂泡为球形，故其平均曲率可以用肥皂泡的半径 R 来表示，故得到拉普拉斯方程为

$$\Delta p=\frac{4\gamma}{R} \tag{2-176}$$

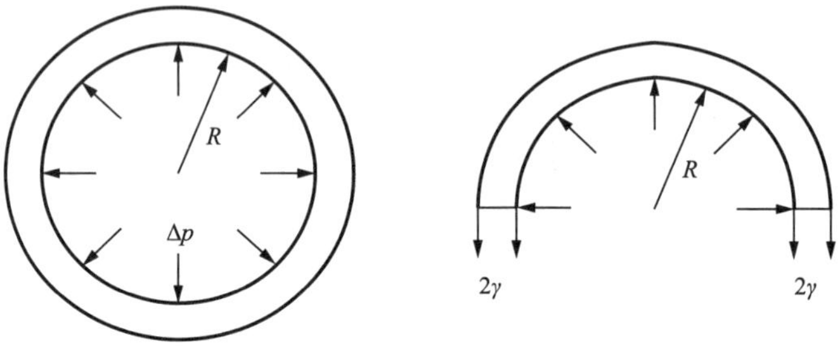

图 2.9 肥皂泡受力示意图

2.5.6 积分定理

下面介绍三个常用的积分定理。

(1) 高斯定理。

如图 2.10 所示，设 $\boldsymbol{T}$ 为定义在三维域 V 上的张量场，S 是 V 的闭合边界曲面，其面元 $\mathrm{d}S$ 的外法线单位矢量为 $\boldsymbol{n}$，即 $\mathrm{d}\boldsymbol{S}=\mathrm{d}S\boldsymbol{n}$。若 $\boldsymbol{T}$ 在闭合域 $S+V$ 上有连续偏导数，则有

$$\oint_S \boldsymbol{n}\cdot\boldsymbol{T}\mathrm{d}S=\oint_S \mathrm{d}\boldsymbol{S}\cdot\boldsymbol{T}=\int_V \nabla\cdot\boldsymbol{T}\mathrm{d}V \tag{2-177}$$

$$\oint_S n_i T_{ij}\,\mathrm{d}S=\int_V T_{ij,i}\mathrm{d}V \tag{2-178}$$

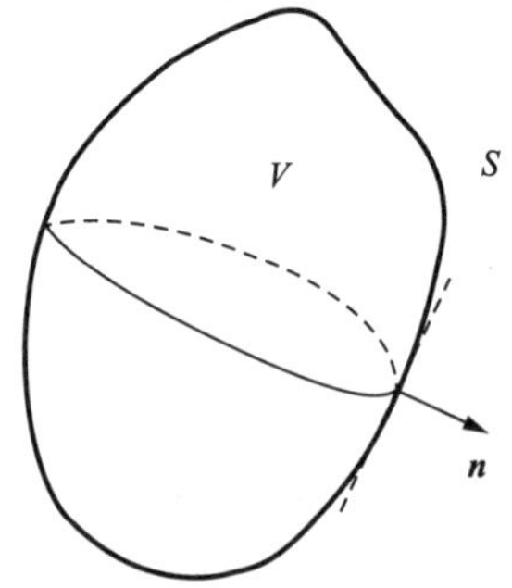

图 2.10 高斯定理示意图，体积分与面积分的转换

在笛卡儿坐标系中，展开式为

$$\begin{cases}\oint_S (T_{xx}\cos\alpha+T_{yx}\cos\beta+T_{zx}\cos\gamma)\mathrm{d}S=\int_V\left(\frac{\partial T_{xx}}{\partial x}+\frac{\partial T_{yx}}{\partial y}+\frac{\partial T_{zx}}{\partial z}\right)\mathrm{d}V\\ \oint_S (T_{xy}\cos\alpha+T_{yy}\cos\beta+T_{zy}\cos\gamma)\mathrm{d}S=\int_V\left(\frac{\partial T_{xy}}{\partial x}+\frac{\partial T_{yy}}{\partial y}+\frac{\partial T_{zy}}{\partial z}\right)\mathrm{d}V\\ \oint_S (T_{xz}\cos\alpha+T_{yz}\cos\beta+T_{zz}\cos\gamma)\mathrm{d}S=\int_V\left(\frac{\partial T_{xz}}{\partial x}+\frac{\partial T_{yz}}{\partial y}+\frac{\partial T_{zz}}{\partial z}\right)\mathrm{d}V\end{cases} \tag{2-179}$$

高斯(C. F. Gauss，1777—1855)定理给出了体积分和面积分的变换关系，在弹性力学的能量原理和空间问题中有重要应用。

(2) 斯托克斯定理。

斯托克斯(G. G. Stokes,1819—1903)定理给出了曲面积分和曲线积分的变换关系。如图 2.11 所示,设 $\boldsymbol{T}$ 是定义在光滑空间曲面 S 上的单值张量函数,且 $\boldsymbol{T}$ 在与 S 足够靠近的空间点处有连续的偏导数,光滑曲线 $\boldsymbol{l}$ 是开口曲面 S 的闭合边界曲线,且 $\boldsymbol{l}$ 的正向和 S 的单位法向矢量 $\boldsymbol{n}$ 构成右手系,则有

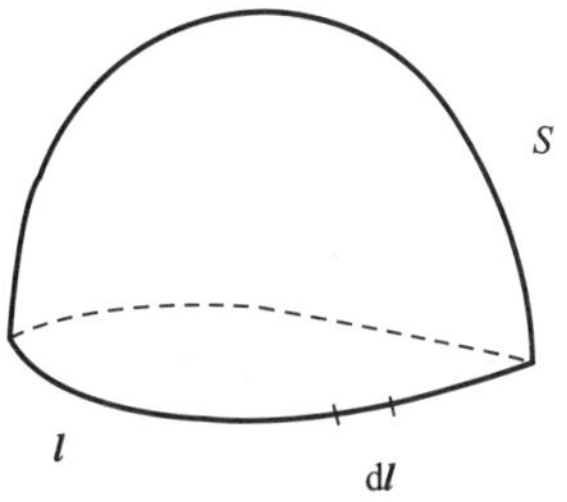

图 2.11 斯托克斯定理示意,面积分与线积分的转换

$$\int_S \boldsymbol{n} \cdot (\nabla\times \boldsymbol{T})\mathrm{d}S = \oint_l \mathrm{d}\boldsymbol{l} \cdot \boldsymbol{T} \tag{2-180}$$

$$\int_S e_{ijk} n_i T_{kl,j}\mathrm{d}S = \oint_l \mathrm{d}x_i T_{il} \tag{2-181}$$

在笛卡儿坐标系中,展开式为

$$\begin{cases} \int_S \begin{vmatrix} \cos\alpha & \cos\beta & \cos\gamma \\ \dfrac{\partial}{\partial x} & \dfrac{\partial}{\partial y} & \dfrac{\partial}{\partial z} \\ T_{xx} & T_{yx} & T_{zx} \end{vmatrix} \mathrm{d}S = \oint_l T_{xx}\mathrm{d}x + T_{yx}\mathrm{d}y + T_{zx}\mathrm{d}z \\ \int_S \begin{vmatrix} \cos\alpha & \cos\beta & \cos\gamma \\ \dfrac{\partial}{\partial x} & \dfrac{\partial}{\partial y} & \dfrac{\partial}{\partial z} \\ T_{xy} & T_{yy} & T_{zy} \end{vmatrix} \mathrm{d}S = \oint_l T_{xy}\mathrm{d}x + T_{yy}\mathrm{d}y + T_{zy}\mathrm{d}z \\ \int_S \begin{vmatrix} \cos\alpha & \cos\beta & \cos\gamma \\ \dfrac{\partial}{\partial x} & \dfrac{\partial}{\partial y} & \dfrac{\partial}{\partial z} \\ T_{xz} & T_{yz} & T_{zz} \end{vmatrix} \mathrm{d}S = \oint_l T_{xz}\mathrm{d}x + T_{yz}\mathrm{d}y + T_{zz}\mathrm{d}z \end{cases} \tag{2-182}$$

(3) 格林定理。

格林(G. Green,1793－1841)定理实际为斯托克斯定理在二维情况下的简化。如图 2.12 所示,若张量 $\boldsymbol{T}$ 取为矢量 $\boldsymbol{u}$,线元矢量对应的单位切向矢量为 $\boldsymbol{\tau}$,即 $\mathrm{d}\boldsymbol{l}=\mathrm{d}S\boldsymbol{\tau}$,则此时斯托克斯定理可以写成

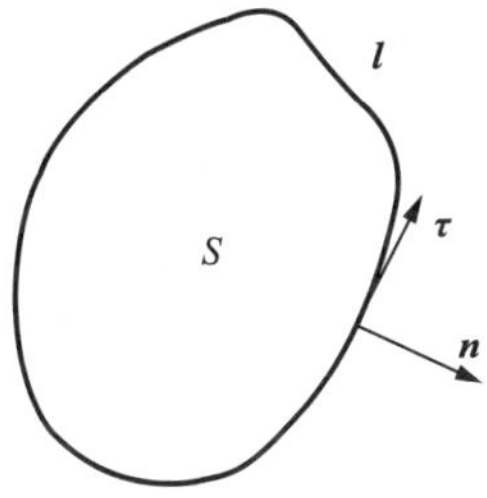

图 2.12 格林定理示意,平面内的积分关系

$$\int_S \boldsymbol{n} \cdot \nabla\times \boldsymbol{u}\mathrm{d}S = \int_l \mathrm{d}\boldsymbol{l} \cdot \boldsymbol{u} = \int_l \mathrm{d}S\boldsymbol{\tau} \cdot \boldsymbol{u} \tag{2-183}$$

对于平面问题,若 $\boldsymbol{u}=P\boldsymbol{i}+Q\boldsymbol{j}$, $\mathrm{d}\boldsymbol{l}=\mathrm{d}x\boldsymbol{i}+\mathrm{d}y\boldsymbol{j}$, $\boldsymbol{n}=\boldsymbol{k}$,则有

$$\boldsymbol{n} \cdot \nabla\times\boldsymbol{u} = \begin{vmatrix} 0 & 0 & 1 \\ \dfrac{\partial}{\partial x} & \dfrac{\partial}{\partial y} & 0 \\ P & Q & 0 \end{vmatrix} = \frac{\partial Q}{\partial x} - \frac{\partial P}{\partial y} \tag{2-184}$$

$$\mathrm{d}\boldsymbol{l} \cdot \boldsymbol{u} = P\mathrm{d}x + Q\mathrm{d}y \tag{2-185}$$

$$\int_S \begin{vmatrix} 0 & 0 & 1 \\ \dfrac{\partial}{\partial x} & \dfrac{\partial}{\partial y} & 0 \\ P & Q & 0 \end{vmatrix} \mathrm{d}x\mathrm{d}y = \int_l P\mathrm{d}x + Q\mathrm{d}y \tag{2-186}$$

习　题

2-1　求证：$\boldsymbol{u}\times(\boldsymbol{v}\times\boldsymbol{w})=(\boldsymbol{u}\cdot\boldsymbol{w})\boldsymbol{v}-(\boldsymbol{u}\cdot\boldsymbol{v})\boldsymbol{w}$，并问：$\boldsymbol{u}\times(\boldsymbol{v}\times\boldsymbol{w})$ 与 $(\boldsymbol{u}\times\boldsymbol{v})\times\boldsymbol{w}$ 是否相等？其中 $\boldsymbol{u},\boldsymbol{v},\boldsymbol{w}$ 为矢量。

2-2　$\boldsymbol{A},\boldsymbol{B},\boldsymbol{C},\boldsymbol{D}$ 为矢量。求证：$(\boldsymbol{A}\times\boldsymbol{B})\times(\boldsymbol{C}\times\boldsymbol{D})=\boldsymbol{B}(\boldsymbol{A}\cdot\boldsymbol{C}\times\boldsymbol{D})-\boldsymbol{A}(\boldsymbol{B}\cdot\boldsymbol{C}\times\boldsymbol{D})=\boldsymbol{C}(\boldsymbol{A}\cdot\boldsymbol{B}\times\boldsymbol{D})-\boldsymbol{D}(\boldsymbol{A}\cdot\boldsymbol{B}\times\boldsymbol{C})$。

2-3　已知：$\boldsymbol{N}$ 为对称二阶张量，$\boldsymbol{\Omega}$ 为反对称二阶张量，$\boldsymbol{u}$ 为任意矢量。求证：(1) $\boldsymbol{u}\cdot\boldsymbol{N}=\boldsymbol{N}\cdot\boldsymbol{u}$；(2) $\boldsymbol{u}\cdot\boldsymbol{\Omega}=-\boldsymbol{\Omega}\cdot\boldsymbol{u}$。

2-4　已知：二阶对称张量 $\boldsymbol{N}$，二阶反对称张量 $\boldsymbol{\Omega}$。求证：$\boldsymbol{N}:\boldsymbol{\Omega}=0$。

2-5　已知：任意二阶张量 $\boldsymbol{A},\boldsymbol{B}$，且 $\boldsymbol{T}=\boldsymbol{A}\cdot\boldsymbol{B}$，$\boldsymbol{S}=\boldsymbol{B}\cdot\boldsymbol{A}$，求证：$\boldsymbol{T}$ 与 $\boldsymbol{S}$ 具有相同的张量不变量。

2-6　已知：任意二阶张量 $\boldsymbol{T}$，任意矢量 $\boldsymbol{u}$，求证：$\boldsymbol{T}\cdot\boldsymbol{u}=\boldsymbol{u}\cdot\boldsymbol{T}^{\mathrm{T}}$。

2-7　已知：任意二阶张量 $\boldsymbol{A},\boldsymbol{B}$，求证：$(\boldsymbol{A}\cdot\boldsymbol{B})^{\mathrm{T}}=\boldsymbol{B}^{\mathrm{T}}\cdot\boldsymbol{A}^{\mathrm{T}}$。

2-8　已知：二阶张量 $\boldsymbol{T}=-\dfrac{1}{2}\boldsymbol{e}_1\boldsymbol{e}_1-\dfrac{\sqrt{3}}{2}\boldsymbol{e}_1\boldsymbol{e}_2+\sqrt{3}\,\boldsymbol{e}_2\boldsymbol{e}_1-\boldsymbol{e}_2\boldsymbol{e}_2+3\boldsymbol{e}_3\boldsymbol{e}_3$，试：(1) 进行加法分解；(2) 进行乘法分解。

2-9　对于以下三种应力状态的应力张量 $\boldsymbol{\sigma}$，求 J_1^{σ}，J_2 与 J_3^{6}。三种应力状态为

(1) 单向拉伸：$\sigma_1=\sigma_0>0$，$\sigma_2=\sigma_3=0$；

(2) 单向压缩：$\sigma_1=\sigma_2=0$，$\sigma_3=-\sigma_0<0$；

(3) 纯剪切：$\sigma_1=\tau>0$，$\sigma_2=0$，$\sigma_3=-\tau$。

2-10　求证：设 $\boldsymbol{r}$ 是场中某点的矢径，$r=|\boldsymbol{r}|$，则有(a) $\nabla\cdot(r^n\boldsymbol{r})=(n+3)r^n$；(b) $\nabla\times(r^n\boldsymbol{r})=\boldsymbol{0}$；(c) $\Delta(r^n)=n(n+1)r^{n-2}$。

2-11　求 $\dfrac{\mathrm{d}\boldsymbol{T}^{\mathrm{T}}}{\mathrm{d}\boldsymbol{T}}$（$\boldsymbol{T}^{\mathrm{T}}$ 为二阶张量 $\boldsymbol{T}$ 的转置张量）。

2-12　求 $\dfrac{\mathrm{d}[(\boldsymbol{T}^{\mathrm{T}})^2]}{\mathrm{d}\boldsymbol{T}}$（$\boldsymbol{T}^{\mathrm{T}}$ 为二阶张量 $\boldsymbol{T}$ 的转置张量）。

2-13　速度 $\boldsymbol{v}$ 和加速度 $\boldsymbol{a}$ 的点积代表什么物理意义？

2-14　从笛卡儿坐标系的拉梅-纳维叶公式出发，写出该方程的张量分量和实体形式。

$$\frac{\partial v_x}{\partial t}+v_x\frac{\partial v_x}{\partial x}+v_y\frac{\partial v_x}{\partial y}+v_z\frac{\partial v_x}{\partial z}$$
$$=F_x-\frac{1}{\rho}\frac{\partial p}{\partial x}+\frac{\mu}{\rho}\left(\frac{\partial^2 v_x}{\partial x^2}+\frac{\partial^2 v_x}{\partial y^2}+\frac{\partial^2 v_x}{\partial z^2}\right)+\frac{\mu}{3\rho}\frac{\partial}{\partial x}\left(\frac{\partial v_x}{\partial x}+\frac{\partial v_y}{\partial y}+\frac{\partial v_z}{\partial z}\right)$$

$$\frac{\partial v_y}{\partial t}+v_x\frac{\partial v_y}{\partial x}+v_y\frac{\partial v_y}{\partial y}+v_z\frac{\partial v_y}{\partial z}$$
$$=F_y-\frac{1}{\rho}\frac{\partial p}{\partial y}+\frac{\mu}{\rho}\left(\frac{\partial^2 v_y}{\partial x^2}+\frac{\partial^2 v_y}{\partial y^2}+\frac{\partial^2 v_y}{\partial z^2}\right)+\frac{\mu}{3\rho}\frac{\partial}{\partial y}\left(\frac{\partial v_x}{\partial x}+\frac{\partial v_y}{\partial y}+\frac{\partial v_z}{\partial z}\right)$$

$$\frac{\partial v_z}{\partial t}+v_x\frac{\partial v_z}{\partial x}+v_y\frac{\partial v_z}{\partial y}+v_z\frac{\partial v_z}{\partial z}$$
$$=F_z-\frac{1}{\rho}\frac{\partial p}{\partial z}+\frac{\mu}{\rho}\left(\frac{\partial^2 v_z}{\partial x^2}+\frac{\partial^2 v_z}{\partial y^2}+\frac{\partial^2 v_z}{\partial z^2}\right)+\frac{\mu}{3\rho}\frac{\partial}{\partial z}\left(\frac{\partial v_x}{\partial x}+\frac{\partial v_y}{\partial y}+\frac{\partial v_z}{\partial z}\right)$$

2-15　从笛卡儿坐标系中的拉梅-纳维叶方程出发，写出该方程的张量分量和实体形式。

$$\frac{\partial^2 u_x}{\partial x^2}+\frac{\partial^2 u_x}{\partial y^2}+\frac{\partial^2 u_x}{\partial z^2}+\frac{1}{1-2\nu}\frac{\partial}{\partial x}\left(\frac{\partial u_x}{\partial x}+\frac{\partial u_y}{\partial y}+\frac{\partial u_z}{\partial z}\right)+\frac{f_x}{G}=0$$

$$\frac{\partial^2 u_y}{\partial x^2}+\frac{\partial^2 u_y}{\partial y^2}+\frac{\partial^2 u_y}{\partial z^2}+\frac{1}{1-2\nu}\frac{\partial}{\partial y}\left(\frac{\partial u_x}{\partial x}+\frac{\partial u_y}{\partial y}+\frac{\partial u_z}{\partial z}\right)+\frac{f_y}{G}=0$$

$$\frac{\partial^2 u_z}{\partial x^2}+\frac{\partial^2 u_z}{\partial y^2}+\frac{\partial^2 u_z}{\partial z^2}+\frac{1}{1-2\nu}\frac{\partial}{\partial z}\left(\frac{\partial u_x}{\partial x}+\frac{\partial u_y}{\partial y}+\frac{\partial u_z}{\partial z}\right)+\frac{f_z}{G}=0$$

第 3 章

应力张量

弹性力学是基于静力学平衡方程来研究弹性体的力学响应，其中一个非常重要的概念就是应力张量，同时需要给出应力所满足的平衡方程。本章内容不涉及物体的材料性质和变形状态，因此得到的结论适用于任何连续介质。

3.1 内力和全应力

3.1.1 全应力

尽管前面我们给出了弹性体内力的表达式，但是对于一个截面而言，内力是截面上分布载荷简化后的结果，相当于合力；另外，截面上任意一点的内力集度不同，故而需要引入更为精确的力学参量来表征每一点的受力状态。

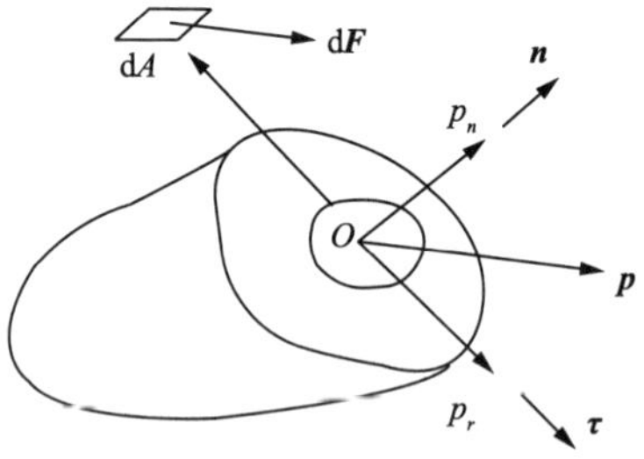

图 3.1 截面上的全应力

如图 3.1 所示，设 $\boldsymbol{n}$ 为截面的法线方向单位矢量，$\boldsymbol{\tau}$ 为截面内的单位矢量，在任意一点 O 处的微元 $\mathrm{d}A$ 上分布有力 $\mathrm{d}\boldsymbol{F}$，则可定义全应力(full stress)为

$$\boldsymbol{p}=\lim_{\Delta A\to 0}\frac{\Delta \boldsymbol{F}}{\Delta A}=\frac{\mathrm{d}\boldsymbol{F}}{\mathrm{d}A}=p_i\boldsymbol{e}_i \tag{3-1}$$

全应力是作用在法线为 $\boldsymbol{n}$ 的面元上的矢量，也称为**应力矢量**。

全应力 $\boldsymbol{p}$ 的方向一般不与 $\boldsymbol{n}$ 重合，故而可以沿着法向和面内两个方向对其进行分解，即

$$\boldsymbol{p}=\boldsymbol{p}_n+\boldsymbol{p}_\tau=p_n\boldsymbol{n}+p_\tau\boldsymbol{\tau} \tag{3-2}$$

其中

$$\boldsymbol{p}\cdot\boldsymbol{n}=p_n \tag{3-3}$$

p_n 为 $\boldsymbol{n}$ 方向上的分量，即截面上的正应力大小。

$$\boldsymbol{p}\cdot\boldsymbol{\tau}=p_\tau \tag{3-4}$$

p_τ 为 $\boldsymbol{\tau}$ 方向上的分量，即截面上的剪应力或切应力大小。

$$\boldsymbol{p}=\boldsymbol{p}\cdot\boldsymbol{n}\boldsymbol{n}+\boldsymbol{p}\cdot\boldsymbol{\tau}\boldsymbol{\tau} \tag{3-5}$$

由此可见，截面上一点处的全应力由正应力和剪应力组成，正应力 $\boldsymbol{p}_n$ 沿着截面法向，剪

应力 $\boldsymbol{p}_\tau$ 沿着截面面内方向。全应力的大小和方向不仅与点的位置有关，而且与面元法线方向 $\boldsymbol{n}$ 有关。作用在同一点处不同法向面元上的全应力是各不相同的。反之，不同曲面上的面元，只要通过同一点且法线方向 $\boldsymbol{n}$ 相同，则全应力也相同。

根据前述定义可见，应力矢量和面力矢量的数学定义和物理量纲都相同，都代表单位面积上的力，但二者并不是同一个物理量。二者的区别在于：全应力是作用在物体内截面上的未知内力，而面力是作用在物体外表面上的已知外力。当内截面无限趋近于外表面时，全应力也趋近于外加面力的数值。

3.1.2　应力张量

在笛卡儿坐标系 $Oxyz$（或者 $Ox_1x_2x_3$）中，每个截面上的法向应力 $\boldsymbol{p}_n$ 和切向应力 $\boldsymbol{p}_\tau$ 可以进一步沿着坐标轴 x_i 方向进行二次分解。不失一般性，选择截面法向与坐标轴重合，则 $\boldsymbol{p}_\tau$ 可以在面内进一步分解。

在笛卡儿坐标系中，用 6 个平行于坐标面的截面在某一点的邻域内取出一个正六面体微元。对于此正六面体，其外法线方向与坐标轴 x_i 同向的 3 个面元称为正面，对应的单位法向矢量为 $\boldsymbol{e}_i$。另外 3 个外法线与坐标轴反向的面元称为负面，它们的单位法向矢量为 $-\boldsymbol{e}_i$。例如，图 3.2 中六面体最右侧、最上方、最前方 3 个面的法线方向与对应的坐标轴正向相同，故而为正面；与之相对的另外 3 个面称为负面。

考虑构型的对称性，对于上述正六面体，6 个面上的正应力分量一共有 3 个，切应力分量一共有 6 个。如图 3.2 所示，在最前端的正面上，其单位法向矢量为 $\boldsymbol{e}_1$，有应力分量 $\sigma_{11}, \sigma_{12}, \sigma_{13}$；在最右侧的正面上，其单位法向矢量为 $\boldsymbol{e}_2$，有应力分量 $\sigma_{22}, \sigma_{21}, \sigma_{23}$；在最上面的正面上，其单位法线矢量为 $\boldsymbol{e}_3$，有应力分量 $\sigma_{33}, \sigma_{31}, \sigma_{32}$。也就是说有

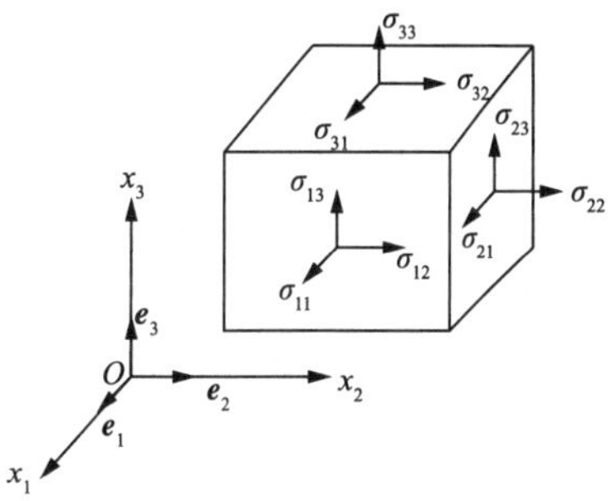

图 3.2　一点的应力状态

$$\begin{cases} \boldsymbol{p}_1 = \sigma_{11}\boldsymbol{e}_1 + \sigma_{12}\boldsymbol{e}_2 + \sigma_{13}\boldsymbol{e}_3 = \sigma_{1j}\boldsymbol{e}_j \\ \boldsymbol{p}_2 = \sigma_{21}\boldsymbol{e}_1 + \sigma_{22}\boldsymbol{e}_2 + \sigma_{23}\boldsymbol{e}_3 = \sigma_{2j}\boldsymbol{e}_j \\ \boldsymbol{p}_3 = \sigma_{31}\boldsymbol{e}_1 + \sigma_{32}\boldsymbol{e}_2 + \sigma_{33}\boldsymbol{e}_3 = \sigma_{3j}\boldsymbol{e}_j \end{cases} \tag{3-6}$$

即

$$\boldsymbol{p}_i = \sigma_{ij}\boldsymbol{e}_j \tag{3-7}$$

式(3-7)中的 σ_{ij} 对应 9 个应力分量，这 9 个应力分量是物体内一点应力状态的全面描述。这 9 个应力分量可以组成一个二阶张量，即

$$\boldsymbol{\sigma} = \sigma_{ij}\boldsymbol{e}_i\boldsymbol{e}_j \tag{3-8}$$

$\boldsymbol{\sigma}$ 通常称为**应力张量**。

上述应力张量 $\boldsymbol{\sigma}$ 展开后为

$$\boldsymbol{\sigma} = \sigma_{11}\boldsymbol{e}_1\boldsymbol{e}_1 + \sigma_{12}\boldsymbol{e}_1\boldsymbol{e}_2 + \sigma_{13}\boldsymbol{e}_1\boldsymbol{e}_3 + \sigma_{21}\boldsymbol{e}_2\boldsymbol{e}_1 + \sigma_{22}\boldsymbol{e}_2\boldsymbol{e}_2 + \sigma_{23}\boldsymbol{e}_2\boldsymbol{e}_3 + \sigma_{31}\boldsymbol{e}_3\boldsymbol{e}_1 + \sigma_{32}\boldsymbol{e}_3\boldsymbol{e}_2 + \sigma_{33}\boldsymbol{e}_3\boldsymbol{e}_3 \tag{3-9}$$

如保持元素及其排列顺序不变，每个二阶张量都对应一个矩阵。矩阵的行号和列号对应张量的第一和第二指标。矩阵乘法对应于张量点积。矩阵转置对应张量转置。上述二阶应力张量也可以写成矩阵形式

$$\boldsymbol{\sigma}=(\sigma_{ij})=\begin{pmatrix}\sigma_{11} & \sigma_{12} & \sigma_{13}\\ \sigma_{21} & \sigma_{22} & \sigma_{23}\\ \sigma_{31} & \sigma_{32} & \sigma_{33}\end{pmatrix} \tag{3-10}$$

式中,每个应力分量的第一指标 i 表示面元的法向,称为面元指标;第二指标 j 表示应力的指向,称为方向指标。例如,对于 σ_{12},面元法向为 x_1 轴方向,该应力分量指向 x_2 轴方向。当 $i=j$ 时,应力分量垂直于面元,称为正应力或者法向应力(normal stress),例如 σ_{11},σ_{33}。当 $i\neq j$ 时,应力分量作用在面元平面内,称为剪应力或者切应力(shear stress),例如 σ_{12},σ_{21},σ_{23},σ_{32},σ_{31},σ_{13}。

在直角坐标系 $Oxyz$ 中,式(3-10)可以进一步写成

$$\boldsymbol{\sigma}=(\sigma_{ij})=\begin{pmatrix}\sigma_x & \tau_{xy} & \tau_{xz}\\ \tau_{yx} & \sigma_y & \tau_{yz}\\ \tau_{zx} & \tau_{zy} & \sigma_z\end{pmatrix} \tag{3-11}$$

在上述坐标系中,实际上有 $\sigma_{12}=\sigma_{xy}$,$\sigma_{23}=\sigma_{yz}$,$\sigma_{31}=\sigma_{zx}$ 等表达式,但是为了区分正应力和切应力,一般用符号 σ_x,σ_y,σ_z 等代表正应力分量(由于 σ_{xx} 中两个 x 重复书写,为简便起见往往用一个 x 表示),用 τ_{xy},τ_{yz},τ_{zx} 等代表切应力。需要强调的是,在弹性力学中,不加任何语境和修饰,单纯地说"**应力**"两个字是没有实际意义的,一般需要明确其是否为应力张量或者应力矩阵,其数值对应着哪一个应力分量等。一般不单纯地用符号 σ 表示正应力,而是应该加上相应的下标来明确其对应着哪个应力分量。

应力分量为张量的分量,因此其符号定义跟以前所学过的矢量不同。通常矢量的正负号需要与对应坐标轴的正负进行比较来确定,而应力张量的符号则规定为:正面上与坐标轴同向者为正,负面上与坐标轴反向者为正,可以理解为"正正得正,负负得正;反之为负"。这个规定正确地反映了作用与反作用原理,以及受拉为正、受压为负的观点。但剪应力的方向和材料力学中的规定有所不同,材料力学中并没有引入"张量"这一概念,其应力分量不能组成一个应力张量。

3.2 斜面上的应力公式

每个截面的方位不同,即法线方向 $\boldsymbol{n}$ 不同,则其上面对应的应力分量也不同。图 3.3 中的四面体 $PABC$ 为一个微元体,其对应的边长 $PA=\mathrm{d}x_1$,$PB=\mathrm{d}x_2$,$PC=\mathrm{d}x_3$。这个四面体有三个负面和一个斜面,斜面 ΔABC 的单位法向矢量定义为

$$\begin{cases}\boldsymbol{n}=n_i\boldsymbol{e}_i\\ n_i=\boldsymbol{n}\cdot\boldsymbol{e}_i\end{cases} \tag{3-12}$$

设斜面 ΔABC 的面积为 $\mathrm{d}A$,则三个负面分别为此斜面在对应坐标轴方向上的投影,其面积分别为

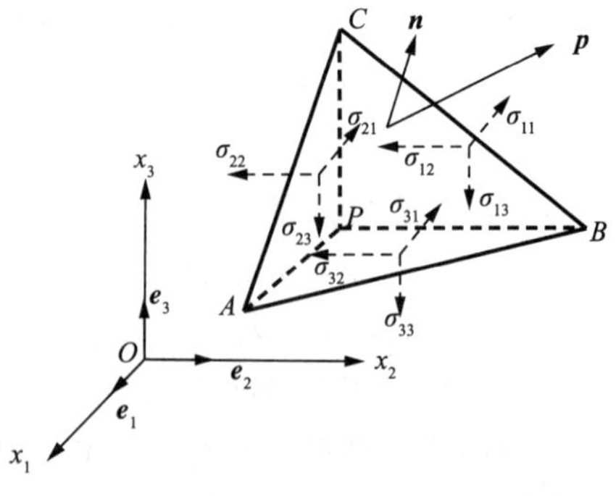

图 3.3 四面体各个面上的应力

$$\begin{cases} dA_1 = A_{\Delta PBC} = n_1 dA = \boldsymbol{n} \cdot \boldsymbol{e}_1 dA \\ dA_2 = A_{\Delta PCA} = n_2 dA = \boldsymbol{n} \cdot \boldsymbol{e}_2 dA \\ dA_3 = A_{\Delta PAB} = n_3 dA = \boldsymbol{n} \cdot \boldsymbol{e}_3 dA \end{cases} \tag{3-13}$$

四面体体积可以写为

$$V = \frac{1}{3} dh dA \tag{3-14}$$

式中，dh 为顶点 P 到斜面的垂直距离。

四面体具有体力 $\boldsymbol{f}$，每个负面上既有正应力又有剪应力，斜截面上分布着应力矢量 $\boldsymbol{p}$，则其受力平衡方程为

$$\boldsymbol{p} dA - \sigma_{1i}\boldsymbol{e}_i dA_1 - \sigma_{2i}\boldsymbol{e}_i dA_2 - \sigma_{3i}\boldsymbol{e}_i dA_3 + \boldsymbol{f} \frac{1}{3} dh dA = \boldsymbol{0} \tag{3-15}$$

忽略高阶量，体力项可以略去，上式的分量形式为

$$\begin{cases} p_1 dA - \sigma_{11} dA_1 - \sigma_{21} dA_2 - \sigma_{31} dA_3 = 0 \\ p_2 dA - \sigma_{12} dA_1 - \sigma_{22} dA_2 - \sigma_{32} dA_3 = 0 \\ p_3 dA - \sigma_{13} dA_1 - \sigma_{23} dA_2 - \sigma_{33} dA_3 = 0 \end{cases} \tag{3-16}$$

整理后可以得到

$$\begin{aligned} \boldsymbol{p} &= \sigma_{1i}\boldsymbol{e}_i n_1 + \sigma_{2i}\boldsymbol{e}_i n_2 + \sigma_{3i}\boldsymbol{e}_i n_3 \\ &= (\sigma_{1i}\boldsymbol{e}_i\boldsymbol{e}_1 + \sigma_{2i}\boldsymbol{e}_i\boldsymbol{e}_2 + \sigma_{3i}\boldsymbol{e}_i\boldsymbol{e}_3) \cdot \boldsymbol{n} \\ &= \sigma_{ij}\boldsymbol{e}_j\boldsymbol{e}_i \cdot \boldsymbol{n} = \boldsymbol{n} \cdot \boldsymbol{\sigma} \end{aligned} \tag{3-17}$$

上式即柯西公式，即斜面应力公式，其实就是四面体微元的平衡条件。其物理意义为，将基准点的应力状态(应力张量)作为一个基准信息，该二阶张量在 $\boldsymbol{n}$ 方向进行投影，也就是做点积运算。

式(3-17)展开为

$$\begin{cases} n_1\sigma_{11} + n_2\sigma_{21} + n_3\sigma_{31} = p_1 \\ n_1\sigma_{12} + n_2\sigma_{22} + n_3\sigma_{32} = p_2 \\ n_1\sigma_{13} + n_2\sigma_{23} + n_3\sigma_{33} = p_3 \end{cases} \tag{3-18}$$

全应力的大小为

$$p = \sqrt{p_1^2 + p_2^2 + p_3^2} \tag{3-19}$$

斜面的三个方向余弦(对应着法线方向 $\boldsymbol{n}$ 与三个坐标轴的夹角)分别为

$$\begin{cases} n_1 = \dfrac{p_1}{p} \\ n_2 = \dfrac{p_2}{p} \\ n_3 = \dfrac{p_3}{p} \end{cases} \tag{3-20}$$

斜面正应力 $\boldsymbol{p}_n = p_n\boldsymbol{n}$，其大小为

$$p_n = \boldsymbol{p} \cdot \boldsymbol{n} = \boldsymbol{n} \cdot \boldsymbol{\sigma} \cdot \boldsymbol{n} = \sigma_{ij} n_i n_j \tag{3-21}$$

在对应的直角坐标系 $Oxyz$ 中，并且考虑剪应力互等，上式可以进一步表示为

$$p_n = \sigma_x n_1^2 + \sigma_y n_2^2 + \sigma_z n_3^2 + 2\tau_{xy} n_1 n_2 + 2\tau_{yz} n_2 n_3 + 2\tau_{zx} n_3 n_1 \tag{3-22}$$

则斜面上的剪应力 $\boldsymbol{p}_\tau = \boldsymbol{p} - \boldsymbol{p}_n$，其大小为

$$p_\tau = \sqrt{p^2 - p_n^2} \tag{3-23}$$

剪应力大小也可以表示为

$$p_\tau = \boldsymbol{p} \cdot \boldsymbol{\tau} = \boldsymbol{n} \cdot \boldsymbol{\sigma} \cdot \boldsymbol{\tau} \tag{3-24}$$

根据上述关系，可以进一步得到面力边界条件(或称应力边界条件)。若斜面是物体的边界面，且给定面力 $\bar{t}$，则有

$$\begin{cases} \bar{\boldsymbol{t}} = \boldsymbol{n} \cdot \boldsymbol{\sigma} \\ \bar{t}_i = n_j \sigma_{ji} \end{cases} \tag{3-25}$$

展开上式，有

$$\begin{cases} n_1\sigma_{11} + n_2\sigma_{21} + n_3\sigma_{31} = \bar{t}_1 \\ n_1\sigma_{12} + n_2\sigma_{22} + n_3\sigma_{32} = \bar{t}_2 \\ n_1\sigma_{13} + n_2\sigma_{23} + n_3\sigma_{33} = \bar{t}_3 \end{cases} \tag{3-26}$$

3.3 坐标变换

根据前述定义，$\boldsymbol{\sigma} = \sigma_{ij}\boldsymbol{e}_i\boldsymbol{e}_j$ 为二阶张量，则必然存在坐标变换关系

$$\sigma_{i'j'} = \beta_{i'i}\beta_{j'j}\sigma_{ij} \tag{3-27}$$

式中，$\sigma_{i'j'}$ 为在新坐标系 x_i' 上的分量表达式，σ_{ij} 为在老坐标系 x_i 上的分量表达式，$\beta_{i'i}$ 和 $\beta_{j'j}$ 为对应的坐标变换系数，$\beta_{i'i}$ 为新坐标轴 x_i' 与老坐标轴 x_i 之间的方向余弦，即 $\boldsymbol{e}_i' \cdot \boldsymbol{e}_i = \cos(x_i', x_i)$。

定义上述张量对应的矩阵为

$$\begin{cases} \boldsymbol{\sigma}' = (\sigma_{i'j'}) \\ \boldsymbol{\sigma} = (\sigma_{ij}) \end{cases} \tag{3-28}$$

$$\boldsymbol{\beta} = (\beta_{i'i}) = (\beta_{j'j}) = \begin{pmatrix} \beta_{1'1} & \beta_{1'2} & \beta_{1'3} \\ \beta_{2'1} & \beta_{2'2} & \beta_{2'3} \\ \beta_{3'1} & \beta_{3'2} & \beta_{3'3} \end{pmatrix} \tag{3-29}$$

上述坐标变换关系也可以写成矩阵形式

$$\boldsymbol{\sigma}' = \boldsymbol{\beta}\boldsymbol{\sigma}\boldsymbol{\beta}^{\mathrm{T}} \tag{3-30}$$

在直角坐标系 $Oxyz$ 中，上式展开的具体形式为

$$\sigma_x' = \sigma_x\beta_{1'1}^2 + \sigma_y\beta_{1'2}^2 + \sigma_z\beta_{1'3}^2 + 2\tau_{xy}\beta_{1'1}\beta_{1'2} + 2\tau_{yz}\beta_{1'2}\beta_{1'3} + 2\tau_{zx}\beta_{1'3}\beta_{1'1} \tag{3-31}$$

$$\sigma_y' = \sigma_x\beta_{2'1}^2 + \sigma_y\beta_{2'2}^2 + \sigma_z\beta_{2'3}^2 + 2\tau_{xy}\beta_{2'1}\beta_{2'2} + 2\tau_{yz}\beta_{2'2}\beta_{2'3} + 2\tau_{zx}\beta_{2'3}\beta_{2'1} \tag{3-32}$$

$$\sigma_z' = \sigma_x\beta_{3'1}^2 + \sigma_y\beta_{3'2}^2 + \sigma_z\beta_{3'3}^2 + 2\tau_{xy}\beta_{3'1}\beta_{3'2} + 2\tau_{yz}\beta_{3'2}\beta_{3'3} + 2\tau_{zx}\beta_{3'3}\beta_{3'1} \tag{3-33}$$

$$\begin{aligned} \tau_{xy}' = {} & \sigma_x\beta_{1'1}\beta_{2'1} + \sigma_y\beta_{1'2}\beta_{2'2} + \sigma_z\beta_{1'3}\beta_{2'3} + \tau_{xy}(\beta_{1'1}\beta_{2'2} + \beta_{1'2}\beta_{2'1}) + \\ & \tau_{yz}(\beta_{1'2}\beta_{2'3} + \beta_{1'3}\beta_{2'2}) + \tau_{zx}(\beta_{1'3}\beta_{2'1} + \beta_{1'1}\beta_{2'3}) \end{aligned} \tag{3-34}$$

$$\begin{aligned} \tau_{yz}' = {} & \sigma_x\beta_{2'1}\beta_{3'1} + \sigma_y\beta_{2'2}\beta_{3'2} + \sigma_z\beta_{2'3}\beta_{3'3} + \tau_{xy}(\beta_{2'1}\beta_{3'2} + \beta_{2'2}\beta_{3'1}) + \\ & \tau_{yz}(\beta_{2'2}\beta_{3'3} + \beta_{2'3}\beta_{3'2}) + \tau_{zx}(\beta_{2'3}\beta_{3'1} + \beta_{2'1}\beta_{3'3}) \end{aligned} \tag{3-35}$$

$$\begin{aligned} \tau_{zx}' = {} & \sigma_x\beta_{3'1}\beta_{1'1} + \sigma_y\beta_{3'2}\beta_{1'2} + \sigma_z\beta_{3'3}\beta_{1'3} + \tau_{xy}(\beta_{3'1}\beta_{1'2} + \beta_{3'2}\beta_{1'1}) + \\ & \tau_{yz}(\beta_{3'2}\beta_{1'3} + \beta_{3'3}\beta_{1'2}) + \tau_{zx}(\beta_{3'3}\beta_{1'1} + \beta_{3'1}\beta_{1'3}) \end{aligned} \tag{3-36}$$

具体来看一个二阶张量，例如平面应力状态时应力分量的坐标变换。图 3.4 所示为新、

旧笛卡儿平面直角坐标系 Oxy 与 $Ox'y'$。对于平面问题，应力张量可以写为

$$\boldsymbol{\sigma}=\sigma_{\alpha\beta}\boldsymbol{e}_{\alpha}\boldsymbol{e}_{\beta}=\sigma_{\alpha'\beta'}\boldsymbol{e}_{\alpha}'\boldsymbol{e}_{\beta}' \tag{3-37}$$

对应的应力矩阵为

$$\boldsymbol{\sigma}=\begin{pmatrix}\sigma_{11} & \tau_{12}\\ \tau_{21} & \sigma_{22}\end{pmatrix} \tag{3-38}$$

或者

$$\boldsymbol{\sigma}=\begin{pmatrix}\sigma_{x} & \tau_{xy}\\ \tau_{yx} & \sigma_{y}\end{pmatrix} \tag{3-39}$$

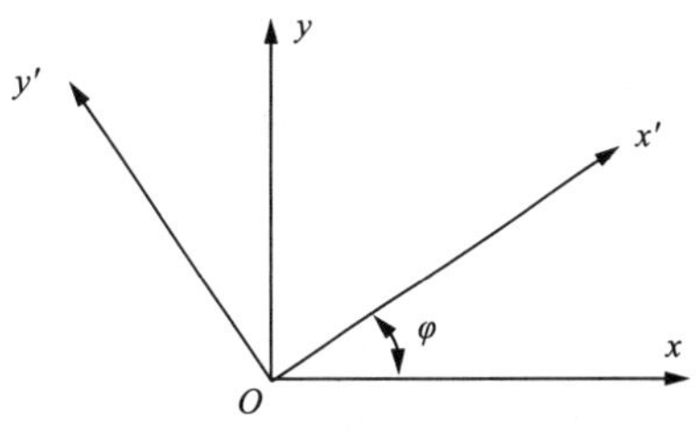

图 3.4　平面直角坐标系坐标变换

如图 3.4 所示，x 轴和 x'轴之间的夹角为 φ，有几何关系

$$\begin{cases}\cos\varphi=\cos(x',x)=\boldsymbol{e}_{x'}\cdot\boldsymbol{e}_{x}=\beta_{x'x}\\ -\sin\varphi=\cos(y',x)=\boldsymbol{e}_{y'}\cdot\boldsymbol{e}_{x}=\beta_{y'x}\\ \sin\varphi=\cos(x',y)=\boldsymbol{e}_{x'}\cdot\boldsymbol{e}_{y}=\beta_{x'y}\\ \cos\varphi=\cos(y',y)=\boldsymbol{e}_{y'}\cdot\boldsymbol{e}_{y}=\beta_{y'y}\end{cases} \tag{3-40}$$

对应的坐标变换矩阵为

$$\boldsymbol{\beta}=\begin{pmatrix}\cos\varphi & \sin\varphi\\ -\sin\varphi & \cos\varphi\end{pmatrix} \tag{3-41}$$

$$\boldsymbol{\beta}^{\mathrm{T}}=\begin{pmatrix}\cos\varphi & -\sin\varphi\\ \sin\varphi & \cos\varphi\end{pmatrix} \tag{3-42}$$

其中 $\boldsymbol{\beta}^{\mathrm{T}}=\boldsymbol{\beta}^{-1}$，即矩阵 $\boldsymbol{\beta}$ 的转置等于其逆阵。

新、旧坐标系中应力矩阵有坐标变换关系

$$\begin{pmatrix}\sigma_{x}' & \tau_{xy}'\\ \tau_{xy}' & \sigma_{y}'\end{pmatrix}=\begin{pmatrix}\cos\varphi & \sin\varphi\\ -\sin\varphi & \cos\varphi\end{pmatrix}\begin{pmatrix}\sigma_{x} & \tau_{xy}\\ \tau_{yx} & \sigma_{y}\end{pmatrix}\begin{pmatrix}\cos\varphi & -\sin\varphi\\ \sin\varphi & \cos\varphi\end{pmatrix} \tag{3-43}$$

整理后得到

$$\begin{cases}\sigma_{x}'=\dfrac{\sigma_{x}+\sigma_{y}}{2}+\dfrac{\sigma_{x}-\sigma_{y}}{2}\cos 2\varphi+\tau_{xy}\sin 2\varphi\\ \sigma_{y}'=\dfrac{\sigma_{x}+\sigma_{y}}{2}-\dfrac{\sigma_{x}-\sigma_{y}}{2}\cos 2\varphi-\tau_{xy}\sin 2\varphi\\ \tau_{xy}'=-\dfrac{\sigma_{x}-\sigma_{y}}{2}\sin 2\varphi+\tau_{xy}\cos 2\varphi\end{cases} \tag{3-44}$$

实际上由于两个坐标轴的夹角为 90°，故将 φ 换成 $\varphi+90°$ 可以由 x 轴的正应力表达式得到 y 轴的正应力表达式。此处得到的剪应力的数值与材料力学结果不同，二者相差一个符号，这是因为二者定义不同。弹性力学中的上述公式是基于张量坐标变换公式得到的。在材料力学中，规定剪应力使单元体顺时针转动趋势为正，反之为负，即 $\tau_{xy}=-\tau_{yx}$；但在弹性力学中，根据张量的对称性（后文将详细证明）有 $\tau_{xy}=\tau_{yx}$，即剪应力互等定理，后文将具体证明。

3.4　主应力

柯西公式表明斜面上的应力 $\boldsymbol{p}$ 和应力状态 $\boldsymbol{\sigma}$ 与斜面方向 $\boldsymbol{n}$ 有关。有时需要考虑，对于

给定的应力状态是否存在一个 $\boldsymbol{p}$ 与 $\boldsymbol{n}$ 同向的截面，即此时截面上只有正应力而没有剪应力。这一问题具体表示为

$$\begin{cases} \boldsymbol{p}=\boldsymbol{\sigma}\cdot\boldsymbol{n}=\sigma\boldsymbol{n} \\ p_i=\sigma_{ij}n_j=\sigma n_i \end{cases} \tag{3-45}$$

式中，σ 为该截面上对应的正应力的数值，也称为主应力(principal stress)。这一表达式的意义就是，全应力在某一个截面上的投影的分量包括正应力和剪应力，但这个截面比较特殊，剪应力为零，只有正应力。

式(3-45)整理后得到

$$(\boldsymbol{\sigma}-\sigma\boldsymbol{I})\cdot\boldsymbol{n}=\boldsymbol{0} \tag{3-46}$$

即

$$(\sigma_{ij}-\sigma\delta_{ij})n_j=0 \tag{3-47}$$

上式有非零解的条件为

$$\det(\sigma_{ij}-\sigma\delta_{ij})=0 \tag{3-48}$$

上式即特征方程，展开后为

$$\begin{vmatrix} \sigma_{11}-\sigma & \sigma_{12} & \sigma_{13} \\ \sigma_{21} & \sigma_{22}-\sigma & \sigma_{23} \\ \sigma_{31} & \sigma_{32} & \sigma_{33}-\sigma \end{vmatrix}=0 \tag{3-49}$$

整理上式得到

$$\sigma^3-J_1\sigma^2+J_2\sigma-J_3=0 \tag{3-50}$$

其中

$$J_1=\Theta=\mathrm{tr}\,\boldsymbol{\sigma}=\boldsymbol{\sigma}:\boldsymbol{I}=\sigma_{kk}=\sigma_{11}+\sigma_{22}+\sigma_{33} \tag{3-51}$$

在直角坐标系 $Oxyz$ 中有

$$J_1=\sigma_x+\sigma_y+\sigma_z \tag{3-52}$$

$$\begin{aligned} J_2&=\frac{1}{2}[(\mathrm{tr}\,\boldsymbol{\sigma})^2-\mathrm{tr}\,\boldsymbol{\sigma}^2]=\frac{1}{2}(\sigma_{kk}^2-\sigma_{ij}\sigma_{ji}) \\ &=\begin{vmatrix} \sigma_{22} & \sigma_{23} \\ \sigma_{32} & \sigma_{33} \end{vmatrix}+\begin{vmatrix} \sigma_{11} & \sigma_{13} \\ \sigma_{31} & \sigma_{33} \end{vmatrix}+\begin{vmatrix} \sigma_{11} & \sigma_{12} \\ \sigma_{21} & \sigma_{22} \end{vmatrix} \end{aligned} \tag{3-53}$$

在直角坐标系 $Oxyz$ 中有

$$J_2=\sigma_x\sigma_y+\sigma_y\sigma_z+\sigma_z\sigma_x-\tau_{xy}^2-\tau_{yz}^2-\tau_{zx}^2 \tag{3-54}$$

另有

$$J_3=\det\boldsymbol{\sigma}=\begin{vmatrix} \sigma_{11} & \sigma_{12} & \sigma_{13} \\ \sigma_{21} & \sigma_{22} & \sigma_{23} \\ \sigma_{31} & \sigma_{32} & \sigma_{33} \end{vmatrix} \tag{3-55}$$

在直角坐标系 $Oxyz$ 中有

$$J_3=\sigma_x\sigma_y\sigma_z+2\tau_{xy}\tau_{yz}\tau_{zx}-\sigma_x\tau_{yz}^2-\sigma_y\tau_{zx}^2-\sigma_z\tau_{xy}^2 \tag{3-56}$$

可以证明，对于某一点，其应力张量是确定的，J_1，J_2，J_3 是该应力张量所对应的三个与坐标无关的标量，分别称为应力张量的第一、第二和第三**不变量**(invariant)。它们分别是应力分量的一次、二次和三次齐次式，因而是相互独立(线性无关)的。

特征方程的三个特征根即主应力。通常主应力按照其代数值的大小排列，称为第一主

应力 σ_1、第二主应力 σ_2 和第三主应力 σ_3。它们是作用在三个不同截面上的正应力，而不是某个应力矢量的三个分量。根据主应力的定义，三个不变量也可以写为

$$\begin{cases} J_1 = \sigma_1 + \sigma_2 + \sigma_3 \\ J_2 = \sigma_1\sigma_2 + \sigma_2\sigma_3 + \sigma_3\sigma_1 \\ J_3 = \sigma_1\sigma_2\sigma_3 \end{cases} \tag{3-57}$$

把三个主应力分别代回方程组，可以求解三个特征方向 $\boldsymbol{n}_i$，这就是我们想找的法向，称为主方向。以 $\boldsymbol{n}_i$ 为法线的三个斜截面称为主平面。在主平面上只有正应力（主应力）而无剪应力。如果一个单元体的每个面都是主平面，则这个单元体称为主单元体。

考虑任意两个不同的主应力 σ_i 和 σ_j，其对应的主方向为 $\boldsymbol{n}_i$ 和 $\boldsymbol{n}_j$，则有

$$\boldsymbol{n}_i \cdot \boldsymbol{\sigma} = \sigma_i \boldsymbol{n}_i \tag{3-58}$$

$$\boldsymbol{n}_j \cdot \boldsymbol{\sigma} = \sigma_j \boldsymbol{n}_j \tag{3-59}$$

上边两式分别从右边点乘 $\boldsymbol{n}_j$ 和 $\boldsymbol{n}_i$，然后相减得到

$$\boldsymbol{n}_i \cdot \boldsymbol{\sigma} \cdot \boldsymbol{n}_j - \boldsymbol{n}_j \cdot \boldsymbol{\sigma} \cdot \boldsymbol{n}_i = (\sigma_i - \sigma_j)\boldsymbol{n}_i \cdot \boldsymbol{n}_j \tag{3-60}$$

由应力张量 $\boldsymbol{\sigma}$ 的对称性可知（后文将详细证明），上式左端为零，右端括号里的差值不为零，故对应不同的主应力，则有

$$\boldsymbol{n}_i \cdot \boldsymbol{n}_j = 0 \tag{3-61}$$

这正是主方向 $\boldsymbol{n}_i$ 和 $\boldsymbol{n}_j$ 的正交条件。因此，当特征方程没有重根，即 σ_1，σ_2，σ_3 互不相等时，三个主应力必然两两正交；当特征方程有一对重根时，在两个相同主应力的作用平面内呈现双向等拉（或等压）的应力状态，可在面内任意选取两个相互正交的方向作为主方向；当特征方程出现三重根，即 $\sigma_1 = \sigma_2 = \sigma_3$ 时，空间任意三个相互正交的方向都可以作为主方向。

下面可以证明，**主应力对应应力分量的极值**。

引入函数

$$\Gamma = \boldsymbol{n} \cdot \boldsymbol{\sigma} \cdot \boldsymbol{n} - \lambda(\boldsymbol{n} \cdot \boldsymbol{n} - 1) = \sigma_{ij} n_i n_j - \lambda(n_i n_i - 1) \tag{3-62}$$

其中，λ 为拉格朗日乘子，约束条件为 $n_i n_i - 1 = 0$。

对式(3-62)求导得到

$$\frac{\partial \Gamma}{\partial \boldsymbol{n}} = \boldsymbol{n} \cdot \boldsymbol{\sigma} + \boldsymbol{\sigma} \cdot \boldsymbol{n} - 2\lambda \boldsymbol{n} = 2(\boldsymbol{\sigma} - \lambda \boldsymbol{I}) \cdot \boldsymbol{n} = \boldsymbol{0} \tag{3-63}$$

其分量形式为

$$\begin{aligned} \frac{\partial \Gamma}{\partial n_k} &= \sigma_{ij} \frac{\partial n_i}{\partial n_k} n_j + \sigma_{ij} n_i \frac{\partial n_j}{\partial n_k} - 2\lambda n_i \frac{\partial n_i}{\partial n_k} \\ &= \sigma_{ij}\delta_{ik} n_j + \sigma_{ij} n_i \delta_{jk} - 2\lambda n_i \delta_{ik} \\ &= \sigma_{kj} n_j + \sigma_{ki} n_i - 2\lambda n_k \\ &= 2\sigma_{ki} n_i - 2\lambda n_k \\ &= 2(\sigma_{ki} - \lambda \delta_{ki}) n_i \\ &= 0 \end{aligned} \tag{3-64}$$

可见该表达式与主应力所满足的特征方程是一样的，可以证明主应力对应应力分量的极值。

对应于材料力学中的平面应力状态（后文将会详细介绍），其不为零的应力分量为 σ_x，σ_y，τ_{xy}，则其三个不变量分别为

$$\begin{cases}J_1=\sigma_x+\sigma_y\\J_2=\sigma_x\sigma_y-\tau_{xy}^2\\J_3=0\end{cases}\tag{3-65}$$

则特征方程为

$$\sigma^3-(\sigma_x+\sigma_y)\sigma^2+(\sigma_x\sigma_y-\tau_{xy}^2)\sigma=0\tag{3-66}$$

即

$$\sigma^2-(\sigma_x+\sigma_y)\sigma+(\sigma_x\sigma_y-\tau_{xy}^2)=0\tag{3-67}$$

进而平面内应力分量的极值可以写为

$$\begin{cases}\sigma_{\max}=\dfrac{\sigma_x+\sigma_y}{2}+\dfrac{\sqrt{(\sigma_x-\sigma_y)^2+4\tau_{xy}^2}}{2}\\[2ex]\sigma_{\min}=\dfrac{\sigma_x+\sigma_y}{2}-\dfrac{\sqrt{(\sigma_x-\sigma_y)^2+4\tau_{xy}^2}}{2}\end{cases}\tag{3-68}$$

运用这些结果可以进一步研究最大剪应力的表达式。选择应力主轴为参考轴，设主应力已知，则有

$$p^2=\sigma_1^2n_1^2+\sigma_2^2n_2^2+\sigma_3^2n_3^2=\sigma_i^2n_i^2\tag{3-69}$$

$$p_n=\sigma_1n_1^2+\sigma_2n_2^2+\sigma_3n_3^2=\sigma_in_i^2\tag{3-70}$$

$$p_\tau^2=p^2-p_n^2=\sigma_i^2n_i^2-(\sigma_in_i^2)^2\tag{3-71}$$

类似地，引入函数

$$\Gamma=\sigma_i^2n_i^2-(\sigma_in_i^2)^2+\lambda(n_in_i-1)\tag{3-72}$$

令$\dfrac{\partial\Gamma}{\partial n_j}=0$，有

$$\begin{cases}n_1[\sigma_1^2-2\sigma_1(\sigma_1n_1^2+\sigma_2n_2^2+\sigma_3n_3^2)+\lambda]=0\\n_2[\sigma_2^2-2\sigma_2(\sigma_1n_1^2+\sigma_2n_2^2+\sigma_3n_3^2)+\lambda]=0\\n_3[\sigma_3^2-2\sigma_3(\sigma_1n_1^2+\sigma_2n_2^2+\sigma_3n_3^2)+\lambda]=0\end{cases}\tag{3-73}$$

并且

$$n_1^2+n_2^2+n_3^2-1=0\tag{3-74}$$

下面针对几种具体情况对剪应力的数值进行分析。

(1) n_1,n_2,n_3 **全为零。**

这种情况不可能存在，因为不能满足约束方程 $n_1^2+n_2^2+n_3^2-1=0$。

(2) n_1,n_2,n_3 **中有两个为零。**

这是主平面情况。例如，$n_2=n_3=0$，可得 $n_1=\pm1$，即法线沿着 x_1 轴的正面和负面。在主平面上只有正应力，剪应力为零。

(3) n_1,n_2,n_3 **中有一个为零。**

当 n_1,n_2,n_3 中有一个为 0 时，设 $n_2=0$，则有 $n_1^2+n_3^2-1=0$。此时可以得到剪应力极值 $\tau_{(2)}=\dfrac{1}{2}(\sigma_1-\sigma_3)$，对应的方向为 $n_1=\pm\dfrac{1}{\sqrt{2}}$，$n_3=\pm\dfrac{1}{\sqrt{2}}$，$n_2=0$。这个斜面平行于主轴 x_2 且与主轴 x_1，x_3 成 45°角。n_1 和 n_3 的四种组合分别对应图 3.5 中的 1，2，3，4 四个面元，可以进一步得到该截面上的正应力为$\dfrac{1}{2}(\sigma_1+\sigma_3)$。

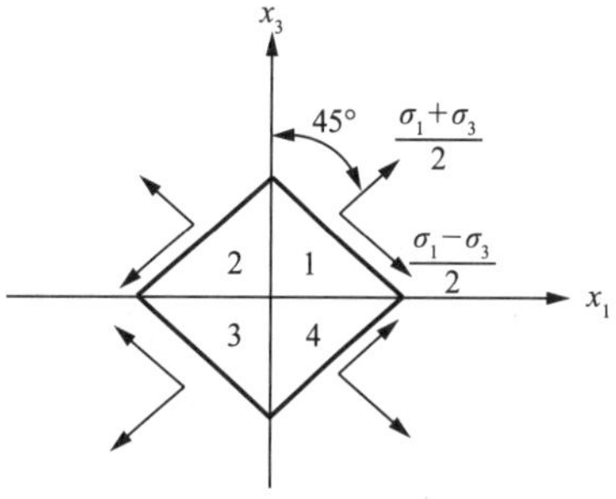

图 3.5　最大剪应力

同理可以得到另外两个剪应力极值为

$\tau_{(1)}=\frac{1}{2}(\sigma_2-\sigma_3)$，对应的方向为 $n_2=\pm\frac{1}{\sqrt{2}}$，$n_3=\pm\frac{1}{\sqrt{2}}$，$n_1=0$。

$\tau_{(3)}=\frac{1}{2}(\sigma_1-\sigma_2)$，对应的方向为 $n_1=\pm\frac{1}{\sqrt{2}}$，$n_2=\pm\frac{1}{\sqrt{2}}$，$n_3=0$。

经比较可以得到最大剪应力为

$$\tau_{\max}=\tau_{(2)}=\frac{1}{2}(\sigma_1-\sigma_3) \tag{3-75}$$

如果 n_1, n_2, n_3 全不为 0，则有

$$\begin{cases}(\sigma_1^2-\sigma_2^2)-2(\sigma_1-\sigma_2)(\sigma_1 n_1^2+\sigma_2 n_2^2+\sigma_3 n_3^2)=0\\(\sigma_2^2-\sigma_3^2)-2(\sigma_2-\sigma_3)(\sigma_1 n_1^2+\sigma_2 n_2^2+\sigma_3 n_3^2)=0\\(\sigma_3^2-\sigma_1^2)-2(\sigma_3-\sigma_1)(\sigma_1 n_1^2+\sigma_2 n_2^2+\sigma_3 n_3^2)=0\end{cases} \tag{3-76}$$

上面三式合并后得到

$$(\sigma_1-\sigma_2)(\sigma_2-\sigma_3)(\sigma_3-\sigma_1)=0 \tag{3-77}$$

上式表明，必须有某两个主应力相等或者三个主应力全等。

若 $\sigma_1=\sigma_2\neq\sigma_3$，则有 $n_3=\pm\frac{1}{\sqrt{2}}$，$n_1^2+n_2^2-1=0$，此时

$$\tau_{\max}=\frac{1}{2}(\sigma_1-\sigma_3)=\frac{1}{2}(\sigma_2-\sigma_3) \tag{3-78}$$

如图 3.6 所示，这时最大剪应力发生在与主轴 x_3 成 45°角的圆锥面上。在平行于 x_3 轴的任意截面上剪应力均为 0。

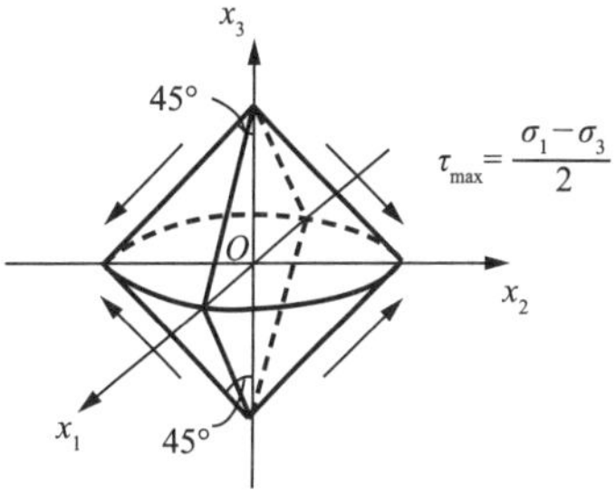

图 3.6　最大剪应力示意图

3.5　偏应力

应力张量 $\boldsymbol{\sigma}=\sigma_{ij}\boldsymbol{e}_i\boldsymbol{e}_j$ 为二阶对称张量，可以进一步分解。如图 3.7 所示，应力张量 $\boldsymbol{\sigma}=\sigma_{ij}\boldsymbol{e}_i\boldsymbol{e}_j$ 可以分成球形张量（spherical tensor）和偏斜张量（deviatoric tensor）两部分。其中球形张量为

$$\sigma_0\boldsymbol{I}=\sigma_0\boldsymbol{e}_i\boldsymbol{e}_i \tag{3-79}$$

此处

$$\sigma_0=\frac{\Theta}{3}=\frac{\sigma_x+\sigma_y+\sigma_z}{3}=\frac{\sigma_{kk}}{3}=\frac{1}{3}\mathrm{tr}\,\boldsymbol{\sigma}=\frac{1}{3}\boldsymbol{\sigma}:\boldsymbol{I} \tag{3-80}$$

球形张量对应的矩阵为

$$\begin{pmatrix}\sigma_0 & 0 & 0\\0 & \sigma_0 & 0\\0 & 0 & \sigma_0\end{pmatrix} \tag{3-81}$$

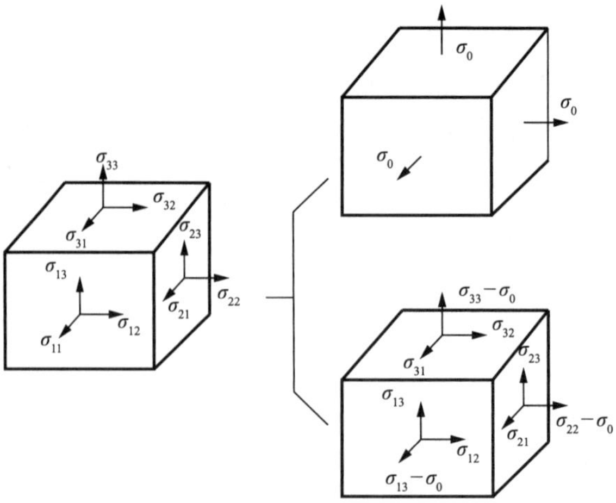

图 3.7 应力状态分解

定义偏应力

$$\begin{cases}\boldsymbol{\sigma}'=\boldsymbol{\sigma}-\sigma_0\boldsymbol{I}\\ \sigma'_{ij}=\sigma_{ij}-\sigma_0\delta_{ij}\end{cases} \tag{3-82}$$

$\boldsymbol{\sigma}'$对应的矩阵为

$$\boldsymbol{\sigma}'=\begin{pmatrix}\sigma_x-\dfrac{\Theta}{3} & \tau_{xy} & \tau_{xz}\\ \tau_{yx} & \sigma_y-\dfrac{\Theta}{3} & \tau_{yz}\\ \tau_{zx} & \tau_{zy} & \sigma_z-\dfrac{\Theta}{3}\end{pmatrix} \tag{3-83}$$

应力球量是一种平均的等向应力状态(三向等拉或等压),对各向同性材料,它引起微元体积膨胀或收缩。在流体力学中,它对应静水压力(hydrostatic pressure)。实验证明,金属等材料的体积膨胀基本上是纯弹性的。应力偏量表示实际应力状态与平均应力状态的偏离,它引起微元形状的畸变。实验证明,材料屈服后的塑性变形基本上是畸变,静水压力对塑性变形的影响几乎为零,因此应力偏量在塑性力学中起重要作用。

由于任意方向都是球形张量的主方向,应力张量 $\boldsymbol{\sigma}$ 和应力球量 $\sigma_0\boldsymbol{I}$ 在主方向上的表达为

$$\boldsymbol{\sigma}=\sigma_1\boldsymbol{e}_1\boldsymbol{e}_1+\sigma_2\boldsymbol{e}_2\boldsymbol{e}_2+\sigma_3\boldsymbol{e}_3\boldsymbol{e}_3 \tag{3-84}$$

$$\sigma_0\boldsymbol{I}=\sigma_0\boldsymbol{e}_1\boldsymbol{e}_1+\sigma_0\boldsymbol{e}_2\boldsymbol{e}_2+\sigma_0\boldsymbol{e}_3\boldsymbol{e}_3=\sigma_0(\boldsymbol{e}_1\boldsymbol{e}_1+\boldsymbol{e}_2\boldsymbol{e}_2+\boldsymbol{e}_3\boldsymbol{e}_3) \tag{3-85}$$

应力偏量为

$$\boldsymbol{\sigma}'=(\sigma_1-\sigma_0)\boldsymbol{e}_1\boldsymbol{e}_1+(\sigma_2-\sigma_0)\boldsymbol{e}_2\boldsymbol{e}_2+(\sigma_3-\sigma_0)\boldsymbol{e}_3\boldsymbol{e}_3 \tag{3-86}$$

上述应力偏量的三个不变量为

$$\begin{cases}J_1{}'=\sigma_{kk}{}'=0\\ J_2{}'=-\dfrac{1}{2}\sigma'_{ij}\sigma'_{ij}\\ J_3{}'=\dfrac{1}{3}\sigma'_{ij}\sigma'_{jk}\sigma'_{ki}\end{cases} \tag{3-87}$$

进一步可以定义等效应力(equivalent stress)为

$$\begin{aligned}\sigma_{\mathrm{eq}}&=\sqrt{\frac{3}{2}\boldsymbol{\sigma}':\boldsymbol{\sigma}'}=\sqrt{\frac{3}{2}\sigma'_{ij}\sigma'_{ij}}\\&=\sqrt{\frac{3}{2}\left(\sigma_{ij}-\frac{1}{3}\sigma_{kk}\delta_{ij}\right)\left(\sigma_{ij}-\frac{1}{3}\sigma_{kk}\delta_{ij}\right)}\\&=\sqrt{\frac{3}{2}\left(\sigma_{ij}\sigma_{ij}-\frac{2}{3}\sigma_{kk}\delta_{ij}\sigma_{ij}+\frac{1}{9}\sigma_{kk}^2\delta_{ij}\delta_{ij}\right)}\\&=\sqrt{\frac{3}{2}\left(\sigma_{ij}\sigma_{ij}-\frac{2}{3}\sigma_{kk}^2+\frac{1}{9}\sigma_{kk}^2\times 3\right)}\\&=\sqrt{\frac{3}{2}\left(\sigma_{ij}\sigma_{ij}-\frac{1}{3}\sigma_{kk}^2\right)}\end{aligned}\tag{3-88}$$

在直角坐标系 $Oxyz$ 中有

$$\sigma_{\mathrm{eq}}=\sqrt{\frac{(\sigma_x-\sigma_y)^2+(\sigma_y-\sigma_z)^2+(\sigma_x-\sigma_z)^2+6(\tau_{xy}^2+\tau_{yz}^2+\tau_{zx}^2)}{2}}\tag{3-89}$$

等效应力和后文即将介绍的等效应变(equivalent strain)在材料和结构的损伤破坏以及强度评估中起着非常重要的作用。等效应力也称为米塞斯(von Mises,1881—1957)应力。在实际工程中,常常需要写出一些特殊情况下的等效应力。下面研究两种经典情况。

(1) 单向拉伸。

如图 3.8 所示,对于轴向为 x 方向的单向拉伸问题,任意一点所对应的不为零的应力分量为 $\boldsymbol{\sigma}_x$,应变分量为 $\varepsilon_x,\varepsilon_y,\varepsilon_z$,有

$$\sigma_x,\varepsilon_x,\varepsilon_y=\varepsilon_z=-\nu\varepsilon_x\tag{3-90}$$

则其对应的等效应力为

$$\sigma_{\mathrm{eq}}=\sqrt{\frac{(\sigma_x-\sigma_y)^2+(\sigma_y-\sigma_z)^2+(\sigma_x-\sigma_z)^2+6(\tau_{xy}^2+\tau_{yz}^2+\tau_{zx}^2)}{2}}=\sigma_x\tag{3-91}$$

这一结果很自然地表明,对于单向应力状态,等效应力即正应力。伽利略所提出的第一强度理论就是把单向拉伸时的正应力作为等效应力,这对于很多情况是比较实用的。

(2) 假三轴(伪三轴)实验。

如图 3.9 所示,在岩石力学中,经常开展假(伪)三轴实验,此时圆柱体试样内任意一点的应力分量存在关系:$\sigma_1=\sigma_2$,则圆柱试件上任意一点的应力状态可以写为

$$\begin{pmatrix}-\sigma_1&0&0\\0&-\sigma_1&0\\0&0&-\sigma_3\end{pmatrix}\tag{3-92}$$

图 3.8　单向拉伸

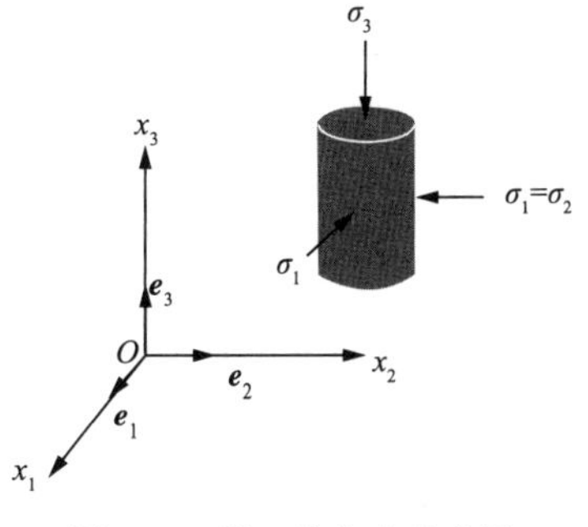

图 3.9　假三轴实验示意图

进一步有

$$\Theta = \mathrm{tr}\,\boldsymbol{\sigma} = -\sigma_3 - 2\sigma_1 \tag{3-93}$$

则其偏应力张量对应的矩阵为

$$\begin{bmatrix} \dfrac{\sigma_3 + 2\sigma_1}{3} - \sigma_1 & 0 & 0 \\ 0 & \dfrac{\sigma_3 + 2\sigma_1}{3} - \sigma_1 & 0 \\ 0 & 0 & \dfrac{\sigma_3 + 2\sigma_1}{3} - \sigma_3 \end{bmatrix}$$

$$= \begin{bmatrix} -\dfrac{1}{3}(\sigma_1 - \sigma_3) & 0 & 0 \\ 0 & \dfrac{1}{3}(\sigma_1 - \sigma_3) & 0 \\ 0 & 0 & \dfrac{2}{3}(\sigma_1 - \sigma_3) \end{bmatrix} \tag{3-94}$$

在岩石力学中，常常将 $\sigma_1 - \sigma_3$ 称作偏应力，其表达式跟最大剪应力类似。三轴偏应力是力学中的重要概念，对于理解材料的强度和变形特性具有重要意义。通过研究三轴偏应力分布特点和影响因素，可以更好地指导工程设计和施工，提高工程的安全性和可靠性。因此，三轴偏应力的研究在土木工程、材料科学、地质学、矿业工程等领域中有广泛的应用。

3.6 平衡方程

前面介绍了应力的概念，现在根据微元法研究任意一点处应力所满足的平衡方程。

如图 3.10 所示，在任意一点 P 的邻域内取出边长为 dx_1, dx_2, dx_3 的无限小正六面体，简称微元。体力 f_i 作用在微元体的形心 C 处。设 σ_{ij} 为三个负面形心处的应力分量，并且作为研究的基准。正面形心处的应力分量相对负面有一个增量，按照泰勒级数展开并略去高阶小量后，其数值可以化为负面应力及其一阶导数的表达式。如负面正应力 σ_{11} 在相距 dx_1 的正面上变成 $\sigma_{11} + \dfrac{\partial \sigma_{11}}{\partial x_1} dx_1 + \dfrac{1}{2} \dfrac{\partial^2 \sigma_{11}}{\partial x_1^2} (dx_1)^2 + \cdots$，忽略掉高阶量之后，则其数值为 $\sigma_{11} + \dfrac{\partial \sigma_{11}}{\partial x_1} dx_1$。

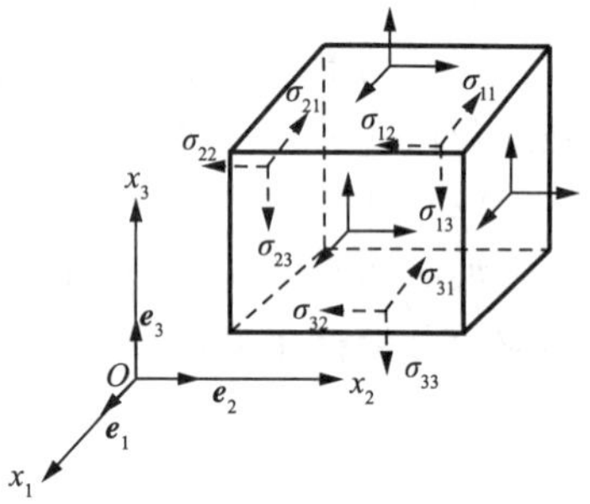

图 3.10　微元体上的应力

微元体沿着 x_1 方向的平衡方程为

$$\left(\sigma_{11} + \frac{\partial \sigma_{11}}{\partial x_1} dx_1\right) dx_2 dx_3 - \sigma_{11} dx_2 dx_3 + \left(\sigma_{21} + \frac{\partial \sigma_{21}}{\partial x_2} dx_2\right) dx_3 dx_1 - \sigma_{21} dx_3 dx_1 + \left(\sigma_{31} + \frac{\partial \sigma_{31}}{\partial x_3} dx_3\right) dx_1 dx_2 - \sigma_{31} dx_1 dx_2 + f_1 dx_1 dx_2 dx_3 = 0 \tag{3-95}$$

合并后除以微元体的体积 $dx_1 dx_2 dx_3$，取微元趋近于点(x_1, x_2, x_3)时的极限，可以得到

$$\frac{\partial\sigma_{11}}{\partial x_1}+\frac{\partial\sigma_{21}}{\partial x_2}+\frac{\partial\sigma_{31}}{\partial x_3}+f_1=0 \tag{3-96}$$

同理，可以得到另外两个平衡方程

$$\frac{\partial\sigma_{12}}{\partial x_1}+\frac{\partial\sigma_{22}}{\partial x_2}+\frac{\partial\sigma_{32}}{\partial x_3}+f_2=0 \tag{3-97}$$

$$\frac{\partial\sigma_{13}}{\partial x_1}+\frac{\partial\sigma_{23}}{\partial x_2}+\frac{\partial\sigma_{33}}{\partial x_3}+f_3=0 \tag{3-98}$$

上面的平衡方程采用指标符号写为

$$\sigma_{ji,j}+f_i=0 \tag{3-99}$$

写成实体形式为

$$\nabla\cdot\boldsymbol{\sigma}+\boldsymbol{f}=\boldsymbol{0} \tag{3-100}$$

此即弹性力学的平衡方程，它给出了应力分量一阶导数和体力分量间满足的关系式。

对于弹性力学问题，需要加上加速度项，即

$$\begin{cases}\nabla\cdot\boldsymbol{\sigma}+\boldsymbol{f}=\rho_s\dfrac{\partial^2\boldsymbol{u}}{\partial t^2}\\ \sigma_{ij,j}+f_i=\rho_s\dfrac{\partial^2 u_i}{\partial t^2}\end{cases} \tag{3-101}$$

式中，ρ_s 为材料密度，$\boldsymbol{u}$ 为位移，t 为时间。

在直角坐标系 $Oxyz$ 中，平衡方程的常用形式为

$$\begin{cases}\dfrac{\partial\sigma_x}{\partial x}+\dfrac{\partial\tau_{yx}}{\partial y}+\dfrac{\partial\tau_{zx}}{\partial z}+f_x=0\\ \dfrac{\partial\tau_{xy}}{\partial x}+\dfrac{\partial\sigma_y}{\partial y}+\dfrac{\partial\tau_{zy}}{\partial z}+f_y=0\\ \dfrac{\partial\tau_{xz}}{\partial x}+\dfrac{\partial\tau_{yz}}{\partial y}+\dfrac{\partial\sigma_z}{\partial z}+f_z=0\end{cases} \tag{3-102}$$

考虑微元体的力矩平衡，对通过形心 C、沿着 x_3 方向的轴取矩为

$$(\sigma_{12}\mathrm{d}x_2\mathrm{d}x_3)\mathrm{d}x_1-(\sigma_{21}\mathrm{d}x_3\mathrm{d}x_1)\mathrm{d}x_2=0 \tag{3-103}$$

由此可得

$$\sigma_{12}=\sigma_{21} \tag{3-104}$$

同理可得

$$\begin{cases}\sigma_{23}=\sigma_{32}\\ \sigma_{31}=\sigma_{13}\end{cases} \tag{3-105}$$

即

$$\begin{cases}\sigma_{ij}=\sigma_{ji}\\ \boldsymbol{\sigma}=\boldsymbol{\sigma}^{\mathrm{T}}\end{cases} \tag{3-106}$$

或者

$$\begin{cases}\tau_{xy}=\tau_{yx}\\ \tau_{yz}=\tau_{zy}\\ \tau_{zx}=\tau_{xz}\end{cases} \tag{3-107}$$

这就是剪应力互等定理。这一定理验证了应力张量的对称性。

平衡微分方程也可以从有限体积的总体平衡条件推出。如图 3.11 所示，考虑从物体中

任意取出的有限体积 V，其表面积为 S，力的总体平衡条件为

$$\int_S \boldsymbol{p}\,\mathrm{d}S+\int_V \boldsymbol{f}\,\mathrm{d}V=\boldsymbol{0} \tag{3-108}$$

根据柯西公式和高斯公式有

$$\int_S \boldsymbol{n}\cdot\boldsymbol{\sigma}\mathrm{d}S+\int_V \boldsymbol{f}\,\mathrm{d}V=\boldsymbol{0} \tag{3-109}$$

$$\int_S (\nabla\cdot\boldsymbol{\sigma}+\boldsymbol{f})\mathrm{d}V=\boldsymbol{0} \tag{3-110}$$

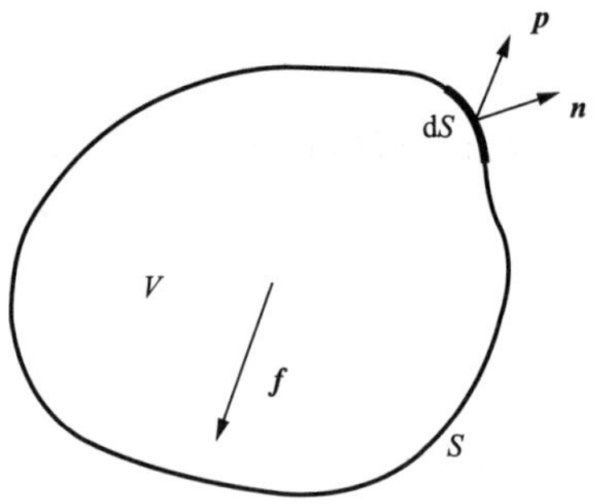

图 3.11 有限体积的平衡

由于上述积分域 V 可以任意选择，故要求

$$\nabla\cdot\boldsymbol{\sigma}+\boldsymbol{f}=\boldsymbol{0} \tag{3-111}$$

类似地，任意一点的矢径定义为 $\boldsymbol{r}$，则力矩的总体平衡条件为

$$\int_S \boldsymbol{r}\times\boldsymbol{p}\mathrm{d}S+\int_V \boldsymbol{r}\times\boldsymbol{f}\mathrm{d}V=\boldsymbol{0} \tag{3-112}$$

其中矢径 $\boldsymbol{r}$ 指向任意一点处的 $\boldsymbol{f}$ 对应的微元 $\mathrm{d}V$。

式(3-112)中

$$\int_S \boldsymbol{r}\times\boldsymbol{p}\mathrm{d}S=\int_S \boldsymbol{r}\times(\boldsymbol{n}\cdot\boldsymbol{\sigma})\mathrm{d}S=-\int_S \boldsymbol{n}\cdot(\boldsymbol{\sigma}\times\boldsymbol{r})\mathrm{d}S \tag{3-113}$$

根据高斯公式，有

$$-\int_S \boldsymbol{n}\cdot(\boldsymbol{\sigma}\times\boldsymbol{r})\mathrm{d}S+\int_V \boldsymbol{r}\times\boldsymbol{f}\mathrm{d}V=-\int_V \nabla\cdot(\boldsymbol{\sigma}\times\boldsymbol{r})\mathrm{d}V+\int_V \boldsymbol{r}\times\boldsymbol{f}\mathrm{d}V=\boldsymbol{0} \tag{3-114}$$

展开为

$$\int_V e_{jkl}(\sigma_{ij,i}+f_j)x_k\mathrm{d}V+\int_V e_{jil}\sigma_{ij}\mathrm{d}V=0 \tag{3-115}$$

将平衡方程代入式(3-115)，则其左端第一项为零，故而有

$$\int_V e_{jil}\sigma_{ij}\mathrm{d}V=\int_V e_{ijl}\sigma_{ji}\mathrm{d}V=-\int_V e_{jil}\sigma_{ji}\mathrm{d}V=0 \tag{3-116}$$

由此可得 $\sigma_{ji}=\sigma_{ij}$。

习　题

3-1　受力物体中某点的应力分量为 $\sigma_x=0,\sigma_y=3a,\sigma_z=2a,\tau_{xy}=a,\tau_{yz}=0,\tau_{zx}=4a$。试求作用在过此点的平面 $x+2y+z=1$ 上的沿坐标轴方向的应力分量，以及该平面上的正应力和剪应力。

3-2　已知物体中某点的应力分量为 $\sigma_x=50$ MPa，$\sigma_y=30$ MPa，$\sigma_z=-40$ MPa，$\tau_{xy}=10$ MPa，$\tau_{yz}=0$ MPa，$\tau_{zx}=40$ MPa。试给出应力张量的三个不变量，进而求出主应力分量、主方向余弦，以及等效应力、偏应力分量的表达式。

3-3　已知某点的主应力为 $\sigma_1,\sigma_2,\sigma_3$，试求过此点一斜截面上的剪应力。该斜面法线与三个主方向间的方向余弦为 n_1,n_2,n_3。

3-4　已知某圆柱体在轴向拉力、弯矩和扭矩作用下，其表面上某点的应力分量为 $\sigma_\rho=0$，$\sigma_\varphi=0$，$\sigma_z=2a$，$\tau_{\rho\varphi}=0$，$\tau_{\rho z}=0$，$\tau_{\varphi z}=a$，试求该点的主应力。在柱坐标(ρ,φ,z)中，ρ 为极半径，φ 为极角，z 为轴向坐标。

3-5　后文将证明，厚壁筒在内压作用下所产生的应力分量为 $\sigma_\rho=\dfrac{A}{\rho^2}+B$，$\sigma_\varphi=-\dfrac{A}{\rho^2}+B$，$\sigma_z=C$，$\tau_{\rho\varphi}=0$，$\tau_{\rho z}=0$，$\tau_{\varphi z}=0$。试求以直角坐标表示的应力分量。

3-6　已知坐标系 Oxy 中，某平板（O 点位于中心，两个主轴分别为 x 和 y 轴）中的应力分量为 $\sigma_x=-10y^3+5yx^2$，$\sigma_y=5y^3$，试确定该板边界上的面力。

3-7　已知物体表面上某一点处单位法向矢量为 $\boldsymbol{n}$，面力分量分别为 $\bar{t}_x=a$，$\bar{t}_y=\bar{t}_z=0$，该点的应力为 $\tau_{xy}=\tau_{zx}=\sigma_z=0$，试求其他应力分量。

3-8　图 3.12 所示为完全置于水中的梯形截面的墙体，试写出 AA'，AB，BB'上力的边界条件。已知水的重度为 γ。

3-9　图 3.13 所示为厚度为 1 的楔形体，材料重度为 γ，该楔形体左侧作用有重度为 γ_1 的液体，试写出其边界条件。

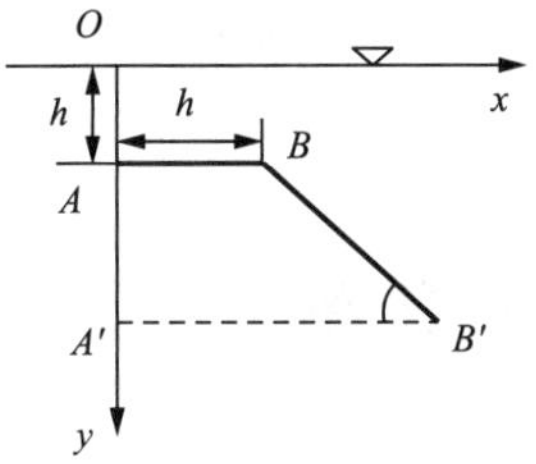

图 3.12　墙体受力

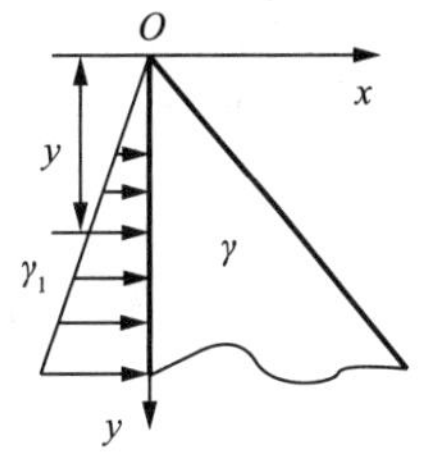

图 3.13　楔形体受力

3-10　已知应力分量为 $\sigma_x=Qxy^2+C_1x^3$，$\sigma_y=-\dfrac{3}{2}C_2xy^2$，$\tau_{xy}=-C_2y^3-C_3x^2y$。试利用平衡方程求解系数 C_1，C_2，C_3。忽略体力。

第 4 章

应变张量

物体的变形对应着体内任意一点的位移，从而产生应变的概念，应变需要保证弹性体的变形协调。该部分内容不涉及物体的材料性质和平衡方程，也就是不考虑引起变形的原因，所得到的结论因此适用于任何连续介质。

4.1 位移和应变张量

4.1.1 位移描述

在外载荷作用下，物体将发生变形。从微观角度来看，变形的本质是物体内各个质点发生位移。发生位移后，物体内的任意质点从初始位置到达新的位置，整个物体也由在初始空间所占的集合位置变为新的变形状态。

如图 4.1 所示，用固定在空间点 O 上的笛卡儿坐标系来同时描述物体的新、旧两个构型。初始构型中的点 $P(X_1, X_2, X_3)$ 变形后成为新构型中的点 $P'(x_1, x_2, x_3)$。

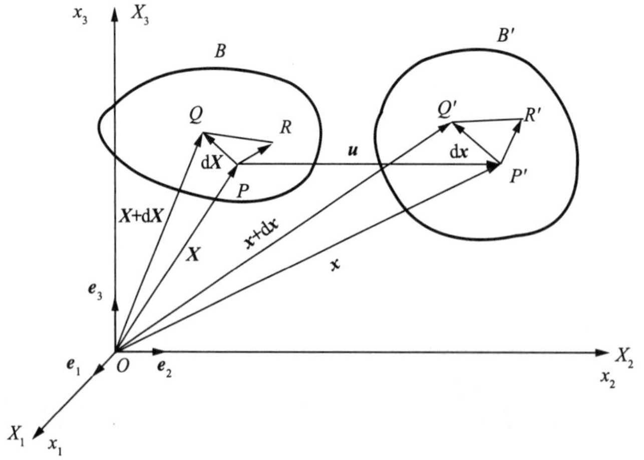

图 4.1 物体的初始构型和变形后构型

两个点对应的矢径分别为

$$\begin{cases}\boldsymbol{X}=\overrightarrow{OP}=X_i\boldsymbol{e}_i\\ \boldsymbol{x}=\overrightarrow{OP'}=x_i\boldsymbol{e}_i\end{cases}\tag{4-1}$$

则 P 点的位移为

$$\begin{cases}\boldsymbol{u}=\boldsymbol{x}-\boldsymbol{X}\\ u_i=x_i-X_i\end{cases}\tag{4-2}$$

一般在固体力学中以物体变形前的初始构型作为参考构型，即取 $\boldsymbol{X}$ 为自变量，则变形后的位置矢径 $\boldsymbol{x}$ 为 $\boldsymbol{X}$ 的函数

$$\begin{cases}\boldsymbol{x}=\boldsymbol{x}(\boldsymbol{X})\\ x_i=x_i(X_1,X_2,X_3)\end{cases}\tag{4-3}$$

定义变形梯度张量

$$\boldsymbol{F}=\frac{\partial \boldsymbol{x}}{\partial \boldsymbol{X}}\tag{4-4}$$

则其分量表达式为

$$\boldsymbol{F}=\left(\frac{\partial x_i}{\partial X_j}\right)=\begin{pmatrix}\frac{\partial x_1}{\partial X_1} & \frac{\partial x_1}{\partial X_2} & \frac{\partial x_1}{\partial X_3}\\ \frac{\partial x_2}{\partial X_1} & \frac{\partial x_2}{\partial X_2} & \frac{\partial x_2}{\partial X_3}\\ \frac{\partial x_3}{\partial X_1} & \frac{\partial x_3}{\partial X_2} & \frac{\partial x_3}{\partial X_3}\end{pmatrix}\tag{4-5}$$

其对应的雅可比(C. G. J. Jacobi，1804－1851)行列式不为零，即

$$\left|\frac{\partial x_i}{\partial X_j}\right|=\begin{vmatrix}\frac{\partial x_1}{\partial X_1} & \frac{\partial x_1}{\partial X_2} & \frac{\partial x_1}{\partial X_3}\\ \frac{\partial x_2}{\partial X_1} & \frac{\partial x_2}{\partial X_2} & \frac{\partial x_2}{\partial X_3}\\ \frac{\partial x_3}{\partial X_1} & \frac{\partial x_3}{\partial X_2} & \frac{\partial x_3}{\partial X_3}\end{vmatrix}\neq 0\tag{4-6}$$

定义柯西-格林变形张量为

$$\boldsymbol{C}=\boldsymbol{F}^{\mathrm{T}}\cdot\boldsymbol{F}\tag{4-7}$$

位移场也是 $\boldsymbol{X}$ 的函数，即

$$u_i=u_i(X_1,X_2,X_3)=x_i(X_1,X_2,X_3)-X_i\tag{4-8}$$

这种以质点变形前的坐标 $\boldsymbol{X}$ 为基本未知量的描述方法称为拉格朗日方法。类似地，以质点在变形后的坐标 $\boldsymbol{x}$ 为未知量的描述方法称为欧拉方法。在流体力学中欧拉方法应用较广泛。

在大变形问题中，有时用两个坐标系来分别描述新、旧构型。新坐标系是由变形前嵌入物体内的旧坐标系随物体质点一起变形而得到的，因此在变形过程中质点的坐标值始终保持不变。这种随物体变形的坐标系称为拉格朗日坐标系或者随体坐标系。一般来说，变形后的拉格朗日坐标系是一个任意曲线坐标系，要用张量分析的一般理论来处理。

4.1.2　变形描述

考虑变形前的任意线元 $\overrightarrow{PQ}$，其端点 $P(X_1,X_2,X_3)$ 以及 $Q(X_1+\mathrm{d}X_1,X_2+\mathrm{d}X_2,X_3+$

$\mathrm{d}X_3$)的矢径分别为

$$\overrightarrow{OP}=X_i\boldsymbol{e}_i \tag{4-9}$$

$$\overrightarrow{OQ}=(X_i+\mathrm{d}X_i)\boldsymbol{e}_i \tag{4-10}$$

则有线元为

$$\overrightarrow{PQ}=\overrightarrow{OQ}-\overrightarrow{OP}=\mathrm{d}\boldsymbol{X}=\mathrm{d}X_i\boldsymbol{e}_i \tag{4-11}$$

变形后点 P 和 Q 分别变成 P' 和 Q'，则相应矢径为

$$\overrightarrow{OP'}=\boldsymbol{x}=x_i\boldsymbol{e}_i \tag{4-12}$$

$$\overrightarrow{OQ'}=\boldsymbol{x}+\mathrm{d}\boldsymbol{x}=(x_i+\mathrm{d}x_i)\boldsymbol{e}_i \tag{4-13}$$

变形后线元为

$$\overrightarrow{P'Q'}=\overrightarrow{OQ'}-\overrightarrow{OP'}=\mathrm{d}\boldsymbol{x}=\mathrm{d}x_i\boldsymbol{e}_i \tag{4-14}$$

变形前后线元$\overrightarrow{PQ}$和$\overrightarrow{P'Q'}$的长度的平方为

$$\mathrm{d}s_0^2=\mathrm{d}\boldsymbol{X}\cdot\mathrm{d}\boldsymbol{X}=\mathrm{d}X_i\mathrm{d}X_i \tag{4-15}$$

$$\mathrm{d}s^2=\mathrm{d}\boldsymbol{x}\cdot\mathrm{d}\boldsymbol{x}=\mathrm{d}x_i\mathrm{d}x_i \tag{4-16}$$

另外有

$$\begin{cases}\mathrm{d}x_i=\dfrac{\partial x_i}{\partial X_j}\mathrm{d}X_j=F_{ij}\mathrm{d}X_j\\ \mathrm{d}\boldsymbol{x}=\dfrac{\partial \boldsymbol{x}}{\partial \boldsymbol{X}}\cdot\mathrm{d}\boldsymbol{X}=\boldsymbol{F}\cdot\mathrm{d}\boldsymbol{X}\end{cases} \tag{4-17}$$

则

$$\mathrm{d}s^2=\frac{\partial x_m}{\partial X_i}\frac{\partial x_m}{\partial X_j}\mathrm{d}X_i\mathrm{d}X_j \tag{4-18}$$

将柯西-格林变形张量代入式(4-18)后得到

$$\mathrm{d}s^2-\mathrm{d}s_0^2=\left(\frac{\partial x_m}{\partial X_i}\frac{\partial x_m}{\partial X_j}-\delta_{ij}\right)\mathrm{d}X_i\mathrm{d}X_j=2E_{ij}\mathrm{d}X_i\mathrm{d}X_j=\mathrm{d}\boldsymbol{X}\cdot\boldsymbol{E}\cdot\mathrm{d}\boldsymbol{X} \tag{4-19}$$

其中

$$\boldsymbol{E}=E_{ij}\boldsymbol{e}_i\boldsymbol{e}_j=\frac{1}{2}(\boldsymbol{C}-\boldsymbol{I})=\frac{1}{2}(\boldsymbol{F}^{\mathrm{T}}\cdot\boldsymbol{F}-\boldsymbol{I}) \tag{4-20}$$

$\boldsymbol{E}$ 称为格林应变张量。其分量形式为

$$E_{ij}=\frac{1}{2}\left(\frac{\partial x_m}{\partial X_i}\frac{\partial x_m}{\partial X_j}-\delta_{ij}\right)=E_{ji} \tag{4-21}$$

另外

$$\frac{\partial x_m}{\partial X_i}=\delta_{mi}+\frac{\partial u_m}{\partial X_i} \tag{4-22}$$

整理可以得到

$$E_{ij}=\frac{1}{2}\left[\left(\delta_{mi}+\frac{\partial u_m}{\partial X_i}\right)\left(\delta_{mj}+\frac{\partial u_m}{\partial X_j}\right)-\delta_{ij}\right]=\frac{1}{2}\left(\frac{\partial u_i}{\partial X_j}+\frac{\partial u_j}{\partial X_i}+\frac{\partial u_m}{\partial X_i}\frac{\partial u_m}{\partial X_j}\right) \tag{4-23}$$

上式的实体形式为

$$\boldsymbol{E}=\frac{1}{2}(\nabla\boldsymbol{u}+\boldsymbol{u}\nabla+\nabla\boldsymbol{u}\cdot\boldsymbol{u}\nabla) \tag{4-24}$$

具体的展开形式为

$$
\begin{cases}
E_{11}=\dfrac{\partial u_1}{\partial X_1}+\dfrac{1}{2}\left[\left(\dfrac{\partial u_1}{\partial X_1}\right)^2+\left(\dfrac{\partial u_2}{\partial X_1}\right)^2+\left(\dfrac{\partial u_3}{\partial X_1}\right)^2\right]\\
E_{22}=\dfrac{\partial u_2}{\partial X_2}+\dfrac{1}{2}\left[\left(\dfrac{\partial u_1}{\partial X_2}\right)^2+\left(\dfrac{\partial u_2}{\partial X_2}\right)^2+\left(\dfrac{\partial u_3}{\partial X_2}\right)^2\right]\\
E_{33}=\dfrac{\partial u_3}{\partial X_3}+\dfrac{1}{2}\left[\left(\dfrac{\partial u_1}{\partial X_3}\right)^2+\left(\dfrac{\partial u_2}{\partial X_3}\right)^2+\left(\dfrac{\partial u_3}{\partial X_3}\right)^2\right]\\
E_{12}=E_{21}=\dfrac{1}{2}\left(\dfrac{\partial u_1}{\partial X_2}+\dfrac{\partial u_2}{\partial X_1}+\dfrac{\partial u_1}{\partial X_1}\dfrac{\partial u_1}{\partial X_2}+\dfrac{\partial u_2}{\partial X_1}\dfrac{\partial u_2}{\partial X_2}+\dfrac{\partial u_3}{\partial X_1}\dfrac{\partial u_3}{\partial X_2}\right)\\
E_{23}=E_{32}=\dfrac{1}{2}\left(\dfrac{\partial u_2}{\partial X_3}+\dfrac{\partial u_3}{\partial X_2}+\dfrac{\partial u_1}{\partial X_2}\dfrac{\partial u_1}{\partial X_3}+\dfrac{\partial u_2}{\partial X_2}\dfrac{\partial u_2}{\partial X_3}+\dfrac{\partial u_3}{\partial X_2}\dfrac{\partial u_3}{\partial X_3}\right)\\
E_{31}=E_{13}=\dfrac{1}{2}\left(\dfrac{\partial u_3}{\partial X_1}+\dfrac{\partial u_1}{\partial X_3}+\dfrac{\partial u_1}{\partial X_1}\dfrac{\partial u_1}{\partial X_3}+\dfrac{\partial u_2}{\partial X_1}\dfrac{\partial u_2}{\partial X_3}+\dfrac{\partial u_3}{\partial X_1}\dfrac{\partial u_3}{\partial X_3}\right)
\end{cases}
\tag{4-25}
$$

如果采用欧拉描述法进行类似推导，就得到形式不同的应变张量，即阿尔曼西(E. Almansi，1869－1948)应变张量。

用格林应变张量 $\boldsymbol{E}$ 可确定变形后线元的长度变化和线元间的夹角改变。首先分析长度变化。变形前，线元$\overrightarrow{PQ}$方向的单位矢量为

$$
\boldsymbol{n}=\frac{\mathrm{d}\boldsymbol{X}}{\mathrm{d}s_0}=\frac{\mathrm{d}X_i}{\mathrm{d}s_0}\boldsymbol{e}_i=n_i\boldsymbol{e}_i \tag{4-26}
$$

式中，$\dfrac{\mathrm{d}X_i}{\mathrm{d}s_0}=n_i$ 为线元$\overrightarrow{PQ}$的方向余弦。

定义变形前后线元的长度变化，即长度比为

$$
\lambda=\frac{\mathrm{d}s}{\mathrm{d}s_0} \tag{4-27}
$$

进一步得到

$$
\lambda=\sqrt{1+2\,\frac{\mathrm{d}\boldsymbol{X}}{\mathrm{d}s_0}\cdot\boldsymbol{E}\cdot\frac{\mathrm{d}\boldsymbol{X}}{\mathrm{d}s_0}}=\sqrt{1+2\boldsymbol{n}\cdot\boldsymbol{E}\cdot\boldsymbol{n}}=\sqrt{1+2E_{ij}n_in_j} \tag{4-28}
$$

进一步考虑线元的方向。变形后，线元$\overrightarrow{P'Q'}$方向的单位矢量为

$$
\boldsymbol{n}'=\frac{\mathrm{d}\boldsymbol{x}}{\mathrm{d}s}=\frac{\mathrm{d}x_i}{\mathrm{d}s}\boldsymbol{e}_i=n_i'\boldsymbol{e}_i \tag{4-29}
$$

方向余弦为

$$
n_i'=\frac{\mathrm{d}x_i}{\mathrm{d}s}=\frac{\partial x_i}{\partial X_j}\frac{\mathrm{d}X_j}{\mathrm{d}s_0}\frac{\mathrm{d}s_0}{\mathrm{d}s}=\frac{1}{\lambda}\frac{\partial x_i}{\partial X_j}n_j \tag{4-30}
$$

进一步式(4-30)可表示为

$$
\begin{cases}
n_i'=\dfrac{1}{\lambda}\left(\delta_{ji}+\dfrac{\partial u_i}{\partial X_j}\right)n_j\\
\boldsymbol{n}'=\dfrac{1}{\lambda}(\boldsymbol{I}+\boldsymbol{u}\,\nabla)\cdot\boldsymbol{n}
\end{cases}
\tag{4-31}
$$

接下来讨论线元变形前后的角度变化。考虑变形前的两个任意线元$\overrightarrow{PQ}$和$\overrightarrow{PR}$，其单位矢量分别为 $\boldsymbol{n}$ 和 $\boldsymbol{t}$，方向余弦分别为 n_i 和 t_i，则其夹角余弦为

$$
\cos(\boldsymbol{n},\boldsymbol{t})=\boldsymbol{n}\cdot\boldsymbol{t}=n_it_i \tag{4-32}
$$

变形后两线元分别变为$\overrightarrow{P'Q'}$和$\overrightarrow{P'R'}$，其单位矢量分别为$\boldsymbol{n}'$和$\boldsymbol{t}'$，方向余弦分别为n_i'和t_i'，则其二者夹角余弦为

$$\begin{aligned}\cos(\boldsymbol{n}',\boldsymbol{t}')&=\boldsymbol{n}'\cdot\boldsymbol{t}'=n_i't_i'\\&=\frac{1}{\lambda_n}\frac{1}{\lambda_t}\left(\delta_{mi}+\frac{\partial u_i}{\partial X_m}\right)n_m\left(\delta_{ni}+\frac{\partial u_i}{\partial X_n}\right)t_n\\&=\frac{1}{\lambda_n}\frac{1}{\lambda_t}n_mt_n\left(\delta_{mn}+\frac{\partial u_n}{\partial X_m}+\frac{\partial u_m}{\partial X_n}+\frac{\partial u_i}{\partial X_m}\frac{\partial u_i}{\partial X_m}\right)\\&=\frac{1}{\lambda_n}\frac{1}{\lambda_t}(n_mt_m+2E_{mn}n_mt_n)\\&=\frac{1}{\lambda_n}\frac{1}{\lambda_t}(\boldsymbol{n}\cdot\boldsymbol{t}+2\boldsymbol{n}\cdot\boldsymbol{E}\cdot\boldsymbol{t})\end{aligned}\tag{4-33}$$

由此可得线元变形后的夹角变化。若变形前线元$\overrightarrow{PQ}$和$\overrightarrow{PR}$相互垂直，则有$\boldsymbol{n}\cdot\boldsymbol{t}=0$，即上式简化为

$$\cos(\boldsymbol{n}',\boldsymbol{t}')=\frac{2\boldsymbol{n}\cdot\boldsymbol{E}\cdot\boldsymbol{t}}{\lambda_n\lambda_t}\tag{4-34}$$

上面一系列表达式表明，应变张量$\boldsymbol{E}$给出了物体变形状态的全部信息。

4.2 小应变张量

4.2.1 柯西应变

线弹性理论的研究对象是其位移比物体最小尺寸小得多的小变形情况。此时位移分量的一阶导数远小于1，即$\left|\frac{\partial u_i}{\partial X_j}\right|\ll 1$或者$\left|\frac{\partial u_i}{\partial x_j}\right|\ll 1$。

在几何方程中略去高阶量后，可以得到

$$\frac{\partial u_i}{\partial X_j}=\frac{\partial u_i}{\partial x_k}\frac{\partial x_k}{\partial X_j}=\frac{\partial u_i}{\partial x_k}\left(\delta_{kj}+\frac{\partial u_k}{\partial X_j}\right)\approx\frac{\partial u_i}{\partial x_j}\tag{4-35}$$

因此在描述弹性体发生小变形时，坐标x_i和X_i不需要区分。

格林应变张量可以化成柯西应变张量或者小应变张量$\boldsymbol{\varepsilon}=\varepsilon_{ij}\boldsymbol{e}_i\boldsymbol{e}_j$，其表达式为

$$\varepsilon_{ij}=\frac{1}{2}(u_{i,j}+u_{j,i})\tag{4-36}$$

其实体形式为

$$\boldsymbol{\varepsilon}=\frac{1}{2}(\nabla\boldsymbol{u}+\boldsymbol{u}\nabla)\tag{4-37}$$

其展开形式为

$$
\begin{cases}
\varepsilon_{11}=\dfrac{\partial u_1}{\partial X_1} \\
\varepsilon_{22}=\dfrac{\partial u_2}{\partial X_2} \\
\varepsilon_{33}=\dfrac{\partial u_3}{\partial X_3} \\
\varepsilon_{12}=\varepsilon_{21}=\dfrac{1}{2}\left(\dfrac{\partial u_1}{\partial X_2}+\dfrac{\partial u_2}{\partial X_1}\right) \\
\varepsilon_{23}=\varepsilon_{32}=\dfrac{1}{2}\left(\dfrac{\partial u_2}{\partial X_3}+\dfrac{\partial u_3}{\partial X_2}\right) \\
\varepsilon_{31}=\varepsilon_{13}=\dfrac{1}{2}\left(\dfrac{\partial u_3}{\partial X_1}+\dfrac{\partial u_1}{\partial X_3}\right)
\end{cases}
\tag{4-38}
$$

在笛卡儿坐标系中，上式对应的另外形式为

$$
\begin{cases}
\varepsilon_x=\dfrac{\partial u}{\partial x} \\
\varepsilon_y=\dfrac{\partial v}{\partial y} \\
\varepsilon_z=\dfrac{\partial w}{\partial z} \\
\gamma_{xy}=\dfrac{\partial u}{\partial y}+\dfrac{\partial v}{\partial x} \\
\gamma_{yz}=\dfrac{\partial v}{\partial z}+\dfrac{\partial w}{\partial y} \\
\gamma_{zx}=\dfrac{\partial u}{\partial z}+\dfrac{\partial w}{\partial x}
\end{cases}
\tag{4-39}
$$

若用下标 i,j,k 代替 x,y,z，则有 $\gamma_{xy}=2\varepsilon_{xy}$ 等，即 $\gamma_{ij}=2\varepsilon_{ij}$，一般称为工程剪应变。上述方程组称为几何方程。注意，γ_{ij} 并非张量的分量，而 ε_{ij} 却为张量分量。

4.2.2　等效应变

考虑到力学概念在后续专业知识中的应用，与偏应力的概念类似，下面引进偏应变张量的定义

$$
\begin{cases}
\boldsymbol{\varepsilon}'=\boldsymbol{\varepsilon}-\dfrac{1}{3}\theta\boldsymbol{I} \\
\varepsilon_{ij}'=\varepsilon_{ij}-\dfrac{1}{3}\varepsilon_{kk}\delta_{ij}
\end{cases}
\tag{4-40}
$$

式中，$\theta=\varepsilon_{kk}$ 为应变张量的迹。

偏应变张量对应的矩阵为

$$
\boldsymbol{\varepsilon}'=\begin{pmatrix}
\varepsilon_x-\dfrac{\theta}{3} & \varepsilon_{xy} & \varepsilon_{xz} \\
\varepsilon_{yx} & \varepsilon_y-\dfrac{\theta}{3} & \varepsilon_{yz} \\
\varepsilon_{zx} & \varepsilon_{zy} & \varepsilon_z-\dfrac{\theta}{3}
\end{pmatrix}
\tag{4-41}
$$

有了偏应变张量之后，与等效应力的定义类似，进一步可以定义等效应变为

$$\varepsilon_{eq}=\sqrt{\frac{2}{3}\boldsymbol{\varepsilon}':\boldsymbol{\varepsilon}'}=\sqrt{\frac{2}{3}\varepsilon'_{ij}\varepsilon'_{ij}}$$
$$=\sqrt{\frac{2}{3}\left(\varepsilon_{ij}-\frac{1}{3}\varepsilon_{kk}\delta_{ij}\right)\left(\varepsilon_{ij}-\frac{1}{3}\varepsilon_{kk}\delta_{ij}\right)}$$
$$=\sqrt{\frac{2}{3}\left(\varepsilon_{ij}\varepsilon_{ij}-\frac{1}{3}\varepsilon_{kk}^2\right)} \tag{4-42}$$

在笛卡儿坐标系中，将对应的应变分量表达式代入式(4-42)可以得到等效应变的表达式为

$$\varepsilon_{eq}=\sqrt{\frac{2[(\varepsilon_x-\varepsilon_y)^2+(\varepsilon_y-\varepsilon_z)^2+(\varepsilon_x-\varepsilon_z)^2]+3(\gamma_{xy}^2+\gamma_{yz}^2+\gamma_{zx}^2)}{9}} \tag{4-43}$$

特别地，对于单向拉伸，此时不为零的应力、应变分量为 σ_x，ε_x，$\varepsilon_y=\varepsilon_z=-\nu\varepsilon_x$，可以得到其等效应变为

$$\varepsilon_{eq}=\frac{2}{3}(1+\nu)\varepsilon_x \tag{4-44}$$

由此可见，当 $\nu=0.5$，$\varepsilon_{eq}=\varepsilon_x$，即在非常特殊的情况下，单向拉伸时的轴向应变等于等效应变。

4.2.3 主应变

与应力张量类似，应变张量也为二阶张量，故其分量之间存在类似的坐标变换关系

$$\varepsilon_{i'j'}=\beta_{i'i}\beta_{j'j}\varepsilon_{ij} \tag{4-45}$$

式中，$\beta_{i'i}$ 和 $\beta_{j'j}$ 为坐标变换系数。

不失一般性，对于平面问题，其新、旧坐标系之间应变分量的对应关系可以写为以下形式

$$\begin{cases}\varepsilon_x'=\dfrac{\varepsilon_x+\varepsilon_y}{2}+\dfrac{\varepsilon_x-\varepsilon_y}{2}\cos 2\varphi+\dfrac{1}{2}\gamma_{xy}\sin 2\varphi\\ \varepsilon_y'=\dfrac{\varepsilon_x+\varepsilon_y}{2}-\dfrac{\varepsilon_x-\varepsilon_y}{2}\cos 2\varphi-\dfrac{1}{2}\gamma_{xy}\sin 2\varphi\\ \dfrac{1}{2}\gamma_{xy}'=-\dfrac{\varepsilon_x-\varepsilon_y}{2}\sin 2\varphi+\dfrac{1}{2}\gamma_{xy}\cos 2\varphi\end{cases} \tag{4-46}$$

这一坐标变换关系最典型的一个应用就是采用应变花测试某一点的应变，然后根据广义胡克定律求出应力。例如，在某一点沿着与 x 轴成 0°，45°，90°方向分别贴上一个应变片，可以测出沿着该方向的三个应变值 ε_0，ε_{45}，ε_{90}，则有

$$\begin{cases}\varepsilon_0=\dfrac{\varepsilon_x+\varepsilon_y}{2}+\dfrac{\varepsilon_x-\varepsilon_y}{2}=\varepsilon_x\\ \varepsilon_{45}=\dfrac{\varepsilon_x+\varepsilon_y}{2}+\dfrac{1}{2}\gamma_{xy}\\ \varepsilon_{90}=\dfrac{\varepsilon_x+\varepsilon_y}{2}-\dfrac{\varepsilon_x-\varepsilon_y}{2}=\varepsilon_y\end{cases} \tag{4-47}$$

因此可以得到该点处的应变数值为

$$\begin{cases}\varepsilon_x=\varepsilon_0\\ \varepsilon_y=\varepsilon_{90}\\ \gamma_{xy}=2\varepsilon_{45}-\varepsilon_0-\varepsilon_{90}\end{cases} \tag{4-48}$$

若某一截面上只有正应变，没有切应变，则此应变分量称为主应变(principal strain)，与之对应的截面法向即应变张量的主方向。应变张量在每一点至少存在三个相互正交的主方向。设 $\boldsymbol{n}$ 为沿着应变主方向的单位矢量，则有

$$\boldsymbol{\varepsilon}\cdot\boldsymbol{n}=\varepsilon\boldsymbol{n} \tag{4-49}$$

即

$$(\boldsymbol{\varepsilon}-\varepsilon\boldsymbol{I})\cdot\boldsymbol{n}=\boldsymbol{0} \tag{4-50}$$

其分量形式为

$$(\varepsilon_{ij}-\varepsilon\delta_{ij})n_j=0 \tag{4-51}$$

标量 ε 即应变张量沿着主方向 $\boldsymbol{n}$ 的主应变，则有

$$\varepsilon=\boldsymbol{n}\cdot\boldsymbol{\varepsilon}\cdot\boldsymbol{n}=\varepsilon_{ij}n_in_j \tag{4-52}$$

其特征方程为凯利-哈密顿方程

$$\varepsilon^3-I_1\varepsilon^2+I_2\varepsilon-I_3=0 \tag{4-53}$$

根据此方程可以求得应变张量的三个主应变 $\varepsilon_1,\varepsilon_2,\varepsilon_3$，分别称为第一、第二、第三主应变。

应变张量对应的三个不变量定义为

$$I_1=\mathrm{tr}\,\boldsymbol{\varepsilon}=\theta=\varepsilon_{kk}=\boldsymbol{\varepsilon}:\boldsymbol{I}=\varepsilon_x+\varepsilon_y+\varepsilon_z=\varepsilon_1+\varepsilon_2+\varepsilon_3 \tag{4-54}$$

$$\begin{aligned}I_2&=\frac{1}{2}(\varepsilon_{ii}\varepsilon_{jj}-\varepsilon_{ij}\varepsilon_{ij})\\&=\begin{vmatrix}\varepsilon_{22}&\varepsilon_{23}\\\varepsilon_{32}&\varepsilon_{33}\end{vmatrix}+\begin{vmatrix}\varepsilon_{11}&\varepsilon_{13}\\\varepsilon_{31}&\varepsilon_{33}\end{vmatrix}+\begin{vmatrix}\varepsilon_{11}&\varepsilon_{12}\\\varepsilon_{21}&\varepsilon_{22}\end{vmatrix}\\&=\varepsilon_x\varepsilon_y+\varepsilon_y\varepsilon_z+\varepsilon_z\varepsilon_x-\varepsilon_{xy}^2-\varepsilon_{yz}^2-\varepsilon_{zx}^2\\&=\varepsilon_1\varepsilon_2+\varepsilon_2\varepsilon_3+\varepsilon_3\varepsilon_1\end{aligned} \tag{4-55}$$

$$\begin{aligned}I_3&=\det\boldsymbol{\varepsilon}\\&=\begin{vmatrix}\varepsilon_{11}&\varepsilon_{12}&\varepsilon_{13}\\\varepsilon_{21}&\varepsilon_{22}&\varepsilon_{23}\\\varepsilon_{31}&\varepsilon_{32}&\varepsilon_{33}\end{vmatrix}\\&=\varepsilon_x\varepsilon_y\varepsilon_z+2\varepsilon_{xy}\varepsilon_{yz}\varepsilon_{zx}-\varepsilon_x\varepsilon_{yz}^2-\varepsilon_y\varepsilon_{zx}^2-\varepsilon_z\varepsilon_{xy}^2\\&=\varepsilon_1\varepsilon_2\varepsilon_3\end{aligned} \tag{4-56}$$

沿着主方向取出边长为 $\mathrm{d}x_1,\mathrm{d}x_2,\mathrm{d}x_3$ 的正六面体，其发生弹性变形后相对体积变化为

$$\begin{aligned}\theta&=\frac{\mathrm{d}V'-\mathrm{d}V}{\mathrm{d}V}\\&=\frac{(1+\varepsilon_1)\mathrm{d}x_1(1+\varepsilon_2)\mathrm{d}x_2(1+\varepsilon_3)\mathrm{d}x_3}{\mathrm{d}x_1\mathrm{d}x_2\mathrm{d}x_3}\\&\approx\varepsilon_1+\varepsilon_2+\varepsilon_3\\&=I_1\end{aligned} \tag{4-57}$$

由此可见第一不变量即应变张量的迹，表示单位体积变形后的体积变化，称为体应变。

沿着每点应变主方向的坐标线称为应变主轴，由它们组成的正交曲线坐标系称为应变主坐标系。在应变主坐标系中，许多计算公式将大大简化。例如，应变张量简化成对角型，即

$$\boldsymbol{\varepsilon}=\varepsilon_1\boldsymbol{e}_1+\varepsilon_2\boldsymbol{e}_2+\varepsilon_3\boldsymbol{e}_3 \tag{4-58}$$

在一般情况下可以证明，最大剪应变发生在主平面内，其值为最大与最小主应变之

差，如

$$\gamma_{max}=\varepsilon_1-\varepsilon_3 \tag{4-59}$$

最大剪应变发生在 Ox_1x_3 主平面内，与 x_1，x_3 轴成 45°角的一对线元之间。

4.3 转动张量

物体中的位移场 $\boldsymbol{u}$ 是由变形和刚体运动（平移和转动）共同引起的。考虑图 4.2 中线元 PQ，变形前其端点位置为 $P(\boldsymbol{x})$ 和 $Q(\boldsymbol{x}+\mathrm{d}\boldsymbol{x})$。$P$ 点位移为 $\boldsymbol{u}(\boldsymbol{x})$，则 Q 点位移为 $\boldsymbol{u}(\boldsymbol{x}+\mathrm{d}\boldsymbol{x})=\boldsymbol{u}(\boldsymbol{x})+\mathrm{d}\boldsymbol{u}$。

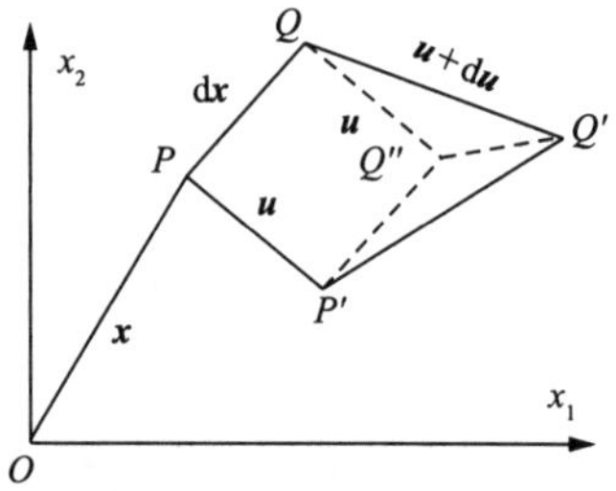

图 4.2　位移示意图

其中 $\boldsymbol{u}(\boldsymbol{x})$ 是线元随 P 点的刚体位移，$\mathrm{d}\boldsymbol{u}$ 是 Q 点相对于 P 点的位移增量，其值为

$$\mathrm{d}\boldsymbol{u}=\boldsymbol{u}\nabla\cdot\mathrm{d}\boldsymbol{x}=\mathrm{d}\boldsymbol{x}\cdot\nabla\boldsymbol{u} \tag{4-60}$$

即

$$\mathrm{d}u_i=\frac{\partial u_i}{\partial x_j}\mathrm{d}x_j \tag{4-61}$$

二阶张量 $\boldsymbol{u}\nabla$ 可以分解成对称部分和反对称部分

$$\boldsymbol{u}\nabla=\boldsymbol{\varepsilon}+\boldsymbol{\Omega} \tag{4-62}$$

其中

$$\boldsymbol{\varepsilon}=\frac{1}{2}(\boldsymbol{u}\nabla+\nabla\boldsymbol{u}) \tag{4-63}$$

$$\boldsymbol{\Omega}=\frac{1}{2}(\boldsymbol{u}\nabla-\nabla\boldsymbol{u}) \tag{4-64}$$

其分量形式为

$$\varepsilon_{ij}=\frac{1}{2}(u_{i,j}+u_{j,i}) \tag{4-65}$$

$$\Omega_{ij}=\frac{1}{2}(u_{i,j}-u_{j,i}) \tag{4-66}$$

反对称张量 $\boldsymbol{\Omega}$ 称为转动张量，只有三个独立分量 Ω_{12}，Ω_{21}，Ω_{31}，可以用对应的符号 ω_3，ω_1，ω_2 来表示。

如图 4.3 所示，用 ω_3，ω_1，ω_2 作为三个分量定义对应的矢量，它是转动张量 $\boldsymbol{\Omega}$ 的反偶矢量

$$\boldsymbol{\omega}=\omega_1\boldsymbol{e}_1+\omega_2\boldsymbol{e}_2+\omega_3\boldsymbol{e}_3 \tag{4-67}$$

一般称为转动矢量，并且有

$$\begin{cases}\Omega_{12}=-\omega_3=\dfrac{1}{2}(u_{1,2}-u_{2,1})\\ \Omega_{23}=-\omega_1=\dfrac{1}{2}(u_{2,3}-u_{3,2})\\ \Omega_{31}=-\omega_2=\dfrac{1}{2}(u_{3,1}-u_{1,3})\end{cases} \tag{4-68}$$

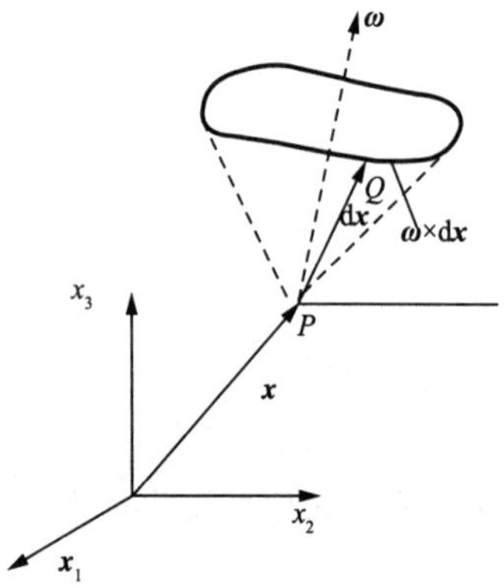

图 4.3　转动张量示意图

即

$$\Omega_{ij}=-e_{ijk}\omega_k \tag{4-69}$$

其实体形式为

$$\boldsymbol{\Omega}=-\boldsymbol{\epsilon}\cdot\boldsymbol{\omega} \tag{4-70}$$

另外有

$$\boldsymbol{\omega}=-\frac{1}{2}\boldsymbol{\epsilon}:\boldsymbol{\Omega} \tag{4-71}$$

其分量形式为

$$\omega_k=-\frac{1}{2}e_{ijk}\Omega_{ij} \tag{4-72}$$

转动张量和转动矢量之间存在如下关系

$$\boldsymbol{\Omega}\cdot\mathrm{d}\boldsymbol{x}=\boldsymbol{\omega}\times\mathrm{d}\boldsymbol{x} \tag{4-73}$$

其分量形式为

$$\Omega_{kj}\mathrm{d}x_j=e_{ijk}\omega_i\mathrm{d}x_j \tag{4-74}$$

由此可得位移增量为

$$\begin{cases}\mathrm{d}\boldsymbol{u}=\boldsymbol{\varepsilon}\cdot\mathrm{d}\boldsymbol{x}+\boldsymbol{\omega}\times\mathrm{d}\boldsymbol{x}\\ \mathrm{d}u_i=\varepsilon_{ij}\mathrm{d}x_j+e_{ikj}\omega_k\mathrm{d}x_j\end{cases} \tag{4-75}$$

可见，位移增量 $\mathrm{d}\boldsymbol{u}$ 由两部分组成，第一部分为变形引起的增量 $\boldsymbol{\varepsilon}\cdot\mathrm{d}\boldsymbol{x}$，第二部分为刚体转动引起的增量 $\boldsymbol{\omega}\times\mathrm{d}\boldsymbol{x}$。过 P 点沿着 $\boldsymbol{\omega}$ 方向的直线即线元刚体转动的转轴，转动角速度的值为 $|\boldsymbol{\omega}|$。由此可得

$$\boldsymbol{u}(\boldsymbol{x}+\mathrm{d}\boldsymbol{x})=\boldsymbol{u}(\boldsymbol{x})+\boldsymbol{\varepsilon}\cdot\mathrm{d}\boldsymbol{x}+\boldsymbol{\omega}\times\mathrm{d}\boldsymbol{x} \tag{4-76}$$

这就是一点附近位移场的完整描述，右端三项分别对应刚体平移、变形和转动。

需要说明，此处我们讨论的是微元的刚体转动。对于变形体来说，转动矢量 $\boldsymbol{\omega}$ 和转动张量 $\boldsymbol{\Omega}$ 都是随点而异的。若考虑整个物体做刚体转动，即 $\boldsymbol{\varepsilon}=\boldsymbol{0}$，$\boldsymbol{\omega}$ 的各个分量均为常量，则积分可以得到

$$\boldsymbol{u}=\boldsymbol{u}_0+\boldsymbol{\omega}\times\boldsymbol{x}=\boldsymbol{u}_0+\boldsymbol{\Omega}\cdot\boldsymbol{x} \tag{4-77}$$

展开后的表达式为

$$\begin{cases}u_1=u_{10}+\omega_2x_3-\omega_3x_2=u_{10}+\Omega_{12}x_2+\Omega_{13}x_3\\ u_2=u_{20}+\omega_3x_1-\omega_1x_3=u_{20}+\Omega_{23}x_3+\Omega_{21}x_1\\ u_3=u_{30}+\omega_1x_2-\omega_2x_1=u_{30}+\Omega_{31}x_1+\Omega_{32}x_2\end{cases} \tag{4-78}$$

这就是以前所学的刚体转动公式。

对于 $\dfrac{\partial u_i}{\partial x_j}=\varepsilon_{ij}+\Omega_{ij}$，可见仅当 $\varepsilon_{ij}\ll1$ 且 $\Omega_{ij}\ll1$ 时，才有 $\left|\dfrac{\partial u_i}{\partial x_j}\right|\ll1$。线性弹性理论仅仅研究应变和转动都很小的情况。常用工程材料的弹性极限应变都小于 0.01，因此 $\varepsilon_{ij}\ll1$ 的要求不难满足。但对于梁、杆、板、壳等柔性结构，微元的刚体转动并不小，不能保证 $\Omega_{ij}\ll1$，因而导致显著的挠度。此时在格林应变分量的位移表达式中非线性项不能忽略。

4.4　应变协调方程

弹性体发生小变形时，对于 6 个应变分量和 3 个位移分量，任意一点需要满足几何方程

$$\varepsilon_{ij}=\frac{1}{2}(u_{i,j}+u_{j,i}) \tag{4-79}$$

给定应变之后，式(4-79)就是关于位移 u_i 的微分方程。由于方程数目多于未知函数的数目，因此若给定应变，方程不一定有解。只有当应变分量满足某种可积条件，或称应变协调关系（也称变形协调条件）时，才能积分得到单值连续的位移场 u_i。

从几何上来看，若某一初始连续的物体按给定的应变状态发生变形，能始终保持连续，在该过程中既不开裂，又不重叠，则所给定的应变是协调的，否则是不协调的。

对于单值连续的位移场，位移分量对坐标的偏导数应该与求导顺序无关，由此可以导出应变分量的协调条件，即

$$\varepsilon_{ij,kl}=\frac{1}{2}(u_{i,jkl}+u_{j,ikl}) \tag{4-80}$$

为了建立不同应变分量之间的关系，把两个分量指标和两个导数指标双双对换，可以得到

$$\varepsilon_{kl,ij}=\frac{1}{2}(u_{k,lij}+u_{l,kij}) \tag{4-81}$$

类似可得

$$\varepsilon_{ik,jl}=\frac{1}{2}(u_{i,kjl}+u_{k,ijl}) \tag{4-82}$$

$$\varepsilon_{jl,ik}=\frac{1}{2}(u_{j,lik}+u_{l,jik}) \tag{4-83}$$

根据上述关系可得

$$\varepsilon_{ij,kl}+\varepsilon_{kl,ij}-\varepsilon_{ik,jl}-\varepsilon_{jl,ik}=0 \tag{4-84}$$

式(4-84)在直角坐标系中的展开式为

$$\begin{cases}\dfrac{\partial^2\varepsilon_x}{\partial y^2}+\dfrac{\partial^2\varepsilon_y}{\partial y^2}=\dfrac{\partial^2\gamma_{xy}}{\partial x\partial y}\\ \dfrac{\partial^2\varepsilon_y}{\partial z^2}+\dfrac{\partial^2\varepsilon_z}{\partial y^2}=\dfrac{\partial^2\gamma_{yz}}{\partial y\partial z}\\ \dfrac{\partial^2\varepsilon_z}{\partial x^2}+\dfrac{\partial^2\varepsilon_x}{\partial z^2}=\dfrac{\partial^2\gamma_{zx}}{\partial z\partial x}\\ 2\dfrac{\partial^2\varepsilon_x}{\partial y\partial z}=\dfrac{\partial}{\partial x}\left(-\dfrac{\partial\gamma_{yz}}{\partial x}+\dfrac{\partial\gamma_{zx}}{\partial y}+\dfrac{\partial\gamma_{xy}}{\partial z}\right)\\ 2\dfrac{\partial^2\varepsilon_y}{\partial z\partial x}=\dfrac{\partial}{\partial y}\left(\dfrac{\partial\gamma_{yz}}{\partial x}-\dfrac{\partial\gamma_{zx}}{\partial y}+\dfrac{\partial\gamma_{xy}}{\partial z}\right)\\ 2\dfrac{\partial^2\varepsilon_z}{\partial x\partial y}=\dfrac{\partial}{\partial z}\left(\dfrac{\partial\gamma_{yz}}{\partial x}+\dfrac{\partial\gamma_{zx}}{\partial y}-\dfrac{\partial\gamma_{xy}}{\partial z}\right)\end{cases} \tag{4-85}$$

这就是存在单值连续位移场的必要条件，也是充分条件。因为上述推导中用到了连续函数的求导顺序无关性，所以上式的本质是变形连续条件，常称为应变协调方程（或称变形协调方程），又称为圣维南恒等式。

式(4-85)中含有 4 个自由指标，共表示 81 个方程，但其中不少是恒等式或者等价方程。可以看出，恒等式左端对指标 j 和 k 是反对称的。当 $j=k$ 时，恒等式自然成立。当 $j\neq k$ 时，其取值的组合可能是(1,2)，(2,3)，(3,1)和(2,1)，(3,2)，(1,3)。由此可见，后 3 种情况所

得方程与前 3 种情况的方程只相差一个符号。因而对上述方程来说,j 与 k 的取值只有三种独立组合,可以采用排列符号将它缩写成

$$e_{mjk}(\varepsilon_{ij,kl}-\varepsilon_{jl,ik})=0 \tag{4-86}$$

式中,m 为自由指标,表示指标 j,k 取值的三种独立组合。此时 j,k 已成哑指标,要遍历求和。仅当 m,j,k 互不相同时,求和的各项才不为零。当 m,j,k 顺序排列时,上式给出第一项和第四项;逆序排列时则给出第三项和第二项。利用应变张量的对称性和连续性,式(4-86)可以写成

$$e_{mjk}(\varepsilon_{ij,kl}-\varepsilon_{lj,ki})=0 \tag{4-87}$$

协调方程对于指标 i 和 l 也是反对称的,它们的取值也只有三种独立组合,因而协调方程可以进一步缩写为

$$e_{mjk}e_{nil}\varepsilon_{ij,kl}=0 \tag{4-88}$$

上式只有 m 和 n 两个自由指标,共 9 个方程。上式对指标 m 和 n 也是对称的,则协调方程的数目减为 6 个。右边跟随的两列括号表示推导该式时 4 种指标(ij,kl)的取值情况。可以看到前 3 式分别是 x_1Ox_2,x_2Ox_3,x_1Ox_3 平面内 3 个应变分量间的协调方程,后 3 式分别是 3 个正应变和 3 个切应变之间的协调方程。

变形协调方程的实体形式为

$$\nabla\times\boldsymbol{\varepsilon}\times\nabla=\mathbf{0} \tag{4-89}$$

上述 6 个协调方程并不独立,它们之间存在三个高一阶的微分关系,引入以下力学量

$$\boldsymbol{\Lambda}=\nabla\times\boldsymbol{\varepsilon}\times\nabla \tag{4-90}$$

$$\Lambda_{mn}=e_{mjk}e_{nil}\varepsilon_{ij,kl} \tag{4-91}$$

式中,$\boldsymbol{\Lambda}$ 为不协调张量。仅当 $\Lambda_{mn}=0$ 时,上述变形协调方程才成立。对式(4-91)求导可以得到

$$\Lambda_{mn,n}=e_{mjk}e_{nil}\varepsilon_{ij,kln} \tag{4-92}$$

上式右端的排列符号 e_{nil} 对指标 n,l 为反对称,而 $\varepsilon_{ij,kln}$ 对 n,l 为对称,因此可以得到

$$\begin{cases}\Lambda_{mn,n}=0\\ \nabla\cdot\boldsymbol{\Lambda}=\mathbf{0}\end{cases} \tag{4-93}$$

这说明不协调张量 $\boldsymbol{\Lambda}$ 满足一个与无体力平衡方程 $\sigma_{mn,n}=0$ 类似的微分关系。此式称为比安奇(L. Bianchi,1856—1928)恒等式。由此可知,协调方程只有 3 个是独立的。

4.5　由应变求位移

一个弹性体可以抽象成单连通域或者多连通域。若域内的任意封闭曲线(平面曲线或空间曲线)能通过始终保持在域内的连续变形而收敛成属于域内的一点,则这种域称为**单连通域**,否则称为**多连通域**。如图 4.4 所示,上面一行为单连通域,下面一行为多连通域。

对于二维问题,单连通域就为实心域,多连通域为空心域。但这个概念不能简单地推广到三维问题中。例如,内含孔洞的空心球体是一个单连通域,但当孔洞贯穿三维体时就是多连通域。在多连通域中,需要考虑位移场的单值条件。

对于满足变形协调方程的应变分量,可以通过对几何方程进行积分求出与之对应的位移分量。对某些应变分量表达式较为简单的情况可以直接积分。例如,$\varepsilon_{ij}=0$,此时有

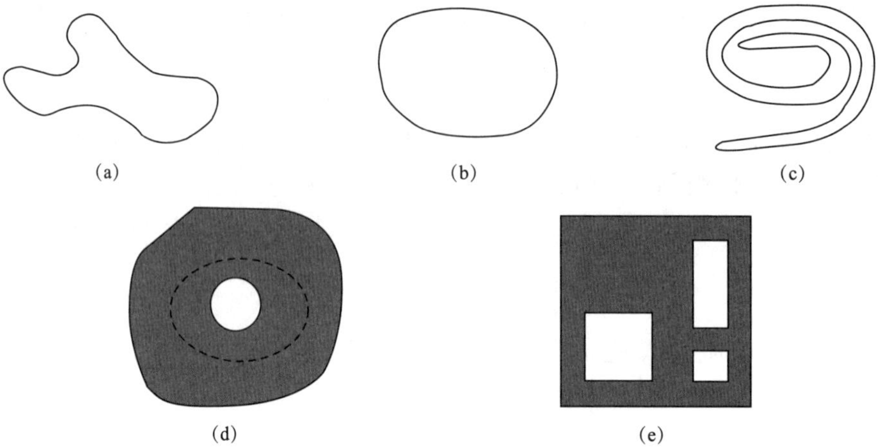

图 4.4 单连通域与多连通域示例

$$\begin{cases}\varepsilon_x=\dfrac{\partial u}{\partial x}=0\\ \varepsilon_y=\dfrac{\partial v}{\partial y}=0\\ \varepsilon_z=\dfrac{\partial w}{\partial z}=0\end{cases}\tag{4-94}$$

对上式分别积分得到 $u=f_1(y,z)$，$v=f_2(x,z)$，$w=f_3(x,y)$。此处 f_1，f_2 和 f_3 分别是与相应积分变量 x，y 和 z 无关的三个待定函数。又有

$$\begin{cases}\gamma_{xy}=\dfrac{\partial u}{\partial y}+\dfrac{\partial v}{\partial x}=0\\ \gamma_{yz}=\dfrac{\partial w}{\partial y}+\dfrac{\partial v}{\partial z}=0\\ \gamma_{zx}=\dfrac{\partial u}{\partial z}+\dfrac{\partial w}{\partial x}=0\end{cases}\tag{4-95}$$

可以得到

$$\begin{cases}\dfrac{\partial f_1(y,z)}{\partial y}+\dfrac{\partial f_2(x,z)}{\partial x}=0\\ \dfrac{\partial f_3(x,y)}{\partial y}+\dfrac{\partial f_2(x,z)}{\partial z}=0\\ \dfrac{\partial f_3(x,y)}{\partial x}+\dfrac{\partial f_1(y,z)}{\partial z}=0\end{cases}\tag{4-96}$$

因为 f_2 与 y 无关，所以

$$\frac{\partial^2 f_1(y,z)}{\partial y^2}=0\tag{4-97}$$

有

$$\frac{\partial f_1(y,z)}{\partial y}=g_1(z)\tag{4-98}$$

$$f_1(y,z)=g_1(z)y+g_0(z)\tag{4-99}$$

类似地，有

$$\frac{\partial^2 f_1(y,z)}{\partial z^2}=0 \tag{4-100}$$

将相关函数表达式代入式(4-100)后得到

$$g''_1(z)y+g''_0(z)=0 \tag{4-101}$$

上式对于**任意的** y 均应该成立,故有

$$\begin{cases} g_1''(z)=0 \\ g_0''(z)=0 \end{cases} \tag{4-102}$$

对上式进行积分得到

$$\begin{cases} g_1(z)=a_3z+a_1 \\ g_0(z)=a_2z+a_0 \end{cases} \tag{4-103}$$

进一步整理得到

$$u=f_1(y,z)=a_0+a_1y+a_2z+a_3yz \tag{4-104}$$

同理可得

$$\begin{cases} \dfrac{\partial^2 f_2(x,z)}{\partial x^2}=0 \\ \dfrac{\partial^2 f_2(x,z)}{\partial z^2}=0 \end{cases} \tag{4-105}$$

在上述基础上可以得到

$$v=f_2(x,z)=b_0+b_1z+b_2x+b_3xz \tag{4-106}$$

由 $\dfrac{\partial^2 f_3(x,y)}{\partial x^2}=0, \dfrac{\partial^2 f_3(x,y)}{\partial y^2}=0$ 可以得到

$$w=f_3(x,y)=c_0+c_1x+c_2y+c_3xy \tag{4-107}$$

无应变的刚体运动只有 6 个自由度,但是上面出现了 12 个常数。把位移分量 w 的表达式进行回代,可以得到

$$\begin{cases} a_1+b_2+(a_3+b_3)z=0 \\ b_1+c_2+(b_3+c_3)x=0 \\ c_1+a_2+(c_3+a_3)y=0 \end{cases} \tag{4-108}$$

上式对于任意的 x,y,z 都成立,因此要求 $a_1=-b_2, b_1=-c_2, c_1=-a_2, a_3=b_3=c_3=0$,于是独立常数降为 6 个。最终的结果为

$$\begin{cases} u=a_0-b_2y+a_2z \\ v=b_0-c_2z+b_2x \\ w=c_0-a_2x+c_2y \end{cases} \tag{4-109}$$

上式中的积分常数 a_0, b_0, c_0 对应刚体平移,而 a_2, b_2, c_2 对应刚体转动。

习 题

4-1 设物体变形时产生的应变分量为 $\begin{cases} \varepsilon_x=A_0+A_1(x^2+y^2)+x^4+y^4 \\ \varepsilon_y=B_0+B_1(x^2+y^2)+x^4-y^4 \\ \gamma_{xy}=C_0+C_1xy(x^2+y^2+C_2) \\ \varepsilon_z=\gamma_{zx}=\gamma_{zy}=0 \end{cases}$,试确定系数之

间应满足的关系式。

4-2 等效应力和等效应变之比的表达式的简化形式是什么？

4-3 试确定以下各应变状态能否存在？

(1) $\begin{cases}\varepsilon_x = k(x^2+y^2)z, \varepsilon_y = ky^2z, \varepsilon_z = 0\\ \gamma_{xy} = 2kxyz, \gamma_{yz} = 0, \gamma_{zx} = 0\end{cases}$，式中 k 为常数。

(2) $\begin{cases}\varepsilon_x = k(x^2+y^2), \varepsilon_y = ky^2, \varepsilon_z = 0\\ \gamma_{xy} = 2kxy, \gamma_{yz} = 0, \gamma_{zx} = 0\end{cases}$，式中 k 为常数。

(3) $\begin{cases}\varepsilon_x = axy^2, \varepsilon_y = ax^2y, \varepsilon_z = axy\\ \gamma_{xy} = 0, \gamma_{yz} = az^2+by, \gamma_{zx} = ax^2+by^2\end{cases}$，式中 a,b 为常数。

4-4 已知应变分量为 $\begin{cases}\varepsilon_x = \dfrac{1}{E}\left(\dfrac{\partial^2\phi}{\partial y^2} - \nu\dfrac{\partial^2\phi}{\partial x^2}\right), \varepsilon_y = \dfrac{1}{E}\left(\dfrac{\partial^2\phi}{\partial x^2} - \nu\dfrac{\partial^2\phi}{\partial y^2}\right)\\ \gamma_{xy} = -\dfrac{2(1+\nu)}{E}\dfrac{\partial^2\phi}{\partial x\partial y}, \varepsilon_z = \gamma_{xz} = \gamma_{zy} = 0\end{cases}$。当该应变状态存在时，试确定函数 $\phi(x,y)$ 应满足的关系式。

4-5 已知应变分量为 $\varepsilon_x = Axy, \varepsilon_y = By^2, \gamma_{xy} = C - Dy^2, \varepsilon_z = \gamma_{zx} = \gamma_{zy} = 0$。试确定该应变状态是否满足变形协调条件？若满足，试确定系数与该物体的体力之间的关系式。

4-6 已知椭圆 $\left(\dfrac{x^2}{a^2}+\dfrac{y^2}{b^2}=1\right)$ 截面杆件在扭矩 T 作用下产生的应变分量为 $\begin{cases}\gamma_{zx} = -\dfrac{2T}{\pi ab^3G}y, \gamma_{zy} = \dfrac{2T}{\pi ab^3G}x\\ \varepsilon_x = \varepsilon_y = \varepsilon_z = \gamma_{xy} = 0\end{cases}$，试证明它们满足变形协调条件。

4-7 若物体处于平面应变状态下，即 $\varepsilon_x = \dfrac{\partial u}{\partial x}, \varepsilon_y = \dfrac{\partial v}{\partial y}, \gamma_{xy} = \dfrac{\partial u}{\partial y} + \dfrac{\partial v}{\partial x}, \varepsilon_z = \gamma_{zx} = \gamma_{zy} = 0$，试证明在单连域 $D(x,y)$ 内，为保证 $u(x,y)$ 和 $v(x,y)$ 的单值，应变分量 $\varepsilon_x, \varepsilon_y, \gamma_{xy}$ 必须满足变形协调条件 $\dfrac{\partial^2\varepsilon_y}{\partial x^2} + \dfrac{\partial^2\varepsilon_x}{\partial y^2} = \dfrac{\partial^2\gamma_{xy}}{\partial x\partial y}$，并证明其充分性。

4-8 已知如下两组位移分量为 $\begin{cases}u = a_1 + a_2x + a_3y\\ v = a_4 + a_5x + a_6y\\ w = 0\end{cases}$，$\begin{cases}u = b_1 + b_2x + b_3y + b_4x^2 + b_5xy + b_6y^2\\ v = b_7 + b_8x + b_9y + b_{10}x^2 + b_{11}xy + b_{12}y^2\\ w = 0\end{cases}$，式中 $a_i(i=1,2,3,\cdots,6)$，$b_i(i=1,2,3,\cdots,12)$ 为常数。试求应变分量，并指出它们能否满足变形协调条件。

4-9 若物体的位移分量为 $\begin{cases}u = a_1x + a_2y + a_3z\\ v = b_1x + b_2y + b_3z\\ w = c_1x + c_2y + c_3z\end{cases}$，式中 $a_i, b_i, c_i(i=1,2,3)$ 均为常数。试证明物体内各点的应变分量均为常数，即均匀变形状态。分别证明在均匀变形的物体内有以下特性：

(1) 直线在变形后仍然是直线；

(2) 相同方向的直线在变形后按同样比例伸缩；

(3) 平行直线在变形后仍然平行；

(4) 平面在变形后仍为平面；

（5）平行平面在变形后仍为平行平面；

（6）球面在变形后成为椭球面。

4-10　试问什么类型的曲面在均匀变形后会变成球面？

4-11　已知位移分量为 $u=-\alpha zy, v=\alpha zx, w=f(x,y,\alpha)$，式中 α 为常数。试求应变分量，并指出所研究物体的受力状况。

4-12　已知位移分量为 $\begin{cases} u=f_1(x,y)+Az^2+Dzy+\alpha y+\beta z+a \\ v=f_1(x,y)+Bz^2+Dxy+\alpha x+\gamma z+b \\ w=f_1(x,y)-(2Ax+2By+C)z+\beta x+\gamma y+C \end{cases}$，式中 A,B,C,D,a,b,c 及 α,β,γ 为常数。试求应变分量，并指出物体的受力状况。

4-13　若物体的位移对称于坐标原点 O，试求以直角坐标表示的位移分量和应变分量。

4-14　试求对应于无应变状态 $\varepsilon_x=\varepsilon_y=\varepsilon_z=\gamma_{xy}=\gamma_{yz}=\gamma_{zx}=0$ 的位移分量。

4-15　已知圆柱形或棱柱形的梁，取其横截面形心的连线为 z 轴，在端部作用着弯矩 M，其应变分量为 $\varepsilon_x=\dfrac{\nu x}{a}, \varepsilon_y=\dfrac{\nu x}{a}, \varepsilon_z=-\dfrac{x}{a}, \gamma_{xy}=\gamma_{yz}=\gamma_{zx}=0$，式中 $a=\dfrac{EI}{M}$。试检查该应变分量是否满足变形协调条件，并求位移分量（不计刚体位移）。

4-16　如图 4.5 所示圆截面杆件，两端在扭矩作用下产生的位移分量为 $\begin{cases} u=-\alpha zy+ay+bz+c \\ v=\alpha zx+ez-ax+f \\ w=-bx-ey+k \end{cases}$。试按如下边界条件确定系数 a,b,c,e,f,k。

（1）O 点固定；

（2）杆轴微段 $\mathrm{d}z$ 在 xOz 和 yOz 平面内不能转动；

（3）$z=0$ 截面内微线段 $\mathrm{d}x$ 和 $\mathrm{d}y$ 在 xOy 平面内不能转动。

4-17　梁的固定端处截面变形后的形状如图 4.6 所示，试确定其位移边界条件。

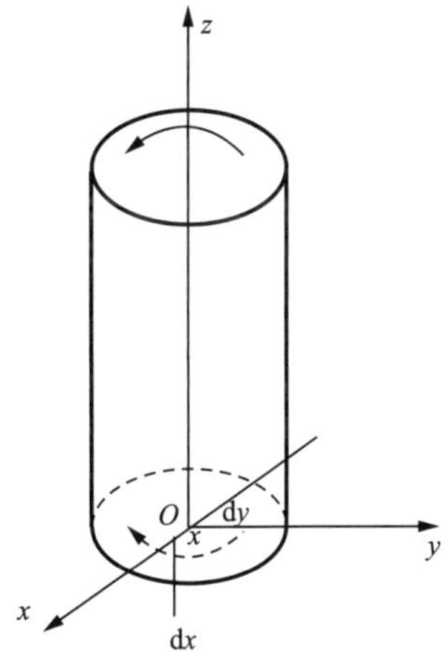

图 4.5　圆截面杆件扭转示意图

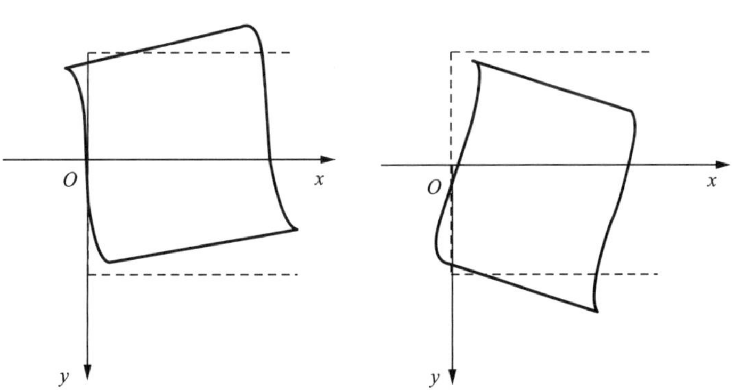

图 4.6　梁的变形示意图

4-18　已知物体中任意一点的位移分量为 $\begin{cases} u=10^{-2}+0.1\times10^{-3}xy+0.05\times10^{-3}z \\ v=5\times10^{-3}-0.05\times10^{-3}x+0.1\times10^{-3}yz \\ w=10^{-2}-0.1\times10^{-3}xyz \end{cases}$，

试比较 $A(1,1,1)$ 与点 $B(0.5,-1,0)$ 的最大伸长值(绝对值)。

4-19　已知物体中某点的应变分量为 $\begin{cases}\varepsilon_x=0.15\times10^{-3},\gamma_{xy}=0\\ \varepsilon_y=-0.04\times10^{-3},\gamma_{yz}=0.12\times10^{-3}\\ \varepsilon_z=0,\gamma_{zx}=0\end{cases}$，试求该点的主应变方向。

4-20　已知物体中某点的应变分量为 $\begin{cases}\varepsilon_x=0.000\,5,\varepsilon_y=0.000\,8,\varepsilon_z=-0.000\,7\\ \gamma_{xy}=-0.000\,4,\gamma_{yz}=0.001\,2,\gamma_{xz}=0\end{cases}$，试求主应变与主方向。

4-21　试写出平面应变 $\varepsilon_z=\gamma_{zx}=\gamma_{zy}=0$ 情况下，应变张量的不变量及主应变的表达式。

4-22　在平面应变状态下，如果已知 0°，45°，90°方向上的正应变，试求主应变的大小及方向。

4-23　在平面应变状态下，如果已知 0°，60°，120°方向上的正应变，试求主应变的大小及方向。

4-24　已知应变分量为 $\begin{cases}\varepsilon_x=0.000\,2,\varepsilon_y=-0.000\,06,\varepsilon_z=0.000\,1\\ \gamma_{xy}=0.000\,06,\gamma_{yz}=0,\gamma_{xz}=-0.000\,06\end{cases}$，试写成应变张量的形式，并分解成为应变球形张量和应变偏斜张量。

第 5 章

弹性力学问题的微分提法

5.1　广义胡克定律

5.1.1　广义胡克定律

线弹性体的应力和应变分量满足广义胡克定律。根据材料力学中单向拉伸和纯剪切情况下的胡克定律，分别计算由三对正应力和三对剪应力所引起的应变，然后利用叠加原理和各向同性可以写出本构关系(constitutive relationship)，有以下两种形式。

以应力张量表示应变张量

$$\boldsymbol{\varepsilon}=\frac{1+\nu}{E}\boldsymbol{\sigma}-\frac{\nu}{E}\mathrm{tr}\,\boldsymbol{\sigma}\boldsymbol{I} \tag{5-1}$$

式中，E 为弹性模量，ν 为泊松比。

$\boldsymbol{\varepsilon}$ 的分量形式为

$$\varepsilon_{ij}=\frac{1+\nu}{E}\sigma_{ij}-\frac{\nu}{E}\sigma_{kk}\delta_{ij} \tag{5-2}$$

在直角坐标系中展开为

$$\begin{cases}\varepsilon_x=\dfrac{1}{E}[\sigma_x-\nu(\sigma_y+\sigma_z)]\\ \varepsilon_y=\dfrac{1}{E}[\sigma_y-\nu(\sigma_z+\sigma_x)]\\ \varepsilon_z=\dfrac{1}{E}[\sigma_z-\nu(\sigma_x+\sigma_y)]\\ \gamma_{xy}=2\varepsilon_{xy}=\dfrac{\tau_{xy}}{G}\\ \gamma_{yz}=2\varepsilon_{yz}=\dfrac{\tau_{yz}}{G}\\ \gamma_{zx}=2\varepsilon_{zx}=\dfrac{\tau_{zx}}{G}\end{cases} \tag{5-3}$$

以应变张量表示应力张量，其形式为

$$\boldsymbol{\sigma}=2G\boldsymbol{\varepsilon}+\lambda \mathrm{tr}\ \boldsymbol{\varepsilon}\boldsymbol{I} \tag{5-4}$$

其分量形式为

$$\sigma_{ij}=2G\varepsilon_{ij}+\lambda\varepsilon_{kk}\delta_{ij} \tag{5-5}$$

在笛卡儿坐标系中展开为

$$\begin{cases}\sigma_x=2G\varepsilon_x+\lambda\theta\\ \sigma_y=2G\varepsilon_y+\lambda\theta\\ \sigma_z=2G\varepsilon_z+\lambda\theta\\ \tau_{xy}=G\gamma_{xy}=2G\varepsilon_{xy}\\ \tau_{yz}=G\gamma_{yz}=2G\varepsilon_{yz}\\ \tau_{zx}=G\gamma_{zx}=2G\varepsilon_{zx}\end{cases} \tag{5-6}$$

其中

$$\theta=\varepsilon_x+\varepsilon_y+\varepsilon_z=\varepsilon_{kk}=\mathrm{tr}\ \boldsymbol{\varepsilon}=\boldsymbol{\varepsilon}:\boldsymbol{I} \tag{5-7}$$

$$\Theta=\sigma_x+\sigma_y+\sigma_z=\sigma_{kk}=\mathrm{tr}\ \boldsymbol{\sigma}=\boldsymbol{\sigma}:\boldsymbol{I} \tag{5-8}$$

$$\Theta=(2G+3\lambda)\theta=3K\theta \tag{5-9}$$

体积模量为

$$K=\frac{E}{3(1-2\nu)} \tag{5-10}$$

剪切模量为

$$G=\frac{E}{2(1+\nu)} \tag{5-11}$$

力学量 λ 为

$$\lambda=\frac{E\nu}{(1+\nu)(1-2\nu)} \tag{5-12}$$

G 与 λ 合称拉梅系数，在很多文献中也用符号 μ 来表示。

上述常数之间还存在以下关系

$$K=\lambda+\frac{2}{3}G \tag{5-13}$$

如前所述，很多力学家已经得出结论：对于各向同性弹性体，其独立的弹性系数只有两个，通常取 E,ν 或 μ,λ，或者 K,G。对于给定的各向同性工程材料，可以采用单向拉伸实验来测试 E,ν；可以用薄壁筒扭转实验来测定剪切模量 G；可以用静水压力实验来测定体积模量 K。实验表明，在这三种加载情况下物体的变形总是和加载方向一致，即外力在变形方向上总是做正功，所以必然有

$$E>0,G>0,K>0$$

根据上述定义，则有 $1+\nu>0,1-2\nu>0$，因此泊松比的理论取值范围为 $-1<\nu<0.5$，即泊松比可以取负值。日常生活中观察到物体会越拉越细，这是正泊松比现象，但在一些特殊情况下也存在“负泊松比”(negative Poisson′s ratio)效应。如图 5.1 所示，这种反常现象是指受拉伸时，材料在弹性范围内横向发生膨胀；而受压缩时，材料在横向反而发生收缩。这种现象在热力学上是可能的，但通常材料中并没有普遍观察到负泊松比效应的存在。近年来发现的一些特殊结构的材料具有负泊松比效应，例如多孔材料、特殊聚合物、特定复合材

料等，由于其奇特的性能而倍受材料科学家和物理学家的重视。同时根据类似原理所研发的膨胀锚杆也已经在采矿等领域得到广泛应用。

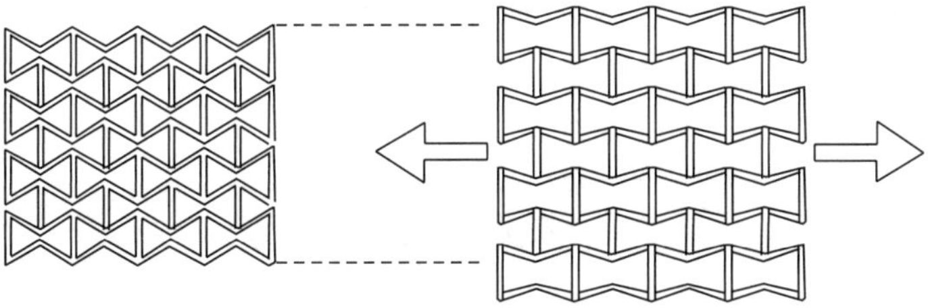

图 5.1　负泊松比效应

作为理想化的极限情况，若泊松比 $\nu=0.5$，则体积模量 $K\to\infty$，此时对应的材料称为不可压缩材料，其所对应的剪切模量 $G=E/3$。在塑性力学中经常采用不可压缩假设，因为静水压力对塑性变形影响不大，这个结论已经得到实验验证。另外，当 $\nu=0.25$，$\lambda=G$ 时，弹性力学的基本方程大大简化，在地球物理中讨论应力波传播时经常采用这一假设。

一般来说，对于各向同性材料，正应力只引起正应变，剪应力只引起剪应变，它们互不耦合。但是对于各向异性材料，任何一个应力分量都可能引起一个应变分量的变化。线弹性材料本构关系的一般形式为

$$\sigma_{ij}=c_{ijkl}\varepsilon_{kl} \tag{5-14}$$

其实体形式为

$$\boldsymbol{\sigma}=\boldsymbol{c}:\boldsymbol{\varepsilon} \tag{5-15}$$

式中，$\boldsymbol{c}=c_{ijkl}\boldsymbol{e}_i\boldsymbol{e}_j\boldsymbol{e}_k\boldsymbol{e}_l$ 为一个四阶张量，共有 81 个分量，称为弹性张量。根据应力张量的对称性，$\sigma_{ij}=\sigma_{ji}$，可知弹性张量对于自由指标 i 和 j 是对称的，即 $c_{ijkl}=c_{jikl}$。再由于 $\varepsilon_{kl}=\varepsilon_{lk}$，则对于自由指标 k 和 l 也对称，即 $c_{ijkl}=c_{jilk}$。由此独立的弹性常数由 81 个降为 36 个。另外弹性张量对于双指标 ij 和 kl 也是对称的，即 Voigt 对称性，即 $c_{ijkl}=c_{klij}$（后文将详细证明）。

对于一般的各向异性弹性材料，独立的弹性常数共有 21 个。对于具有一个弹性对称面的材料，其独立的弹性常数减少到 13 个。对于正交各向异性材料，具有三个相互正交的弹性对称面，其独立的弹性常数为 9 个。横观各向同性材料，例如层状结构的地壳、竹子等，这类材料在某个横向平面内是各向同性的，但在垂直于其平面方向上的材料性质不同，则其独立的弹性常数只有 5 个。对于各向同性材料，独立的弹性常数只有 2 个。

上述本构关系还可以写成以偏应力和偏应变分量表示的形式，例如

$$\begin{aligned}\sigma'_{ij}&=\sigma_{ij}-\frac{1}{3}\sigma_{kk}\delta_{ij}\\&=2G\varepsilon_{ij}+\lambda\varepsilon_{kk}\delta_{ij}-\frac{1}{3}\times 3K\varepsilon_{kk}\delta_{ij}\\&=2G\left(\varepsilon'_{ij}+\frac{1}{3}\varepsilon_{kk}\delta_{ij}\right)+\lambda\varepsilon_{kk}\delta_{ij}-\frac{1}{3}\times 3K\varepsilon_{kk}\delta_{ij}\\&=2G\varepsilon'_{ij}+\left(\frac{2}{3}G+\lambda-K\right)\varepsilon_{kk}\delta_{ij}\\&=2G\varepsilon'_{ij}\end{aligned} \tag{5-16}$$

即

$$\boldsymbol{\sigma}'=2G\boldsymbol{\varepsilon}' \tag{5-17}$$

在笛卡儿坐标系中，上述本构关系的展开形式为

$$\begin{cases}\sigma_x'=2G\varepsilon_x' \\ \sigma_y'=2G\varepsilon_y' \\ \sigma_z'=2G\varepsilon_z' \\ \tau_{xy}'=\tau_{xy}=2G\varepsilon_{xy}'=2G\varepsilon_{xy}=G\gamma_{xy} \\ \tau_{yz}'=\tau_{yz}=2G\varepsilon_{yz}'=2G\varepsilon_{yz}=G\gamma_{yz} \\ \tau_{zx}'=\tau_{zx}=2G\varepsilon_{zx}'=2G\varepsilon_{zx}=G\gamma_{zx}\end{cases} \tag{5-18}$$

所以有

$$\begin{cases}\boldsymbol{\sigma}=2G\boldsymbol{\varepsilon}'+\dfrac{1}{3}\times 3K\mathrm{tr}\ \boldsymbol{\varepsilon}\boldsymbol{I}\sim(2G,3K) \\ \sigma_{ij}=2G\varepsilon_{ij}'+\dfrac{1}{3}\times 3K\varepsilon_{kk}\delta_{ij}\end{cases} \tag{5-19}$$

$$\begin{cases}\boldsymbol{\varepsilon}=\dfrac{1}{2G}\boldsymbol{\sigma}'+\dfrac{1}{3}\times\dfrac{1}{3K}\mathrm{tr}\ \boldsymbol{\sigma}\boldsymbol{I}\sim\left(\dfrac{1}{2G},\dfrac{1}{3K}\right) \\ \varepsilon_{ij}=\dfrac{1}{2G}\sigma_{ij}'+\dfrac{1}{3}\times\dfrac{1}{3K}\sigma_{kk}\delta_{ij}\end{cases} \tag{5-20}$$

5.1.2 单向拉伸时三维本构关系的退化

对于最简单的单向拉伸情况，由于应力状态比较特殊，上述三维本构关系可以进一步退化。此时不为零的应力和应变分量分别为 σ_x，ε_x，$\varepsilon_y=\varepsilon_z=-\nu\varepsilon_x$，其余应力、应变分量为 0。

以应力表示应变，其表达式为

$$\varepsilon_x=\frac{1}{E}[\sigma_x-\nu(\sigma_y+\sigma_z)]=\frac{\sigma_x}{E} \tag{5-21}$$

以应变表示应力，此时有

$$\theta=\varepsilon_x+\varepsilon_y+\varepsilon_z=(1-2\nu)\varepsilon_x \tag{5-22}$$

则有

$$\begin{aligned}\sigma_x&=2G\varepsilon_x+\lambda\theta \\ &=[2G+\lambda(1-2\nu)]\varepsilon_x \\ &=\left[\frac{E}{1+\nu}+(1-2\nu)\frac{E\nu}{(1+\nu)(1-2\nu)}\right]\varepsilon_x \\ &=E\varepsilon_x\end{aligned} \tag{5-23}$$

由此可见，上述表达式与材料力学中单向拉伸的应力-应变关系是一致的。

5.2 弹性力学问题的微分提法

如图 5.2 所示，对于一个弹性体，其微分提法把弹性力学问题归结为偏微分方程的边值问题。其实体形式和分量形式的具体描述如下。

平衡方程为

$$\begin{cases}\nabla \cdot \boldsymbol{\sigma}+\boldsymbol{f}=\mathbf{0} \\ \sigma_{ij,j}+f_i=0\end{cases} \tag{5-24}$$

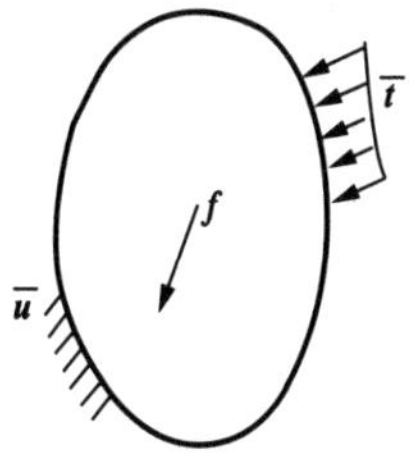

图 5.2　弹性力学的微分提法

上式在笛卡儿坐标系中的展开形式为

$$\begin{cases}\dfrac{\partial \sigma_x}{\partial x}+\dfrac{\partial \tau_{xy}}{\partial y}+\dfrac{\partial \tau_{xz}}{\partial z}+f_x=0 \\ \dfrac{\partial \tau_{yx}}{\partial x}+\dfrac{\partial \sigma_y}{\partial y}+\dfrac{\partial \tau_{yz}}{\partial z}+f_y=0 \\ \dfrac{\partial \tau_{zx}}{\partial x}+\dfrac{\partial \tau_{zy}}{\partial y}+\dfrac{\partial \sigma_z}{\partial z}+f_y=0\end{cases} \tag{5-25}$$

几何方程为

$$\boldsymbol{\varepsilon}=\frac{1}{2}(\nabla \boldsymbol{u}+\boldsymbol{u}\,\nabla) \tag{5-26}$$

$$\varepsilon_{ij}=\frac{1}{2}(u_{i,j}+u_{j,i}) \tag{5-27}$$

在笛卡儿坐标系中的展开形式为

$$\begin{cases}\varepsilon_x=\dfrac{\partial u}{\partial x} \\ \varepsilon_y=\dfrac{\partial v}{\partial y} \\ \varepsilon_z=\dfrac{\partial w}{\partial z} \\ \gamma_{xy}=\dfrac{\partial u}{\partial y}+\dfrac{\partial v}{\partial x} \\ \gamma_{yz}=\dfrac{\partial v}{\partial z}+\dfrac{\partial w}{\partial y} \\ \gamma_{zx}=\dfrac{\partial w}{\partial x}+\dfrac{\partial u}{\partial z}\end{cases} \tag{5-28}$$

本构关系为

$$\begin{cases}\boldsymbol{\varepsilon}=\dfrac{1+\nu}{E}\boldsymbol{\sigma}-\dfrac{\nu}{E}\mathrm{tr}\,\boldsymbol{\sigma}\boldsymbol{I} \\ \varepsilon_{ij}=\dfrac{1+\nu}{E}\sigma_{ij}-\dfrac{\nu}{E}\sigma_{kk}\delta_{ij}\end{cases} \tag{5-29}$$

在笛卡儿坐标系中的展开形式为

$$\begin{cases}\varepsilon_x=\dfrac{1}{E}[\sigma_x-\nu(\sigma_y+\sigma_z)] \\ \varepsilon_y=\dfrac{1}{E}[\sigma_y-\nu(\sigma_z+\sigma_x)] \\ \varepsilon_z=\dfrac{1}{E}[\sigma_z-\nu(\sigma_x+\sigma_y)] \\ \gamma_{xy}=\dfrac{1}{G}\tau_{xy} \\ \gamma_{yz}=\dfrac{1}{G}\tau_{yz} \\ \gamma_{zx}=\dfrac{1}{G}\tau_{zx}\end{cases} \tag{5-30}$$

或者

$$\begin{cases}\boldsymbol{\sigma}=2G\boldsymbol{\varepsilon}+\lambda\mathrm{tr}\ \boldsymbol{\varepsilon}\boldsymbol{I}\\ \sigma_{ij}=2G\varepsilon_{ij}+\lambda\varepsilon_{kk}\delta_{ij}\end{cases}\tag{5-31}$$

在笛卡儿坐标系中的展开形式为

$$\begin{cases}\sigma_x=2G\varepsilon_x+\lambda\theta\\ \sigma_y=2G\varepsilon_y+\lambda\theta\\ \sigma_z=2G\varepsilon_z+\lambda\theta\\ \tau_{xy}=G\gamma_{xy}\\ \tau_{yz}=G\gamma_{yz}\\ \tau_{zx}=G\gamma_{zx}\end{cases}\tag{5-32}$$

变形协调方程为

$$\begin{cases}\nabla\times\boldsymbol{\varepsilon}\times\nabla=\boldsymbol{0}\\ \varepsilon_{ij,kl}+\varepsilon_{kl,ij}+\varepsilon_{ik,jl}+\varepsilon_{jl,ik}=0\end{cases}\tag{5-33}$$

在笛卡儿坐标系中上式的展开形式为

$$\begin{cases}\dfrac{\partial^2\varepsilon_x}{\partial y^2}+\dfrac{\partial^2\varepsilon_y}{\partial y^2}=\dfrac{\partial^2\gamma_{xy}}{\partial x\partial y}\\ \dfrac{\partial^2\varepsilon_y}{\partial z^2}+\dfrac{\partial^2\varepsilon_z}{\partial y^2}=\dfrac{\partial^2\gamma_{yz}}{\partial y\partial z}\\ \dfrac{\partial^2\varepsilon_z}{\partial x^2}+\dfrac{\partial^2\varepsilon_x}{\partial z^2}=\dfrac{\partial^2\gamma_{zx}}{\partial z\partial x}\\ 2\dfrac{\partial^2\varepsilon_x}{\partial y\partial z}=\dfrac{\partial}{\partial x}\left(-\dfrac{\partial\gamma_{yz}}{\partial x}+\dfrac{\partial\gamma_{zx}}{\partial y}+\dfrac{\partial\gamma_{xy}}{\partial z}\right)\\ 2\dfrac{\partial^2\varepsilon_y}{\partial z\partial x}=\dfrac{\partial}{\partial y}\left(\dfrac{\partial\gamma_{yz}}{\partial x}-\dfrac{\partial\gamma_{zx}}{\partial y}+\dfrac{\partial\gamma_{xy}}{\partial z}\right)\\ 2\dfrac{\partial^2\varepsilon_z}{\partial x\partial y}=\dfrac{\partial}{\partial z}\left(\dfrac{\partial\gamma_{yz}}{\partial x}+\dfrac{\partial\gamma_{zx}}{\partial y}-\dfrac{\partial\gamma_{xy}}{\partial z}\right)\end{cases}\tag{5-34}$$

在式(5-34)中,变形协调方程是根据几何方程推导而来的,它们不能同时使用。当选位移为基本变量时,只需要考虑几何方程,变形协调方程自动满足。当选应变为基本变量时,只需要满足变形协调方程,就能保证对几何方程进行积分可得到单值连续的位移场。因此对于弹性力学问题,有两类方程组的组合。

第一类方程组包括平衡方程、几何方程、本构关系,共有 15 个方程,可以求解出 15 个未知量,包括位移、应变和应力的分量。

第二类方程组包括变形协调方程、本构关系、平衡方程,也是共有 15 个方程,其中变形协调方程中的 6 个方程不完全独立,因此可以求解出 12 个未知量,包括应力和应变的分量。然后根据几何方程进一步积分得到位移分量。

为了求得以上偏微分方程组的唯一解,还必须给出定解条件,即相应的边界条件。

弹性理论中常见的边界条件有三种,其中最常见的边界条件包括位移边界条件和面力边界条件。位移边界条件为

$$\boldsymbol{u}=\bar{\boldsymbol{u}}\quad(u_i=\bar{u}_i\quad 在\ S_u 上)\tag{5-35}$$

面力边界条件为

$$\boldsymbol{n}\cdot\boldsymbol{\sigma}=\bar{\boldsymbol{t}}\quad (n_i\sigma_{ij}=\bar{t}_j\quad 在\ S_\sigma\ 上) \tag{5-36}$$

其中 $S_\sigma\cup S_u=S$，$S_\sigma\cap S_u=\varnothing$，$S$ 为整个的边界。

一般情况下，都是在部分边界上给定外力，部分边界上给定位移，称为混合边界条件。在现实中，在已经给定力（或位移）边界条件的地方不能再指定相应的位移（或力），否则会产生矛盾。

5.3 按位移求解

位移解法是以位移分量 u_i 作为基本未知量，与结构力学中位移法的思路一致。对已有的平衡方程、几何方程和本构关系进行消元处理，最后可以得到以位移为唯一变量的控制方程。具体推导过程如下：

由

$$\begin{cases}\boldsymbol{\varepsilon}=\dfrac{1}{2}(\nabla\boldsymbol{u}+\boldsymbol{u}\,\nabla)\\[2ex] \varepsilon_{ij}=\dfrac{1}{2}(u_{i,j}+u_{j,i})\end{cases} \tag{5-37}$$

可得

$$\operatorname{tr}\boldsymbol{\varepsilon}=\frac{1}{2}(\nabla\boldsymbol{u}+\boldsymbol{u}\,\nabla):\boldsymbol{I}=\nabla\cdot\boldsymbol{u} \tag{5-38}$$

$$\varepsilon_{kk}=\frac{1}{2}(u_{k,k}+u_{k,k})=u_{k,k} \tag{5-39}$$

将上式代入本构关系可以得到

$$\boldsymbol{\sigma}=2G\boldsymbol{\varepsilon}+\lambda\operatorname{tr}\boldsymbol{\varepsilon}\boldsymbol{I}=G(\nabla\boldsymbol{u}+\boldsymbol{u}\,\nabla)+\frac{\lambda}{2}\operatorname{tr}(\nabla\boldsymbol{u}+\boldsymbol{u}\,\nabla)\boldsymbol{I} \tag{5-40}$$

将上面以位移表达的本构关系继续代入平衡方程，可以得到以位移表达的平衡方程，其中

$$\nabla\cdot\boldsymbol{\sigma}=G\,\nabla\cdot(\nabla\boldsymbol{u}+\boldsymbol{u}\,\nabla)+\frac{\lambda}{2}\nabla\cdot[\operatorname{tr}(\nabla\boldsymbol{u}+\boldsymbol{u}\,\nabla)\boldsymbol{I}] \tag{5-41}$$

上式中具体运算为 $\operatorname{tr}(\nabla\boldsymbol{u})=\operatorname{tr}\left(\dfrac{\partial u_j}{\partial x_i}\boldsymbol{e}_i\boldsymbol{e}_j\right)=\dfrac{\partial u_i}{\partial x_i}=\theta$，$\operatorname{tr}(\boldsymbol{u}\,\nabla)=\operatorname{tr}\left(\dfrac{\partial u_j}{\partial x_i}\boldsymbol{e}_j\boldsymbol{e}_i\right)=\dfrac{\partial u_i}{\partial x_i}=\boldsymbol{Q}=\nabla\cdot u$。而

$$\nabla\cdot(\boldsymbol{u}\,\nabla)=\boldsymbol{e}_k\cdot\frac{\partial^2 u_j}{\partial x_i\partial x_k}\boldsymbol{e}_j\boldsymbol{e}_i=\frac{\partial^2 u_j}{\partial x_i\partial x_j}\boldsymbol{e}_i \tag{5-42}$$

$$\nabla(\nabla\cdot\boldsymbol{u})=\frac{\partial^2 u_i}{\partial x_i\partial x_j}\boldsymbol{e}_j=\nabla\cdot(\boldsymbol{u}\,\nabla) \tag{5-43}$$

$$\nabla\cdot[\operatorname{tr}(\nabla\boldsymbol{u})\boldsymbol{I}]=\boldsymbol{e}_k\cdot\frac{\partial^2 u_i}{\partial x_i\partial x_k}\boldsymbol{e}_j\boldsymbol{e}_j=\frac{\partial^2 u_i}{\partial x_i\partial x_j}\boldsymbol{e}_j=\nabla(\nabla\cdot\boldsymbol{u}) \tag{5-44}$$

即 $\nabla\cdot(\boldsymbol{u}\,\nabla)=\nabla\cdot(\nabla\cdot\boldsymbol{u}\boldsymbol{I})=\nabla(\nabla\cdot\boldsymbol{u})$。故而得到按位移求解的控制方程，即拉梅-纳维叶方程（Lame-Navier equation）如下

$$G\,\nabla^2\boldsymbol{u}+(\lambda+G)\nabla(\nabla\cdot\boldsymbol{u})+\boldsymbol{f}=\boldsymbol{0} \tag{5-45}$$

$$Gu_{i,jj}+(\lambda+G)u_{j,ji}+f_i=0 \tag{5-46}$$

此处$(\ )_{,jj}=\nabla^2(\ )=\left(\frac{\partial^2}{\partial x^2}+\frac{\partial^2}{\partial y^2}+\frac{\partial^2}{\partial z^2}\right)(\ )$，为调和算子，或者拉普拉斯(Laplace)算子。

在笛卡儿坐标系中，拉梅-纳维叶方程展开为

$$\begin{cases} G\,\nabla^2 u+(\lambda+G)\dfrac{\partial\theta}{\partial x}+f_x=0 \\ G\,\nabla^2 v+(\lambda+G)\dfrac{\partial\theta}{\partial y}+f_y=0 \\ G\,\nabla^2 w+(\lambda+G)\dfrac{\partial\theta}{\partial z}+f_z=0 \end{cases} \tag{5-47}$$

对应的位移边界条件为

$$\boldsymbol{u}=\bar{\boldsymbol{u}}\quad (u_i=\bar{u}_i\quad 在\ S_u\ 上) \tag{5-48}$$

面力边界条件为

$$\begin{cases} \boldsymbol{n}\cdot[G(\nabla\boldsymbol{u}+\boldsymbol{u}\,\nabla)+\lambda\,\nabla\cdot\boldsymbol{u}\boldsymbol{I}]=\bar{\boldsymbol{t}} \\ n_i[G(u_{i,j}+u_{j,i})+\lambda u_{k,k}\delta_{ij}]=\bar{t}_j\quad 在\ S_\sigma\ 上 \end{cases} \tag{5-49}$$

当体力为零时，有

$$\begin{cases} Gu_{i,jji}+(\lambda+G)u_{j,jii}=0 \\ Gu_{i,jji}+(\lambda+G)\theta_{,ii}=0 \end{cases} \tag{5-50}$$

又有

$$u_{i,jji}=(u_{i,i})_{,jj}=\theta_{,jj}=\theta_{,ii} \tag{5-51}$$

则上式成为

$$(\lambda+2G)\theta_{,ii}=0 \tag{5-52}$$

进一步有调和方程

$$\nabla^2\theta=\Delta\theta=\theta_{,ii}=0 \tag{5-53}$$

因为$\Theta=3K\theta$，所以有

$$\nabla^2\Theta=\Delta\Theta=\Theta_{,ii}=0 \tag{5-54}$$

做调和运算

$$G\,\nabla^2(\nabla^2 u_i)+(\lambda+G)\nabla^2\theta_{,i}=0 \tag{5-55}$$

因为

$$\nabla^2\theta_{,i}=(\nabla^2\theta)_{,i}=0 \tag{5-56}$$

所以得到

$$\nabla^2\nabla^2 u_i=\nabla^4 u_i=\Delta^2 u_i=0 \tag{5-57}$$

其中$\nabla^4(\ )=\nabla^2\nabla^2(\ )=\Delta^2(\ )$，其在笛卡儿坐标系中的表达式为$\frac{\partial^4(\ )}{\partial x^4}+\frac{\partial^4(\ )}{\partial y^4}+\frac{\partial^4(\ )}{\partial z^4}+2\frac{\partial^4(\ )}{\partial x^2\partial y^2}+2\frac{\partial^4(\ )}{\partial z^2\partial y^2}+2\frac{\partial^4(\ )}{\partial x^2\partial z^2}$。这一算子称为重调和算子或者双调和算子。

利用连续性条件可知

$$\nabla^4\varepsilon_{ij}=\frac{1}{2}[(\nabla^4 u_i)_{,j}+(\nabla^4 u_j)_{,i}]=0 \tag{5-58}$$

$$\nabla^4\sigma_{ij}=2G\,\nabla^4\varepsilon_{ij}+\lambda(\nabla^4\theta)\delta_{ij}=0 \tag{5-59}$$

这说明位移分量、应力分量、应变分量均满足重调和方程。不难验证，上述结论也同时用于体力为常数的情况。

总之，在无体力或者常体力情况下，θ, Θ, σ_0 均为调和函数，而 $u_i, \varepsilon_{ij}, \sigma_{ij}$ 都是重调和函数。因此弹性力学的无体力或常体力问题在数学上归结为调和方程和重调和方程的边值问题。

5.4 按应力求解

应力解法是以应力分量作为基本未知量的求解方法，与结构力学中的力法相对应。其控制方程包括以应力分量表示的变形协调方程以及平衡方程，再结合边界条件求解出应力分量，继而求得应变分量和位移分量。

由胡克定律

$$\varepsilon_{ij}=\frac{1+\nu}{E}\sigma_{ij}-\frac{\nu}{E}\Theta\delta_{ij} \tag{5-60}$$

可得到变形协调方程

$$\varepsilon_{ij,kl}+\varepsilon_{kl,ij}-\varepsilon_{ik,jl}-\varepsilon_{jl,ik}=0 \tag{5-61}$$

代入本构关系，得

$$\sigma_{ij,kl}+\sigma_{kl,ij}-\sigma_{ik,jl}-\sigma_{jl,ik}=\frac{\nu}{1+\nu}(\delta_{ij}\Theta_{,kl}+\delta_{kl}\Theta_{,ij}-\delta_{ik}\Theta_{,jl}-\delta_{jl}\Theta_{,ik}) \tag{5-62}$$

对上式进行缩并可以得到

$$\sigma_{ij,kk}+\frac{1}{1+\nu}\Theta_{,ij}-\sigma_{ik,jk}-\sigma_{jk,ik}=\frac{\nu}{1+\nu}\delta_{ij}\Theta_{,kk} \tag{5-63}$$

另外

$$\begin{cases}\sigma_{ik,jk}=(\sigma_{ik,k})_{,j}=-f_{i,j}\\ \sigma_{jk,ik}=(\sigma_{jk,k})_{,i}=-f_{j,i}\end{cases} \tag{5-64}$$

则可得到

$$\nabla^2\sigma_{ij}+\frac{1}{1+\nu}\Theta_{,ij}-\frac{\nu}{1+\nu}\delta_{ij}\nabla^2\Theta=-(f_{i,j}+f_{j,i}) \tag{5-65}$$

进一步有

$$\nabla^2\Theta=-\frac{1+\nu}{1-\nu}f_{i,i} \tag{5-66}$$

最终得到

$$\nabla^2\sigma_{ij}+\frac{1}{1+\nu}\Theta_{,ij}+\frac{\nu}{1-\nu}\delta_{ij}f_{k,k}+(f_{i,j}+f_{j,i})=0 \tag{5-67}$$

$$\nabla^2\boldsymbol{\sigma}+\frac{1}{1+\nu}\nabla\nabla\Theta+\frac{\nu}{1-\nu}\nabla\cdot\boldsymbol{f}\boldsymbol{I}+(\nabla\boldsymbol{f}+\boldsymbol{f}\nabla)=\boldsymbol{0} \tag{5-68}$$

这就是按应力求解的控制方程，称为应力协调方程或者贝尔特拉米-米歇尔(E. Beltrami，1835－1899；J. Michell，1724－1793)方程。

方程(5-68)在笛卡儿坐标系中展开为

$$\begin{cases}\nabla^2\sigma_x+\dfrac{1}{1+\nu}\dfrac{\partial^2\Theta}{\partial x^2}=-\dfrac{\nu}{1-\nu}\left(\dfrac{\partial f_x}{\partial x}+\dfrac{\partial f_y}{\partial y}+\dfrac{\partial f_z}{\partial z}\right)-2\dfrac{\partial f_x}{\partial x}\\ \nabla^2\sigma_y+\dfrac{1}{1+\nu}\dfrac{\partial^2\Theta}{\partial y^2}=-\dfrac{\nu}{1-\nu}\left(\dfrac{\partial f_x}{\partial x}+\dfrac{\partial f_y}{\partial y}+\dfrac{\partial f_z}{\partial z}\right)-2\dfrac{\partial f_y}{\partial y}\\ \nabla^2\sigma_z+\dfrac{1}{1+\nu}\dfrac{\partial^2\Theta}{\partial z^2}=-\dfrac{\nu}{1-\nu}\left(\dfrac{\partial f_x}{\partial x}+\dfrac{\partial f_y}{\partial y}+\dfrac{\partial f_z}{\partial z}\right)-2\dfrac{\partial f_z}{\partial z}\\ \nabla^2\tau_{xy}+\dfrac{1}{1+\nu}\dfrac{\partial^2\Theta}{\partial y\partial z}=-\left(\dfrac{\partial f_y}{\partial z}+\dfrac{\partial f_z}{\partial y}\right)\\ \nabla^2\tau_{zx}+\dfrac{1}{1+\nu}\dfrac{\partial^2\Theta}{\partial x\partial z}=-\left(\dfrac{\partial f_x}{\partial z}+\dfrac{\partial f_z}{\partial x}\right)\\ \nabla^2\tau_{xy}+\dfrac{1}{1+\nu}\dfrac{\partial^2\Theta}{\partial x\partial y}=-\left(\dfrac{\partial f_y}{\partial x}+\dfrac{\partial f_x}{\partial y}\right)\end{cases}\tag{5-69}$$

若无体力，则有

$$\nabla^2\Theta=0\tag{5-70}$$

并且有双调和运算

$$\nabla^4\sigma_{ij}=0\tag{5-71}$$

这又一次证明 Θ 和 σ_{ij} 分别是调和函数和重调和函数。

直接求解贝尔特拉米-米歇尔方程是比较困难的。通常在应力解法中可以引进某些函数使平衡方程自动满足，把问题归结为求解用这些函数表示的协调方程。这些能自动满足平衡方程等的函数称为应力函数(stress function)。应力分量可以由应力函数偏导数的组合来确定。

如前所述，对于无体力情况，有

$$\Lambda_{ij}=e_{ink}e_{jml}\varepsilon_{mn,kl}\tag{5-72}$$

满足比安奇恒等式

$$\Lambda_{ij,j}=0\tag{5-73}$$

它在形式上和无体力的平衡方程

$$\sigma_{ij,j}=0\tag{5-74}$$

完全相同。

受此启发，可以引入一个二阶对称张量 ϕ_{mn}，有

$$\sigma_{ij}=e_{ink}e_{jml}\phi_{mn,kl}\tag{5-75}$$

则应力分量所对应的平衡方程能自动满足。

对于无体力情况有

$$\nabla^2(e_{ink}e_{jml}\phi_{mn,kl})+\frac{1}{1+\nu}(e_{pnk}e_{pml}\varphi_{mn,kl})_{,ij}=0\tag{5-76}$$

这是应力函数求解的定解方程，称为应力函数协调方程。

应力函数常用的选择方法如下：

(1) 取 3 个对角分量作为独立的应力函数，令

$$\begin{cases}\phi_{11}=\chi_1\\ \phi_{22}=\chi_2\\ \phi_{33}=\chi_3\end{cases}\tag{5-77}$$

称为麦克斯韦(J. C. Maxwell,1831－1879)应力函数。

进行替换可以写出

$$\begin{cases}\sigma_x=\dfrac{\partial^2\chi_3}{\partial y^2}+\dfrac{\partial^2\chi_2}{\partial z^2}\\\sigma_y=\dfrac{\partial^2\chi_1}{\partial z^2}+\dfrac{\partial^2\chi_3}{\partial x^2}\\\sigma_z=\dfrac{\partial^2\chi_2}{\partial x^2}+\dfrac{\partial^2\chi_1}{\partial y^2}\\\tau_{yz}=-\dfrac{\partial^2\chi_1}{\partial y\partial z}\\\tau_{zx}=-\dfrac{\partial^2\chi_2}{\partial z\partial x}\\\tau_{xy}=-\dfrac{\partial^2\chi_3}{\partial x\partial y}\end{cases}\tag{5-78}$$

其中

$$\Theta=\sigma_x+\sigma_y+\sigma_z=\nabla^2(\chi_1+\chi_2+\chi_3)-\left(\frac{\partial^2\chi_1}{\partial x^2}+\frac{\partial^2\chi_2}{\partial y^2}+\frac{\partial^2\chi_3}{\partial z^2}\right)\tag{5-79}$$

相应的应力函数协调方程为

$$\begin{cases}\nabla^2\left(\dfrac{\partial^2\chi_2}{\partial z^2}+\dfrac{\partial^2\chi_3}{\partial y^2}\right)+\dfrac{1}{1+\nu}\dfrac{\partial^2\Theta}{\partial x^2}=0\\\nabla^2\left(\dfrac{\partial^2\chi_1}{\partial z^2}+\dfrac{\partial^2\chi_3}{\partial x^2}\right)+\dfrac{1}{1+\nu}\dfrac{\partial^2\Theta}{\partial y^2}=0\\\nabla^2\left(\dfrac{\partial^2\chi_2}{\partial x^2}+\dfrac{\partial^2\chi_1}{\partial y^2}\right)+\dfrac{1}{1+\nu}\dfrac{\partial^2\Theta}{\partial z^2}=0\\\dfrac{\partial^2}{\partial y\partial z}\left(\nabla^2\chi_1-\dfrac{1}{1+\nu}\Theta\right)=0\\\dfrac{\partial^2}{\partial z\partial x}\left(\nabla^2\chi_2-\dfrac{1}{1+\nu}\Theta\right)=0\\\dfrac{\partial^2}{\partial x\partial y}\left(\nabla^2\chi_3-\dfrac{1}{1+\nu}\Theta\right)=0\end{cases}\tag{5-80}$$

(2) 取 3 个非对角分量作为独立的应力函数,令

$$\begin{cases}\phi_{12}=-\dfrac{1}{2}\psi_3\\\phi_{23}=-\dfrac{1}{2}\psi_1\\\phi_{31}=-\dfrac{1}{2}\psi_2\end{cases}\tag{5-81}$$

称为莫雷拉(G. Morera,1856－1907)应力函数。

对应的协调方程替换可得

$$\begin{cases}\sigma_x=\dfrac{\partial^2\psi_1}{\partial y\partial z}\\ \sigma_y=\dfrac{\partial^2\psi_2}{\partial x\partial z}\\ \sigma_z=\dfrac{\partial^2\psi_3}{\partial x\partial y}\\ \tau_{yz}=-\dfrac{1}{2}\dfrac{\partial}{\partial x}\left(-\dfrac{\partial\psi_1}{\partial x}+\dfrac{\partial\psi_2}{\partial y}+\dfrac{\partial\psi_3}{\partial z}\right)\\ \tau_{zx}=-\dfrac{1}{2}\dfrac{\partial}{\partial y}\left(\dfrac{\partial\psi_1}{\partial x}-\dfrac{\partial\psi_2}{\partial y}+\dfrac{\partial\psi_3}{\partial z}\right)\\ \tau_{xy}=-\dfrac{1}{2}\dfrac{\partial}{\partial z}\left(\dfrac{\partial\psi_1}{\partial x}+\dfrac{\partial\psi_2}{\partial y}-\dfrac{\partial\psi_3}{\partial z}\right)\end{cases}\tag{5-82}$$

式中，$\Theta=\dfrac{\partial^2\psi_1}{\partial y\partial z}+\dfrac{\partial^2\psi_2}{\partial x\partial z}+\dfrac{\partial^2\psi_3}{\partial x\partial y}$。

对应的应力函数协调方程为

$$\begin{cases}\nabla^2\dfrac{\partial^2\psi_1}{\partial y\partial z}+\dfrac{1}{1+\nu}\dfrac{\partial^2\Theta}{\partial x^2}=0\\ \nabla^2\dfrac{\partial^2\psi_2}{\partial z\partial x}+\dfrac{1}{1+\nu}\dfrac{\partial^2\Theta}{\partial y^2}=0\\ \nabla^2\dfrac{\partial^2\psi_3}{\partial x\partial y}+\dfrac{1}{1+\nu}\dfrac{\partial^2\Theta}{\partial z^2}=0\\ \nabla^2\dfrac{\partial}{\partial x}\left(\dfrac{\partial\psi_1}{\partial x}-\dfrac{\partial\psi_2}{\partial y}-\dfrac{\partial\psi_3}{\partial z}\right)+\dfrac{2}{1+\nu}\dfrac{\partial^2\Theta}{\partial y\partial z}=0\\ \nabla^2\dfrac{\partial}{\partial y}\left(-\dfrac{\partial\psi_1}{\partial x}+\dfrac{\partial\psi_2}{\partial y}-\dfrac{\partial\psi_3}{\partial z}\right)+\dfrac{2}{1+\nu}\dfrac{\partial^2\Theta}{\partial x\partial z}=0\\ \nabla^2\dfrac{\partial}{\partial z}\left(-\dfrac{\partial\psi_1}{\partial x}-\dfrac{\partial\psi_2}{\partial y}+\dfrac{\partial\psi_3}{\partial z}\right)+\dfrac{2}{1+\nu}\dfrac{\partial^2\Theta}{\partial x\partial y}=0\end{cases}\tag{5-83}$$

(3) 二维问题：应力函数可以进一步简化。

若令麦克斯韦应力函数为

$$\begin{cases}\chi_3=\phi(x,y)\\ \chi_1=\chi_2=0\end{cases}\tag{5-84}$$

则 $\phi(x,y)$ 就是描述平面问题的艾瑞(G. B. Airy，1801－1892)应力函数。其对应的应力分量可以表示为

$$\begin{cases}\sigma_x=\dfrac{\partial^2\phi}{\partial y^2}\\ \sigma_y=\dfrac{\partial^2\phi}{\partial x^2}\\ \tau_{xy}=-\dfrac{\partial^2\phi}{\partial x\partial y}\end{cases}\tag{5-85}$$

若令莫雷拉应力函数为

$$\begin{cases}\dfrac{\partial\psi_1}{\partial x}=-2\phi(x,y)\\ \psi_2=\psi_3=0\end{cases}\tag{5-86}$$

则 $\phi(x,y)$就是用于描述柱形杆扭转问题中的普朗特(L. Prandtl,1875－1953)应力函数。其对应的应力分量可以表示为

$$
\begin{cases}
\tau_{zx}=\dfrac{\partial\phi}{\partial y} \\
\tau_{zy}=-\dfrac{\partial\phi}{\partial x}
\end{cases}
\tag{5-87}
$$

应力函数解法既保留了应力解法的优点(能够直接求解应力分量),又吸收了位移解法的思想(能自动满足平衡方程),并且基本未知量降为 3 个,因此是弹性力学中的常用方法之一。

5.5 叠加原理

对于弹性力学问题,材料具有线弹性、小变形特点,故而满足叠加原理(principle of superposition)。

考虑同一物体的两组载荷情况:第一组为体力 $\boldsymbol{f}^{(1)}$ 和面力 $\bar{\boldsymbol{t}}^{(1)}$,第二组为体力 $\boldsymbol{f}^{(2)}$ 和面力 $\bar{\boldsymbol{t}}^{(2)}$。设这两组载荷对应的应力场和位移场分别为 $\boldsymbol{\sigma}^{(1)}$ 和 $\boldsymbol{u}^{(1)}$,以及 $\boldsymbol{\sigma}^{(2)}$ 和 $\boldsymbol{u}^{(2)}$。

考虑线弹性小变形情况,两组载荷共同作用时的应力场和位移场等于单独作用时的相应场之和,若载荷

$$\boldsymbol{f}=\boldsymbol{f}^{(1)}+\boldsymbol{f}^{(2)} \tag{5-88}$$

$$\bar{\boldsymbol{t}}=\bar{\boldsymbol{t}}^{(1)}+\bar{\boldsymbol{t}}^{(2)} \tag{5-89}$$

则相应的应力场和位移场为

$$\boldsymbol{\sigma}=\boldsymbol{\sigma}^{(1)}+\boldsymbol{\sigma}^{(2)} \tag{5-90}$$

$$\boldsymbol{u}=\boldsymbol{u}^{(1)}+\boldsymbol{u}^{(2)} \tag{5-91}$$

现在以应力解法为基础来证明。

上述应力满足平衡方程

$$\nabla\cdot\boldsymbol{\sigma}^{(1)}+\boldsymbol{f}^{(1)}=\boldsymbol{0} \tag{5-92}$$

$$\nabla\cdot\boldsymbol{\sigma}^{(2)}+\boldsymbol{f}^{(2)}=\boldsymbol{0} \tag{5-93}$$

则对上面两式进行叠加后有

$$\nabla\cdot(\boldsymbol{\sigma}^{(1)}+\boldsymbol{\sigma}^{(2)})+(\boldsymbol{f}^{(1)}+\boldsymbol{f}^{(2)})=\boldsymbol{0} \tag{5-94}$$

对应的应力协调方程叠加后为

$$
\begin{aligned}
&\nabla^2(\boldsymbol{\sigma}^{(1)}+\boldsymbol{\sigma}^{(2)})+\frac{1}{1+\nu}\nabla\nabla(\Theta^{(1)}+\Theta^{(2)})+\frac{\nu}{1-\nu}\nabla\cdot(\boldsymbol{f}^{(1)}+\boldsymbol{f}^{(2)})\boldsymbol{I}+ \\
&[\nabla(\boldsymbol{f}^{(1)}+\boldsymbol{f}^{(2)})+(\boldsymbol{f}^{(1)}+\boldsymbol{f}^{(2)})\nabla]=\boldsymbol{0}
\end{aligned}
\tag{5-95}
$$

面力边界条件为

$$\boldsymbol{n}\cdot(\boldsymbol{\sigma}^{(1)}+\boldsymbol{\sigma}^{(2)})=\bar{\boldsymbol{t}}^{(1)}+\bar{\boldsymbol{t}}^{(2)} \tag{5-96}$$

整理得到

$$(\nabla\cdot\boldsymbol{\sigma}^{(1)}+\boldsymbol{f}^{(1)})+(\nabla\cdot\boldsymbol{\sigma}^{(2)}+\boldsymbol{f}^{(2)})=\boldsymbol{0} \tag{5-97}$$

即

$$\nabla^2\boldsymbol{\sigma}^{(1)}+\frac{1}{1+\nu}\nabla\nabla\Theta^{(1)}+\frac{\nu}{1-\nu}\nabla\cdot\boldsymbol{f}^{(1)}\boldsymbol{I}+\nabla\boldsymbol{f}^{(1)}+\boldsymbol{f}^{(1)}\nabla+$$
$$\nabla^2\boldsymbol{\sigma}^{(2)}+\frac{1}{1+\nu}\nabla\nabla\Theta^{(2)}+\frac{\nu}{1-\nu}\nabla\cdot\boldsymbol{f}^{(2)}\boldsymbol{I}+\nabla\boldsymbol{f}^{(2)}+\boldsymbol{f}^{(2)}\nabla=\boldsymbol{0} \tag{5-98}$$

边界条件整理得到

$$(\boldsymbol{n}\cdot\boldsymbol{\sigma}^{(1)}-\bar{\boldsymbol{t}}^{(1)})+(\boldsymbol{n}\cdot\boldsymbol{\sigma}^{(2)}-\bar{\boldsymbol{t}}^{(2)})=\boldsymbol{0} \tag{5-99}$$

而其中

$$\nabla\cdot\boldsymbol{\sigma}^{(1)}+\boldsymbol{f}^{(1)}=\boldsymbol{0} \tag{5-100}$$

$$\nabla\cdot\boldsymbol{\sigma}^{(2)}+\boldsymbol{f}^{(2)}=\boldsymbol{0} \tag{5-101}$$

则有

$$\nabla^2\boldsymbol{\sigma}^{(1)}+\frac{1}{1+\nu}\nabla\nabla\Theta^{(1)}+\frac{\nu}{1-\nu}\nabla\cdot\boldsymbol{f}^{(1)}\boldsymbol{I}+\nabla\boldsymbol{f}^{(1)}+\boldsymbol{f}^{(1)}\nabla=\boldsymbol{0} \tag{5-102}$$

$$\nabla^2\boldsymbol{\sigma}^{(2)}+\frac{1}{1+\nu}\nabla\nabla\Theta^{(2)}+\frac{\nu}{1-\nu}\nabla\cdot\boldsymbol{f}^{(2)}\boldsymbol{I}+\nabla\boldsymbol{f}^{(2)}+\boldsymbol{f}^{(2)}\nabla=\boldsymbol{0} \tag{5-103}$$

$$\boldsymbol{n}\cdot\boldsymbol{\sigma}^{(1)}-\bar{\boldsymbol{t}}^{(1)}=\boldsymbol{0} \tag{5-104}$$

$$\boldsymbol{n}\cdot\boldsymbol{\sigma}^{(2)}-\bar{\boldsymbol{t}}^{(2)}=\boldsymbol{0} \tag{5-105}$$

上面的证明可以说明,叠加后的应力场能够满足应力解法的全部方程和边界条件,它确实是双重载荷所引起的应力场。由此可以证明叠加原理。

线弹性小变形情况的全部基本方程和边界条件都是线性的,因此叠加原理是线弹性理论中普遍适用的一般性原理。

对于大变形情况,几何方程将出现二次非线性项,平衡方程等也将受到变形的影响,因而叠加原理不再适用。常见的例子有:同时受轴向力和横向力的梁的纵横弯曲问题,薄壁构件的弹性稳定性问题,板壳结构的大挠度问题等。

对于非线性弹性材料或者弹塑性材料,本构方程是非线性的,叠加原理也不适用。例如橡胶材料就是一种典型的非线性弹性材料,能够发生非常大的变形,一般称为材料非线性问题。

对于载荷随变形而变化的非保守力系情况或边界用非线性弹簧支撑的约束情况,边界条件是非线性的,叠加原理也将失效。

5.6 应变能和应变余能

除了上述介绍的应力、应变、位移等场变量,能量也是弹性力学中的一个重要力学量。从能量角度出发,能量也是解决弹性力学问题的另外一条有效途径。下面先介绍应变能和应变余能的概念。

5.6.1 应变能密度和应变能

对于一个弹性体,可以将其想象成一个弹簧。当对其进行准静态加载(quasistatic loading)时,即弹性体在受力过程中始终保持静力平衡,每一时刻的加速度都被消除掉,因而整个过程没有动能的改变。因此根据热力学第一定律,外力对弹性体做功时,弹性体会发生变形,就会储存相对应的能量,这种能量称为应变能(strain energy)。单位体积的应变能称为应变能密度(strain energy density)。

线弹性材料的本构关系一般可以写为

$$\boldsymbol{\sigma}=\boldsymbol{c}:\boldsymbol{\varepsilon} \tag{5-106}$$

其分量形式为

$$\sigma_{ij}=c_{ijkl}\varepsilon_{kl} \tag{5-107}$$

则应变能密度定义为

$$u_{\mathrm{s}}=\frac{1}{2}c_{ijkl}\varepsilon_{ij}\varepsilon_{kl} \tag{5-108}$$

它是应变分量 ε_{ij} 的二次齐次式,或称为二次型。

上式对应的弹性张量的分量为

$$c_{ijkl}=\frac{\partial\sigma_{ij}}{\partial\varepsilon_{kl}}=\frac{\partial\sigma_{kl}}{\partial\varepsilon_{ij}}=c_{klij} \tag{5-109}$$

此结果称为 Voigt 对称性。

各向同性材料的应变能密度还可以继续演绎为

$$\begin{aligned}u_{\mathrm{s}}&=\int_{\mathbf{0}}^{\boldsymbol{\varepsilon}}\boldsymbol{\sigma}:\mathrm{d}\boldsymbol{\varepsilon}=\int_{0}^{\varepsilon_{ij}}\sigma_{ij}\,\mathrm{d}\varepsilon_{ij}\\&=\frac{1}{2}\boldsymbol{\varepsilon}:\boldsymbol{c}:\boldsymbol{\varepsilon}=\frac{1}{2}c_{ijkl}\varepsilon_{ij}\varepsilon_{kl}\\&=\frac{1}{2}\sigma_{ij}\varepsilon_{ij}=\frac{1}{2}\boldsymbol{\sigma}:\boldsymbol{\varepsilon}\end{aligned} \tag{5-110}$$

将线弹性材料的本构关系,即广义胡克定律代入应变能密度的表达式,可以得到

$$\begin{aligned}u_{\mathrm{s}}&=G\boldsymbol{\varepsilon}:\boldsymbol{\varepsilon}+\frac{1}{2}\lambda\operatorname{tr}\boldsymbol{\varepsilon}\boldsymbol{I}:\boldsymbol{\varepsilon}\\&=G\boldsymbol{\varepsilon}:\boldsymbol{\varepsilon}+\frac{1}{2}\lambda\theta^{2}\\&=G\varepsilon_{ij}\varepsilon_{ij}+\frac{1}{2}\lambda\varepsilon_{ii}\varepsilon_{jj}\\&=\frac{G}{4}(u_{i,j}+u_{j,i})(u_{i,j}+u_{j,i})+\frac{\lambda}{2}u_{i,i}u_{j,j}\end{aligned} \tag{5-111}$$

在直角坐标系中,其展开形式为

$$u_{\mathrm{s}}=\frac{1}{2}(\sigma_{x}\varepsilon_{x}+\sigma_{y}\varepsilon_{y}+\sigma_{z}\varepsilon_{z}+\tau_{xy}\gamma_{x}+\tau_{yz}\gamma_{yz}+\tau_{zx}\gamma_{zx}) \tag{5-112}$$

即

$$u_{\mathrm{s}}=\frac{1}{2}\lambda\theta^{2}+\frac{G}{2}(2\varepsilon_{x}^{2}+2\varepsilon_{y}^{2}+2\varepsilon_{z}^{2}+\gamma_{xy}^{2}+\gamma_{yz}^{2}+\gamma_{zx}^{2}) \tag{5-113}$$

根据应变能密度的定义,可以在整个弹性体域内进行积分,最后得到系统的应变能为

$$U_{\mathrm{s}}=\int_{V}u_{\mathrm{s}}\mathrm{d}V \tag{5-114}$$

根据应变能密度的具体表达式可以进一步求导得到应力,此为格林(Green)定理。其表达式为

$$\boldsymbol{\sigma}=\frac{\mathrm{d}u_{\mathrm{s}}}{\mathrm{d}\boldsymbol{\varepsilon}} \tag{5-115}$$

上式所对应的分量形式为

$$\sigma_{ij}=\frac{\partial u_{s}}{\partial \varepsilon_{ij}} \tag{5-116}$$

继而有

$$\frac{\partial}{\partial \varepsilon_{kl}}\left(\frac{\partial u_{s}}{\partial \varepsilon_{ij}}\right)=\frac{\partial}{\partial \varepsilon_{ij}}\left(\frac{\partial u_{s}}{\partial \varepsilon_{kl}}\right) \tag{5-117}$$

进一步可得到

$$\frac{\partial \sigma_{ij}}{\partial \varepsilon_{kl}}=\frac{\partial \sigma_{kl}}{\partial \varepsilon_{ij}} \tag{5-118}$$

格林公式展开形式即对应的分量形式为

$$\begin{cases}\sigma_{11}=\dfrac{\partial u_{s}}{\partial \varepsilon_{11}}\\ \sigma_{22}=\dfrac{\partial u_{s}}{\partial \varepsilon_{22}}\\ \sigma_{33}=\dfrac{\partial u_{s}}{\partial \varepsilon_{33}}\end{cases} \tag{5-119}$$

$$\sigma_{12}=\frac{\partial u_{s}}{\partial \varepsilon_{12}},\sigma_{21}=\frac{\partial u_{s}}{\partial \varepsilon_{21}}$$

$$\sigma_{23}=\frac{\partial u_{s}}{\partial \varepsilon_{23}},\sigma_{32}=\frac{\partial u_{s}}{\partial \varepsilon_{32}}$$

$$\sigma_{31}=\frac{\partial u_{s}}{\partial \varepsilon_{31}},\sigma_{13}=\frac{\partial u_{s}}{\partial \varepsilon_{13}}$$

举一个简单的例子，弹性体的应变能密度 $u_{s}=G(\varepsilon_{12}^{2}+\varepsilon_{21}^{2})$，则有 $\sigma_{12}=\frac{\partial u_{s}}{\partial \varepsilon_{12}}=2G\varepsilon_{12}=G\gamma_{12}$，$\sigma_{21}=\frac{\partial u_{s}}{\partial \varepsilon_{21}}=2G\varepsilon_{21}=G\gamma_{21}$，这些表达式跟广义胡克定律是一致的。在上述推导过程中，并未考虑应变分量的对称性。如果考虑应变分量的对称性，则有 $u_{s}=2G\varepsilon_{12}^{2}$，此时有 $\sigma_{12}=\frac{\partial u_{s}}{\partial \varepsilon_{12}}=4G\varepsilon_{12}=2G\gamma_{12}$，这就导致与定理不一致的结果。

一般如果考虑应力张量和应变分量的对称性，则需要对应变能密度的变量进行对称化处理，即 $u_{s}=G\left[\left(\frac{\varepsilon_{12}+\varepsilon_{21}}{2}\right)^{2}+\left(\frac{\varepsilon_{12}+\varepsilon_{21}}{2}\right)^{2}\right]=\frac{G}{2}\gamma_{12}^{2}$，则有 $\sigma_{12}=\frac{\partial u_{s}}{\partial \gamma_{12}}=G\gamma_{12}$。

因此在笛卡儿直角坐标系中，考虑应变张量和应力张量的对称性，格林公式可以进一步写成

$$\sigma_{x}=\frac{\partial u_{s}}{\partial \varepsilon_{x}},\sigma_{y}=\frac{\partial u_{s}}{\partial \varepsilon_{y}},\sigma_{z}=\frac{\partial u_{s}}{\partial \varepsilon_{z}}$$

$$\tau_{xy}=\frac{\partial u_{s}}{\partial \gamma_{xy}},\tau_{yz}=\frac{\partial u_{s}}{\partial \gamma_{yz}},\tau_{zx}=\frac{\partial u_{s}}{\partial \gamma_{zx}}$$

5.6.2 应变余能密度与应变余能

本构关系还可以写为

$$\begin{cases}\boldsymbol{\varepsilon}=\boldsymbol{d}:\boldsymbol{\sigma}\\ \varepsilon_{ij}=d_{ijkl}\sigma_{kl}\end{cases} \tag{5-120}$$

式中，$\boldsymbol{d}=d_{ijkl}\boldsymbol{e}_i\boldsymbol{e}_j\boldsymbol{e}_k\boldsymbol{e}_l$ 为柔度张量。

将上述应变能密度表示成应力分量的形式，可得应变余能(complementary strain energy)密度。其定义为

$$\begin{aligned} u_s &= \int_{\boldsymbol{0}}^{\boldsymbol{\sigma}} \boldsymbol{\varepsilon} : \mathrm{d}\boldsymbol{\sigma} = \int_0^{\sigma_{ij}} \varepsilon_{ij}\,\mathrm{d}\sigma_{ij} \\ &= \frac{1}{2}\boldsymbol{\sigma} : \boldsymbol{d} : \boldsymbol{\sigma} = \frac{1}{2}d_{ijkl}\sigma_{ij}\sigma_{kl} \\ &= \frac{1}{2}\sigma_{ij}\varepsilon_{ij} = \frac{1}{2}\boldsymbol{\varepsilon} : \boldsymbol{\sigma} \end{aligned} \tag{5-121}$$

代入胡克定律得到

$$u_c = \frac{1+\nu}{2E}\boldsymbol{\sigma} : \boldsymbol{\sigma} - \frac{\nu}{2E}\Theta^2 \tag{5-122}$$

展开后得到

$$u_c = \frac{1}{2E}[\sigma_x^2+\sigma_y^2+\sigma_z^2-2\nu(\sigma_x\sigma_y+\sigma_y\sigma_z+\sigma_z\sigma_x)+2(1+\nu)(\tau_{xy}^2+\tau_{yz}^2+\tau_{zx}^2)] \tag{5-123}$$

根据应变余能密度可以求得应变分量，此表达式也称为 Green 定理，可以写为

$$\boldsymbol{\varepsilon} = \frac{\mathrm{d}u_c}{\mathrm{d}\boldsymbol{\sigma}} \tag{5-124}$$

其分量形式为

$$\varepsilon_{ij} = \frac{\partial u_c}{\partial \sigma_{ij}} \tag{5-125}$$

在直角坐标系中有

$$\varepsilon_x = \frac{\partial u_c}{\partial \sigma_x}, \varepsilon_y = \frac{\partial u_c}{\partial \sigma_y}, \varepsilon_z = \frac{\partial u_c}{\partial \sigma_z}$$

$$\gamma_{xy} = \frac{\partial u_c}{\partial \tau_{xy}}, \gamma_{yz} = \frac{\partial u_c}{\partial \tau_{yz}}, \gamma_{zx} = \frac{\partial u_c}{\partial \tau_{zx}}$$

5.7 解的唯一性原理

线弹性问题的解是唯一的，即柯希霍夫(Kirchhoff)唯一性定理。

这个定理可以采用反证法进行证明。先假设存在两种不同的解答，它们的应力场和位移场分别为 $\boldsymbol{\sigma}^{(1)}$ 和 $\boldsymbol{u}^{(1)}$ 以及 $\boldsymbol{\sigma}^{(2)}$ 和 $\boldsymbol{u}^{(2)}$，它们均满足基本微分方程和给定边界条件。

可以证明，对于线弹性问题，两个解答的差值必然等于 0，因而只能有唯一解。

$$\nabla \cdot \boldsymbol{\sigma}^{(1)} + \boldsymbol{f} = \boldsymbol{0} \tag{5-126}$$

$$\nabla \cdot \boldsymbol{\sigma}^{(2)} + \boldsymbol{f} = \boldsymbol{0} \tag{5-127}$$

边界条件为

$$\boldsymbol{n} \cdot \boldsymbol{\sigma}^{(1)} - \bar{\boldsymbol{t}} = \boldsymbol{0} \quad 在\ S_\sigma\ 上 \tag{5-128}$$

$$\boldsymbol{n} \cdot \boldsymbol{\sigma}^{(2)} - \bar{\boldsymbol{t}} = \boldsymbol{0} \quad 在\ S_\sigma\ 上 \tag{5-129}$$

$$\boldsymbol{u}^{(1)} = \bar{\boldsymbol{u}} \quad 在\ S_u\ 上 \tag{5-130}$$

$$\boldsymbol{u}^{(2)} = \bar{\boldsymbol{u}} \quad 在\ S_u\ 上 \tag{5-131}$$

二者之差为

$$\boldsymbol{u}=\boldsymbol{u}^{(1)}-\boldsymbol{u}^{(2)} \tag{5-132}$$

$$\boldsymbol{\sigma}=\boldsymbol{\sigma}^{(1)}-\boldsymbol{\sigma}^{(2)} \tag{5-133}$$

所以满足

$$\nabla\cdot\boldsymbol{\sigma}=\mathbf{0} \tag{5-134}$$

齐次边界条件为

$$\boldsymbol{n}\cdot\boldsymbol{\sigma}=\mathbf{0} \quad 在\ S_\sigma\ 上 \tag{5-135}$$

$$\boldsymbol{u}=\mathbf{0} \quad 在\ S_u\ 上 \tag{5-136}$$

已知应力和应变能的关系有

$$\sigma_{ij,j}=\left(\frac{\partial u_s}{\partial \varepsilon_{ij}}\right)_{,j}=0 \tag{5-137}$$

利用高斯公式有

$$\begin{aligned}\int_V u_i\left(\frac{\partial u_s}{\partial \varepsilon_{ij}}\right)_{,j}\mathrm{d}V &= \int_S u_i\frac{\partial u_s}{\partial \varepsilon_{ij}}n_j\,\mathrm{d}S-\int_V u_{i,j}\frac{\partial u_s}{\partial \varepsilon_{ij}}\mathrm{d}V\\ &=\int_S u_i\sigma_{ij}n_j\,\mathrm{d}S-\int_V u_{i,j}\sigma_{ij}\,\mathrm{d}V\end{aligned} \tag{5-138}$$

上面第一项的积分域包括位移边界和面力边界，在位移边界上位移为零，在面力边界上面力为零，所以该项的积分结果必然为零。

对第二项利用应力张量的对称性可以得到

$$\begin{aligned}-\int_V u_{i,j}\sigma_{ij}\,\mathrm{d}V &=-\int_V \frac{1}{2}(u_{i,j}+u_{j,i})\sigma_{ij}\,\mathrm{d}V\\ &=-\int_V \sigma_{ij}\varepsilon_{ij}\,\mathrm{d}V=-2\int_V u_s\,\mathrm{d}V=0\end{aligned} \tag{5-139}$$

对于线弹性问题，应变能处处正定，故而要求 $u_s=0$，即两解之差是 $\boldsymbol{\sigma}=\mathbf{0}$ 和 $\boldsymbol{\varepsilon}=\mathbf{0}$ 的无变形状态，所以有 $\boldsymbol{\sigma}^{(1)}=\boldsymbol{\sigma}^{(2)}$，$\boldsymbol{\varepsilon}^{(1)}=\boldsymbol{\varepsilon}^{(2)}$。

这就证明了应力场和应变场的解答的唯一性。

弹性力学的唯一性原理说明，无论用什么方法求得的解答，只要能满足全部基本方程和边界条件，就一定是该弹性力学问题的真解。这是弹性力学中各种解答的理论基础，也是各种不同解法能相互验证的理论依据。

如果唯一性定理不满足，则将出现解答不唯一的不稳定现象，这在工程上是比较危险的。例如，材料屈服后的塑性流动现象，薄壁弹性结构中的屈曲现象，结构在流体作用下的自激振动（飞机颤振、热交换器管束的流致振动）等。

5.8 圣维南原理

弹性理论要求在物体的每个边界点上都给定边界条件。在实际工程中，应力分量、应变分量、位移分量完全满足所有的控制方程并不困难，但要使得每个边界条件都得到逐点满足，往往比较困难。此时，可以借助圣维南原理对这些边界条件进行合理简化。

1855 年圣维南在梁理论的研究中指出：

由作用在物体局部表面上的自平衡力系(即主矢与主矩为 0 的力系)所引起的应变,在远离作用区(距离远大于该局部作用区的线性尺寸)的地方可以忽略不计。这就是著名的圣维南原理,又称为局部影响原理。

圣维南原理的另一种较为实用的提法是:若把作用在物体局部表面上的外力,用另一组与其静力等效(即主矢与主矩相等)的力系来代替,则这种等效处理对于物体内部应力、应变状态的影响将随着该局部作用区的距离增加而迅速衰减。这一定理也可以称为静力等效原理。因为外力和其等效力系之差是一个自平衡力系,所以上述两种提法是等价的。大量的实验观察和工程经验证明了圣维南原理的正确性。从直观上判断,它不仅适用于弹性小变形情况,而且适用于大变形和非弹性情况。

举例说明,对于图 5.3 所示的单向拉伸构件,在两端截面的形心受到大小相等、方向相反的拉力 F,截面面积为 A。如果把一端或两端的拉力换成一个静力等效的力系,则只有虚线对应部分的应力分布有着显著的改变,其余部分所受的影响可以不计。如果再将两端的拉力变换为均匀分布的拉力,集度等于 F/A,则仍然只有靠近两端的应力受到显著的影响。在上述四种情况下,离开两端较远部分的应力分布并没有显著差别。

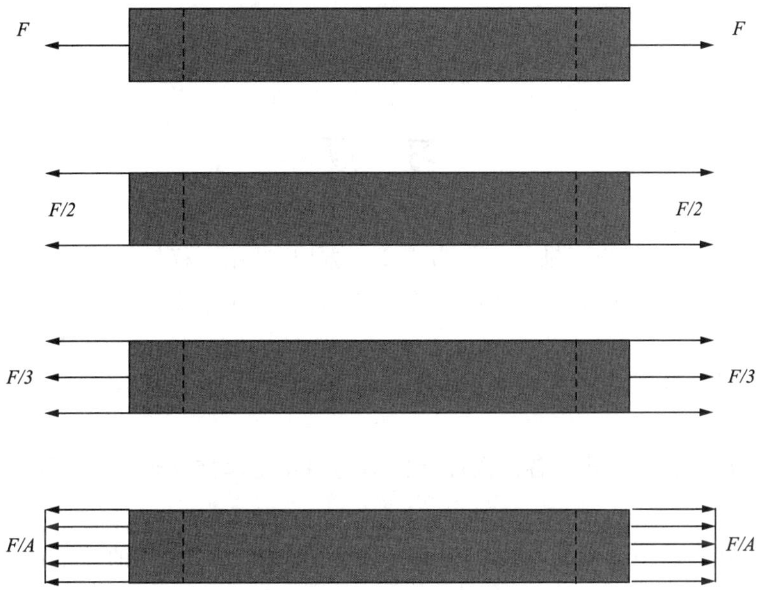

图 5.3 圣维南原理示意图

对于图 5.3 中最后一图所示情况,由于面力连续均匀分布,边界条件简单,因而应力很容易求得。但是对于其他几种情况,面力不是连续分布,在集中力作用处会存在应力集中,因而应力分量难以求解。根据圣维南原理,用最后一图的应力解答代替其余几种情况,虽然不能完全满足两端的应力边界条件,但仍然可以表明,距离杆端较远处的应力状态没有显著的误差。这已经为理论分析和实验测量所证实。

再如图 5.4 所示悬臂梁,若梁的长度远大于高度,在自由端受到集中力 P,Q 和集中力偶 M 的作用。此时左右两端为次要边界。由于在右端受到的外力是集中载荷,故无法写出精确的逐点满足的应力边界条件,只能用圣维南原理列出等效的边界条件。

$$\begin{cases} \int_{-h/2}^{h/2} \sigma_x \mathrm{d}y = P \\ \int_{-h/2}^{h/2} \tau_{xy} \mathrm{d}y = Q \\ \int_{-h/2}^{h/2} y\sigma_x \mathrm{d}y = M \end{cases} \tag{5-140}$$

上式表明，在悬臂梁自由端的边界上，待求应力在该边界的主矢和主矩与外力的合力和合力矩相等。更一般情况下，集中力 P，Q 和集中力偶 M 可以看作面力的主矢和主矩，因此在小边界上应用圣维南原理也可以表述为：在同一小边界上，应力的主矢和主矩应分别等于面力的主矢和主矩，不仅数值相等，二者方向也要一致。因此，在求解平面问题时，常常在小边界上用近似的三个积分条件代替精确的边界条件，这样可以使问题的求解大为简化，而得出的应力结果只在小边界附近有显著的误差。

图 5.4　悬臂梁受力图

习　题

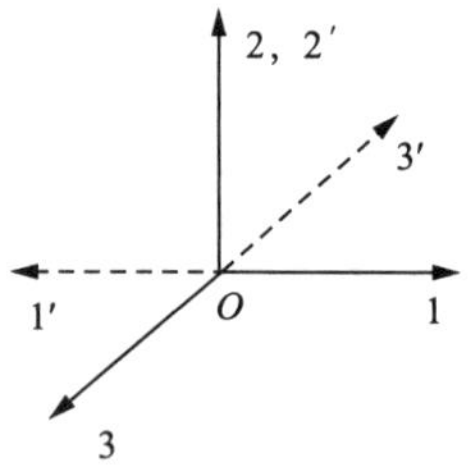

图 5.5　主应变和主应力

5-1　如图 5.5 所示，坐标轴 1,2,3 为应变主方向，试用坐标轴绕 2 轴旋转 180°的方法，证明对于各向同性弹性体，轴 1,2,3 亦为应力的主方向。

5-2　试证明：对于均质弹性体，其独立的弹性常数最多只有 21 个。

5-3　利用应力转轴公式及各向同性弹性体的胡克定律推导轴对称问题中的胡克定律。

5-4　试求在直角坐标系 $Oxyz$ 中，其体应力 Θ 与体应变 θ 之间的关系式。

5-5　若平均正应力 $\sigma_0 = \frac{1}{3}(\sigma_x + \sigma_y + \sigma_z)$，平均正应变 $\varepsilon_0 = \frac{1}{3}(\varepsilon_x + \varepsilon_y + \varepsilon_z)$，试求 σ_0 与 ε_0 之间的关系式。

5-6　若以 σ_0 和 ε_0 表示平均正应力和平均正应变，试求 $\sigma_i - \sigma_0$ 与 $\varepsilon_i - \varepsilon_0$ 之间的关系式（式中 $i = x, y, z$）。

5-7　试导出正应力之差与正应变之差的关系式。

5-8　当主应力的大小顺序为 $\sigma_1 \geqslant \sigma_2 \geqslant \sigma_3$ 时，试证明对于各向同性弹性体，其主应变的排列顺序为 $\varepsilon_1 \geqslant \varepsilon_2 \geqslant \varepsilon_3$。

5-9　试证明弹性常数 E, G, ν 之间的关系式为 $G = \frac{E}{2(1+\nu)}$。

5-10　试用弹性常数 λ 和 G 表示体积模量 K、弹性模量 E 和泊松比 ν。

5-11　试用正方体($a\times a\times a$)证明，对于不可压缩体，其泊松比 $\nu=\dfrac{1}{2}$。

5-12　试证明对于各向同性弹性体，其泊松比 ν 的范围为 $0<\nu<\dfrac{1}{2}$。

5-13　试证明在弹性范围内剪应力不产生体积改变。

5-14　将某一小物体放入高压容器内，在静水压力 $p=0.45\ \text{N/mm}^2$ 作用下，测得体应变 $\theta=-3.6\times10^{-6}$，若泊松比 $\nu=0.3$，试求该物体的弹性模量 E。

5-15　在柱状弹性体的轴向施加均匀压力 p，且横向变形完全被限制住(图 5.6)。试求应力与应变的比值(称为名义弹性模量，以 E_0 表示)。

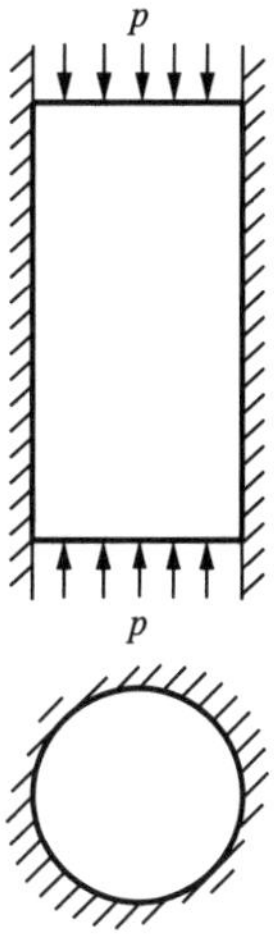

图 5.6　柱状弹性体受力

5-16　已知物体中某点在 x 和 y 方向的正应力分量为 $\sigma_x=35\ \text{N/mm}^2$，$\sigma_y=25\ \text{N/mm}^2$，而沿 z 方向的应变完全被限制住，试求该点的 σ_z 和 ε_x，ε_y($E=2.0\times10^9\ \text{N/mm}^2$，$\nu=0.3$)。

5-17　在某点测得正应变的同时，也测得与它成 60°和 90°方向上的正应变，其值分别为 $\varepsilon_0=-100\times10^{-6}$，$\varepsilon_{60}=50\times10^{-6}$，$\varepsilon_{90}=150\times10^{-6}$。试求该点的主应力($E=2.1\times10^9\ \text{N/mm}^2$，$\nu=0.3$)。

5-18　由等边三角形电阻应变花测得某点的应变分量为 ε_0，ε_{60}，ε_{120}。试导出用 ε_0，ε_{60}，ε_{120} 表示的 σ_x，σ_y，τ_{xy} 的关系式。

5-19　如图 5.7 所示厚度为 1 的杆件，两端作用着均匀压力 p，在 $y=h$ 的边界上为刚性平面约束，其位移分量为

$$\begin{cases} u=-\dfrac{1-\nu^2}{E}px \\ v=0 \\ w=\dfrac{\nu(1+\nu)}{E}pz \end{cases}$$

，试求其应力分量。

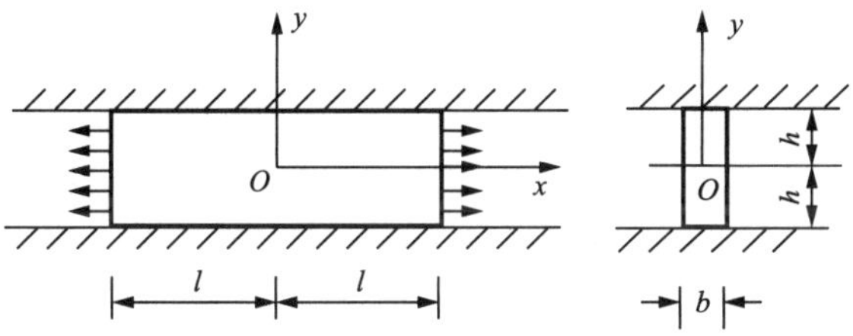

图 5.7　杆件受力示意图

5-20　已知等直杆纯弯时的位移分量为

$$\begin{cases} u=\dfrac{M}{EI}xy+\omega_y z-\omega_z y+u_0 \\ v=-\dfrac{M}{2EI}(x^2+\nu y^2-\nu z^2)+\omega_z x-\omega_x z+v_0 \\ w=-\dfrac{\nu M}{EI}yz+\omega_x y-\omega_y x+w_0 \end{cases}$$

，试证明所给位移分量是该问题的解。

5-21　长度为 l 的等直杆件，其截面为 $2b\times2h$，杆端受弯矩 M 的作用(图 5.8)，试求应力分量(不计体力)。

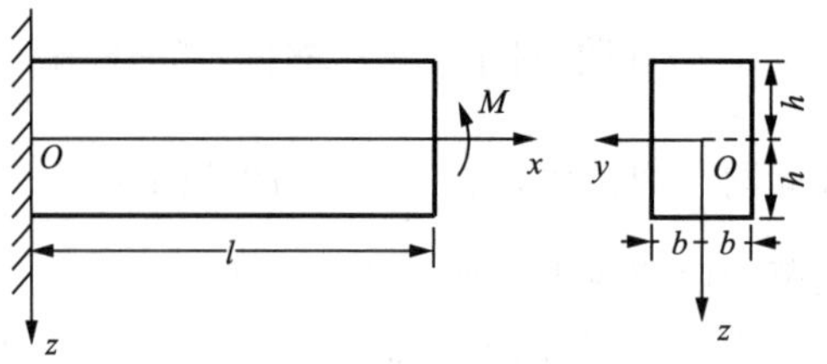

图 5.8 杆件受力图

5-22 当体力为常量时,试导出以应力分量表示的协调条件。

5-23 当体力为 0 时,用应力函数 $\phi_1(x,y,z)$,$\phi_2(x,y,z)$和 $\phi_3(x,y,z)$表示的正应力分量为$\sigma_x=\frac{\partial^2\phi_1}{\partial y\partial z}$,$\sigma_y=\frac{\partial^2\phi_2}{\partial z\partial x}$,$\sigma_z=\frac{\partial^2\phi_3}{\partial x\partial y}$,试写出剪应力分量 τ_{xy},τ_{yz},τ_{zx}的表达式,并导出以应力函数表示的协调方程。

5-24 若 $\phi=axy^3+yf_1(x)+f_2(x)$能作为求解平面问题的应力函数,试求 f_1和 f_2。

第6章

平面问题

6.1 平面应力和平面应变问题

任何一个弹性体都是空间物体，一般的外力都是空间力系，因此严格地说，任何一个弹性力学问题都是**空间问题**。但是如果所考察的弹性体具有某种特殊的形状，并且承受的是某种特殊的外力和约束，就可以把空间问题简化为近似的平面问题。这样处理，分析和计算的工作量将会大大减少，也能满足工程的求解精度。

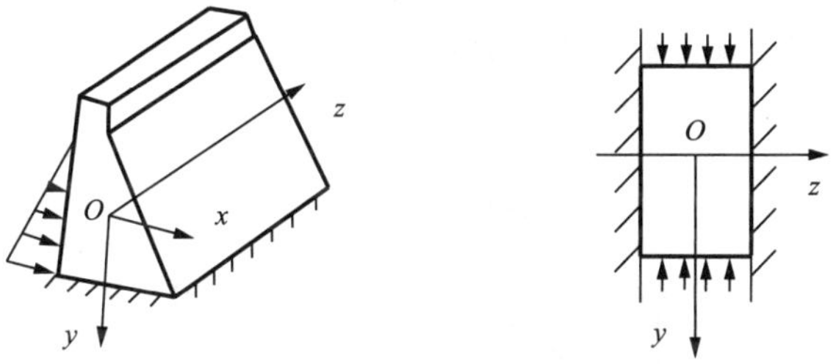

(a) 水坝　　　(b) 刚性墙（沿着x方向无限长）

图 6.1　平面问题案例

第一种平面问题就是平面应力(plane stress)问题。如图 6.2 所示，考虑一个很薄的等厚度薄板，只在板边上受到平行于板面并且不沿着厚度变化的面力或者约束，同时体力也平行于板面并且不沿着厚度变化。例如，矩形截面的深梁(高梁)、平板坝的平板支墩等就属于此类问题。

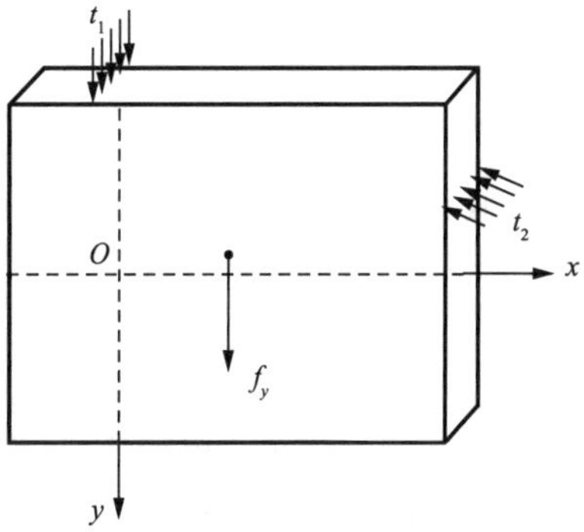

图 6.2　平面应力问题

设薄板的厚度为 h，以薄板的中面(平分板厚 h 的平面)为 xOy 面，以垂直于中面的任意直线为 z 轴。因为

板面不受力，即自由表面，所以 $z=\pm\dfrac{h}{2}$ 时，有

$$\begin{cases}\sigma_z=0\\ \tau_{zx}=0\\ \tau_{zy}=0\end{cases}\tag{6-1}$$

因为板很薄，外力不沿着厚度变化，而变化区间又极小，且应力是连续分布的（不存在引起 σ_z 突变的因素），所以可以认为在整个薄板的所有各点都有

$$\begin{cases}\sigma_z=0\\ \tau_{zx}=0\\ \tau_{zy}=0\end{cases}\tag{6-2}$$

实际上这一结果可以通过弹性力学的平衡方程来进行分析。设薄板的截面尺寸为 L，则有 $h/L\ll 1$，其值为一个小量，则有 $\partial(\ )/\partial x\sim\partial(\ )/\partial y\sim(\ )/L$，而 $\partial(\ )/\partial z\sim(\ )/h$。在平面问题中，设 $\sigma_x,\sigma_y,\tau_{xy}$ 的量级为 σ。由平衡方程可以得到 $\sigma_x/L\sim\tau_{xy}/L\sim\tau_{xz}/h\sim\sigma/L$，$\tau_{xy}/L\sim\sigma_y/L\sim\tau_{yz}/h\sim\sigma/L$，$\tau_{zx}/L\sim\tau_{zy}/L\sim\sigma_z/h$，则进一步有 $\sigma_z\sim\tau_{xy}h/L\sim\tau_{xz}h/L\sim\sigma(h/L)^2$。

这充分说明 $\sigma_z,\tau_{xz},\tau_{yz}$ 的数值要远远小于面内应力分量，可以忽略不计，所以可以假设其数值为零。

总之，不为零的应力分量只有三个，均平行于 xOy 面，即

$$\begin{cases}\sigma_x=\sigma_x(x,y)\\ \sigma_y=\sigma_y(x,y)\\ \tau_{xy}=\tau_{yx}=\tau_{xy}(x,y)=\tau_{yx}(x,y)\end{cases}\tag{6-3}$$

如图 6.3 所示，第二种问题就是平面应变(plane strain)问题。设有很长的柱形体，它的横截面不沿着长度而发生变化。在柱面上受到平行于横截面而且不沿着长度变化的面力或者约束，同时体力也平行于横截面而且不沿着长度变化。

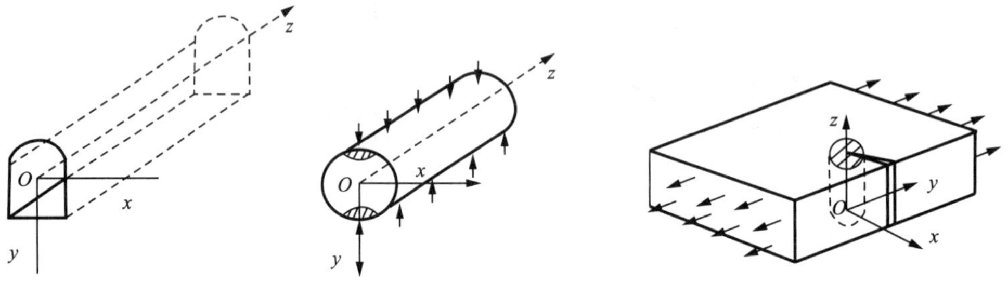

图 6.3 平面应变问题案例

假想该柱形体为无限长，以任一个横截面为 xOy 面，任一纵线为 z 轴，则所有的应力分量、应变分量和位移分量都不沿着 z 方向变化，而只是关于坐标 x 和 y 的函数。此外，由于结构对称，即任一横截面都可以看作对称面，所有的点都只沿着 x 和 y 方向移动，而不会有 z 方向的位移，也就是 $w=0$，这样沿着 z 方向的正应变 $\varepsilon_z=0$。根据对称性条件可知，$\tau_{zx}=\tau_{xz}=0$，$\tau_{zy}=\tau_{yz}=0$。根据广义胡克定律可知，相对应的剪应变的数值为 $\gamma_{zx}=\gamma_{xz}=0$，$\gamma_{zy}=\gamma_{yz}=0$。由于柱形体 z 方向的伸缩被限制，所以 $\sigma_z\neq 0$。此时应力分量不随着 z 方向变化，而只是关于 x 和 y 的函数，即

$$\begin{cases}\sigma_x=\sigma_x(x,y)\\ \sigma_y=\sigma_y(x,y)\\ \tau_{xy}=\tau_{yx}=\tau_{xy}(x,y)=\tau_{yx}(x,y)\end{cases} \tag{6-4}$$

根据上述应力分量的表达式可以计算平面应力问题和平面应变问题的等效应力和等效应变。

（1）平面应力。

此时不为零的应力、应变分量为 $\sigma_x,\sigma_y,\tau_{xy},\varepsilon_x,\varepsilon_y,\gamma_{xy},\varepsilon_z$，并且有 $\varepsilon_z=-\frac{\nu}{E}(\sigma_x+\sigma_y)=-\frac{\nu}{1-\nu}(\varepsilon_x+\varepsilon_y)$，则其等效应力的表达式为

$$\sigma_{\mathrm{eq}}=\sqrt{\sigma_x^2+\sigma_y^2-\sigma_x\sigma_y+3\tau_{xy}^2} \tag{6-5}$$

其等效应变为

$$\varepsilon_{\mathrm{eq}}=\sqrt{\frac{2[(\varepsilon_x-\varepsilon_y)^2+(\varepsilon_y-\varepsilon_z)^2+(\varepsilon_x-\varepsilon_z)^2]+3\gamma_{xy}^2}{9}} \tag{6-6}$$

（2）平面应变。

此时不为零的应力、应变分量为 $\sigma_x,\sigma_y,\tau_{xy},\varepsilon_x,\varepsilon_y,\gamma_{xy},\sigma_z$，并且有 $\sigma_z=\nu(\sigma_x+\sigma_y)$。其等效应力为

$$\sigma_{\mathrm{eq}}=\sqrt{\frac{(\sigma_x-\sigma_y)^2+(\sigma_y-\sigma_z)^2+(\sigma_x-\sigma_z)^2+6\tau_{xy}^2}{2}} \tag{6-7}$$

其等效应变为

$$\varepsilon_{\mathrm{eq}}=\sqrt{\frac{2[(\varepsilon_x-\varepsilon_y)^2+\varepsilon_y^2+\varepsilon_x^2]+3\gamma_{xy}^2}{9}} \tag{6-8}$$

在实际工程中，有些问题，如挡土墙和很长的管道、地下隧洞等，是很接近于平面应变问题的。虽然由于这些结构并不是无限长的，而且靠近两端的横截面与中间截面往往不同，并不符合无限长柱形体的条件，但是实践证明，对于离开两端较远之处，按照平面应变问题进行分析计算，得出的结果在工程上是可以接受的。下面分别考察两种平面问题所对应的控制方程。

（1）本构方程。

平面应力问题和平面应变问题均是三维弹性力学问题的特殊情况，故均满足三维弹性力学问题的所有控制方程。对于平面问题，退化的本构关系用张量形式可以表达为

$$\sigma_{\alpha\beta}=2G\varepsilon_{\alpha\beta}+\lambda\varepsilon_{kk}\delta_{\alpha\beta} \tag{6-9}$$

$$\varepsilon_{\alpha\beta}=\frac{1+\nu}{E}\sigma_{\alpha\beta}-\frac{\nu}{E}\sigma_{kk}\delta_{\alpha\beta} \tag{6-10}$$

下面分别写出其在笛卡儿坐标系中的具体展开形式。对于平面应力问题，不为零的应力分量有 $\sigma_x,\sigma_y,\tau_{xy}$；不为零的应变分量有 $\varepsilon_x,\varepsilon_y,\gamma_{xy},\varepsilon_z$，而 $\sigma_z=0$，则有第一种形式的本构关系

$$\begin{cases}\varepsilon_x=\frac{1}{E}[\sigma_x-\nu(\sigma_y+\sigma_z)]=\frac{1}{E}(\sigma_x-\nu\sigma_y)\\ \varepsilon_y=\frac{1}{E}[\sigma_y-\nu(\sigma_z+\sigma_x)]=\frac{1}{E}(\sigma_y-\nu\sigma_x)\\ \varepsilon_z=\frac{1}{E}[\sigma_z-\nu(\sigma_x+\sigma_y)]=-\frac{\nu}{E}(\sigma_x+\sigma_y)\end{cases} \tag{6-11}$$

由此可得

$$\varepsilon_x+\varepsilon_y=\frac{1-\nu}{E}(\sigma_x+\sigma_y) \tag{6-12}$$

$$\varepsilon_z=-\frac{\nu}{E}(\sigma_x+\sigma_y)=-\frac{\nu}{1-\nu}(\varepsilon_x+\varepsilon_y) \tag{6-13}$$

因此有体应变

$$\theta=\varepsilon_x+\varepsilon_y+\varepsilon_z=\frac{1-2\nu}{1-\nu}(\varepsilon_x+\varepsilon_y) \tag{6-14}$$

则另一种形式的本构关系可以写为

$$\begin{aligned}\sigma_x&=2G\varepsilon_x+\lambda\theta\\&=2G\varepsilon_x+\lambda\frac{1-2\nu}{1-\nu}(\varepsilon_x+\varepsilon_y)\\&=\frac{E}{1+\nu}\varepsilon_x+\frac{E\nu}{(1+\nu)(1-2\nu)}\frac{1-2\nu}{1-\nu}(\varepsilon_x+\varepsilon_y)\\&=\frac{E}{1-\nu^2}(\varepsilon_x+\nu\varepsilon_y)\end{aligned} \tag{6-15}$$

类似地可以得到

$$\sigma_y=\frac{E}{1-\nu^2}(\varepsilon_y+\nu\varepsilon_x) \tag{6-16}$$

且有

$$\begin{cases}\gamma_{xy}=\dfrac{\tau_{xy}}{G}\\\tau_{xy}=G\gamma_{xy}\end{cases} \tag{6-17}$$

对于平面应变问题，不为零的应力分量为 $\sigma_x,\sigma_y,\tau_{xy},\sigma_z$；不为零的应变分量为 $\varepsilon_x,\varepsilon_y,\gamma_{xy}$，并且有

$$\varepsilon_z=\frac{1}{E}[\sigma_z-\nu(\sigma_x+\sigma_y)]=0 \tag{6-18}$$

则有

$$\sigma_z=\nu(\sigma_x+\sigma_y) \tag{6-19}$$

故对于本构关系的第二种形式，有

$$\varepsilon_x=\frac{1}{E}[\sigma_x-\nu(\sigma_y+\sigma_z)]=\frac{1}{E}\{\sigma_x-\nu[\sigma_y+\nu(\sigma_x+\sigma_y)]\}=\frac{1-\nu^2}{E}\left(\sigma_x-\frac{\nu}{1-\nu}\sigma_y\right) \tag{6-20}$$

类似地有

$$\varepsilon_y=\frac{1-\nu^2}{E}\left(\sigma_y-\frac{\nu}{1-\nu}\sigma_x\right) \tag{6-21}$$

以及

$$\gamma_{xy}=\frac{\tau_{xy}}{G} \tag{6-22}$$

此时应变张量的第一不变量为

$$\theta=\varepsilon_x+\varepsilon_y \tag{6-23}$$

则有本构关系的第一种形式

$$\sigma_x = 2G\varepsilon_x + \lambda\theta = \frac{E}{1+\nu}\varepsilon_x + \frac{E\nu}{(1+\nu)(1-2\nu)}(\varepsilon_x+\varepsilon_y) = \frac{\bar{E}}{1-\bar{\nu}^2}(\varepsilon_x+\bar{\nu}\varepsilon_y) \tag{6-24}$$

类似地有

$$\sigma_y = \frac{\bar{E}}{1-\bar{\nu}^2}(\varepsilon_y+\bar{\nu}\varepsilon_x) \tag{6-25}$$

$$\tau_{xy} = G\gamma_{xy} \tag{6-26}$$

其中等效的弹性模量为 $\bar{E}=\frac{E}{1-\nu^2}$，等效的泊松比 $\bar{\nu}=\frac{\nu}{1-\nu}$。因此已知平面应力问题的本构方程，只需要进行上述参数代换，就可以得到平面应变问题的本构方程。

(2) 平衡方程。

对于平面问题，退化的平衡方程为

$$\sigma_{\alpha\beta,\beta} + f_\alpha = 0 \tag{6-27}$$

在笛卡儿坐标系中对上式展开为

$$\begin{cases} \dfrac{\partial\sigma_x}{\partial x} + \dfrac{\partial\tau_{xy}}{\partial y} + f_x = 0 \\ \dfrac{\partial\tau_{xy}}{\partial x} + \dfrac{\partial\sigma_y}{\partial y} + f_y = 0 \end{cases} \tag{6-28}$$

(3) 变形协调方程。

平面应力问题的变形协调方程经过退化后有

$$\frac{\partial^2\varepsilon_x}{\partial y^2} + \frac{\partial^2\varepsilon_y}{\partial x^2} = \frac{\partial^2\gamma_{xy}}{\partial x\partial y} \tag{6-29}$$

以及

$$\begin{cases} \dfrac{\partial^2\varepsilon_z}{\partial y^2} = 0 \\ \dfrac{\partial^2\varepsilon_z}{\partial x^2} = 0 \\ \dfrac{\partial^2\varepsilon_z}{\partial x\partial y} = 0 \end{cases} \tag{6-30}$$

因此

$$\varepsilon_z = Ax + By + C \tag{6-31}$$

对于平面应力问题有

$$\varepsilon_z = -\frac{\nu}{E}(\sigma_x+\sigma_y) \tag{6-32}$$

可得

$$\sigma_x + \sigma_y = ax + by + c \tag{6-33}$$

上式中 A,B,C,a,b,c 均为常数。这说明平面应力问题必须满足线性条件，即 ε_z 或者 $\sigma_x+\sigma_y$ 应该为坐标 x,y 的线性函数。

但是实际工程结构的应力分布是复杂的，上述提到的线性条件一般不能满足。前文已经证明，对于轴向尺寸远小于截面尺寸的薄板型构件，或任意物体在自由表面附近的一个薄层内，应力 σ_z 和面内应力分量相比可以忽略。因而即使不满足线性条件，仍可以近似地按照平面应力状态处理，称为广义平面应力状态。应该指出，在广义平面应力状态中，面内应力、应变和位移分量沿着板厚方向均发生变化，此时所考虑的是它们沿着板厚的平均值。因为按照平面应力问题处理的实际问题大都是薄板型构件，所以通常不严格区分广义平面应力状态和纯平面应力状态。

与之对应，广义平面应变状态是简单拉伸、纯弯曲和平面应变三种状态的线性组合。它是二维平面问题中最为一般的情况。凡是承受自平衡面内载荷（或约束力）及端面法向载荷（或约束力）作用的柱形杆都可以按照广义平面应变问题来处理。在广义平面应变状态中一般存在 $\sigma_x,\sigma_y,\tau_{xy}$ 和 σ_z 四个应力分量（若 $\sigma_z=0$，则退化为平面应力状态）；一般允许横截面有轴向平移或转动，但变形后截面仍保持平面（若限制截面平移和转动，则退化为平面应变状态）。

（4）几何方程。

平面问题的几何方程经退化后为

$$\varepsilon_{\alpha\beta}=\frac{1}{2}(u_{\alpha,\beta}+u_{\beta,\alpha}) \tag{6-34}$$

上式在笛卡儿坐标系中展开为

$$\begin{cases}\varepsilon_x=\dfrac{\partial u}{\partial x}\\ \varepsilon_y=\dfrac{\partial v}{\partial y}\\ \gamma_{xy}=2\varepsilon_{xy}=\dfrac{\partial v}{\partial x}+\dfrac{\partial u}{\partial y}\end{cases} \tag{6-35}$$

该几何方程中仅含两个面内位移分量 $u=u(x,y)$，$v=v(x,y)$。

关于轴向位移 w，对两类平面问题需要分别进行讨论。首先对于平面应力状态，此时轴向应变为

$$\varepsilon_z(x,y)=-\frac{\nu}{1-\nu}(\varepsilon_x+\varepsilon_y)=-\frac{\nu}{1-\nu}\left(\frac{\partial u}{\partial x}+\frac{\partial v}{\partial y}\right) \tag{6-36}$$

则经过积分后有

$$w=\int\varepsilon_z\mathrm{d}z=\varepsilon_z(x,y)z+w_0(x,y) \tag{6-37}$$

其中 w_0 是 $z=0$ 截面上的轴向位移。因为平面问题的载荷与几何形状均与 z 无关，所以总能找到一个对于 z 的对称面，取该截面的坐标 $z=0$，则由对称性可得 $w_0(x,y)=0$，则上式简化为 $w=\varepsilon_z(x,y)z$。

若 $\varepsilon_z(x,y)$ 不满足线性条件，则截面有翘曲（warping），这种广义平面应力状态仅存在物体自由表面的附近。若 $\varepsilon_z(x,y)$ 是线性函数，则有

$$w=(Ax+By+C)z \tag{6-38}$$

因为变形后截面仍保持平面，所以这时平面应力状态能存在于整个物体。

再看平面应变状态，此时有 $\varepsilon_z=0$，则有 $w=0$。即平面应变状态要求在端面或侧面有足够的位移约束，以保证在柱形体内处处保持 $\varepsilon_z=0$ 以及 $w=0$。

（5）面力边界条件。

平面问题的面力（或者应力）边界条件也可以经三维弹性力学问题对应的边界条件进行简化。

对于侧面，有 $n_3=0$，则退化的边界条件为

$$\begin{cases} n_1\sigma_x+n_2\tau_{xy}=\bar{t}_x \\ n_1\tau_{xy}+n_2\sigma_y=\bar{t}_y \end{cases} \tag{6-39}$$

以及 $\bar{t}_z=0$。

对于端面，有 $n_1=n_2=0, n_3=1$，则退化的边界条件如下所述。

对于平面应变问题，有

$$\begin{cases} \tau_{zx}=\bar{t}_x=0 \\ \tau_{zy}=\bar{t}_y=0 \\ \bar{t}_z=\sigma_z=\nu(\sigma_x+\sigma_y) \end{cases} \tag{6-40}$$

对于平面应力问题有

$$\begin{cases} \tau_{zx}=\bar{t}_x=0 \\ \tau_{zy}=\bar{t}_y=0 \\ \bar{t}_z=\sigma_z=0 \end{cases} \tag{6-41}$$

可见，为保证平面应变状态，两端必须存在上述分布的端面载荷 $\bar{t}_z=\nu(\sigma_x+\sigma_y)$ 或者轴向刚性、面内光滑的端面约束。如果端面载荷不按照上式分布，但和它静力等效，或者端面约束在面内有摩擦，则平面应变状态仅存在于两端圣维南过渡区之外。如果连静力等效也不能保证，则应按照广义平面应变状态来处理。

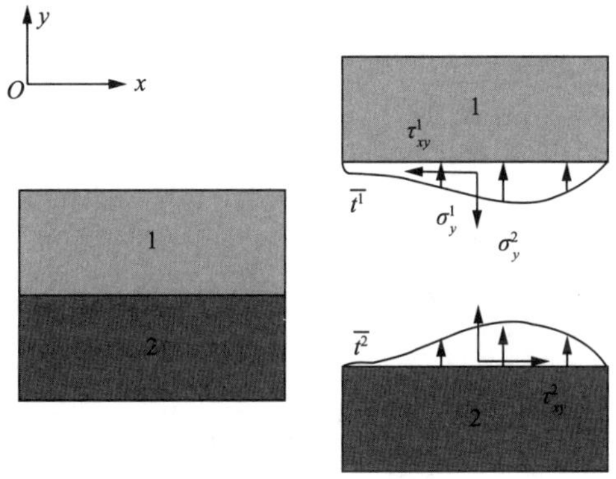

图 6.4　两相材料界面

如图 6.4 所示，考虑两相材料的界面问题(平面问题)，根据作用与反作用定理，上侧材料 1 受到的面力 $\bar{\boldsymbol{t}}^1$ 是由下侧材料 2 提供的，同时它也会对下侧材料施加同样大小的面力 $\bar{\boldsymbol{t}}^2$，故存在以下关系

$$\bar{\boldsymbol{t}}^1=-\bar{\boldsymbol{t}}^2 \tag{6-42}$$

则其分量对应的关系为

$$\begin{cases} \bar{t}_x^1=-\bar{t}_x^2 \\ \bar{t}_y^1=-\bar{t}_y^2 \end{cases} \tag{6-43}$$

式中，对第一种材料有 $n_1=0, n_2=-1$，有

$$\begin{cases} \tau_{xy}^1=-\bar{t}_x^1 \\ \sigma_y^1=-\bar{t}_y^1 \end{cases} \tag{6-44}$$

对第二种材料有 $n_1=0, n_2=1$，有

$$\begin{cases}\tau_{xy}^2=\bar{t}_x^2\\ \sigma_y^2=\bar{t}_y^2\end{cases} \tag{6-45}$$

所以有

$$\begin{cases}\tau_{xy}^1=\tau_{xy}^2\\ \sigma_y^1=\sigma_y^2\end{cases} \tag{6-46}$$

6.2 平面问题的基本解法

通常情况下，平面问题的未知量有 8 个，即位移分量 u 和 v，应变分量 $\varepsilon_x, \varepsilon_y, \gamma_{xy}$ 和应力分量 $\sigma_x, \sigma_y, \tau_{xy}$，它们仅为面内坐标 x 和 y 的函数。

平面问题(以平面应力问题为例)对应以下基本方程。

(1) 平衡方程。

$$\begin{cases}\dfrac{\partial\sigma_x}{\partial x}+\dfrac{\partial\tau_{xy}}{\partial y}+f_x=0\\ \dfrac{\partial\tau_{xy}}{\partial x}+\dfrac{\partial\sigma_y}{\partial y}+f_y=0\end{cases} \tag{6-47}$$

(2) 几何方程。

$$\begin{cases}\varepsilon_x=\dfrac{\partial u}{\partial x}\\ \varepsilon_y=\dfrac{\partial v}{\partial y}\\ \gamma_{xy}=2\varepsilon_{xy}=\dfrac{\partial v}{\partial x}+\dfrac{\partial u}{\partial y}\end{cases} \tag{6-48}$$

(3) 本构关系。

$$\begin{cases}\varepsilon_x=\dfrac{1}{E}(\sigma_x-\nu\sigma_y)\\ \varepsilon_y=\dfrac{1}{E}(\sigma_y-\nu\sigma_x)\\ \gamma_{xy}=\dfrac{1}{G}\tau_{xy}\end{cases} \tag{6-49}$$

或者

$$\begin{cases}\sigma_x=\dfrac{E}{1-\nu^2}(\varepsilon_x+\nu\varepsilon_y)\\ \sigma_y=\dfrac{E}{1-\nu^2}(\varepsilon_y+\nu\varepsilon_x)\\ \tau_{xy}=G\gamma_{xy}\end{cases} \tag{6-50}$$

(4) 变形协调方程。

$$\frac{\partial^2\varepsilon_x}{\partial y^2}+\frac{\partial^2\varepsilon_y}{\partial x^2}=\frac{\partial^2\gamma_{xy}}{\partial x\partial y} \tag{6-51}$$

(5) 边界条件。

在面力边界 Γ_σ 上有

$$\begin{cases} n_1\sigma_x+n_2\tau_{xy}=\bar{t}_x \\ n_1\tau_{xy}+n_2\sigma_y=\bar{t}_y \end{cases} \tag{6-52}$$

在位移边界 Γ_u 上有

$$\begin{cases} u=\bar{u} \\ v=\bar{v} \end{cases} \tag{6-53}$$

此处有 $\Gamma_\sigma+\Gamma_u=\Gamma$ 是柱形体横截面的边界曲线。

上述控制方程为偏微分方程组的边值问题，其求解主要思路就是消元法。在实际过程中主要有两种方法，即按应力求解和按位移求解。

6.2.1 按位移求解

将式(6-48)代入本构关系，可以把应变分量消去，从而得到以位移表达的本构关系

$$\begin{cases} \sigma_x=\dfrac{E}{1-\nu^2}\left(\dfrac{\partial u}{\partial x}+\nu\dfrac{\partial v}{\partial y}\right) \\ \sigma_y=\dfrac{E}{1-\nu^2}\left(\dfrac{\partial v}{\partial y}+\nu\dfrac{\partial u}{\partial x}\right) \\ \tau_{xy}=\dfrac{E}{2(1+\nu)}\left(\dfrac{\partial u}{\partial y}+\dfrac{\partial v}{\partial x}\right) \end{cases} \tag{6-54}$$

将此结果代入平衡方程中，把应力分量消去，从而可以得到用位移表示的平衡方程

$$\begin{cases} \dfrac{E}{1-\nu^2}\left[\left(\dfrac{\partial^2 u}{\partial x^2}+\nu\dfrac{\partial^2 v}{\partial x\partial y}\right)+\dfrac{1-\nu}{2}\left(\dfrac{\partial^2 v}{\partial x\partial y}+\nu\dfrac{\partial^2 u}{\partial y^2}\right)\right]+f_x=0 \\ \dfrac{E}{1-\nu^2}\left[\left(\dfrac{\partial^2 v}{\partial y^2}+\nu\dfrac{\partial^2 u}{\partial x\partial y}\right)+\dfrac{1-\nu}{2}\left(\dfrac{\partial^2 u}{\partial x\partial y}+\nu\dfrac{\partial^2 v}{\partial x^2}\right)\right]+f_y=0 \end{cases} \tag{6-55}$$

对应的应力边界条件为

$$\begin{cases} \dfrac{E}{1-\nu^2}\left[n_1\left(\dfrac{\partial u}{\partial x}+\nu\dfrac{\partial v}{\partial y}\right)+n_2\,\dfrac{1-\nu}{2}\left(\dfrac{\partial u}{\partial y}+\dfrac{\partial v}{\partial x}\right)\right]=\bar{t}_x \\ \dfrac{E}{1-\nu^2}\left[n_2\left(\dfrac{\partial v}{\partial y}+\nu\dfrac{\partial u}{\partial x}\right)+n_1\,\dfrac{1-\nu}{2}\left(\dfrac{\partial u}{\partial y}+\dfrac{\partial v}{\partial x}\right)\right]=\bar{t}_y \end{cases} \tag{6-56}$$

在给定位移边界上有

$$\begin{cases} u=\bar{u} \\ v=\bar{v} \end{cases} \tag{6-57}$$

由此可见，在一般情况下，按位移求解平面问题，最后还需要处理联立的两个二阶偏微分方程，而不能再继续简化为一个单独的微分方程。这是按位移求解的缺点，所以在工程中我们更多地采用按应力求解。

6.2.2 按应力求解

对于平面问题，用应力表示的协调方程，亦即 Beltrami-Michell 方程可以简化为

$$\nabla^2(\sigma_x+\sigma_y)=-(1+\nu)\left(\frac{\partial f_x}{\partial x}+\frac{\partial f_y}{\partial y}\right) \tag{6-58}$$

对于无体力或者常体力的情况，上式可以简化为

$$\nabla^2(\sigma_x+\sigma_y)=0 \tag{6-59}$$

同时，平衡方程和力边界条件也都与弹性常数无关。由此可见，对于全部边界为力边界的无(常)体力平面问题，只要几何形状和加载情况相同，无论是什么材料，无论是平面应力还是平面应变问题，物体内面内应力分量的大小和分布情况都相同。这给实验模型的设计提供了很大的灵活性。但应该注意，对于有位移边界的问题，这种等同性不再成立。

按应力求解的实质为按应力函数求解。设体力势为 V，则体力可以表示为以下形式

$$\begin{cases} f_x=-\dfrac{\partial V}{\partial x} \\ f_y=-\dfrac{\partial V}{\partial y} \\ f_z=-\dfrac{\partial V}{\partial z} \end{cases} \tag{6-60}$$

将上式代入平衡方程后得到

$$\begin{cases} \dfrac{\partial}{\partial x}(\sigma_x-V)+\dfrac{\partial \tau_{xy}}{\partial y}=0 \\ \dfrac{\partial \tau_{xy}}{\partial x}+\dfrac{\partial}{\partial y}(\sigma_y-V)=0 \end{cases} \tag{6-61}$$

根据连续函数的求导顺序无关性，可以引进连续函数 $A(x,y)$ 使得

$$\begin{cases} \dfrac{\partial A}{\partial y}=\sigma_x-V \\ \dfrac{\partial A}{\partial x}=-\tau_{xy} \end{cases} \tag{6-62}$$

同理引入如下连续函数 $B(x,y)$

$$\begin{cases} \dfrac{\partial B}{\partial y}=-\tau_{xy} \\ \dfrac{\partial B}{\partial x}=\sigma_y-V \end{cases} \tag{6-63}$$

另外有

$$\frac{\partial A}{\partial x}=\frac{\partial B}{\partial y}=-\tau_{xy} \tag{6-64}$$

则必存在连续函数 $\phi(x,y)$，使得

$$\frac{\partial^2 \phi}{\partial x \partial y}=\frac{\partial^2 \phi}{\partial y \partial x} \tag{6-65}$$

从而

$$\begin{cases} \dfrac{\partial \phi}{\partial y}=A \\ \dfrac{\partial \phi}{\partial x}=B \end{cases} \tag{6-66}$$

能同时满足平衡方程。此处 $\phi(x,y)$ 即艾瑞(Airy)应力函数，则有应力分量的表达式

$$\begin{cases}\sigma_x=\dfrac{\partial^2\phi}{\partial y^2}+V\\ \sigma_y=\dfrac{\partial^2\phi}{\partial x^2}+V\\ \tau_{xy}=-\dfrac{\partial^2\phi}{\partial x\partial y}\end{cases}\tag{6-67}$$

将上式代入以应力表达的协调方程可以得到

$$\nabla^4\phi=-(1-\nu)\nabla^2V\tag{6-68}$$

其中$\nabla^4(\ )=\nabla^2\nabla^2(\ )=\Delta^2(\ )=\dfrac{\partial^4(\ )}{\partial x^4}+2\dfrac{\partial^4(\ )}{\partial x^2\partial y^2}+\dfrac{\partial^4(\ )}{\partial y^4}$，为重调和算子。

对于无体力情况，有

$$\begin{cases}\sigma_x=\dfrac{\partial^2\phi}{\partial y^2}\\ \sigma_y=\dfrac{\partial^2\phi}{\partial x^2}\\ \tau_{xy}=-\dfrac{\partial^2\phi}{\partial x\partial y}\end{cases}\tag{6-69}$$

对于常体力情况，有

$$V=-(xf_x+yf_y)\tag{6-70}$$

此时有

$$\nabla^4\phi=0\tag{6-71}$$

$$\nabla^2\phi=\sigma_x+\sigma_y\tag{6-72}$$

相应的力边界条件也可以表示为

$$\begin{cases}n_1\left(\dfrac{\partial^2\phi}{\partial y^2}+V\right)-n_2\dfrac{\partial^2\phi}{\partial x\partial y}=\bar{t}_x\\ -n_1\dfrac{\partial^2\phi}{\partial x\partial y}+n_2\left(\dfrac{\partial^2\phi}{\partial x^2}+V\right)=\bar{t}_y\end{cases}\tag{6-73}$$

因为关于应力函数的方程是偏微分方程，所以一般不可能直接给出解答。具体求解时，有逆解法和半逆解法。

具体而言，所谓逆解法，就是先假设各种形式的、满足相容方程的应力函数 ϕ，然后对其进行求导运算进而表示出应力分量，并根据应力边界条件确定待定系数。

所谓半逆解法，就是针对所要求解的问题，根据弹性体的边界形状和受力情况，假设部分或者全部应力分量为某种形式的函数，从而推出应力函数 ϕ。然后考察这个应力函数是否满足相容方程，以及原来所假设的应力分量和由这个应力函数求出的其余应力分量，是否满足应力边界条件。如果相容方程和各方面的条件都能满足，自然就得出正确解答。如果某一方面不能满足，就要另做假设，重新考察。

6.3　平面问题的直角坐标解答

6.3.1　多项式解答

对于一般的弹性体，可以忽略其体力，从而能够更方便地把握问题的本质。取应力函

数为

$$\phi = a + bx + cy \tag{6-74}$$

可以验证，不论系数如何取值，此表达式总能满足相容方程。根据上述应力函数进行求导，得到的应力分量 $\sigma_x = \sigma_y = \tau_{xy} = 0$。此时，可知面力 $\bar{t}_x = \bar{t}_y = 0$。由此可见，线性应力函数对应无面力、无应力的状态。把任何平面问题的应力函数加上一个线性函数，并不影响应力数值。

取应力函数为以下的二次式

$$\phi = ax^2 + bxy + cy^2 \tag{6-75}$$

可以证明，该表达式能够满足相容方程。

首先考虑 $\phi = ax^2$，进行求导运算后可得到应力分量 $\sigma_x = 0, \sigma_y = 2a, \tau_{xy} = 0$。对于图 6.5 所示矩形板，当板内存在上述应力状态时，左右两边没有面力，而上下两边分别分布有向上和向下的均布面力 $2a$。可见，应力函数 $\phi = ax^2$ 能够解决矩形板在 y 方向受到均布拉力或均布压力的问题。

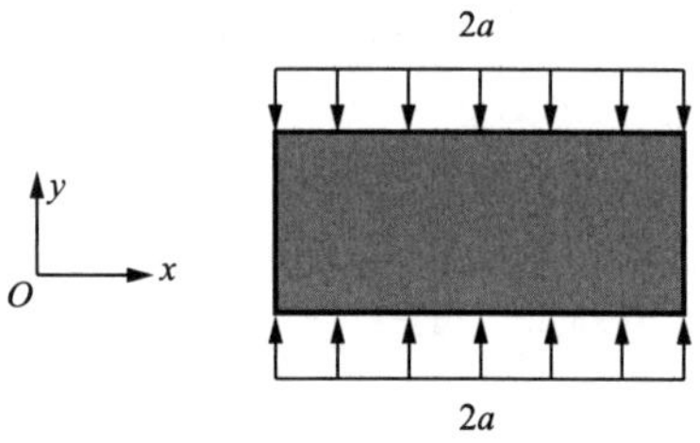

图 6.5 矩形板受力

其次考虑应力函数 $\phi = bxy$，对之进行求导后可以得到对应的应力分量为 $\sigma_x = 0, \sigma_y = 0, \tau_{xy} = -b$。与上述矩形板类似，当板内发生上述应力时，在左右两边分别有向下和向上的均布面力 b，而在上下两边分别有向右和向左的均布面力 b，二者均为面内分布。可见，应力函数 $\phi = bxy$ 能够解决矩形板受到均布剪力的问题。

另外可以看到，应力函数 $\phi = cy^2$ 能够解决矩形板在 x 方向受到均布拉力或者均布压力的问题。

取应力函数为三次式

$$\phi = ay^3 \tag{6-76}$$

很显然，不论上述表达式中的系数 a 取何值，都能满足相容方程。此时，对应的应力分量为 $\sigma_x = 6ay, \sigma_y = 0, \tau_{xy} = 0$。对于某矩形梁，当梁内存在上述应力状态时，上下两边没有面力。在左右两边没有铅直面力，但是有按照直线变化的水平面力，而每一边上的水平面力合成为一个力偶。可见，应力函数能够解决矩形梁受纯弯曲的问题。

6.3.2 矩形梁的纯弯曲

图 6.6 所示矩形截面长梁，其宽度远小于高度和长度，在两端受到相反的力偶作用而弯曲时，体力可以忽略不计。取单位宽度的梁进行研究。令单位宽度上力偶的矩为 M，其量纲与力的相同。

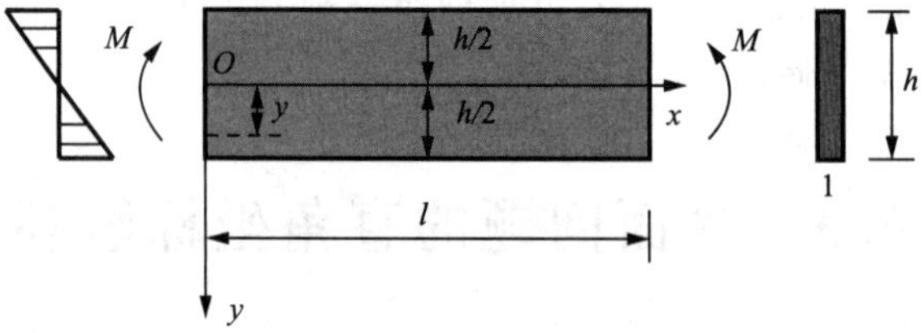

图 6.6 矩形梁纯弯曲

取应力函数 $\phi=ay^3$，经过求导运算后，可以得到对应的应力分量分别为 $\sigma_x=6ay$，$\sigma_y=0$，$\tau_{xy}=0$。

由于梁的长度远大于梁的高度，其上下两个边界占全部边界的绝大部分，因而是主要边界。此时边界条件必须精确满足。在次要边界，即很小部分的边界上，如果边界条件不能精确满足，就可以应用圣维南原理使得边界条件得到近似满足，仍然可以得出有用的解答。

首先考察上下两个主要边界，没有面力，是自由边界，即 $y=\pm\dfrac{h}{2}$ 时，有

$$\begin{cases}\sigma_y=0\\ \tau_{xy}=0\end{cases} \tag{6-77}$$

其次考察左右两端的次要边界条件。对于左端和右端，没有铅直方向的面力，则分别要求

$$x=0,x=l\text{ 时},\tau_{xy}=0 \tag{6-78}$$

此外，在左端和右端受到水平方向面力的作用，虽然水平面力的具体形式并不知道，但水平面力合成的主矢为 0，水平面力合成的力偶矩为 M。应用圣维南原理可以写出等效的应力边界条件

$$\begin{cases}\displaystyle\int_{-\frac{h}{2}}^{\frac{h}{2}}\sigma_x\mathrm{d}y=0\\ \displaystyle\int_{-\frac{h}{2}}^{\frac{h}{2}}\sigma_x y\mathrm{d}y=M\end{cases} \tag{6-79}$$

上式代入应力分量的表达式可得

$$\begin{cases}\displaystyle 6a\int_{-\frac{h}{2}}^{\frac{h}{2}}y\mathrm{d}y=0\\ \displaystyle 6a\int_{-\frac{h}{2}}^{\frac{h}{2}}y^2\mathrm{d}y=M\end{cases} \tag{6-80}$$

最终得到 $a=\dfrac{2M}{h^3}$。因此应力分量为

$$\begin{cases}\sigma_x=\dfrac{12M}{h^3}y\\ \sigma_y=\tau_{xy}=0\end{cases} \tag{6-81}$$

即

$$\begin{cases}\sigma_x=\dfrac{M}{I}y\\ \sigma_y=\tau_{xy}=0\end{cases} \tag{6-82}$$

式中，$I=\dfrac{1}{12}h^3$ 为截面惯性矩。可见，此结果与材料力学相同。然后进行位移的求解。

首先根据本构关系可得

$$\begin{cases}\varepsilon_x=\dfrac{\sigma_x}{E}=\dfrac{M}{EI}y=\dfrac{\partial u}{\partial x}\\ \varepsilon_y=-\dfrac{\nu M}{EI}y=\dfrac{\partial v}{\partial y}\\ \gamma_{xy}=\dfrac{\partial u}{\partial y}+\dfrac{\partial v}{\partial x}=0\end{cases} \tag{6-83}$$

将上述表达式代入几何方程，可得

$$\begin{cases} u=\dfrac{M}{EI}xy+f_1(y) \\ v=-\dfrac{\nu M}{2EI}y^2+f_2(x) \end{cases} \tag{6-84}$$

式中，f_1 和 f_2 为任意函数。

将上述位移表达式代入切应变的表达式可得

$$\frac{\mathrm{d}f_2(x)}{\mathrm{d}x}+\frac{M}{EI}x+\frac{\mathrm{d}f_1(y)}{\mathrm{d}y}=0 \tag{6-85}$$

整理得到

$$-\frac{\mathrm{d}f_1(y)}{\mathrm{d}y}=\frac{\mathrm{d}f_2(x)}{\mathrm{d}x}+\frac{M}{EI}x \tag{6-86}$$

可见，等式左边只是 y 的函数，而右边只是关于 x 的函数。由此，只有一种可能，即两边都等于同一个常数 ω，于是有

$$-\frac{\mathrm{d}f_1(y)}{\mathrm{d}y}=\omega \tag{6-87}$$

$$\frac{\mathrm{d}f_2(x)}{\mathrm{d}x}+\frac{M}{EI}x=\omega \tag{6-88}$$

积分以后得到

$$f_1(y)=-\omega y+u_0 \tag{6-89}$$

$$f_2(x)=-\frac{M}{2EI}x^2+\omega x+v_0 \tag{6-90}$$

进而得到位移分量

$$\begin{cases} u=\dfrac{M}{EI}xy-\omega y+u_0 \\ v=-\dfrac{\nu M}{2EI}y^2-\dfrac{M}{2EI}x^2+\omega x+v_0 \end{cases} \tag{6-91}$$

由上面位移表达式可得到铅直线段的转角为

$$\beta=\frac{\partial u}{\partial y}=\frac{M}{EI}x-\omega \tag{6-92}$$

对于纯弯梁，在同一个横截面上，x 是常数，因而 β 也是常数。可见，同一横截面上的各个沿着铅直线段的转角相同，即横截面为平面。

考虑小位移，梁的各个纵向纤维的曲率为

$$\frac{1}{\rho}=\frac{\partial^2 v}{\partial x^2}=-\frac{M}{EI} \tag{6-93}$$

这与材料力学中的挠度解答一致。

下面详细推导曲率在直角坐标系中的表达式。

如图 6.7 所示，某一曲线上任意一点的曲率半径为 ρ，该点对应的倾角为 θ，则角度微分对应的弧长 $\mathrm{d}s=\rho\mathrm{d}\theta$，曲率定义为 $\dfrac{1}{\rho}=\dfrac{\mathrm{d}\theta}{\mathrm{d}s}$。

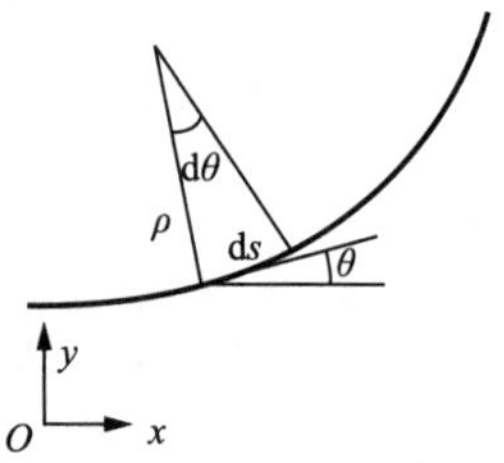

图 6.7 曲率示意图

另外有几何关系

$$\begin{cases}\tan\theta=\dfrac{\mathrm{d}y}{\mathrm{d}x}=y' \\ \cos\theta=\dfrac{\mathrm{d}x}{\mathrm{d}s} \\ \sin\theta=\dfrac{\mathrm{d}y}{\mathrm{d}s}\end{cases}$$

$$\sec^2\theta=1+(y')^2,\cos\theta=\frac{1}{\sqrt{1+(y')^2}}$$

则有

$$\frac{\mathrm{d}\tan\theta}{\mathrm{d}s}=\sec^2\theta\frac{\mathrm{d}\theta}{\mathrm{d}s}=\frac{\mathrm{d}y'}{\mathrm{d}s}=y''\frac{\mathrm{d}x}{\mathrm{d}s} \tag{6-94}$$

故而有

$$\frac{1}{\rho}=\frac{\mathrm{d}\theta}{\mathrm{d}s}=y''\cos^3\theta=\frac{y''}{[1+(y')^2]^{\frac{3}{2}}} \tag{6-95}$$

当 $y'\ll1$ 时，有 $\dfrac{1}{\rho}\approx y''$。

如果梁是简支梁，则有

$$\begin{cases}x=y=0\text{ 时},u=0\ \ v=0 \\ x=l,y=0\text{ 时},v=0\end{cases} \tag{6-96}$$

代入边界条件后可以得到

$$u_0=v_0=0 \tag{6-97}$$

$$-\frac{Ml^2}{2EI}+\omega l+v_0=0 \tag{6-98}$$

进而可得 $\omega=\dfrac{Ml}{2EI}$。

将上述结果代入位移表达式后得到

$$\begin{cases}u=\dfrac{M}{EI}\left(x-\dfrac{l}{2}\right)y \\ v=\dfrac{M}{2EI}(l-x)x-\dfrac{\nu M}{2EI}y^2\end{cases} \tag{6-99}$$

由此可得梁轴线的挠度方程为

$$v\big|_{y=0}=\frac{M}{2EI}(l-x)x \tag{6-100}$$

此结果也与材料力学结果一致。

如果是悬臂梁，在梁的右端，对于 y 的任何值，都要求 $u=0$ 和 $v=0$。但是这个条件无法满足。在实际工程中，这种完全固定的约束条件也是不太可能实现的。退而求其次，如果假定右端截面的中点不移动，该点的水平线段不转动，其约束条件为

$$x=l,y=0\text{ 时},\begin{cases}u=v=0 \\ \dfrac{\partial v}{\partial x}=0\end{cases} \tag{6-101}$$

则有

$$\begin{cases} u_0=0 \\ -\dfrac{Ml^2}{2EI}+\omega l+v_0=0 \\ -\dfrac{Ml}{EI}+\omega=0 \end{cases} \tag{6-102}$$

根据上式条件，求解得到 $v_0=-\dfrac{Ml^2}{2EI}$，$\omega=\dfrac{Ml}{EI}$。

将上述结果代入悬臂梁的位移表达式可得

$$\begin{cases} u=-\dfrac{M}{EI}(l-x)y \\ v=-\dfrac{M}{2EI}(l-x)^2-\dfrac{\nu M}{2EI}y^2 \end{cases} \tag{6-103}$$

则梁轴线的挠度方程为

$$v|_{y=0}=-\frac{M}{2EI}(l-x)^2 \tag{6-104}$$

此结果也与材料力学结果一致。

6.3.3 简支梁受均布载荷

如图 6.8 所示，设有矩形截面的简支梁，深度为 h，长度为 $2l$，其体力可以忽略，在梁的上表面受到均布载荷 q，该梁由两端的反力 ql 维持平衡。取单位宽度的梁进行研究。坐标原点在梁的质心位置处，x 轴沿着梁的轴线水平向右；y 轴竖直向下。

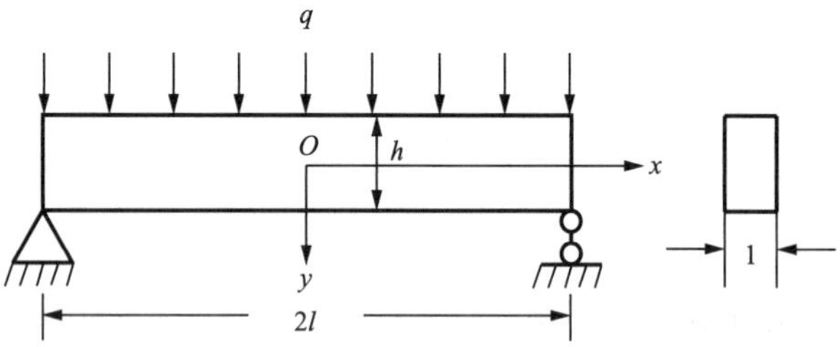

图 6.8 简支梁示意图

采用半逆解法进行求解。根据材料力学知识可知，弯曲正应力 σ_x 主要是由弯矩引起的，切应力 τ_{xy} 主要是由剪力引起的，挤压应力 σ_y 主要是由直接载荷 q 引起的。现在，q 是不随着 x 而变化的常量，因此可以假设 σ_y 只是关于 y 的函数

$$\sigma_y=f(y) \tag{6-105}$$

由

$$\sigma_y=f(y)=\frac{\partial^2\phi}{\partial x^2} \tag{6-106}$$

积分得到

$$\frac{\partial\phi}{\partial x}=xf(y)+f_1(y) \tag{6-107}$$

$$\phi=\frac{x^2}{2}f(y)+xf_1(y)+f_2(y) \tag{6-108}$$

其中 $f(y)$，$f_1(y)$和 $f_2(y)$都是任意待定函数。

所给出的艾瑞应力函数应该满足相容方程$\nabla^4\phi=0$，其中

$$\frac{\partial^4\phi}{\partial x^4}=0 \tag{6-109}$$

$$\frac{\partial^4\phi}{\partial x^2\partial y^2}=\frac{\mathrm{d}^2 f(y)}{\mathrm{d}y^2} \tag{6-110}$$

$$\frac{\partial^4\phi}{\partial y^4}=x^2\frac{\mathrm{d}^4 f(y)}{2\mathrm{d}y^4}+x\frac{\mathrm{d}^4 f_1(y)}{\mathrm{d}y^4}+\frac{\mathrm{d}^4 f_2(y)}{\mathrm{d}y^4} \tag{6-111}$$

将这些结果代入相容方程可以得到

$$\frac{\mathrm{d}^4 f(y)}{2\mathrm{d}y^4}x^2+\frac{\mathrm{d}^4 f_1(y)}{\mathrm{d}y^4}x+\frac{\mathrm{d}^4 f_2(y)}{\mathrm{d}y^4}+2\frac{\mathrm{d}^2 f(y)}{\mathrm{d}y^2}=0 \tag{6-112}$$

这是一个关于 x 的二次方程，但是相容条件要求它有无数多的根，因此这个二次方程的系数和自由项都必须等于 0，即

$$\begin{cases}\dfrac{\mathrm{d}^4 f(y)}{\mathrm{d}y^4}=0\\ \dfrac{\mathrm{d}^4 f_1(y)}{\mathrm{d}y^4}=0\\ \dfrac{\mathrm{d}^4 f_2(y)}{\mathrm{d}y^4}+2\dfrac{\mathrm{d}^2 f(y)}{\mathrm{d}y^2}=0\end{cases} \tag{6-113}$$

由前面两个方程可写出

$$f(y)=Ay^3+By^2+Cy+D \tag{6-114}$$

$$f_1(y)=Ey^3+Fy^2+Gy \tag{6-115}$$

此 $f_1(y)$中的常数项已经被略去，因为这一项在 ϕ 中的表达式中成为 x 的一次项，不影响应力分量的数值。第三个方程要求

$$\frac{\mathrm{d}^4 f_2(y)}{\mathrm{d}y^4}=-2\frac{\mathrm{d}^2 f(y)}{\mathrm{d}y^2}=-12Ay-4B \tag{6-116}$$

即

$$f_2(y)=-\frac{A}{10}y^5-\frac{B}{6}y^4+Hy^3+Ky^2 \tag{6-117}$$

其中的一次项和常数项都已经略去。

将这些结果代入应力函数的表达式可以得到

$$\phi=\frac{x^2}{2}(Ay^3+By^2+Cy+D)+x(Ey^3+Fy^2+Gy)-\frac{A}{10}y^5-\frac{B}{6}y^4+Hy^3+Ky^2 \tag{6-118}$$

从而可以进一步得到应力分量

$$\begin{cases}\sigma_x=\dfrac{x^2}{2}(6Ay+2B)+x(6Ey+2F)-2Ay^3-2By^2+6Hy+2K\\ \sigma_y=Ay^3+By^2+Cy+D\\ \tau_{xy}=-x(3Ay^2+2By+C)-(3Ey^2+2Fy+G)\end{cases} \tag{6-119}$$

考虑所研究问题的对称性。其中 yOz 面是梁和载荷的对称面，所以应力分布应当对称于 yOz 面。这样 σ_x 和σ_y 为 x 的偶函数，而 τ_{xy}是 x 的奇函数。由此可得 $E=F=G=0$。

进一步考虑边界条件。其中主要边界

$$\begin{cases} y=\dfrac{h}{2}\text{时},\sigma_y=0 \\ y=-\dfrac{h}{2}\text{时},\sigma_y=-q \\ y=\pm\dfrac{h}{2}\text{时},\tau_{xy}=0 \end{cases} \tag{6-120}$$

由此得到

$$\begin{cases} \dfrac{h^3}{8}A+\dfrac{h^2}{4}B+\dfrac{h}{2}C+D=0 \\ -\dfrac{h^3}{8}A+\dfrac{h^2}{4}B-\dfrac{h}{2}C+D=-q \\ \dfrac{3h^2}{4}A+hB+C=0 \\ \dfrac{3h^2}{4}A-hB+C=0 \end{cases} \tag{6-121}$$

联立求解上述方程可以得到相关的常数表达式为：$A=-\dfrac{2q}{h^3},B=0,C=\dfrac{3q}{2h},D=-\dfrac{q}{2}$。

代入上述积分常数可以得到应力分量

$$\begin{cases} \sigma_x=-\dfrac{6q}{h^3}x^2y+\dfrac{4q}{h^3}y^3+6Hy+2K \\ \sigma_y=-\dfrac{2q}{h^3}y^3+\dfrac{3q}{2h}y-\dfrac{q}{2} \\ \tau_{xy}=\dfrac{6q}{h^3}xy^2-\dfrac{3q}{2h}x \end{cases} \tag{6-122}$$

考虑对称性，梁的右边没有水平面力，这就要求不论 y 取任何值，都需要 $\sigma_x=0$。但在实际工程中，这是不能精确满足的。因此只能要求 σ_x 在这部分边界上合成为平衡力系，也就是

$$\begin{cases} \int_{-\frac{h}{2}}^{\frac{h}{2}}\sigma_x\mathrm{d}y=0 \\ \int_{-\frac{h}{2}}^{\frac{h}{2}}\sigma_x y\mathrm{d}y=0 \end{cases} \tag{6-123}$$

由此可得

$$\int_{-\frac{h}{2}}^{\frac{h}{2}}\left(-\frac{6q}{h^3}x^2y+\frac{4q}{h^3}y^3+6Hy+2K\right)\mathrm{d}y=0 \tag{6-124}$$

$$\int_{-\frac{h}{2}}^{\frac{h}{2}}\left(-\frac{6q}{h^3}x^2y+\frac{4q}{h^3}y^3+6Hy\right)y\mathrm{d}y=0 \tag{6-125}$$

对上式积分后可以得 $K=0,H=\dfrac{ql^2}{h^3}-\dfrac{q}{10h}$，从而可以得到

$$\sigma_x=-\frac{6q}{h^3}x^2y+\frac{4q}{h^3}y^3+\frac{6ql^2}{h^3}y-\frac{3q}{5h}y \tag{6-126}$$

另一方面，梁的右端有

$$\int_{-\frac{h}{2}}^{\frac{h}{2}}\tau_{xy}\mathrm{d}y=-ql \tag{6-127}$$

此处，右端的切应力 τ_{xy} 以向下为正，而 ql 是向上的。将剪应力表达式代入上式后可以得到

$$\int_{-\frac{h}{2}}^{\frac{h}{2}}\left(\frac{6q}{h^3}xy^2-\frac{3ql}{2h}\right)\mathrm{d}y=-ql \tag{6-128}$$

则最终应力的解答为

$$\begin{cases}\sigma_x=\dfrac{6q}{h^3}(l^2-x^2)y+q\dfrac{y}{h}\left(4\dfrac{y^2}{h^2}-\dfrac{3}{5}\right)\\ \sigma_y=-\dfrac{q}{2}\left(1+\dfrac{y}{h}\right)\left(1-\dfrac{2y}{h}\right)^2\\ \tau_{xy}=-\dfrac{6q}{h^3}x\left(\dfrac{h^2}{4}-y^2\right)\end{cases} \tag{6-129}$$

定义梁截面的静矩为 $S=\dfrac{h^2}{8}-\dfrac{y^2}{2}$，并且梁的任一横截面上的弯矩和剪力分别为

$$\begin{cases}M=ql(l-x)-\dfrac{q}{2}(l-x)^2=\dfrac{q}{2}(l-x)^2\\ Q=-ql+q(l-x)=-qx\end{cases} \tag{6-130}$$

则上述应力分量可以写成

$$\begin{cases}\sigma_x=\dfrac{M}{I}y+q\dfrac{y}{h}\left(4\dfrac{y^2}{h^2}-\dfrac{3}{5}\right)\\ \sigma_y=-\dfrac{q}{2}\left(1+\dfrac{y}{h}\right)\left(1-\dfrac{2y}{h}\right)^2\\ \tau_{xy}=\dfrac{QS}{I}\end{cases} \tag{6-131}$$

由上述表达式可知，在应力分量 σ_x 的表达式中，第一项是主要项，其量级与 $q\dfrac{l^2}{h^2}$ 同阶，这一结果和材料学中结果相同；第二项是弹性力学中给出的修正项，其量级与 q 同阶。对于通常的浅梁，修正项所占比例很小，可以忽略；对于深梁（高梁），则需注意修正项。

应力分量 σ_y 是梁的各个纤维之间的挤压应力，它的量级也是与 q 同阶，最大绝对值是 q，发生在梁的顶部。需要说明，材料力学中一般不考虑这个数值。

另外，上面给出的切应力与材料力学解答一致。

6.3.4　楔形体受重力和流体压力

如图 6.9 所示，设有一个楔形体，左边铅直，右面与铅直面成角度 α，下端作为无限长，承受重力以及流体压力，楔形体的密度为 ρ_1，流体密度为 ρ_2。

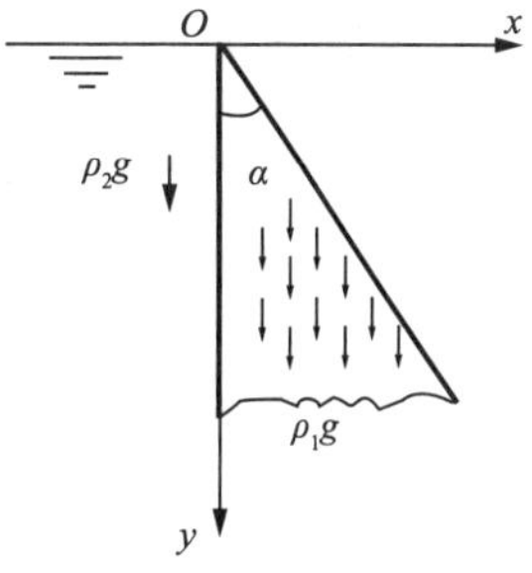

图 6.9　楔形体受力

该问题可以采用半逆解法进行求解。首先需要考虑应力以及应力函数的表达式，先进行量纲分析。在楔形体任意一点，每一个应力分量都由两部分组成：第一部分由重力引起，应当和楔形体的 $\rho_1 g$ 成正比；第二部分由流体压力引起，与流体的 $\rho_2 g$ 成正比。另外，应力分量还与 α，x 和 y 有关。

考虑到各个物理量的具体量纲，其中应力分量的量纲为 $\mathrm{L^{-1}MT^{-2}}$，参数 $\rho_1 g$ 和 $\rho_2 g$ 的量纲为 $\mathrm{L^{-2}MT^{-2}}$，角度 α 无量纲，坐标 x 和 y 的量纲为 L。

因此应力分量的组合可能性为 $A\rho_1 gx$，$B\rho_1 gy$，$C\rho_2 gx$，$D\rho_2 gy$ 四项的组合。各个应力分量的表达式只能是 x 和 y 的纯一次式，而应力函数应当是 x 和 y 的纯三次式。因此假设应力函数

$$\phi=ax^3+bx^2y+cxy^2+ey^3 \tag{6-132}$$

很显然，这一表达式满足相容方程。

由此可以得到应力分量为

$$\begin{cases}\sigma_x=\dfrac{\partial^2\phi}{\partial y^2}-xf_x=2cx+6ey\\ \sigma_y=\dfrac{\partial^2\phi}{\partial x^2}-yf_y=6ax+2by-\rho_1 gy\\ \tau_{xy}=-\dfrac{\partial^2\phi}{\partial x\partial y}=-2bx-2cy\end{cases} \tag{6-133}$$

左边边界（$x=0$）条件为

$$\begin{cases}\sigma_x=-\rho_2 gy\\ \tau_{xy}=0\end{cases} \tag{6-134}$$

将应力分量代入边界条件得到

$$\begin{cases}6ey=-\rho_2 gy\\ -2cy=0\end{cases} \tag{6-135}$$

则有 $e=-\dfrac{\rho_2 g}{6}$，$c=0$。

进一步得到应力分量表达式

$$\begin{cases}\sigma_x=-\rho_2 gy\\ \sigma_y=6ax+2by-\rho_1 gy\\ \tau_{xy}=-2bx\end{cases} \tag{6-136}$$

在右端面，有 $x=y\tan\alpha$，面力分量为 0，则应力边界条件为

$$\begin{cases}n_1\sigma_x+n_2\tau_{xy}=0\\ n_1\tau_{xy}+n_2\sigma_y=0\end{cases} \tag{6-137}$$

其中 $n_1=\cos\alpha$，$n_2=\cos(\alpha+90°)=-\sin\alpha$。

将应力分量代入边界条件得到 $b=\dfrac{\rho_2 g}{2}\cot^2\alpha$，$a=\dfrac{\rho_1 g}{6}\cot\alpha-\dfrac{\rho_2 g}{3}\cot^3\alpha$，进而可以得到最终的应力表达式为

$$\begin{cases}\sigma_x=-\rho_2 gy\\ \sigma_y=(\rho_1 g\cot\alpha-2\rho_2 g\cot^3\alpha)x+(\rho_2 g\cot^2\alpha-\rho_1 g)y\\ \tau_{xy}=-\rho_2 gx\cot^2\alpha\end{cases} \tag{6-138}$$

6.4　平面问题的极坐标解答

6.4.1　平衡方程

在处理弹性力学问题时，选择什么形式的坐标系统，虽不会影响对问题本质的描绘，但将直接关系到解决问题的难易程度。如果坐标选得合适，可使问题大为简化。在实际工程中，对于圆形、楔形、扇形等物体采用极坐标(polar coordinate system)求解比用直角坐标方便得多。

如图 6.10 所示，考虑平面上的一个微元体 $PACB$。沿 ρ 方向的正应力称为径向正应力(radial stress)，用 σ_ρ 表示。沿 φ 方向的正应力称为环向或周向正应力(hoop stress, circumferential stress)，用 σ_φ 表示，切应力用 $\tau_{\rho\varphi}$ 表示，各应力分量正负号的规定和直角坐标系中一样。径向及环向的体力分量分别用 f_ρ 及 f_φ 表示。

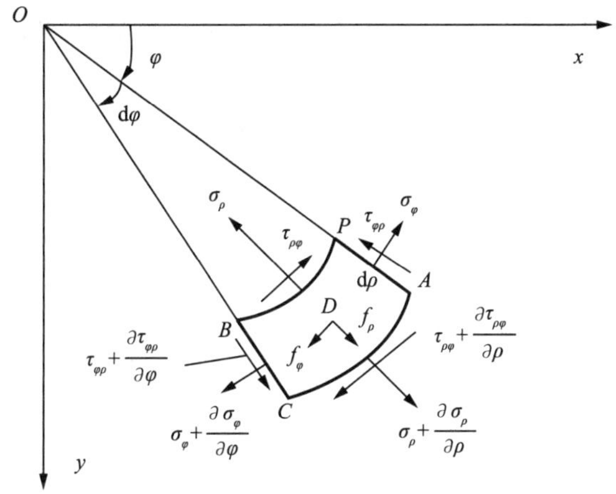

图 6.10　极坐标示意图

考虑平衡方程可以得到剪应力互等

$$\tau_{\rho\varphi}=\tau_{\varphi\rho} \tag{6-139}$$

考虑到 $\sin\frac{d\varphi}{2}\approx\frac{d\varphi}{2}$，$\cos\frac{d\varphi}{2}\approx 1$，同时有

$$\begin{aligned}&\left(\sigma_\rho+\frac{\partial\sigma_\rho}{\partial\rho}d\rho\right)(\rho+d\rho)d\varphi-\sigma_\rho\rho d\varphi-\left(\sigma_\varphi+\frac{\partial\sigma_\varphi}{\partial\varphi}d\varphi\right)d\rho\frac{d\varphi}{2}-\\&\sigma_\varphi d\rho\frac{d\varphi}{2}+\left(\tau_{\varphi\rho}+\frac{\partial\tau_{\varphi\rho}}{\partial\varphi}d\varphi\right)d\rho-\tau_{\varphi\rho}d\rho+f_\rho\rho d\varphi d\rho=0\end{aligned} \tag{6-140}$$

化简后得到

$$\frac{\partial\sigma_\rho}{\partial\rho}+\frac{1}{\rho}\frac{\partial\tau_{\rho\varphi}}{\partial\varphi}+\frac{\sigma_\rho-\sigma_\varphi}{\rho}+f_\rho=0 \tag{6-141}$$

另外类似有

$$\left(\sigma_\varphi+\frac{\partial\sigma_\varphi}{\partial\varphi}\mathrm{d}\varphi\right)\mathrm{d}\rho-\sigma_\varphi\mathrm{d}\rho+\left(\tau_{\rho\varphi}+\frac{\partial\tau_{\rho\varphi}}{\partial\rho}\mathrm{d}\rho\right)(\rho+\mathrm{d}\rho)\mathrm{d}\varphi- \\ \tau_{\rho\varphi}\rho\mathrm{d}\varphi+\left(\tau_{\rho\varphi}+\frac{\partial\tau_{\rho\varphi}}{\partial\varphi}\mathrm{d}\varphi\right)\mathrm{d}\rho\frac{\mathrm{d}\varphi}{2}+\tau_{\varphi\rho}\mathrm{d}\rho\frac{\mathrm{d}\varphi}{2}+f_\varphi\rho\mathrm{d}\varphi\mathrm{d}\rho=0 \tag{6-142}$$

经化简后得到

$$\frac{1}{\rho}\frac{\partial\sigma_\varphi}{\partial\varphi}+\frac{\partial\tau_{\rho\varphi}}{\partial\rho}+\frac{2\tau_{\rho\varphi}}{\rho}+f_\varphi=0 \tag{6-143}$$

总之平衡方程中含有三个未知数 $\sigma_\rho,\sigma_\varphi,\tau_{\rho\varphi}$，其具体表达式为

$$\begin{cases}\dfrac{\partial\sigma_\rho}{\partial\rho}+\dfrac{1}{\rho}\dfrac{\partial\tau_{\rho\varphi}}{\partial\varphi}+\dfrac{\sigma_\rho-\sigma_\varphi}{\rho}+f_\rho=0\\[2mm] \dfrac{1}{\rho}\dfrac{\partial\sigma_\varphi}{\partial\varphi}+\dfrac{\partial\tau_{\rho\varphi}}{\partial\rho}+\dfrac{2\tau_{\rho\varphi}}{\rho}+f_\varphi=0\end{cases} \tag{6-144}$$

6.4.2 几何方程和本构关系

设径向正应变为 ε_ρ，环向正应变为 ε_φ，切应变(径向与环向两线段之间的直角的改变)为 $\gamma_{\rho\varphi}$，径向位移为 u_ρ，环向位移为 u_φ。

如图 6.11 所示，首先考虑只有径向位移，无环向位移的情形，此时有

$$\begin{cases}PP'=u_\rho\\[2mm] AA'=u_\rho+\dfrac{\partial u_\rho}{\partial\rho}\mathrm{d}\rho\\[2mm] BB'=u_\rho+\dfrac{\partial u_\rho}{\partial\varphi}\mathrm{d}\varphi\end{cases} \tag{6-145}$$

可见径向线段 PA 的正应变为

$$\varepsilon_\rho=\frac{P'A'-PA}{PA}=\frac{AA'-PP'}{PA}=\frac{u_\rho+\dfrac{\partial u_\rho}{\partial\rho}\mathrm{d}\rho-u_\rho}{\mathrm{d}\rho}=\frac{\partial u_\rho}{\partial\rho} \tag{6-146}$$

环向线段 PB 的正应变为

$$\varepsilon_\varphi=\frac{P'B'-PB}{PB}=\frac{(\rho+u_\rho)\mathrm{d}\varphi-\rho\mathrm{d}\varphi}{\rho\mathrm{d}\varphi}=\frac{u_\rho}{\rho} \tag{6-147}$$

径向线段 PA 的转角 $\alpha=0$，环向线段 PB 的转角为

$$\beta=\frac{BB'-PP'}{PB}=\frac{\left(u_\rho+\dfrac{\partial u_\rho}{\partial\varphi}\mathrm{d}\varphi\right)-u_\rho}{\rho\mathrm{d}\varphi}=\frac{1}{\rho}\frac{\partial u_\rho}{\partial\varphi} \tag{6-148}$$

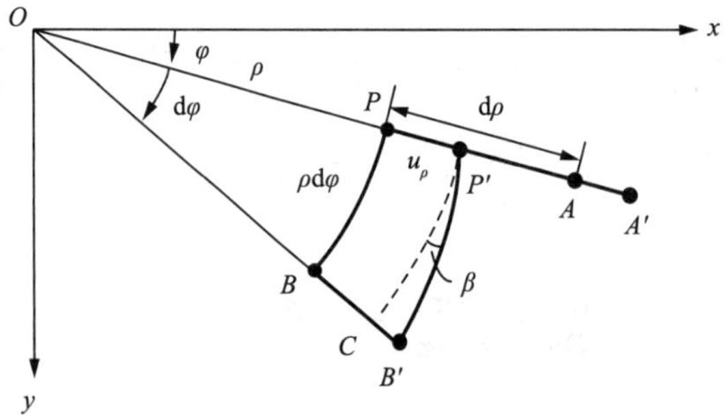

图 6.11 假定只有径向位移

切应变为

$$\gamma_{\rho\varphi}=\alpha+\beta=\frac{1}{\rho}\frac{\partial u_\rho}{\partial \varphi} \tag{6-149}$$

如图 6.12 所示，假定只有环向位移而没有径向位移，此时有

$$\begin{cases}PP''=u_\varphi \\ AA''=u_\varphi+\dfrac{\partial u_\varphi}{\partial \rho}\mathrm{d}\rho \\ BB''=u_\varphi+\dfrac{\partial u_\varphi}{\partial \varphi}\mathrm{d}\varphi\end{cases} \tag{6-150}$$

可见，径向线段 PA 的正应变 $\varepsilon_\rho=0$。

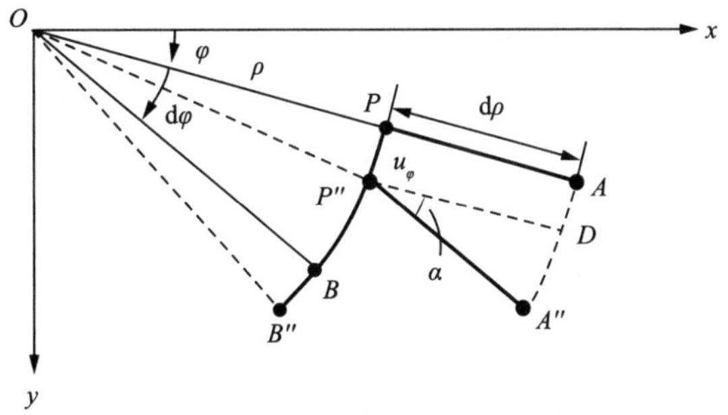

图 6.12　假定只有环向位移

环向线段 PB 的正应变为

$$\varepsilon_\varphi=\frac{P''B''-PB}{PB}=\frac{BB''-PP''}{PB}=\frac{u_\varphi+\dfrac{\partial u_\varphi}{\partial \varphi}\mathrm{d}\varphi-u_\varphi}{\rho\mathrm{d}\varphi}=\frac{1}{\rho}\frac{\partial u_\varphi}{\partial \varphi} \tag{6-151}$$

径向线段 PA 的转角为

$$\alpha\approx\frac{A''D}{P''D}\approx\frac{AA''-PP''}{PA}=\frac{u_\varphi+\dfrac{\partial u_\varphi}{\partial \rho}\mathrm{d}\rho-u_\varphi}{\mathrm{d}\rho}=\frac{\partial u_\varphi}{\partial \rho} \tag{6-152}$$

下面看环向线段 PB 的转角。变形前，环向线段 PB 在 P 点与径向线 OP 垂直；变形后，环向线段 $P''B''$ 在 P'' 点与径向线 OP'' 垂直，这两条径向线之间的夹角就是环向线的转角，并且这个转角使原直角扩大，故

$$\beta=-\angle POP''=-\frac{PP''}{OP} \tag{6-153}$$

可见

$$\gamma_{\rho\varphi}=\alpha+\beta=\frac{\partial u_\varphi}{\partial \rho}-\frac{u_\varphi}{\rho} \tag{6-154}$$

如果沿着径向和环向都有位移，则由叠加原理可知

$$\begin{cases}\varepsilon_\rho=\dfrac{\partial u_\rho}{\partial \rho} \\ \varepsilon_\varphi=\dfrac{1}{\rho}\dfrac{\partial u_\varphi}{\partial \varphi}+\dfrac{u_\rho}{\rho} \\ \gamma_{\rho\varphi}=\dfrac{\partial u_\varphi}{\partial \rho}+\dfrac{1}{\rho}\dfrac{\partial u_\rho}{\partial \varphi}-\dfrac{u_\varphi}{\rho}\end{cases} \tag{6-155}$$

此时的本构关系为

$$\begin{cases}\varepsilon_\rho=\dfrac{1}{E}(\sigma_\rho-\nu\sigma_\varphi)\\ \varepsilon_\varphi=\dfrac{1}{E}(\sigma_\varphi-\nu\sigma_\rho)\\ \gamma_{\rho\varphi}=\dfrac{1}{G}\tau_{\rho\varphi}=\dfrac{2(1+\nu)}{E}\tau_{\rho\varphi}\end{cases}\tag{6-156}$$

位移边界条件为

$$\begin{cases}u_\rho=\bar{u}_\rho\\ u_\varphi=\bar{u}_\varphi\end{cases}\tag{6-157}$$

式中，$\bar{u}_\rho$ 和 $\bar{u}_\varphi$ 为给定的径向和环向位移数值。

应力边界条件为

$$\begin{cases}n_1\sigma_\rho+n_2\tau_{\varphi\rho}=\bar{t}_\rho\\ n_1\tau_{\rho\varphi}+n_2\sigma_\varphi=\bar{t}_\varphi\end{cases}\tag{6-158}$$

式中，$\bar{t}_\rho$ 和 $\bar{t}_\varphi$ 为给定的径向和环向面力数值。

6.4.3　坐标变换

根据张量的坐标变换规律，可以用其在直角坐标系中的表达式得到在极坐标中的表达式

$$\begin{pmatrix}\sigma_\rho & \tau_{\rho\varphi}\\ \tau_{\rho\varphi} & \sigma_\varphi\end{pmatrix}=\begin{pmatrix}\cos\varphi & \sin\varphi\\ -\sin\varphi & \cos\varphi\end{pmatrix}\begin{pmatrix}\sigma_x & \tau_{xy}\\ \tau_{xy} & \sigma_y\end{pmatrix}\begin{pmatrix}\cos\varphi & -\sin\varphi\\ \sin\varphi & \cos\varphi\end{pmatrix}\tag{6-159}$$

上式展开后的具体形式为

$$\begin{cases}\sigma_\rho=\dfrac{\sigma_x+\sigma_y}{2}+\dfrac{\sigma_x-\sigma_y}{2}\cos 2\varphi+\tau_{xy}\sin 2\varphi\\ \sigma_\varphi=\dfrac{\sigma_x+\sigma_y}{2}-\dfrac{\sigma_x-\sigma_y}{2}\cos 2\varphi-\tau_{xy}\sin 2\varphi\\ \tau_{\rho\varphi}=-\dfrac{\sigma_x-\sigma_y}{2}\sin 2\varphi+\tau_{xy}\cos 2\varphi\end{cases}\tag{6-160}$$

上面三个方程中，由于 x 和 y 两个坐标轴夹角为 90°，故将 φ 代换成 $\varphi+90°$ 可以由第一式得到第二式。

仔细观察可以发现，式(6-160)中第一式和第三式组成 $\begin{pmatrix}\cos 2\varphi & \sin 2\varphi\\ -\sin 2\varphi & \cos 2\varphi\end{pmatrix}$ 的形式，这也反映了坐标变换，即坐标系旋转的特点。

反过来，从极坐标变换到直角坐标时，有关系

$$\begin{pmatrix}\sigma_x & \tau_{xy}\\ \tau_{xy} & \sigma_y\end{pmatrix}=\begin{pmatrix}\cos\varphi & -\sin\varphi\\ \sin\varphi & \cos\varphi\end{pmatrix}\begin{pmatrix}\sigma_\rho & \tau_{\rho\varphi}\\ \tau_{\rho\varphi} & \sigma_\varphi\end{pmatrix}\begin{pmatrix}\cos\varphi & \sin\varphi\\ -\sin\varphi & \cos\varphi\end{pmatrix}\tag{6-161}$$

展开后的具体形式为

$$\begin{cases}\sigma_x=\dfrac{\sigma_\rho+\sigma_\varphi}{2}+\dfrac{\sigma_\rho-\sigma_\varphi}{2}\cos 2\varphi-\tau_{\rho\varphi}\sin 2\varphi\\ \sigma_y=\dfrac{\sigma_\rho+\sigma_\varphi}{2}-\dfrac{\sigma_\rho-\sigma_\varphi}{2}\cos 2\varphi+\tau_{\rho\varphi}\sin 2\varphi\\ \tau_{xy}=\dfrac{\sigma_\rho-\sigma_\varphi}{2}\sin 2\varphi+\tau_{\rho\varphi}\cos 2\varphi\end{cases}\tag{6-162}$$

对于应变张量也存在类似关系

$$\begin{cases}\varepsilon_\rho=\dfrac{\varepsilon_x+\varepsilon_y}{2}+\dfrac{\varepsilon_x-\varepsilon_y}{2}\cos 2\varphi+\dfrac{1}{2}\gamma_{xy}\sin 2\varphi\\ \varepsilon_\varphi=\dfrac{\varepsilon_x+\varepsilon_y}{2}-\dfrac{\varepsilon_x-\varepsilon_y}{2}\cos 2\varphi-\dfrac{1}{2}\gamma_{xy}\sin 2\varphi\\ \dfrac{1}{2}\gamma_{\rho\varphi}=-\dfrac{\varepsilon_x-\varepsilon_y}{2}\sin 2\varphi+\dfrac{1}{2}\gamma_{xy}\cos 2\varphi\end{cases}\tag{6-163}$$

6.4.4 应力函数

下面来看应力函数的坐标变换关系。极坐标和直角坐标之间存在如下几何关系

$$\begin{cases}\rho=\sqrt{x^2+y^2}\\ \varphi=\arctan\dfrac{y}{x}\\ x=\rho\cos\varphi\\ y=\rho\sin\varphi\end{cases}\tag{6-164}$$

则有如下新旧坐标之间的变换关系

$$\begin{pmatrix}\dfrac{\partial(\ )}{\partial\rho}\\ \dfrac{1}{\rho}\dfrac{\partial(\ )}{\partial\varphi}\end{pmatrix}=\begin{pmatrix}\cos\varphi & \sin\varphi\\ -\sin\varphi & \cos\varphi\end{pmatrix}\begin{pmatrix}\dfrac{\partial(\ )}{\partial x}\\ \dfrac{\partial(\ )}{\partial y}\end{pmatrix}\tag{6-165}$$

$$\begin{pmatrix}\dfrac{\partial(\ )}{\partial x}\\ \dfrac{\partial(\ )}{\partial y}\end{pmatrix}=\begin{pmatrix}\cos\varphi & -\sin\varphi\\ \sin\varphi & \cos\varphi\end{pmatrix}\begin{pmatrix}\dfrac{\partial(\ )}{\partial\rho}\\ \dfrac{1}{\rho}\dfrac{\partial(\ )}{\partial\varphi}\end{pmatrix}\tag{6-166}$$

极坐标和直角坐标的求导符号之间的关系为

$$\begin{cases}\dfrac{\partial\rho}{\partial x}=\dfrac{x}{\rho}=\cos\varphi\\ \dfrac{\partial\rho}{\partial y}=\dfrac{y}{\rho}=\sin\varphi\\ \dfrac{\partial\varphi}{\partial x}=-\dfrac{y}{\rho^2}=-\dfrac{\sin\varphi}{\rho}\\ \dfrac{\partial\varphi}{\partial y}=\dfrac{x}{\rho^2}=\dfrac{\cos\varphi}{\rho}\end{cases}\tag{6-167}$$

考虑不同的坐标，应力函数可以表示为

$$\phi(x,y)=\phi(\rho(x,y),\varphi(x,y))\tag{6-168}$$

则有

$$\frac{\partial\phi}{\partial x}=\frac{\partial\phi}{\partial\rho}\frac{\partial\rho}{\partial x}+\frac{\partial\phi}{\partial\varphi}\frac{\partial\varphi}{\partial x}=\cos\varphi\frac{\partial\phi}{\partial\rho}-\frac{\sin\varphi}{\rho}\frac{\partial\phi}{\partial\varphi}\tag{6-169}$$

$$\frac{\partial\phi}{\partial y}=\frac{\partial\phi}{\partial\rho}\frac{\partial\rho}{\partial y}+\frac{\partial\phi}{\partial\varphi}\frac{\partial\varphi}{\partial y}=\sin\varphi\frac{\partial\phi}{\partial\rho}+\frac{\cos\varphi}{\rho}\frac{\partial\phi}{\partial\varphi} \tag{6-170}$$

继而有

$$\frac{\partial^2\phi}{\partial y^2}=\cos^2\varphi\left(\frac{1}{\rho}\frac{\partial\phi}{\partial\rho}+\frac{1}{\rho^2}\frac{\partial^2\phi}{\partial\varphi^2}\right)+\sin^2\varphi\frac{\partial^2\phi}{\partial\rho^2}+2\sin\varphi\cos\varphi\left[\frac{\partial}{\partial\rho}\left(\frac{1}{\rho}\frac{\partial\phi}{\partial\varphi}\right)\right] \tag{6-171}$$

$$\frac{\partial^2\phi}{\partial x^2}=\sin^2\varphi\left(\frac{1}{\rho}\frac{\partial\phi}{\partial\rho}+\frac{1}{\rho^2}\frac{\partial^2\phi}{\partial\varphi^2}\right)+\cos^2\varphi\frac{\partial^2\phi}{\partial\rho^2}-2\sin\varphi\cos\varphi\left[\frac{\partial}{\partial\rho}\left(\frac{1}{\rho}\frac{\partial\phi}{\partial\varphi}\right)\right] \tag{6-172}$$

$$-\frac{\partial^2\phi}{\partial x\partial y}=\sin\varphi\cos\varphi\left[\left(\frac{1}{\rho}\frac{\partial\phi}{\partial\rho}+\frac{1}{\rho^2}\frac{\partial^2\phi}{\partial\varphi^2}\right)-\frac{\partial^2\phi}{\partial\rho^2}\right]-(\cos^2\varphi-\sin^2\varphi)\left[\frac{\partial}{\partial\rho}\left(\frac{1}{\rho}\frac{\partial\phi}{\partial\varphi}\right)\right] \tag{6-173}$$

将直角坐标旋至与极坐标重合的位置

$$\begin{cases}\sigma_\rho=(\sigma_x)_{\varphi=0}=\left(\dfrac{\partial^2\phi}{\partial y^2}\right)_{\varphi=0}=\dfrac{1}{\rho}\dfrac{\partial\phi}{\partial\rho}+\dfrac{1}{\rho^2}\dfrac{\partial^2\phi}{\partial\varphi^2}\\ \sigma_\varphi=(\sigma_y)_{\varphi=0}=\left(\dfrac{\partial^2\phi}{\partial x^2}\right)_{\varphi=0}=\dfrac{\partial^2\phi}{\partial\rho^2}\\ \tau_{\rho\varphi}=(\tau_{xy})_{\varphi=0}=-\left(\dfrac{\partial^2\phi}{\partial x\partial y}\right)_{\varphi=0}=-\dfrac{\partial}{\partial\rho}\left(\dfrac{1}{\rho}\dfrac{\partial\phi}{\partial\varphi}\right)\end{cases} \tag{6-174}$$

上述令 $\varphi\to0$ 的过程，是在一点处局部坐标的旋转过程，不涉及整体坐标下的应力函数 $\phi(\rho,\varphi)$，即应力函数与局部坐标的旋转无关。也可以采用表达式

$$\frac{\partial^2\phi}{\partial y^2}=\sigma_\rho\cos^2\varphi+\sigma_\varphi\sin^2\varphi-2\tau_{\rho\varphi}\sin\varphi\cos\varphi \tag{6-175}$$

经过比较，也可以得到极坐标中应力分量的表达式。

不计体力时，有

$$\begin{cases}\sigma_\rho=\dfrac{1}{\rho}\dfrac{\partial\phi}{\partial\rho}+\dfrac{1}{\rho^2}\dfrac{\partial^2\phi}{\partial\varphi^2}\\ \sigma_\varphi=\dfrac{\partial^2\phi}{\partial\rho^2}\\ \tau_{\rho\varphi}=\tau_{\varphi\rho}=-\dfrac{\partial}{\partial\rho}\left(\dfrac{1}{\rho}\dfrac{\partial\phi}{\partial\varphi}\right)\end{cases} \tag{6-176}$$

另有

$$\sigma_x+\sigma_y=\nabla^2\phi=\frac{\partial^2\phi}{\partial x^2}+\frac{\partial^2\phi}{\partial y^2}=\frac{\partial^2\phi}{\partial\rho^2}+\frac{1}{\rho}\frac{\partial\phi}{\partial\rho}+\frac{1}{\rho^2}\frac{\partial^2\phi}{\partial\varphi^2}=\sigma_\rho+\sigma_\varphi \tag{6-177}$$

其中 Laplace 算子$\nabla^2=\dfrac{\partial^2}{\partial\rho^2}+\dfrac{1}{\rho}\dfrac{\partial}{\partial\rho}+\dfrac{1}{\rho^2}\dfrac{\partial^2}{\partial\varphi^2}$。此时有相容方程

$$\nabla^4\phi=\left(\frac{\partial^2}{\partial\rho^2}+\frac{1}{\rho}\frac{\partial}{\partial\rho}+\frac{1}{\rho^2}\frac{\partial^2}{\partial\varphi^2}\right)^2\phi=0 \tag{6-178}$$

6.5 轴对称问题

6.5.1 定　义

轴对称(axisymmetry)指物体的形状或物理量是绕某一轴对称的，凡通过该轴的面都是对称面。例如圆柱体或圆筒，显然其几何形状是绕轴线对称的，若施加轴对称的外部载荷或

者边界条件，可以想象出其内部所产生的应力也应当是轴对称的，这样的平面问题，称为轴对称应力问题。

对于轴对称问题，采用逆解法求解，首先假设应力函数 ϕ 只是关于径向坐标 ρ 的函数，即

$$\phi=\phi(\rho) \tag{6-179}$$

则有 $\sigma_\rho=\sigma_\rho(\rho)$，$\sigma_\varphi=\sigma_\varphi(\rho)$，$\tau_{\rho\varphi}=\tau_{\varphi\rho}=0$。由此可以得到

$$\begin{cases}\sigma_\rho=\dfrac{1}{\rho}\dfrac{\mathrm{d}\phi}{\mathrm{d}\rho}\\ \sigma_\varphi=\dfrac{\mathrm{d}^2\phi}{\mathrm{d}\rho^2}\\ \tau_{\rho\varphi}=0\end{cases} \tag{6-180}$$

根据本构关系，可得 $\varepsilon_\rho=\varepsilon_\rho(\rho)$，$\varepsilon_\varphi=\varepsilon_\varphi(\rho)$，$\gamma_{\rho\varphi}=\gamma_{\varphi\rho}=0$。也可以从几何角度来判断上述力学量的数值。

实际上 σ_ρ 可以看成 $\sigma_{\rho\rho}$，σ_φ 可以看成 $\sigma_{\varphi\varphi}$。如图 6.13 所示，在某一点处，其极半径 ρ 和极角 φ 是确定的，将该点截开，则存在左右两个面，设左边为负面，右边为正面。对于这两个面而言，其极半径 ρ 都是一样的，但是其极角 φ 增加的方向不同。因此上述力学量都可以认为对于 ρ 是对称的，对于 φ 是反对称的。对于图示截面两侧，由于存在两个 ρ（对称量），故而 $\sigma_{\rho\rho}^-=\sigma_{\rho\rho}^+$；由于存在两个 φ（反对称量），故而 $\sigma_{\varphi\varphi}^-=\sigma_{\varphi\varphi}^+$，即 $\sigma_{\rho\rho}$ 和 $\sigma_{\varphi\varphi}$ 在该点处是镜面对称的。

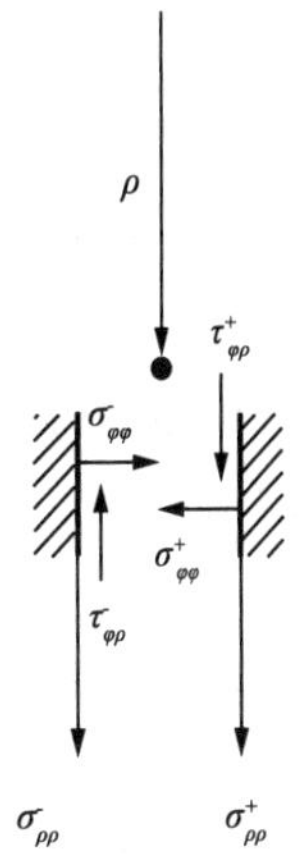

图 6.13　某点处两侧截面上应力分布

对于 $\tau_{\rho\varphi}$，截面两侧结果相反，即该点处是镜面反对称的，即 $\tau_{\varphi\rho}^-=-\tau_{\varphi\rho}^+$。但在同一截面处某一个力学量只能有一个数值，故而 $\tau_{\rho\varphi}$ 的数值只能为 0。对于切(剪)应变分量也存在同样的关系。

对于位移分量，其下标只有一个变量 ρ 或者 φ，对于 u_ρ，其左右截面上的数值和方向是一样的；对于 u_φ，其左右截面上的数值一样，但是方向都应该沿着极角增加的方向，故二者并非镜面对称，则其数值必然为零。

可以总结一下：对于轴对称问题，如果一个力学量含有 0 个或者 2 个 φ，则负负得正，该力学量与 φ 无关，例如 $\sigma_{\rho\rho}=\sigma_\rho$，$\sigma_{\varphi\varphi}=\sigma_\varphi$，$\varepsilon_{\rho\rho}=\varepsilon_\rho$，$\varepsilon_{\varphi\varphi}=\varepsilon_\varphi$，$u_\rho$；若含有 1 个 φ，则该力学量必然为 0，例如 $\tau_{\rho\varphi}$，$\gamma_{\rho\varphi}=2\varepsilon_{\rho\varphi}$，$u_\varphi$。对于体力和面力的分量也存在同样规律，即径向体力 f_ρ 和径向面力 $\bar{t}_\rho$ 不为 0，环向体力 f_φ 和环向面力 $\bar{t}_\varphi$ 为 0。

6.5.2　等效应力

对于轴对称的平面应力问题，其不为 0 的应力、应变分量有 σ_ρ，σ_φ，ε_ρ，ε_φ，ε_z，且 $\varepsilon_z=-\dfrac{\nu}{E}(\sigma_\rho+\sigma_\varphi)=-\dfrac{\nu}{1-\nu}(\varepsilon_\rho+\varepsilon_\varphi)$，则其对应的等效应力为

$$\sigma_{\mathrm{eq}}=\sqrt{\sigma_\rho^2+\sigma_\varphi^2-\sigma_\rho\sigma_\varphi} \tag{6-181}$$

其对应的等效应变为

$$\varepsilon_{\mathrm{eq}}=\sqrt{\frac{2[(\varepsilon_\rho-\varepsilon_\varphi)^2+(\varepsilon_\varphi-\varepsilon_z)^2+(\varepsilon_\rho-\varepsilon_z)^2]}{9}} \tag{6-182}$$

对于轴对称的平面应变问题，其不为 0 的应力、应变分量有 σ_ρ，σ_φ，ε_ρ，ε_φ，$\sigma_z=\nu(\sigma_\rho+\sigma_\varphi)$，

则其对应的等效应力为

$$\sigma_{eq}=\sqrt{\frac{(\sigma_\rho-\sigma_\varphi)^2+(\sigma_\varphi-\sigma_z)^2+(\sigma_z-\sigma_\rho)^2}{2}} \tag{6-183}$$

其对应的等效应变为

$$\varepsilon_{eq}=\frac{2}{3}\sqrt{\varepsilon_\rho^2+\varepsilon_\varphi^2-\varepsilon_\rho\varepsilon_\varphi} \tag{6-184}$$

6.5.3 欧拉方程

后续求解轴对称问题的控制方程时，需要用到一类特殊的常微分方程，即欧拉方程，其一般形式为

$$x^n y^{(n)}+p_1 x^{n-1} y^{(n-1)}+\cdots+p_{n-1} x y'+p_n y=0 \tag{6-185}$$

式中，$y = f(x)$为待求的未知函数，$p_1, p_2, \cdots, p_n$为已知常数。

此类方程具有特殊的解法，可以假设其解答的形式为 $y=x^k$，将其代入微分方程可以得到

$$k(k-1)\cdot\cdots\cdot(k-n+1)+p_1 k(k-1)\cdot\cdots\cdot(k-n+2)+\cdots+p_{n-1}k+p_n=0 \tag{6-186}$$

当它们是互不相等的实根时，欧拉方程的通解具有幂函数形式

$$y=C_1 x^{k_1}+C_2 x^{k_2}+\cdots+C_n x^{k_n} \tag{6-187}$$

出现实重根时，每多一重根，就多乘一个对数因子 $\ln x$。例如，当 k_1为 $m\ (<n)$重根时，通解为

$$y=C_1 x^{k_1}+C_2 x^{k_1}\ln x+\cdots+C_m x^{k_1}(\ln x)^{m-1}+C_{m+1} x^{k_{m+1}}+\cdots+C_n x^{k_n} \tag{6-188}$$

若出现共轭复根，则和虚部对应的是三角函数因子，例如，当 $k_{1,2}=\alpha\pm\beta\mathrm{i}$，通解为

$$y=C_1 x^\alpha\cos(\beta\ln x)+C_2 x^\alpha\sin(\beta\ln x)+C_3 x^{k_3}+\cdots+C_n x^{k_n} \tag{6-189}$$

若出现复重根，则实部要多乘对数因子 $\ln x$ 。例如，当 $k_{1,2}$为 $m(<n/2)$重共轭复根时，通解为

$$y = [C_1 x^\alpha + C_2 x^\alpha\ln x + \cdots + C_m x^\alpha(\ln x)^{m-1}]\cos(\beta\ln x) + [C_{m+1} x^\alpha + C_{m+2} x^\alpha\ln x + \cdots + C_{2m} x^\alpha(\ln x)^{m-1}]\sin(\beta\ln x) + C_{2m+1} x^{k_{2m+1}} + \cdots + C_n x^{k_n} \tag{6-190}$$

下面引用该方法求解一个实例，有如下的变系数线性常微分方程

$$\rho^4 f^{(4)}(\rho)+2\rho^3 f'''(\rho)-9\rho^2 f''(\rho)+9\rho f'(\rho)=0 \tag{6-191}$$

设上述方程的特解为 $f(\rho)=\rho^k$，将其代入方程可以得到所对应的特征方程为

$$k(k-1)(k-2)(k-3)+2k(k-1)(k-2)-9k(k-1)+9k=0 \tag{6-192}$$

上式化简后为

$$k(k-4)(k-2)(k+2)=0 \tag{6-193}$$

其解答为 $k=0,2,4,-2$，则有

$$f(\rho)=A\rho^4+B\rho^2+C+D\rho^{-2} \tag{6-194}$$

另外一个例子为空心圆球的控制方程，即

$$\frac{\mathrm{d}^2 u_\rho}{\mathrm{d}\rho^2}+\frac{2}{\rho}\frac{\mathrm{d}u_\rho}{\mathrm{d}\rho}-\frac{2u_\rho}{\rho^2}=0 \tag{6-195}$$

则其特征方程为

$$k(k-1)+2k-2=0 \tag{6-196}$$

上式的解答为 $k=1,-2$，则有

$$u_\rho=\frac{A}{\rho^2}+B\rho \tag{6-197}$$

此外，考虑小变形轴对称圆板，即柯希霍夫板的方程为

$$\frac{1}{\rho}\frac{\mathrm{d}}{\mathrm{d}\rho}\left\{\rho\frac{\mathrm{d}}{\mathrm{d}\rho}\left[\frac{1}{\rho}\frac{\mathrm{d}}{\mathrm{d}\rho}\left(\rho\frac{\mathrm{d}w}{\mathrm{d}\rho}\right)\right]\right\}=\frac{q}{D} \tag{6-198}$$

即

$$\left(\frac{\mathrm{d}^2}{\mathrm{d}\rho^2}+\frac{1}{\rho}\frac{\mathrm{d}}{\mathrm{d}\rho}\right)\left(\frac{\mathrm{d}^2 w}{\mathrm{d}\rho^2}+\frac{1}{\rho}\frac{\mathrm{d}w}{\mathrm{d}\rho}\right)=\frac{q}{D} \tag{6-199}$$

上式可以进行逐步积分，其通解为 $w=A\ln\rho+B\rho^2\ln\rho+C\rho^2+D$，也可以化成欧拉方程进行求解

$$\rho^4\frac{\mathrm{d}^4 w}{\mathrm{d}\rho^4}+2\rho^3\frac{\mathrm{d}^3 w}{\mathrm{d}\rho^3}-\rho^2\frac{\mathrm{d}^2 w}{\mathrm{d}\rho^3}+\rho\frac{\mathrm{d}w}{\mathrm{d}\rho}=\frac{q}{D}\rho^4 \tag{6-200}$$

若给定特解 $w=\frac{q}{64D}\rho^4$，则可得到板的挠度为

$$w=\frac{q}{64D}\rho^4+A\ln\rho+B\rho^2\ln\rho+C\rho^2+D \tag{6-201}$$

6.5.4 应力函数

由于 $\phi=\phi(\rho)$，则有

$$\nabla^4\phi=\left(\frac{\mathrm{d}^2}{\mathrm{d}\rho^2}+\frac{1}{\rho}\frac{\mathrm{d}}{\mathrm{d}\rho}\right)^2\phi=\left(\frac{\mathrm{d}^2}{\mathrm{d}\rho^2}+\frac{1}{\rho}\frac{\mathrm{d}}{\mathrm{d}\rho}\right)\left(\frac{\mathrm{d}^2\phi}{\mathrm{d}\rho^2}+\frac{1}{\rho}\frac{\mathrm{d}\phi}{\mathrm{d}\rho}\right)=0 \tag{6-202}$$

式中，$\frac{\mathrm{d}^2(\ )}{\mathrm{d}\rho^2}+\frac{1}{\rho}\frac{\mathrm{d}(\ )}{\mathrm{d}\rho}=\frac{1}{\rho}\frac{\mathrm{d}}{\mathrm{d}\rho}\left(\rho\frac{\mathrm{d}(\ )}{\mathrm{d}\rho}\right)$。

整理相容方程可以得到

$$\frac{1}{\rho}\frac{\mathrm{d}}{\mathrm{d}\rho}\left\{\rho\frac{\mathrm{d}}{\mathrm{d}\rho}\left[\frac{1}{\rho}\frac{\mathrm{d}}{\mathrm{d}\rho}\left(\rho\frac{\mathrm{d}\phi}{\mathrm{d}\rho}\right)\right]\right\}=0 \tag{6-203}$$

这是一个常微分方程，可以通过逐次积分求解，其解答为

$$\phi=A\ln\rho+B\rho^2\ln\rho+C\rho^2+D \tag{6-204}$$

或者展开

$$\rho^4\phi^{(4)}+2\rho^3\phi'''-\rho^2\phi''+\rho\phi'=0 \tag{6-205}$$

此为欧拉方程。令 $\phi=\rho^k$，则有

$$k(k-1)(k-2)(k-3)+2k(k-1)(k-2)-k(k-1)+k=0 \tag{6-206}$$

上式的解答为 $k=0$(重根)或 2(重根)，得到的艾瑞应力函数的结果跟逐次积分法结果一致。

根据应力函数的表达式可以得到应力分量为

$$\begin{cases}\sigma_\rho=\dfrac{A}{\rho^2}+B(1+2\ln\rho)+2C\\[2ex]\sigma_\varphi=-\dfrac{A}{\rho^2}+B(3+2\ln\rho)+2C\\[2ex]\tau_{\rho\varphi}=0\end{cases} \tag{6-207}$$

轴对称问题的几何关系退化为

$$
\begin{cases}
\varepsilon_\rho=\dfrac{\mathrm{d}u_\rho}{\mathrm{d}\rho}=\dfrac{1}{E}(\sigma_\rho-\sigma_\varphi)\\
\varepsilon_\varphi=\dfrac{u_\rho}{\rho}=\dfrac{1}{E}(\sigma_\varphi-\sigma_\rho)\\
\gamma_{\rho\varphi}=0
\end{cases}
\tag{6-208}
$$

将应力的具体表达式代入上式后，积分可以得到

$$
u_\rho=\frac{1}{E}\left[-(1+\nu)\frac{A}{\rho}+2(1-\nu)B\rho(\ln\rho-1)+(1-3\nu)B\rho+2(1-\nu)C\rho\right]+I\cos\varphi+K\sin\varphi
\tag{6-209}
$$

$$
u_\varphi=\frac{4B\rho\varphi}{E}+H\rho-I\sin\varphi+K\cos\varphi
\tag{6-210}
$$

由于环向位移 u_φ 的表达式中第一项是多值的，即 $u_\varphi(\rho,\varphi)\neq u_\varphi(\rho,\varphi+2\pi)$，因此可以得到 $B=0$。

式(6-210)中 I 和 K 均为与刚体位移相关的参数，在实际工程问题中往往通过给定位移约束给出具体数值。若刚体位移为 0，则应力分量简化为

$$
\begin{cases}
\sigma_\rho=\dfrac{A}{\rho^2}+2C\\
\sigma_\varphi=-\dfrac{A}{\rho^2}+2C
\end{cases}
\tag{6-211}
$$

由此可以得到

$$
u_\rho=-\frac{1+\nu}{E}\frac{A}{\rho}+\frac{2(1-\nu)}{E}C\rho
\tag{6-212}
$$

6.5.5 位移形式的平衡方程

对于轴对称问题，其忽略体力的平衡方程可以退化为

$$
\frac{\mathrm{d}\sigma_\rho}{\mathrm{d}\rho}+\frac{\sigma_\rho-\sigma_\varphi}{\rho}=0
\tag{6-213}
$$

另外有本构关系

$$
\begin{cases}
\sigma_\rho=\dfrac{E}{1-\nu^2}(\varepsilon_\rho+\nu\varepsilon_\varphi)=\dfrac{E}{1-\nu^2}\left(\dfrac{\mathrm{d}u_\rho}{\mathrm{d}\rho}+\nu\dfrac{u_\rho}{\rho}\right)\\
\sigma_\varphi=\dfrac{E}{1-\nu^2}(\varepsilon_\varphi+\nu\varepsilon_\rho)=\dfrac{E}{1-\nu^2}\left(\dfrac{u_\rho}{\rho}+\nu\dfrac{\mathrm{d}u_\rho}{\mathrm{d}\rho}\right)
\end{cases}
\tag{6-214}
$$

代入平衡方程后可以得到

$$
\frac{\mathrm{d}^2u_\rho}{\mathrm{d}\rho^2}+\frac{1}{\rho}\frac{\mathrm{d}u_\rho}{\mathrm{d}\rho}-\frac{u_\rho}{\rho^2}=0
\tag{6-215}
$$

此为欧拉方程，假设 $u_\rho=\rho^k$，则可得到特征方程

$$
k(k-1)+k-1=0
\tag{6-216}
$$

其解答为 $k=\pm1$，则有

$$
u_\rho=\frac{A}{\rho}+B\rho
\tag{6-217}
$$

此结果与前文按应力求解所得到的结果一致。

将上述控制方程写成

$$\frac{\mathrm{d}}{\mathrm{d}\rho}\left[\frac{1}{\rho}\frac{\mathrm{d}}{\mathrm{d}\rho}(\rho u_\rho)\right]=0 \tag{6-218}$$

通过逐次积分法亦可以得到同样结果。

另外一种推导方法可以从几何方程入手，其中 $u_\rho=\rho\varepsilon_\varphi$，则有

$$\varepsilon_\rho=\frac{\mathrm{d}u_\rho}{\mathrm{d}\rho}=\frac{\mathrm{d}(\rho\varepsilon_\varphi)}{\mathrm{d}\rho} \tag{6-219}$$

进而

$$\begin{cases}\varepsilon_\rho=\dfrac{1}{E}(\sigma_\rho-\nu\sigma_\varphi)\\[2ex] \varepsilon_\varphi=\dfrac{1}{E}(\sigma_\varphi-\nu\sigma_\rho)\end{cases} \tag{6-220}$$

整理得到

$$\frac{1}{E}(\sigma_\rho-\nu\sigma_\varphi)=\frac{\mathrm{d}}{\mathrm{d}\rho}\left[\frac{\rho}{E}(\sigma_\varphi-\nu\sigma_\rho)\right] \tag{6-221}$$

$$\frac{1}{E}\left(\frac{1}{\rho}\frac{\mathrm{d}\phi}{\mathrm{d}\rho}-\nu\frac{\mathrm{d}^2\phi}{\mathrm{d}\rho^2}\right)=\frac{\mathrm{d}}{\mathrm{d}\rho}\left[\frac{\rho}{E}\left(\frac{\mathrm{d}^2\phi}{\mathrm{d}\rho^2}-\nu\frac{1}{\rho}\frac{\mathrm{d}\phi}{\mathrm{d}\rho}\right)\right] \tag{6-222}$$

则有

$$\rho^3\phi'''+\rho^2\phi''-\rho\phi'=0 \tag{6-223}$$

此式为欧拉方程，其特征方程为

$$k(k-1)(k-1)+k(k-1)-k=0 \tag{6-224}$$

该方程的解答为 $k=2,0$（重根），则有

$$\phi=A\rho^2+B+C\ln\rho \tag{6-225}$$

继而得到应力分量为

$$\begin{cases}\sigma_\rho=\dfrac{1}{\rho}\dfrac{\mathrm{d}\phi}{\mathrm{d}\rho}=2A+\dfrac{C}{\rho^2}\\[2ex] \sigma_\phi=\dfrac{\mathrm{d}^2\phi}{\mathrm{d}\rho^2}=2A-\dfrac{C}{\rho^2}\end{cases} \tag{6-226}$$

6.6　圆环和圆筒问题

6.6.1　圆环和圆筒问题

如图 6.14 所示，对于圆环和圆筒问题，其边界条件为

$$\begin{cases}(\sigma_\rho)_{\rho=r}=-q_1\\ (\sigma_\rho)_{\rho=R}=-q_2\\ (\tau_{\rho\varphi})_{\rho=r}=(\tau_{\rho\varphi})_{\rho=R}=0\end{cases} \tag{6-227}$$

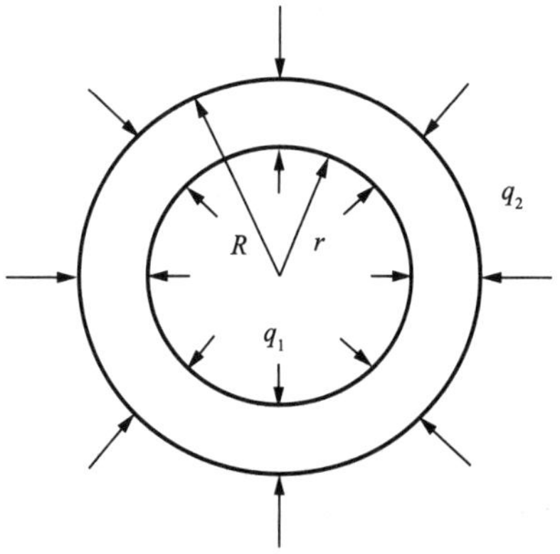

图 6.14　圆环圆筒受力示意图

即

$$\begin{cases}\dfrac{A}{r^2}+2C=-q_1\\[2ex]\dfrac{A}{R^2}+2C=-q_2\end{cases}\tag{6-228}$$

则可以得到 $A=\dfrac{r^2R^2(q_2-q_1)}{R^2-r^2}$，$2C=\dfrac{q_1r^2-q_2R^2}{R^2-r^2}$。其解答为

$$\begin{cases}\sigma_\rho=-\dfrac{\dfrac{R^2}{\rho^2}-1}{\dfrac{R^2}{r^2}-1}q_1-\dfrac{1-\dfrac{r^2}{\rho^2}}{1-\dfrac{r^2}{R^2}}q_2\\[4ex]\sigma_\varphi=\dfrac{\dfrac{R^2}{\rho^2}+1}{\dfrac{R^2}{r^2}-1}q_1-\dfrac{1+\dfrac{r^2}{\rho^2}}{1-\dfrac{r^2}{R^2}}q_2\end{cases}\tag{6-229}$$

如果仅承受内压，则有

$$\begin{cases}\sigma_\rho=-\dfrac{\dfrac{R^2}{\rho^2}-1}{\dfrac{R^2}{r^2}-1}q_1\\[4ex]\sigma_\varphi=\dfrac{\dfrac{R^2}{\rho^2}+1}{\dfrac{R^2}{r^2}-1}q_1\end{cases}\tag{6-230}$$

令 R 趋于无穷，则有

$$\begin{cases}\sigma_\rho=-\dfrac{r^2}{\rho^2}q_1\\[2ex]\sigma_\varphi=\dfrac{r^2}{\rho^2}q_1\end{cases}\tag{6-231}$$

这种情况可以应用于隧道受内压的情况。

若考虑薄壁圆筒，即 $t\ll r$ 或 R，且 $t=R-r$，$\sigma_\varphi\approx\dfrac{q_1r}{t}$。此结果与材料力学中给出的薄壁圆筒承受内压的结果一致。

若仅受外压，则有

$$\begin{cases}\sigma_\rho=-\dfrac{1-\dfrac{r^2}{\rho^2}}{1-\dfrac{r^2}{R^2}}q_2\\[4ex]\sigma_\varphi=-\dfrac{1+\dfrac{r^2}{\rho^2}}{1-\dfrac{r^2}{R^2}}q_2\end{cases}\tag{6-232}$$

类似的问题如图 6.15 所示。某实心圆盘，其圆周承受均布载荷 q，半径为 R。考虑轴对称，其应力解答为

$$\begin{cases}\sigma_\rho=\dfrac{A}{\rho^2}+2C\\ \sigma_\varphi=-\dfrac{A}{\rho^2}+2C\end{cases} \tag{6-233}$$

继续考虑边界条件，当 $\rho\to 0$ 时，应力应该具有有限的数值，不可能为无穷大。要满足此条件，唯一的可能性就是 $A=0$。

当 $\rho=R$ 时，有 $\sigma_\rho=2C=-q$，则有 $C=-q/2$，故应力解答为

$$\begin{cases}\sigma_\rho=-q\\ \sigma_\varphi=-q\end{cases} \tag{6-234}$$

$$u_\rho=-\frac{q(1-\nu)}{E}\rho \tag{6-235}$$

$$\begin{cases}\varepsilon_\rho=-\dfrac{q(1-\nu)}{E}\\ \varepsilon_\varphi=-\dfrac{q(1-\nu)}{E}\end{cases} \tag{6-236}$$

如图 6.16 所示，圆筒受外压 q 作用，而内边界固定。圆筒内外半径分别为 r 和 R，其位移表达式为

$$u_\rho=-\frac{1+\nu}{E}\frac{A}{\rho}+\frac{2(1-\nu)}{E}C\rho \tag{6-237}$$

其边界条件，当 $\rho=r$ 时，有

$$u_\rho=-\frac{1+\nu}{E}\frac{A}{r}+\frac{2(1-\nu)}{E}Cr=0 \tag{6-238}$$

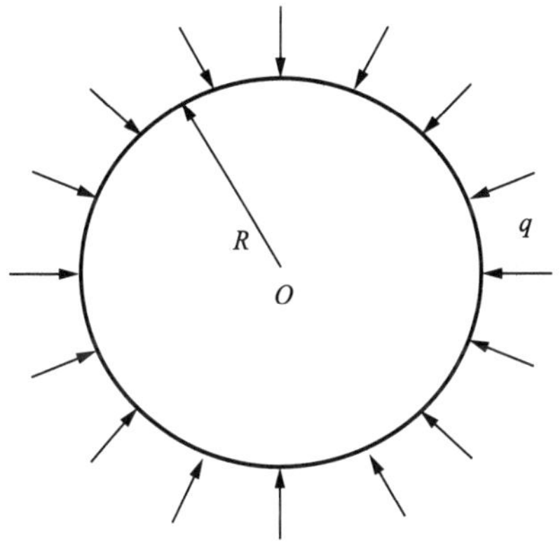

图6.15　轴对称圆盘四周承受均布外压

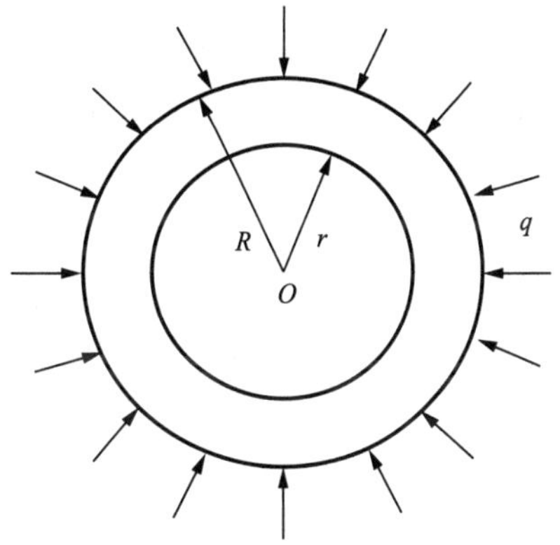

图 6.16　内壁固定的轴对称圆筒承受均布外压

当 $\rho=R$ 时，有

$$\sigma_r=\frac{A}{R^2}+2C \tag{6-239}$$

由上可以得到该问题的最终解答，其中待定常数 $A=-\dfrac{(1-\nu)qr^2R^2}{(1-\nu)r^2+(1+\nu)R^2}$，$C=-\dfrac{(1+\nu)qR^2}{2(1-\nu)r^2+2(1+\nu)R^2}$。

应力解答为

$$\begin{cases}\sigma_\rho=-\dfrac{q(1+\nu)R^2}{(1-\nu)r^2+(1+\nu)R^2}\left[1+\dfrac{(1-\nu)r^2}{(1+\nu)\rho^2}\right]\\ \sigma_\varphi=-\dfrac{q(1+\nu)R^2}{(1-\nu)r^2+(1+\nu)R^2}\left[1-\dfrac{(1-\nu)r^2}{(1+\nu)\rho^2}\right]\end{cases} \tag{6-240}$$

位移解答为

$$u_\rho=-\frac{q(1-\nu^2)R^2}{E[(1-\nu)r^2+(1+\nu)R^2]}\left(\rho-\frac{r^2}{\rho}\right) \tag{6-241}$$

应变解答为

$$\begin{cases}\varepsilon_\rho=-\dfrac{q(1-\nu^2)R^2}{E[(1-\nu)r^2+(1+\nu)R^2]}\left(1+\dfrac{r^2}{\rho^2}\right)\\ \varepsilon_\varphi=-\dfrac{q(1-\nu^2)R^2}{E[(1-\nu)r^2+(1+\nu)R^2]}\left(1-\dfrac{r^2}{\rho^2}\right)\end{cases} \tag{6-242}$$

6.6.2 压力隧洞问题

在实际工程中，例如深埋油气管道、供水系统、城市地下交通等问题，都涉及压力隧洞问题。在弹性力学中，我们将压力隧洞抽象为一个受内压的圆筒埋在无限大弹性体中，如图 6.17 所示。

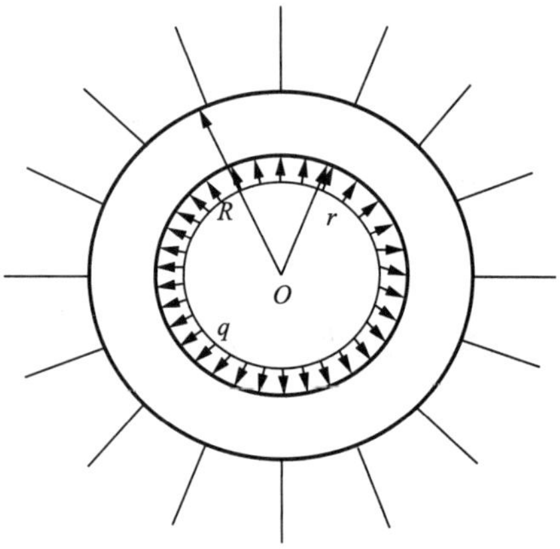

图 6.17 压力隧洞问题

设圆筒内半径为 r，外半径为 R，筒周围的无限大弹性体可看作内半径为 R 而外半径为无限大的圆筒。显然，这是一个轴对称应力问题，可直接引用前面所获得的应力和位移的一般性解答。

但是，由于圆筒和无限大弹性体二者的组成材料不同，不符合均匀性的基本假定，因而不能用同一个函数表示其解答。

对于圆筒，有

$$\begin{cases}\sigma_\rho=\dfrac{A}{\rho^2}+2C\\ \sigma_\varphi=-\dfrac{A}{\rho^2}+2C\end{cases} \tag{6-243}$$

对于无限大弹性体，有

$$\begin{cases}\sigma_\rho{}'=\dfrac{A'}{\rho^2}+2C'\\ \sigma_\varphi{}'=-\dfrac{A'}{\rho^2}+2C'\end{cases} \tag{6-244}$$

其边界条件为

$$\begin{cases}(\sigma_\rho)_{\rho=r}=-q\\ (\tau_{\rho\varphi})_{\rho=r}=0\end{cases} \tag{6-245}$$

在远离圆筒处，即无限远处，根据圣维南原理，几乎没有应力，即可得到应力解答

$$\begin{cases}(\sigma_\rho{}')_{\rho\to\infty}=(\sigma_\varphi{}')_{\rho\to\infty}=0\\ (\tau_{\rho\varphi}{}')_{\rho\to\infty}=0\end{cases} \tag{6-246}$$

假定圆筒和无限大弹性体在接触面上保持“完全接触”，即既不互相脱离也不互相滑动。那么，在接触面上，应力方面的接触条件为

$$\begin{cases}(\sigma_\rho{}')_{\rho=R}=(\sigma_\rho)_{\rho=R}\\(\tau_{\rho\varphi}{}')_{\rho=R}=(\tau_{\rho\varphi})_{\rho=R}\end{cases}\tag{6-247}$$

位移方面的接触条件为

$$\begin{cases}(u_\rho{}')_{\rho=R}=(u_\rho)_{\rho=R}\\(u_\varphi{}')_{\rho=R}=(u_\varphi)_{\rho=R}\end{cases}\tag{6-248}$$

则有

$$\begin{aligned}&\frac{1}{E}\left[-(1+\nu)\frac{A}{R}+2(1-\nu)CR\right]+I\cos\varphi+K\sin\varphi\\&=\frac{1}{E'}\left[-(1+\nu')\frac{A'}{R}+2(1-\nu')C'R\right]+I'\cos\varphi+K'\sin\varphi\end{aligned}\tag{6-249}$$

对应常数之间的关系为 $H=H'$，$I=I'$，$K=K'$。式(6-249)简化为

$$\frac{1}{E}\left[-(1+\nu)\frac{A}{R}+2(1-\nu)CR\right]=\frac{1}{E'}\left[-(1+\nu')\frac{A'}{R}+2(1-\nu')C'R\right]\tag{6-250}$$

其他条件为

$$\begin{cases}\dfrac{A}{r^2}+2C=-q\\2C'=0\\\dfrac{A}{R^2}+2C=\dfrac{A'}{R^2}+2C'\end{cases}\tag{6-251}$$

由于考虑的问题为平面应变问题，故有 $E\rightarrow\dfrac{E}{1-\mu^2}$，$\mu\rightarrow\dfrac{\mu}{1-\mu}$。

最终得到的应力解答为

$$\begin{cases}\sigma_\rho=-q\dfrac{[1+(1-2\nu)n]\dfrac{R^2}{\rho^2}-(1-n)}{[1+(1-2\nu)n]\dfrac{R^2}{r^2}-(1-n)}\\\sigma_\varphi=q\dfrac{[1+(1-2\nu)n]\dfrac{R^2}{\rho^2}+(1-n)}{[1+(1-2\nu)n]\dfrac{R^2}{r^2}-(1-n)}\\\sigma_\rho{}'=-\sigma_\varphi{}'=-q\dfrac{2(1-\nu)n\dfrac{R^2}{\rho^2}}{[1+(1-2\nu)n]\dfrac{R^2}{r^2}-(1-n)}\end{cases}\tag{6-252}$$

式中，$n=\dfrac{1+\nu}{E}\bigg/\dfrac{1+\nu'}{E'}$。

6.6.3　孔口应力集中

在许多工程结构中，常常根据需要设置一些孔口，譬如桥梁、水坝等的泄水孔。由于开孔，孔口附近的应力将远大于无孔时的应力，也远大于距孔口较远处的应力，这种现象称为孔口应力集中(stress concentration)。下面我们来研究“小圆孔”的孔口应力集中问题，所谓

“小”，即圆孔的直径远小于弹性体的尺寸，并且孔边距弹性体的边界比较远。

如图 6.18 所示，设有矩形薄板，在离开边界较远处有半径为 r 的小圆孔。坐标原点取在圆孔的中心，直角坐标轴平行于板边。

首先我们来求解两种基本载荷形式下薄板内的应力分布。

如图 6.19 所示，矩形薄板四边受集度为 q 的均布拉力。就薄板的边界条件而论，宜用直角坐标；就圆孔的边界条件而论，宜用极坐标。因为我们主要考察圆孔附近的应力，所以用极坐标求解，从而需要首先将薄板的直边界“改造”为圆边界。

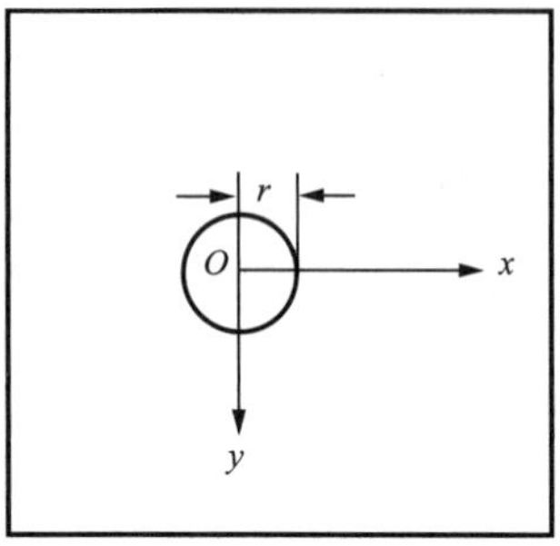

图 6.18　含小孔薄板

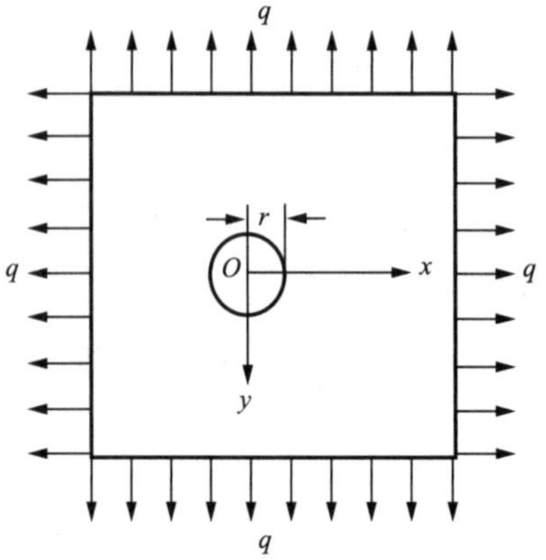

图 6.19　承受均布拉力的薄板

为此，我们以坐标原点为圆心，以远大于 r 的某一长度 R 为半径做一个大圆。在大圆周上，其应力情况当与无孔时相同，即

$$\begin{cases}\sigma_x = q \\ \sigma_y = q \\ \tau_{xy} = 0\end{cases} \tag{6-253}$$

根据坐标变换关系可以得到大圆周上的极坐标应力分量为

$$\begin{cases}\sigma_\rho = q \\ \tau_{\rho\varphi} = 0\end{cases} \tag{6-254}$$

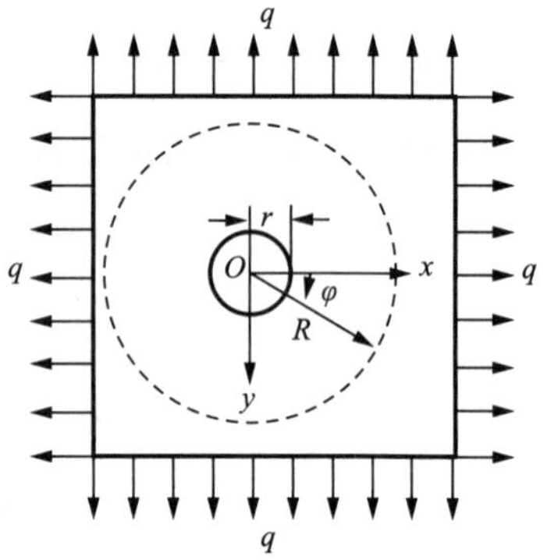

图 6.20　问题等价模型

从而原来的问题成为这样一个新问题(图 6.20)：内半径为 r、外半径为 R 的圆环，内边界自由，而外边界上受均布拉力 q。

为得到该问题的解，只需在前述给出的圆环受均布压力的拉梅解答中令 $q_1=0$，$q_2=-q$，则有

$$\begin{cases}\sigma_\rho = q\dfrac{1-\dfrac{r^2}{\rho^2}}{1-\dfrac{r^2}{R^2}} \\ \sigma_\varphi = q\dfrac{1+\dfrac{r^2}{\rho^2}}{1-\dfrac{r^2}{R^2}} \\ \tau_{\rho\varphi} = \tau_{\varphi\rho} = 0\end{cases} \tag{6-255}$$

考虑到大圆半径 R 远大于小圆孔半径 r，可取 $r/R=0$，最后我们得到

$$\begin{cases}\sigma_\rho=q\left(1-\dfrac{r^2}{\rho^2}\right)\\ \sigma_\varphi=q\left(1+\dfrac{r^2}{\rho^2}\right)\\ \tau_{\rho\varphi}=\tau_{\varphi\rho}=0\end{cases} \tag{6-256}$$

这就是第一种基本载荷形式下，含小圆孔薄板的应力解答。

如图 6.21 所示为第二种情况，矩形薄板在左右两边受均布拉力 q，在上下两边受均布压力 q。经过与前述相同的处理和分析可知在大圆周处，应力情况当与无孔时相同，也就是 $\sigma_x=q$，$\sigma_y=-q$，$\tau_{xy}=0$。可知此时大圆周上的极坐标应力分量为

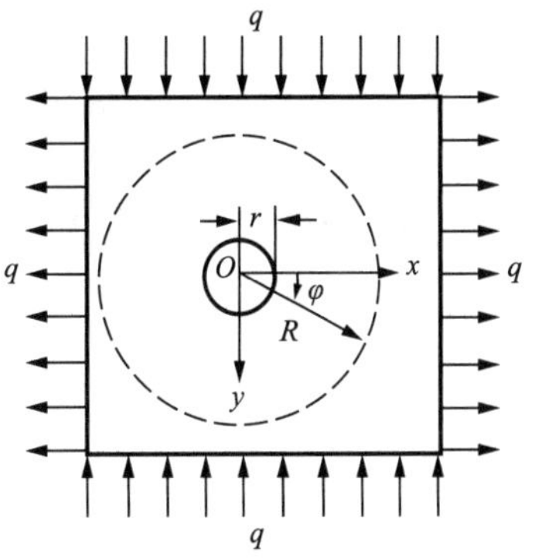

图 6.21　承受均布载荷的薄板

$$\begin{cases}(\sigma_\rho)_{\rho=R}=q\cos^2\varphi-q\sin^2\varphi=q\cos 2\varphi\\ (\tau_{\rho\varphi})_{\rho=R}=-2q\sin\varphi\cos\varphi=-q\sin 2\varphi\\ (\sigma_\rho)_{\rho=r}=0\\ (\tau_{\rho\varphi})_{\rho=r}=0\end{cases} \tag{6-257}$$

因为圆环外边界的应力边界条件与极角有关，所以这不再是轴对称应力问题，无法引用轴对称应力的一般性解答。此时可以假设

$$\begin{cases}\sigma_\rho=f_1(\rho)\cos 2\varphi\\ \tau_{\rho\varphi}=f_2(\rho)\sin 2\varphi\end{cases} \tag{6-258}$$

根据应力公式

$$\begin{cases}\sigma_\rho=\dfrac{1}{\rho}\dfrac{\partial\phi}{\partial\rho}+\dfrac{1}{\rho^2}\dfrac{\partial^2\phi}{\partial\varphi^2}\\ \tau_{\rho\varphi}=-\dfrac{\partial}{\partial\rho}\left(\dfrac{1}{\rho}\dfrac{\partial\phi}{\partial\varphi}\right)\end{cases} \tag{6-259}$$

可以假设

$$\phi=f(\rho)\cos 2\varphi \tag{6-260}$$

则有

$$\nabla^4\phi=\left(\frac{\partial^2}{\partial\rho^2}+\frac{1}{\rho}\frac{\partial}{\partial\rho}+\frac{1}{\rho^2}\frac{\partial^2}{\partial\varphi^2}\right)^2\phi=0 \tag{6-261}$$

整理得到

$$\cos 2\varphi\left[\frac{\mathrm{d}^4 f(\rho)}{\mathrm{d}\rho^4}+\frac{2}{\rho}\frac{\mathrm{d}^3 f(\rho)}{\mathrm{d}\rho^3}-\frac{9}{\rho^2}\frac{\mathrm{d}^2 f(\rho)}{\mathrm{d}\rho^2}+\frac{9}{\rho^3}\frac{\mathrm{d}f(\rho)}{\mathrm{d}\rho}\right]=0 \tag{6-262}$$

亦即

$$\frac{\mathrm{d}^4 f(\rho)}{\mathrm{d}\rho^4}+\frac{2}{\rho}\frac{\mathrm{d}^3 f(\rho)}{\mathrm{d}\rho^3}-\frac{9}{\rho^2}\frac{\mathrm{d}^2 f(\rho)}{\mathrm{d}\rho^2}+\frac{9}{\rho^3}\frac{\mathrm{d}f(\rho)}{\mathrm{d}\rho}=0 \tag{6-263}$$

此为欧拉方程，其解答为

$$f(\rho)=A\rho^4+B\rho^2+C+\frac{D}{\rho^2} \tag{6-264}$$

则有

$$\phi=\cos 2\varphi\left(A\rho^4+B\rho^2+C+\frac{D}{\rho^2}\right) \tag{6-265}$$

根据应力函数的定义，则有

$$\begin{cases}\sigma_\rho=-\cos 2\varphi\left(2B+\dfrac{4C}{\rho^2}+\dfrac{6D}{\rho^4}\right)\\ \sigma_\varphi=\cos 2\varphi\left(12A\rho^2+2B+\dfrac{6D}{\rho^4}\right)\\ \tau_{\rho\varphi}=\sin 2\varphi\left(6A\rho^2+2B-\dfrac{2C}{\rho^2}-\dfrac{6D}{\rho^4}\right)\end{cases} \tag{6-266}$$

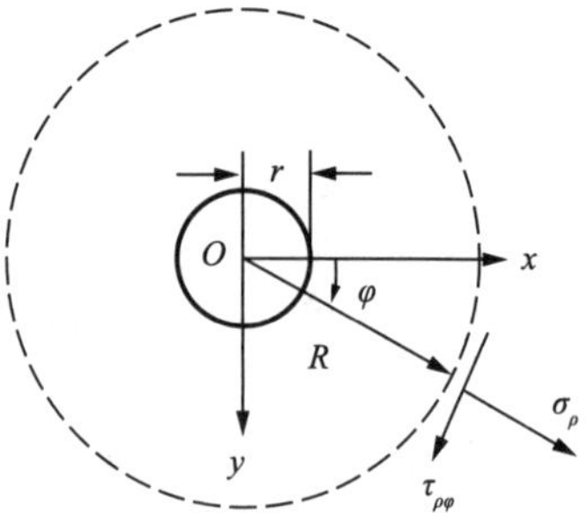

图 6.22　极坐标中应力场

代入边界条件可得 $A=0, B=-\frac{q}{2}, C=qr^2, D=-\frac{qr^4}{2}$。则有

$$\begin{cases}\sigma_\rho=q\cos 2\varphi\left(1-\dfrac{r^2}{\rho^2}\right)\left(1-3\,\dfrac{r^2}{\rho^2}\right)\\ \sigma_\varphi=-q\cos 2\varphi\left(1+3\,\dfrac{r^4}{\rho^4}\right)\\ \tau_{\rho\varphi}=\tau_{\varphi\rho}=-q\sin 2\varphi\left(1-\dfrac{r^2}{\rho^2}\right)\left(1+3\,\dfrac{r^2}{\rho^2}\right)\end{cases} \tag{6-267}$$

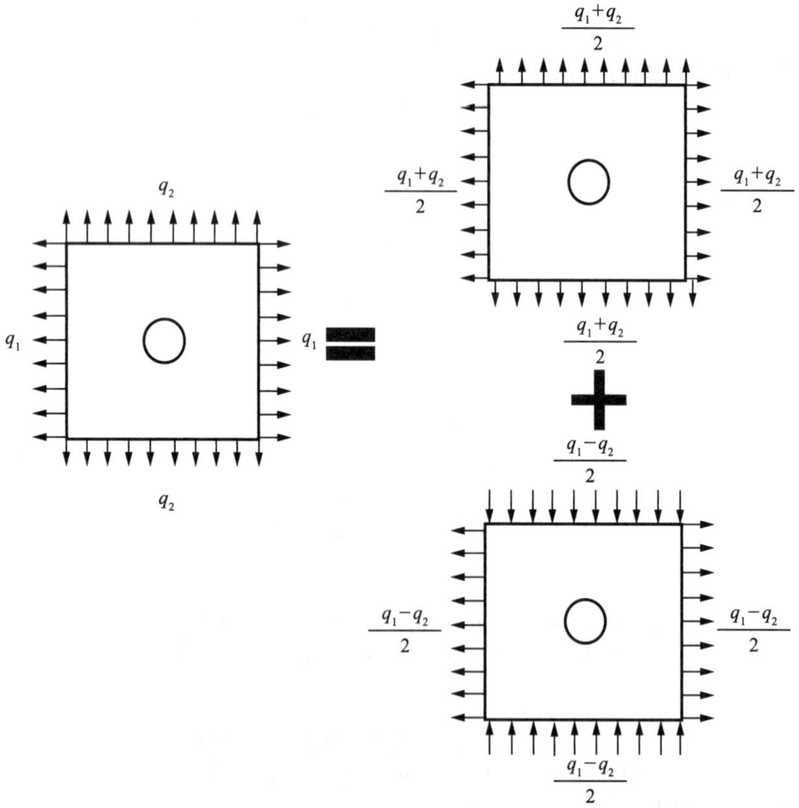

图 6.23　叠加示意图

特别的，如图 6-23 所示，当 $q_1=q, q_2=0$ 时，矩形薄板只在左右两边受均布拉力 q 作用，使用叠加法可得到基尔斯的解答

$$\begin{cases}\sigma_\rho=\dfrac{q}{2}\left(1-\dfrac{r^2}{\rho^2}\right)+\dfrac{q}{2}\cos 2\varphi\left(1-\dfrac{r^2}{\rho^2}\right)\left(1-3\dfrac{r^2}{\rho^2}\right)\\ \sigma_\varphi=\dfrac{q}{2}\left(1+\dfrac{r^2}{\rho^2}\right)-\dfrac{q}{2}\cos 2\varphi\left(1+3\dfrac{r^4}{\rho^4}\right)\\ \tau_{\rho\varphi}=\tau_{\varphi\rho}=-\dfrac{q}{2}\sin 2\varphi\left(1-\dfrac{r^2}{\rho^2}\right)\left(1+3\dfrac{r^2}{\rho^2}\right)\end{cases} \tag{6-268}$$

由含小圆孔矩形薄板的应力解答可以看出，应力集中现象具有如下特点：一是集中性，圆孔附近的应力远大于较远处的应力，且最大和最小应力一般都发生在孔边；二是局部性，由开孔引起的应力扰动主要发生在距孔边 1.5 倍的直径范围内，在此区域外，由于开孔引起的应力扰动值一般小于 5%，可以忽略不计(图 6.24)。

如果任意形状的薄板受任意面力，而在距边界较远处有一小圆孔，那么，只要有了无孔时的应力解答，就可以计算孔附近的应力。为此，只需先求出无孔时相应于圆孔中心处的应力分量，再求出两个主应力 σ_1 和 σ_2 以及主方向，并令 $q_1=\sigma_1$，$q_2=\sigma_2$，采用前面讲述的叠加法，即可得到在工程上具有参考价值的应力解答。

6.6.4　楔形体问题

我们将采用半逆解法导出的楔形体在楔顶受集中力的应力解答作为特例，得到半平面体在边界上受法向集中力的符拉芒解答。

设有楔形物体，顶端开角为 α，底端看作无限长。如图 6.25 所示，不计体力，楔顶受斜方向的集度为 F 的均布线载荷，F 与楔形体横截面中心线所夹角度设为 β，试求其内部的应力分量。

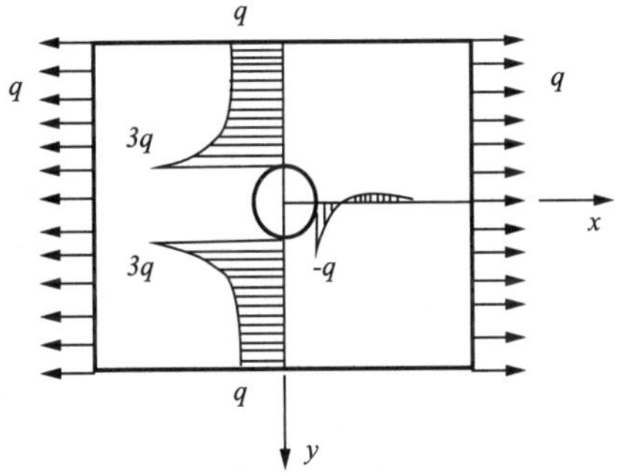

图 6.24　应力集中

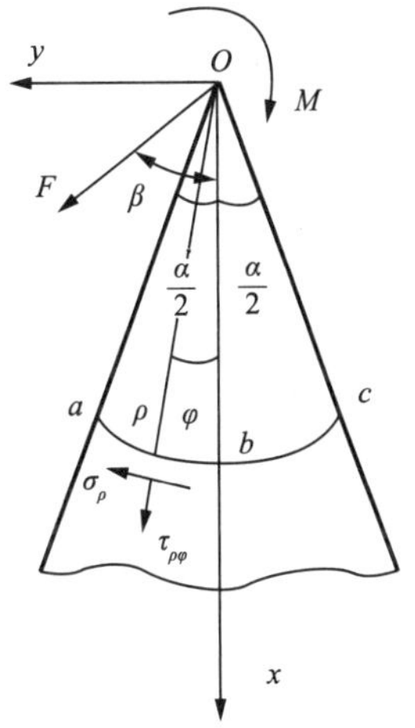

图 6.25　楔形体受力

将坐标原点取在楔顶上，楔顶向里作为 z 轴，竖直中心线为 x 轴，水平线为 y 轴，建立如图 6.25 所示的坐标系。如果楔形体在 z 方向具有有限厚度，则该问题是平面应力问题；如果楔形体在 z 方向无限长，则是平面应变问题。因为不计体力、不存在位移边界，并且楔形体是单连体，所以根据第 2 章按应力求解平面问题的基本理论，该问题的应力解答中必定不含弹性常数，也与平面问题的类型无关。

首先，我们使用量纲分析的方法设定应力分量的函数形式。一般情况下，弹性体内所产生的应力应与下列因素有关

$$\frac{F}{\rho}N(\alpha,\beta,\varphi) \tag{6-269}$$

由极坐标中应力分量与应力函数之间的关系式

$$\begin{cases} \sigma_\rho=\dfrac{1}{\rho}\dfrac{\partial\phi}{\partial\rho}+\dfrac{1}{\rho^2}\dfrac{\partial^2\phi}{\partial\varphi^2} \\ \sigma_\varphi=\dfrac{\partial^2\phi}{\partial\rho^2} \\ \tau_{\rho\varphi}=\tau_{\varphi\rho}=-\dfrac{\partial}{\partial\rho}\left(\dfrac{1}{\rho}\dfrac{\partial\phi}{\partial\varphi}\right) \end{cases} \tag{6-270}$$

我们看到，应力函数 ϕ 关于 ρ 降两个幂次得到应力，因此，极径 ρ 应以一次幂形式出现在应力函数 ϕ 的表达式中，即

$$\phi=\rho f(\varphi) \tag{6-271}$$

将其代入相容方程，可以得到

$$\nabla^4\phi=\left(\frac{\partial^2}{\partial\rho^2}+\frac{1}{\rho}\frac{\partial}{\partial\rho}+\frac{1}{\rho^2}\frac{\partial^2}{\partial\varphi^2}\right)^2\phi=0 \tag{6-272}$$

整理得到

$$f^{(4)}(\varphi)+2f^{(2)}(\varphi)+f(\varphi)=0 \tag{6-273}$$

此方程的解答为

$$f(\varphi)=A\cos\varphi+B\sin\varphi+\varphi(C\cos\varphi+D\sin\varphi) \tag{6-274}$$

则应力函数为

$$\phi=\rho f(\varphi)=A\rho\cos\varphi+B\rho\sin\varphi+\rho\varphi(C\cos\varphi+D\sin\varphi) \tag{6-275}$$

式中，A,B,C,D 为待定的积分常数，则应力分量对应为

$$\begin{cases} \sigma_\rho=\dfrac{2}{\rho}(D\cos\varphi-C\sin\varphi) \\ \sigma_\varphi=0 \\ \tau_{\rho\varphi}=\tau_{\varphi\rho}=0 \end{cases} \tag{6-276}$$

由于楔形体的侧面无面力作用，故在除去楔顶的两侧面，应力边界条件为

$$\begin{cases} (\sigma_\varphi)_{\varphi=\pm\alpha/2,\rho\neq0}=0 \\ (\tau_{\varphi\rho})_{\varphi=\pm\alpha/2,\rho\neq0}=0 \end{cases} \tag{6-277}$$

在楔顶，由于集中线载荷的作用，无法按常规写出应力边界条件。如图 6.26 所示，现在我们假想以 O 为圆心、以任意的 ρ 为半径做圆弧 abc，取出一个隔离体 $Oabc$，则弧面上径向正应力合成的效果应与 F 相平衡，于是有如下的平衡条件

$$\begin{cases} \displaystyle\int_{-\alpha/2}^{\alpha/2}\sigma_\rho\cdot\rho\mathrm{d}\varphi\cdot\cos\varphi+F\cos\beta=0 \\ \displaystyle\int_{-\alpha/2}^{\alpha/2}\sigma_\rho\cdot\rho\mathrm{d}\varphi\cdot\sin\varphi+F\sin\beta=0 \end{cases} \tag{6-278}$$

则有 $D=-\dfrac{F\cos\beta}{\alpha+\sin\alpha}$，$C=\dfrac{F\sin\beta}{\alpha-\sin\alpha}$。

对应的应力分量为

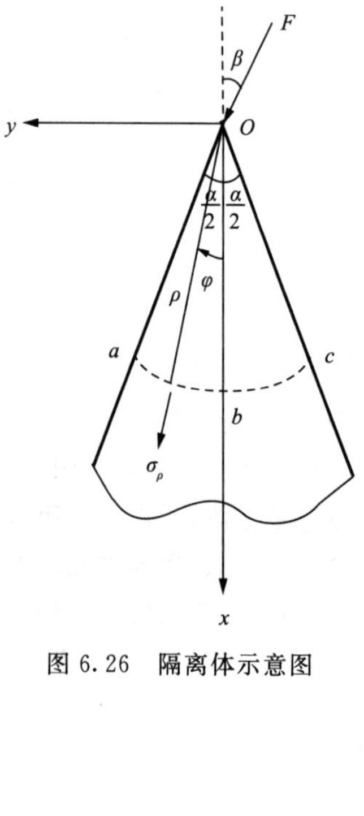

图 6.26 隔离体示意图

$$\begin{cases}\sigma_\rho=-\dfrac{2F}{\rho}\left(\dfrac{\cos\beta}{\alpha+\sin\alpha}\cos\varphi+\dfrac{\sin\beta}{\alpha-\sin\alpha}\sin\varphi\right)\\ \sigma_\varphi=\tau_{\rho\varphi}=\tau_{\varphi\rho}=0\end{cases}\tag{6-279}$$

当 $\alpha=\pi$ 时，楔形体成为半平面体，有

$$\begin{cases}\sigma_\rho=-\dfrac{2F}{\pi\rho}(\cos\beta\cos\varphi+\sin\beta\sin\varphi)\\ \sigma_\varphi=\tau_{\rho\varphi}=\tau_{\varphi\rho}=0\end{cases}\tag{6-280}$$

再令 $\beta=0$，则有

$$\begin{cases}\sigma_\rho=-\dfrac{2F}{\pi}\dfrac{\cos\varphi}{\rho}\\ \sigma_\varphi=\tau_{\rho\varphi}=\tau_{\varphi\rho}=0\end{cases}\tag{6-281}$$

由此可知，环向正应力和切应力均为零，径向正应力与极径成反比，极径越大，径向正应力越小；极径无限小时，径向正应力无限增大，该解答具有奇异性。

如图 6.27 所示，若在半平面体内做一直径为 d 且在 O 点与边界相切的圆，则圆上（实际为圆柱面上）各点满足 $\dfrac{\cos\varphi}{\rho}=\dfrac{1}{d}$，$\sigma_\rho=-\dfrac{2F}{\pi d}$。为了满足圆外周的边界条件，可以用三组应力分布进行叠加而求解。利用这个结果可得岩石力学中测定岩石抗拉强度的巴西圆盘劈裂实验的理论依据（图 6.28）。

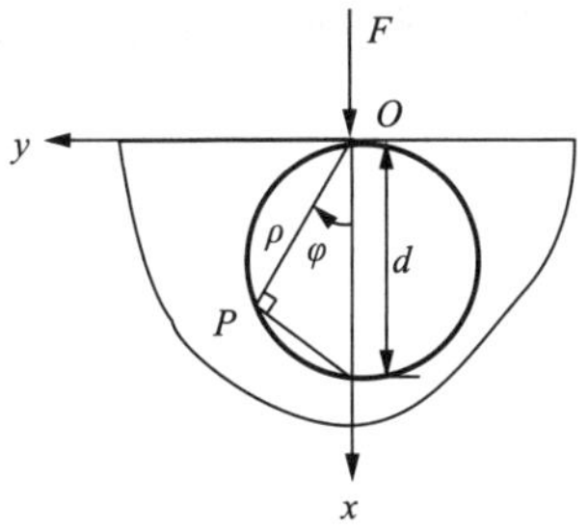

图6.27　集中力作用下受力图

图 6.28　巴西圆盘劈裂实验装置

6.7　平面热应力问题简介

前述平面问题仅考虑了由外加机械载荷引起的变形和应力。通常情况下，日常生活中的材料都具有热胀冷缩的性质，当温度改变时，弹性体就会因为膨胀或者收缩改变其构型。当这种变形由于受到外部约束而不能自由发生时，物体内部就会产生附加应力。这种因弹性体温度变化而引起的应力称为温度应力或者热应力（thermal stress）。在此我们以平面应力问题为例介绍热应力问题的求解思路。

6.7.1　热传导

两个温度不同的弹性体相接触，热量就会从高温物体向低温物体传递，这种现象称为热传导（heat conduction）。平面状态下，温度 T 是坐标和时间 t 的函数，即

$$T=T(x,y,t)\tag{6-282}$$

在某一时刻，物体内所有各点的温度分布统称为温度场。若温度场随时间而改变，则称为非定常温度场；若温度场不随时间而改变，则称为定常温度场，即

$$T=T(x,y) \tag{6-283}$$

温度场中温度相同的所有各点所组成的曲面称为等温面，在平面问题中对应着等温线。单位时间内通过等温面单位面积的热量称为热流密度，是一个矢量，记为 $\boldsymbol{q}$，它与等温面的法线方向一致。在各向同性材料中，热流密度与温度梯度成正比，单方向相反，此即所谓的傅里叶热传导定律

$$\begin{cases}\boldsymbol{q}=-k\nabla T\\ q_i=-k\dfrac{\partial T}{\partial x_i}\end{cases} \tag{6-284}$$

式中，k 为导热系数。这说明热流总是向着温度减小的方向流动。

根据傅里叶热传导定律和热力学第一定律可以推导出热传导方程

$$\frac{\partial T}{\partial t}=a^2\nabla^2 T+f \tag{6-285}$$

式中，热扩散率 $a^2=\dfrac{k}{c\rho}$，比热容为 c，密度为 ρ，f 为代表热源的函数。

如果体内无热源，并且温度场定常，则上述方程可以简化为拉普拉斯方程

$$\nabla^2 T=0 \tag{6-286}$$

为了完全确定物体内的温度场，还需要给定初始条件和边界条件。初始条件为

$$T(x,y,t)\big|_{t=0}=T_0(x,y) \tag{6-287}$$

常见的边界条件有以下三种：

(1) 给定边界温度，即

$$T(x,y,t)\big|_S=T_S(x,y,t) \tag{6-288}$$

(2) 给定边界法相热流密度，即

$$-k\frac{\partial T}{\partial n}\bigg|_S=q_{nS}(x,y,t) \tag{6-289}$$

(3) 对流交换条件，即弹性体通过边界与周围温度不同的流体介质进行热交换。设弹性体表面温度为 T_S，周围介质的温度为 T，按热交换规律，通过边界表面的法向热流密度 q_n 正比于物体与周围介质的温度，即

$$q_n\big|_S=\beta(T_S-T) \tag{6-290}$$

式中，β 为散热系数。

6.7.2 热弹性基本方程

热弹性分析中的基本方程仍然是几何方程、平衡方程和本构关系。其几何方程和平衡方程与等温弹性问题中的相同，即

$$\begin{cases}\boldsymbol{\varepsilon}=\dfrac{1}{2}(\nabla\boldsymbol{u}+\boldsymbol{u}\nabla)\\ \varepsilon_{ij}=\dfrac{1}{2}(u_{i,j}+u_{j,i})\end{cases} \tag{6-291}$$

$$\begin{cases}\nabla\cdot\boldsymbol{\sigma}+\boldsymbol{f}=\boldsymbol{0}\\ \sigma_{ij,j}+f_i=0\end{cases} \tag{6-292}$$

各向同性线性热弹性材料的本构关系为

$$\begin{cases}\boldsymbol{\sigma}=2G\boldsymbol{\varepsilon}+\lambda\operatorname{tr}\boldsymbol{\varepsilon}+\beta T\boldsymbol{I}\\ \sigma_{ij}=2G\varepsilon_{ij}+\lambda\varepsilon_{kk}\delta_{ij}+\beta T\delta_{ij}\end{cases}\tag{6-293}$$

$$\begin{cases}\boldsymbol{\varepsilon}=\dfrac{1+\nu}{E}\boldsymbol{\sigma}-\dfrac{\nu}{E}\operatorname{tr}\boldsymbol{\sigma}+\alpha T\boldsymbol{I}\\ \varepsilon_{ij}=\dfrac{1+\nu}{E}\sigma_{ij}-\dfrac{\nu}{E}\sigma_{kk}\delta_{ij}+\alpha T\delta_{ij}\end{cases}\tag{6-294}$$

式中，α 为线膨胀系数，且 $\beta=-\dfrac{E\alpha}{1-2\nu}$。

式(6-294)中最后一项的意义对应着材料的热胀冷缩，此时物体内会随着温度变化产生相应的变形，如果该种变形受到约束，则会产生对应的温度应力。

在直角坐标系中本构关系展开为

$$\begin{cases}\sigma_x=2G\varepsilon_x+\lambda\theta+\beta T\\ \sigma_y=2G\varepsilon_y+\lambda\theta+\beta T\\ \sigma_z=2G\varepsilon_z+\lambda\theta+\beta T\\ \tau_{xy}=G\gamma_{xy}\\ \tau_{yz}=G\gamma_{yz}\\ \tau_{zx}=G\gamma_{zx}\end{cases}\tag{6-295}$$

$$\begin{cases}\varepsilon_x=\dfrac{1}{E}[\sigma_x-\nu(\sigma_y+\sigma_z)]+\alpha T\\ \varepsilon_y=\dfrac{1}{E}[\sigma_y-\nu(\sigma_z+\sigma_x)]+\alpha T\\ \varepsilon_z=\dfrac{1}{E}[\sigma_z-\nu(\sigma_x+\sigma_y)]+\alpha T\\ \gamma_{xy}=\dfrac{1}{G}\tau_{xy}\\ \gamma_{yz}=\dfrac{1}{G}\tau_{yz}\\ \gamma_{zx}=\dfrac{1}{G}\tau_{zx}\end{cases}\tag{6-296}$$

求解热弹性问题的边界条件与等温弹性问题的一样，位移和应力边界条件分别为

$$\begin{cases}\boldsymbol{u}=\bar{\boldsymbol{u}}\\ u_i=\bar{u}_i\quad(\text{在 } S_u \text{ 上})\end{cases}\tag{6-297}$$

$$\begin{cases}\boldsymbol{n}\cdot\boldsymbol{\sigma}=\bar{\boldsymbol{t}}\\ n_i\sigma_{ij}=\bar{t}_j\quad(\text{在 } S_\sigma \text{ 上})\end{cases}\tag{6-298}$$

习　题

6-1　已知图 6.29 所示单位厚度的矩形薄板，其周边作用着均匀剪力 q。试求边界上的

$\dfrac{\partial\phi}{\partial x},\dfrac{\partial\phi}{\partial y},\phi$，以及板内的 ϕ，并求其应力分量(不计体力)。

6-2　已知如图 6.30 所示简支梁，在其上表面作用着均布载荷 q。试求应力函数 ϕ 及应力分量(不计体力)。

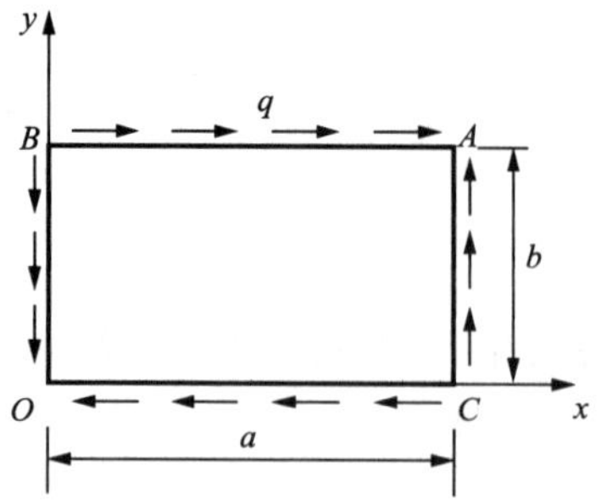

图 6.29　矩形薄板受力

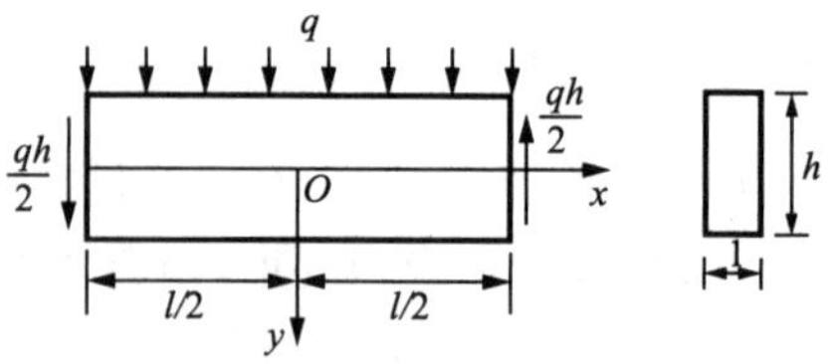

图 6.30　简支梁受力图

6-3　已知如图 6.31 所示的坝体，下端为无限长，左侧承受重度为 γ_1 液体的压力，坝体材料的重度为 γ，试求应力函数 ϕ 及应力分量。

6-4　建造在水中的墙体如图 6.32 所示，下端为无限长，承受轴向压力 P 和侧向力 P 作用，如图所示，虚线表示作用于墙体的侧向力 P 的位置。若应力函数 $\phi=Ay^3+Bx^2+Cxy+Dx^3y+Ex^3$，试求在 $y=3h$ 处截面上的应力分量及轴线在 x 方向位移的表达式(水的重度为 γ)。

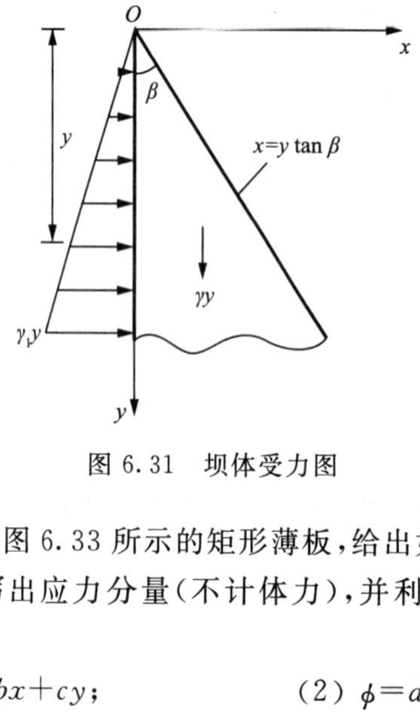

图 6.31　坝体受力图

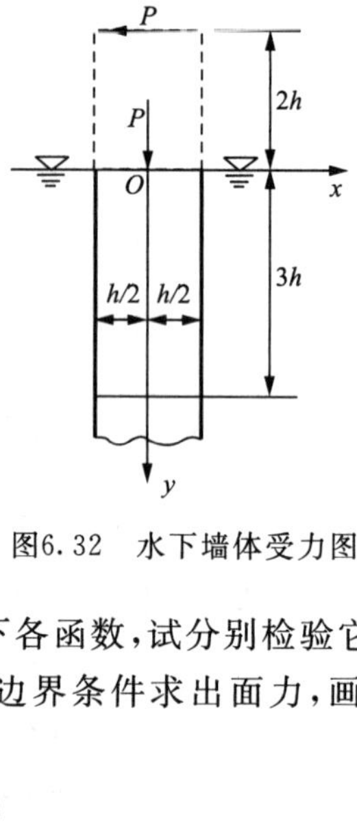

图6.32　水下墙体受力图

6-5　已知如图 6.33 所示的矩形薄板，给出如下各函数，试分别检验它们能否作为应力函数？若能，试写出应力分量(不计体力)，并利用边界条件求出面力，画在所示薄板的边界上。

(1) $\phi=a+bx+cy$；　　(2) $\phi=ay^2$；

(3) $\phi=axy$；　　(4) $\phi=ax^3$；

(5) $\phi=ax^2y$；　　(6) $\phi=ay^3$；

(7) $\phi=ay^4$；　　(8) $\phi=axy^3$；

(9) $\phi=ay^5$。

6-6　已知应力函数为 $\phi=A(x^3+xy^2)$，试求对于图 6.34 所示几种形状平板的面力(以表面的法向应力和切应力表示)。

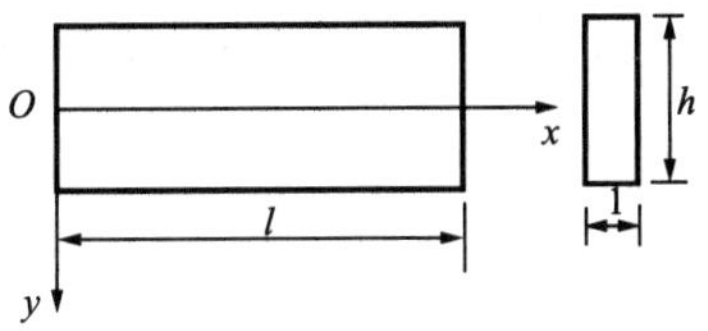

图 6.33　薄板受力图

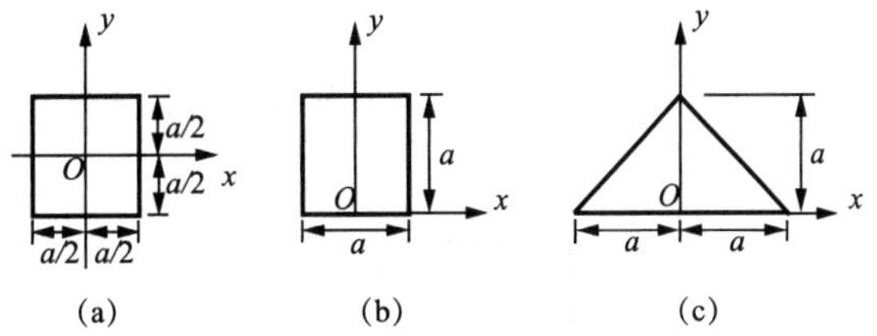

图 6.34　平板受力图

6-7　已知如图 6.35 所示悬挂板，在 O 点固定，若板的厚度为 1，宽度为 $2a$，长度为 l，材料的重度为 γ，试求该板在自重作用下的应力分量和位移分量。

6-8　已知等厚度板沿周边作用着均匀压力 $\sigma_x=\sigma_y=-q$，若 O 点不能移动和转动(图 6.36)，试求板内任意点 $A(x,y)$ 的位置分量。

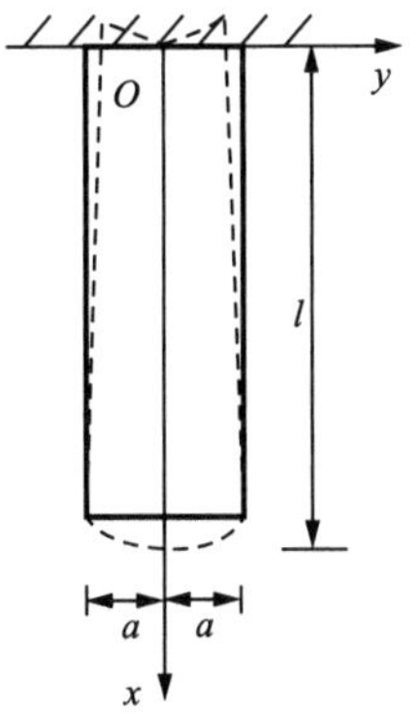

图 6.35　悬挂板受力图

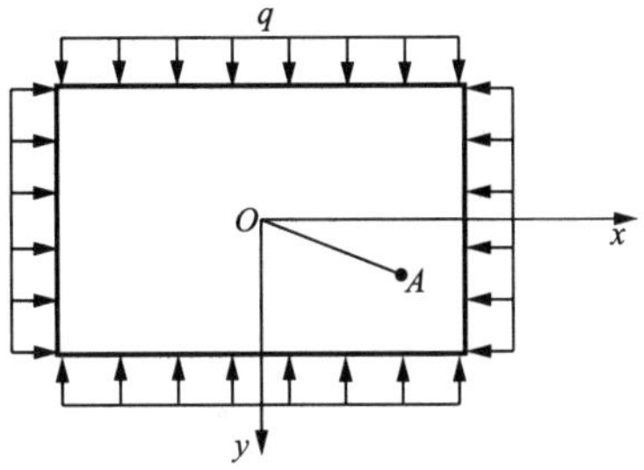

图 6.36　等厚度板受力图

6-9　已知悬臂梁如图 6.37 所示，若梁的正应力 σ_x 由材料力学公式给出，试由平衡方程式求出 τ_{xy} 及 σ_y，并检验该应力分量能否满足以应力分量表示的协调方程式？

6-10　如图 6.38 所示的矩形截面柱，左侧承受液体静压力作用，液体的重度为 γ_1，柱体材料的重度为 γ，试求应力函数及应力分量。

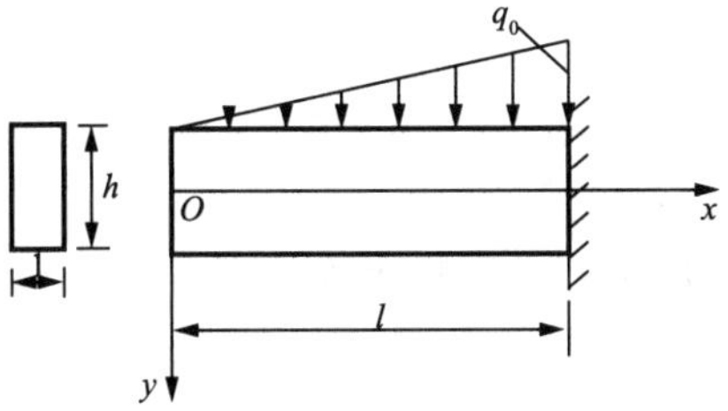

图 6.37　梁受力图

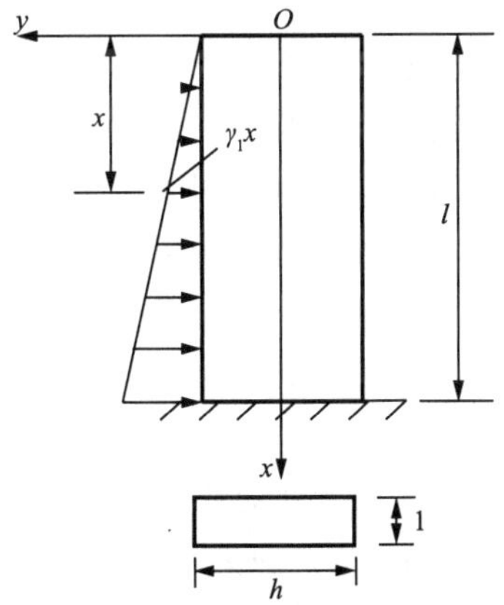

图 6.38　矩形截面柱体受力图

6-11　如图 6.39 所示矩形截面柱，侧面受均布剪力 q 的作用，试求应力函数及应力分量

(不计体力)。

6-12　如图 6.40 所示三角形悬臂梁,承受自重的作用,材料的重度为 γ,试求应力函数及应力分量。

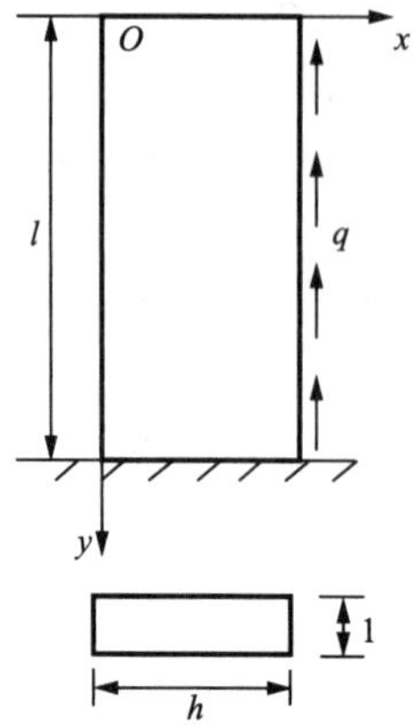

图 6.39　矩形截面柱体受力图

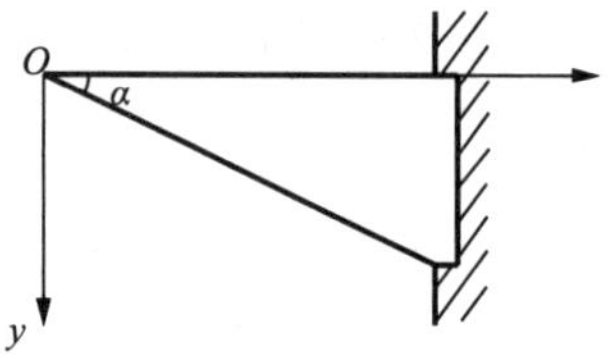

图 6.40　悬臂梁受力图

6-13　如图 6.41 所示矩形截面柱,承受偏心载荷作用,且不计其重量。若应力函数 $\phi = Ax^3 + Bx^2$,试求:

(1) 应力分量;

(2) 应变分量;

(3) 假设 O 点不移动,且该点处截面内的线单元不能转动,求其位移分量;

(4) 轴线的位移方程式。

6-14　已知厚壁筒的内半径为 a,外半径为 b。当只受内压 p_i 作用时,求内半径的增大量;当只受外压 p_e 作用时,求外半径的减小量。

6-15　厚壁筒内半径为 a,外半径为 b,同时承受内外压力作用,试问内压 p_i 与外压 p_e 什么关系时,内边界的周向应力恰好为 0。

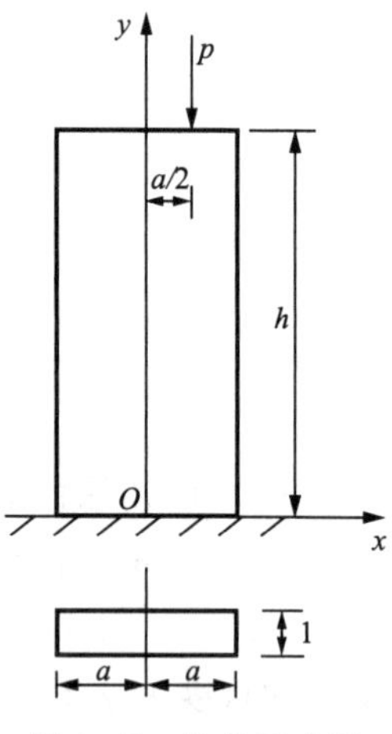

图 6.41　柱体受力图

6-16　设在厚壁筒外面套以绝对刚性的外管,如图 6.42 所示,厚壁筒承受内压 p_i 作用,试求厚壁筒的应力和位移。

6-17　已知内半径为 a,外半径为 b 的圆环,在外侧套一刚性圆环,因而其外径不能改变。当此圆环和刚性圆环共同以角速度 ω 旋转时,求环中的应力和位移。圆环材料的重度为 γ。

6-18　把内半径为 a,外半径为 b 的圆环套在半径为 $a+\delta$ 的刚性轴上,试问当旋转角速度 ω 为多大时,环与轴的套合压力为 0? 圆环材料的重度为 γ。

6-19　矩形薄板受纯剪切作用,如图 6.43 所示。设距板边缘较远处有一半径为 a 的小圆孔,试求孔边的最大正应力和最小正应力。

6-20　已知应力函数

$$\phi(r,\theta) = a_0 \ln r + b_0 r^2 + (a_1 r^2 + a_2 r^{-2} + b_1)\cos 2\theta$$

试求出响应的应力和位移的表达式。

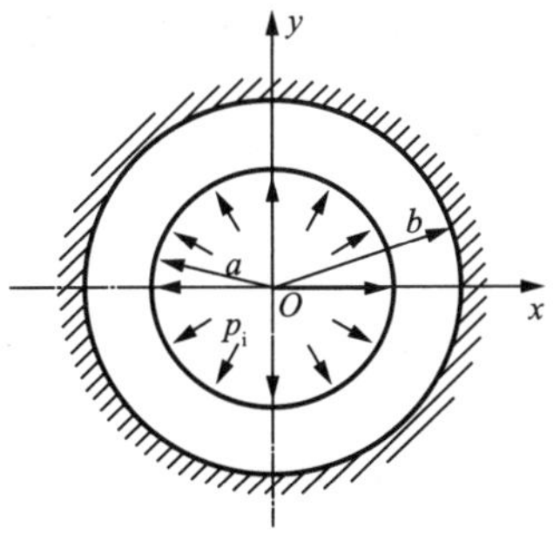

图 6.42 厚壁筒受力图

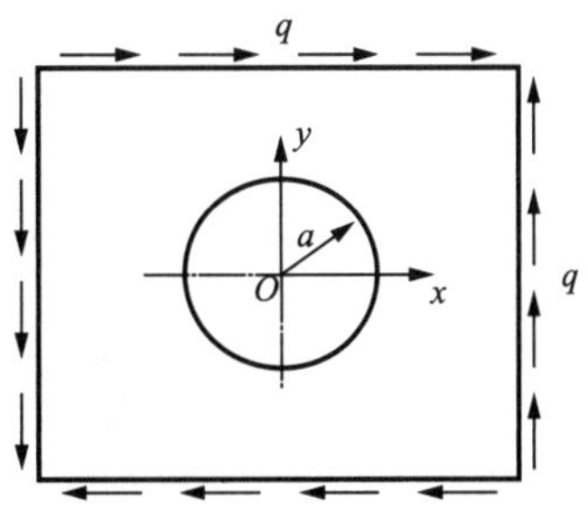

图 6.43 薄板受力图

6-21 试求如图 6.44 所示曲杆(四分之一圆环)的应力和位移。曲杆上端承受水平力 P,内半径为 a,外半径为 b。

6-22 试计算图 6.45 中使圆环缺口 α 闭合时所需要的弯矩,已知圆环的内半径为 a,外半径为 b,$\alpha \ll \pi$。

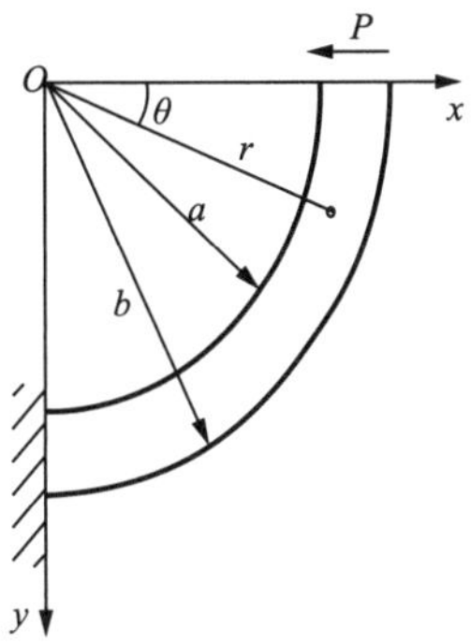

图 6.44 曲杆受力图

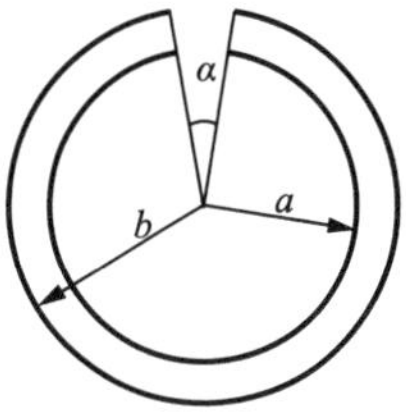

图 6.45 圆环受力图

6-23 已知楔形体顶角为 2α。作用于楔形体顶端的力 P 与楔形体对称轴线的夹角为 γ,如图 6.46 所示。试问 γ 为何值时,使得楔形体中任何点都不出现拉应力,并计算当 α 改变时 $\gamma_{\max}$ 的值。

6-24 试确定应力函数 $\phi = C[r^2(\alpha-\theta)+r^2\sin\theta\cos\theta - r^2\cos^2\theta\tan\alpha]$ 中的常数 C,使其满足图 6.47 所示的三角形板上下两边的边界条件。求出铅直截面 mn 上的应力分量 σ_x 和 τ_{xy} 的表达式。

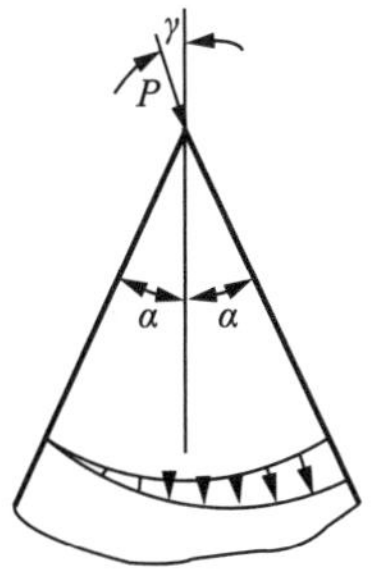

图 6.46 楔形体受力图

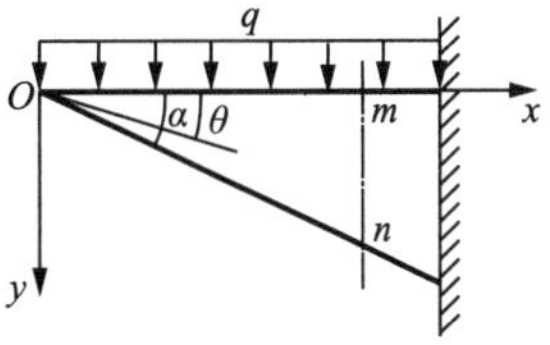

图 6.47 悬臂梁受力图

6-25　如图 6.48 所示楔形体，其两侧面上承受均布剪力 q 的作用，试求楔体中的应力。

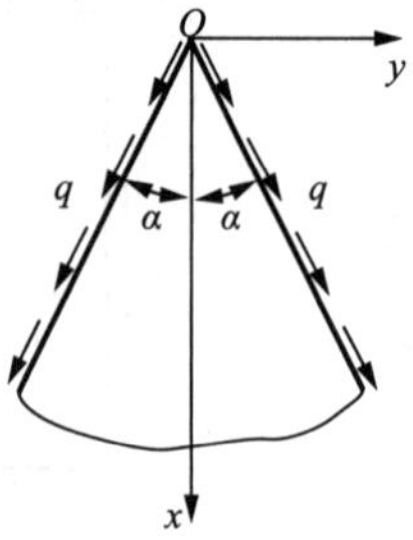

图 6.48　楔形体受力图

6-26　对于一楔形体，顶角为 2α，两边承受均布压应力 q 作用，试用应力函数 $\phi=r^3(a_1\cos\theta+b_1\sin\theta+a_3\cos 3\theta+b_3\cos 3\theta)$ 求出其应力分量。

第7章

等截面直杆的扭转

7.1 应力和位移

柱体的扭转是工程中广泛存在的一类实际问题。

我们在材料力学中研究过圆截面杆的扭转，当时实际上采用了平面假设，这是一种比较强的假设。对非圆截面杆的扭转，一般横截面不再保持平面，即截面会产生翘曲现象。

对于两端承受扭矩的一根等截面直杆，如果截面的翘曲不受任何限制，则这类扭转通常称为自由扭转；如果其截面的翘曲受到限制，则称为约束扭转。在约束扭转的条件下，该等截面直杆中会产生附加正应力。设有一根截面形状为任意平面图形的等截面直杆，其体力可以不计，在两端平面内受到转向相反的两个力偶，每个力偶的矩为 T。下面讨论如何求解杆内的应力和位移等变量。

首先需要说明的是，扭转问题是空间问题的一个特例，此处我们使用按应力求解的方法进行分析。首先，建立如图 7.1 所示的坐标系，取杆的上端平面为 xOy 面，形心为坐标原点 O，z 轴垂直向下。

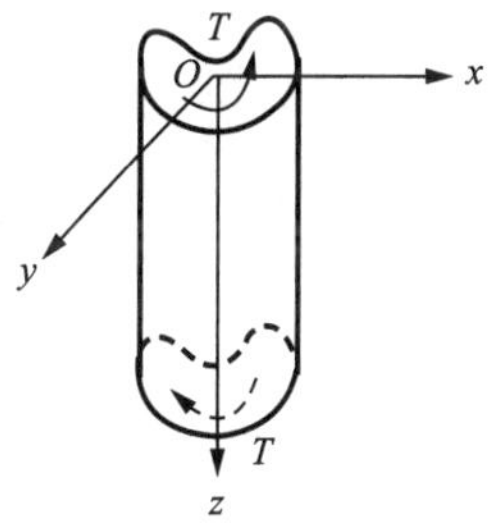

图 7.1　等截面直杆扭转

依据材料力学中对于等直圆杆扭转问题的解答，除了横截面上的切应力以外，其他应力分量都等于零。在此，对于如图 7.1 所示的等截面直杆，我们对其应力分量也做类似假设，即

$$\sigma_x=\sigma_y=\sigma_z=\tau_{xy}=0 \tag{7-1}$$

若直杆的体力分量均为零，即 $f_x=f_y=f_z=0$，则其对应的平衡方程可以简化为

$$\begin{cases}\dfrac{\partial\tau_{zx}}{\partial z}=0\\[2mm]\dfrac{\partial\tau_{zy}}{\partial z}=0\\[2mm]\dfrac{\partial\tau_{xz}}{\partial x}+\dfrac{\partial\tau_{yz}}{\partial y}=0\end{cases} \tag{7-2}$$

由前两个方程可见，τ_{xz}，τ_{yz}应当与 z 无关，即它们只是关于 x 和 y 的函数。另外考虑切应力互等，第三个方程可以改写为

$$\frac{\partial}{\partial x}(\tau_{zx})=\frac{\partial}{\partial y}(-\tau_{zy}) \tag{7-3}$$

则必存在一个势函数 ϕ 满足下列条件

$$\begin{cases}\tau_{zx}=\tau_{xz}=\dfrac{\partial\phi}{\partial y}\\ \tau_{zy}=\tau_{yz}=-\dfrac{\partial\phi}{\partial x}\end{cases} \tag{7-4}$$

式中，ϕ 称为普朗特扭转应力函数。

该问题所对应的相容方程可以进一步推导出来。根据式(7-1)可知，$\Theta=0$，又有$\nabla^2\tau_{yz}=0$，则有

$$\frac{\partial}{\partial x}\nabla^2\phi=0 \tag{7-5}$$

根据$\nabla^2\tau_{zx}=0$，有

$$\frac{\partial}{\partial y}\nabla^2\phi=0 \tag{7-6}$$

进一步可以判断得到

$$\nabla^2\phi=C \tag{7-7}$$

再来考察其边界条件。首先，在杆的自由侧面上没有面力作用，故其对应的法线 $n_3=0$，面力分量为 $\bar{t}_x=\bar{t}_y=\bar{t}_z=0$，对应的应力分量为 $\sigma_x=\sigma_y=\sigma_z=\tau_{xy}=0$。

根据上述条件，所得到的边界条件可以写为

$$n_1\tau_{xz}+n_2\tau_{yz}=0 \tag{7-8}$$

即

$$n_1\frac{\partial\phi}{\partial y}-n_2\frac{\partial\phi}{\partial x}=0 \tag{7-9}$$

式中，$n_1=\dfrac{\mathrm{d}y}{\mathrm{d}s}$，$n_2=-\dfrac{\mathrm{d}x}{\mathrm{d}s}$，$s$ 为弧长坐标。

式(7-9)可以写为

$$\frac{\partial\phi}{\partial y}\frac{\mathrm{d}y}{\mathrm{d}s}+\frac{\partial\phi}{\partial x}\frac{\mathrm{d}x}{\mathrm{d}s}=\frac{\mathrm{d}\phi}{\mathrm{d}s}=0 \tag{7-10}$$

这说明，在杆的侧面上(从俯视图来看，在横截面的边界曲线上)，应力函数的边界值应当是常量。

根据前述应力函数的定义可知，由于应力分量和应力势函数之间存在求导关系，因此当一个应力势函数增加或者减少一个常数时，其应力分量并不受影响。因此在直杆的横截面为单连通域(即实心杆)的情况下，为了简便起见，可以将应力函数的边界值取为 0，即$\phi_s=0$。

其次，在杆的端面，比如 $z=0$ 的上端面，必有 $n_1=n_2=0$，$n_3=-1$，并且 $\bar{t}_z=0$，而所对应的应力分量为 $\sigma_x=\sigma_y=\sigma_z=\tau_{xy}=0$。此时对应端面上的边界条件为

$$\begin{cases}-(\tau_{zx})_{z=0}=\bar{t}_x\\ -(\tau_{zy})_{z=0}=\bar{t}_y\end{cases} \tag{7-11}$$

因为面力 $\bar{t}_x$ 和 $\bar{t}_y$ 必须合成为力偶，而力偶的矩等于扭矩 T，所以要求

$$\begin{cases}\int_A \bar{t}_x \mathrm{d}A = 0 \\ \int_A \bar{t}_y \mathrm{d}A = 0 \\ \int_A (y\bar{t}_x - x\bar{t}_y)\mathrm{d}A = T\end{cases} \tag{7-12}$$

写出积分形式的应力边界条件如下

$$\begin{cases}\int_A \tau_{zx} \mathrm{d}A = 0 \\ \int_A \tau_{zy} \mathrm{d}A = 0 \\ -\int_A (y\tau_{zx} - x\tau_{zy})\mathrm{d}A = T\end{cases} \tag{7-13}$$

整理可以得到

$$-\int_A \left(y\frac{\partial\phi}{\partial y} + x\frac{\partial\phi}{\partial x}\right)\mathrm{d}A = T \tag{7-14}$$

根据分部积分，进而得到

$$-\oint_L (n_2 y\phi + n_1 x\phi)\mathrm{d}s + 2\int_A \phi\,\mathrm{d}A = T \tag{7-15}$$

由于在边界上，应力函数的取值为 0，故而可以得到

$$2\int_A \phi\,\mathrm{d}A = T \tag{7-16}$$

具体而言，有

$$\begin{cases}\boldsymbol{n} = n_1\boldsymbol{i} + n_2\boldsymbol{j} \\ n_1 = \cos\theta = \dfrac{\mathrm{d}y}{\mathrm{d}s} \\ n_2 = \sin\theta = -\dfrac{\mathrm{d}x}{\mathrm{d}s}\end{cases} \tag{7-17}$$

一般而言，P 和 Q 为给定函数，则有

$$\begin{cases}\int_A \dfrac{\partial Q}{\partial x}\mathrm{d}A = \oint_L Q\,\mathrm{d}y = \oint_L Q n_1\,\mathrm{d}s \\ \int_A \dfrac{\partial P}{\partial y}\mathrm{d}A = -\oint_L P\,\mathrm{d}x = \oint_L P n_2\,\mathrm{d}s\end{cases} \tag{7-18}$$

则有

$$\int_A \left(\frac{\partial Q}{\partial x} - \frac{\partial P}{\partial y}\right)\mathrm{d}A = \oint_L P\,\mathrm{d}x + Q\mathrm{d}y = \oint_L (Qn_1 - Pn_2)\mathrm{d}s \tag{7-19}$$

$$T = -\int_A \left(y\frac{\partial\phi}{\partial y} + x\frac{\partial\phi}{\partial x}\right)\mathrm{d}A = -\int_A \left[\frac{\partial(y\phi)}{\partial y} + \frac{\partial(x\phi)}{\partial x}\right]\mathrm{d}A + 2\int_A \phi\,\mathrm{d}A \tag{7-20}$$

令 $Q = x\phi$，$P = y\phi$，则有

$$\oint_L y\phi\,\mathrm{d}x - x\phi\,\mathrm{d}y\mathrm{d}s + 2\int_A \phi\,\mathrm{d}A = T \tag{7-21}$$

亦即

$$-\oint_L (n_2 y\phi + n_1 x\phi)\,\mathrm{d}s + 2\int_A \phi\,\mathrm{d}A = T \tag{7-22}$$

考虑边界条件,与前面结果一致。

将应力分量的表达式代入本构关系,可得应变分量

$$\begin{cases} \varepsilon_x = \varepsilon_y = \varepsilon_z = \gamma_{xy} = 0 \\ \gamma_{yz} = -\dfrac{1}{G}\dfrac{\partial \phi}{\partial x} \\ \gamma_{zx} = \dfrac{1}{G}\dfrac{\partial \phi}{\partial y} \end{cases} \tag{7-23}$$

代入几何方程可以得到

$$\frac{\partial u}{\partial x} = \frac{\partial v}{\partial y} = \frac{\partial w}{\partial z} = 0 \tag{7-24}$$

$$\frac{\partial u}{\partial y} + \frac{\partial v}{\partial x} = 0 \tag{7-25}$$

$$\frac{\partial w}{\partial y} + \frac{\partial v}{\partial z} = -\frac{1}{G}\frac{\partial \phi}{\partial x} \tag{7-26}$$

$$\frac{\partial w}{\partial x} + \frac{\partial u}{\partial z} = \frac{1}{G}\frac{\partial \phi}{\partial y} \tag{7-27}$$

再对几何方程进行积分,并剔除刚体位移,只保留与变形有关的位移,有

$$\begin{cases} u = -\alpha yz \\ v = \alpha xz \end{cases} \tag{7-28}$$

在柱坐标系中有

$$\begin{cases} u_\rho = 0 \\ u_\varphi = \alpha\rho z \end{cases} \tag{7-29}$$

可见,每个横截面在 xOy 面上的投影不改变形状,而只是转动一个角度 αz,即杆件的单位长度内的扭转角为 α。

将上面相关方程进行整理得到

$$\begin{cases} \dfrac{\partial w}{\partial x} = \dfrac{1}{G}\dfrac{\partial \phi}{\partial y} + \alpha y \\ \dfrac{\partial w}{\partial y} = -\dfrac{1}{G}\dfrac{\partial \phi}{\partial x} - \alpha x \end{cases} \tag{7-30}$$

将上面两式分别对 y 及 x 求导,然后相减,移项以后得

$$\nabla^2 \phi = -2G\alpha \tag{7-31}$$

可见,泊松方程中的常数 C 具有物理意义,即

$$C = -2G\alpha \tag{7-32}$$

7.2　椭圆形截面杆的扭转

设有一根等截面直杆，它的横截面具有一个椭圆边界，椭圆的长半轴为 a，短半轴为 b，则椭圆方程为

$$\frac{x^2}{a^2}+\frac{y^2}{b^2}-1=0 \tag{7-33}$$

而应力函数在横截面的边界上应当等于零，所以假设应力函数为

$$\phi=m\left(\frac{x^2}{a^2}+\frac{y^2}{b^2}-1\right) \tag{7-34}$$

式中，m 为一个常数。上式能保证侧面边界条件满足。下面继续考察该应力函数是否满足控制方程以及端面边界条件。

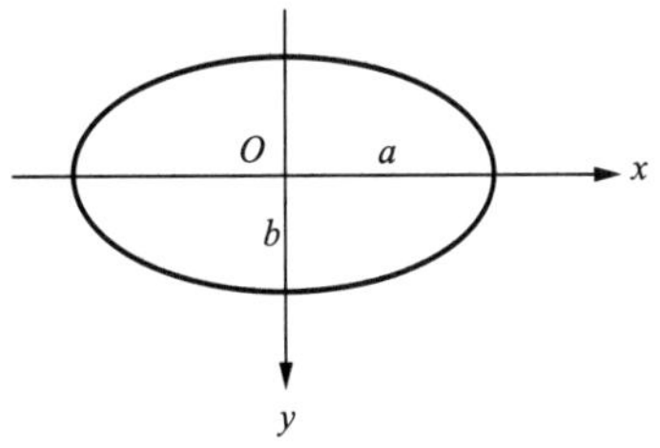

图 7.2　椭圆形等截面直杆扭转示意图

将应力函数代入控制方程

$$\nabla^2\phi=C \tag{7-35}$$

可以得到

$$\frac{2m}{a^2}+\frac{2m}{b^2}=C \tag{7-36}$$

进而可以得到 $m=\dfrac{a^2b^2}{2(a^2+b^2)}C$，则应力函数为

$$\phi=\frac{a^2b^2}{2(a^2+b^2)}C\left(\frac{x^2}{a^2}+\frac{y^2}{b^2}-1\right) \tag{7-37}$$

将上述表达式代入端面条件

$$2\int_A\phi\,\mathrm{d}A = T \tag{7-38}$$

可以得到

$$\frac{a^2b^2}{a^2+b^2}C\left(\frac{1}{a^2}\int_A x^2\,\mathrm{d}A+\frac{1}{b^2}\int_A y^2\,\mathrm{d}A-\int_A\mathrm{d}A\right)= T \tag{7-39}$$

而已知关系

$$\begin{cases}\displaystyle\int_A x^2\,\mathrm{d}A = I_y = \frac{\pi a^3 b}{4}\\ \displaystyle\int_A y^2\,\mathrm{d}A = I_x = \frac{\pi a b^3}{4}\\ \displaystyle\int_A \mathrm{d}A = A = \pi ab\end{cases} \tag{7-40}$$

将上述关系代入端面边界条件可以得到 $C=-\dfrac{2(a^2+b^2)}{\pi a^3b^3}T$，再回代可以得到应力函数

$$\phi=-\frac{T}{\pi ab}\left(\frac{x^2}{a^2}+\frac{y^2}{b^2}-1\right) \tag{7-41}$$

这个应力函数可以满足所有条件。应力分量为

$$\begin{cases}\tau_{zx}=\dfrac{\partial\phi}{\partial y}=-\dfrac{2T}{\pi ab^3}y \\ \tau_{zy}=-\dfrac{\partial\phi}{\partial x}=\dfrac{2T}{\pi a^3 b}x\end{cases} \tag{7-42}$$

横截面上任意一点的合成切应力为

$$\tau=\sqrt{\tau_{zx}^2+\tau_{zy}^2}=\frac{2T}{\pi ab}\sqrt{\frac{x^2}{a^4}+\frac{y^2}{b^4}} \tag{7-43}$$

如图 7.3 所示，可以证明，椭圆截面边界上 A，B 两点具有最大的切应力，即

$$\tau_{\max}=\tau_A=\tau_B=\frac{2T}{\pi ab^2} \tag{7-44}$$

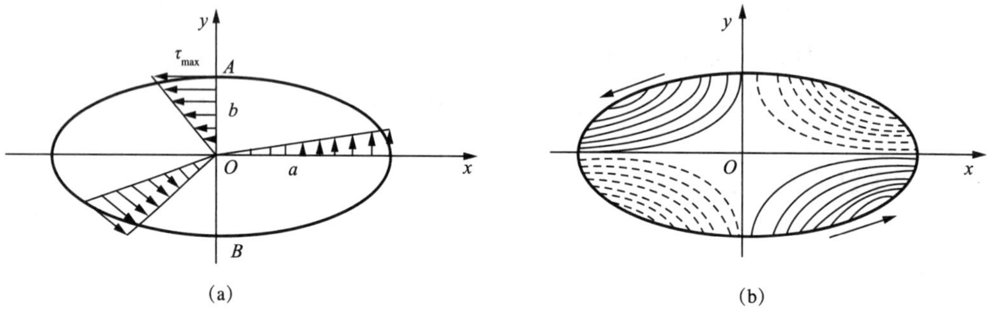

图 7.3　椭圆形截面

若 $a=b$，则椭圆截面成为圆截面，可以验证此处得到的应力解答与材料力学中等直圆杆受扭时相关公式具有一致性。进而得到单位长度扭转角为

$$\alpha=-\frac{C}{2G}=\frac{(a^2+b^2)T}{\pi a^3 b^3 G} \tag{7-45}$$

因此，横截面内的位移分量

$$\begin{cases}u=-\dfrac{(a^2+b^2)T}{\pi a^3 b^3 G}yz \\ v=\dfrac{(a^2+b^2)T}{\pi a^3 b^3 G}xz\end{cases} \tag{7-46}$$

根据 w 的导数有

$$\begin{cases}\dfrac{\partial w}{\partial x}=-\dfrac{(a^2-b^2)T}{\pi a^3 b^3 G}y \\ \dfrac{\partial w}{\partial y}=-\dfrac{(a^2-b^2)T}{\pi a^3 b^3 G}x\end{cases} \tag{7-47}$$

对上式进行积分可以得到

$$w=-\frac{(a^2-b^2)T}{\pi a^3 b^3 G}xy+f_1(y)=-\frac{(a^2-b^2)T}{\pi a^3 b^3 G}xy+f_2(y) \tag{7-48}$$

由上式可知 $f_1(y)=f_2(y)$，其数值等于 z 方向的刚体位移。在剔除刚体位移后，上述结果成为

$$w=-\frac{a^2-b^2}{\pi a^3 b^3 G}Txy \tag{7-49}$$

可见，扭杆的横截面在变形后并不保持为平面，而是翘曲成曲面。只有当 $a=b$，即圆截面杆的情形，才有 $w=0$，横截面才保持为平面。因此材料力学中的研究对象往往都为圆截面杆件。

7.3 薄膜比拟

对于矩形、薄壁杆件这些截面并不复杂的柱体，要求出其精确解都是相当困难的，更不用说较复杂截面的杆件了。为了解决较复杂截面杆件的扭转问题，特提出薄膜比拟法。这一方法由著名力学家普朗特提出，他认为薄膜在均匀压力下的垂度与等截面直杆扭转问题中的应力函数在数学上是相似的。

比拟的条件是二者的微分方程和边界条件相同。薄膜比拟法是求解扭转问题的一种实验方法。

如图 7.4 所示，设有一块均匀薄膜，张在与扭转杆件截面相同或成比例的边界上。如图 7.4 所示，薄膜的水平边界与某一扭转杆的横截面边界具有同样的形状和大小。当作用面上受微小的均匀压力时，在薄膜内部将产生均匀的张力，薄膜的各点将发生如图 7.4 所示 z 方向微小的垂度。以边界所在的水平面为 xOy 面，则垂度为 z。由于薄膜的柔顺性，可以假定它不承受弯矩、扭矩、剪力和压力，而只承受拉力 γ。

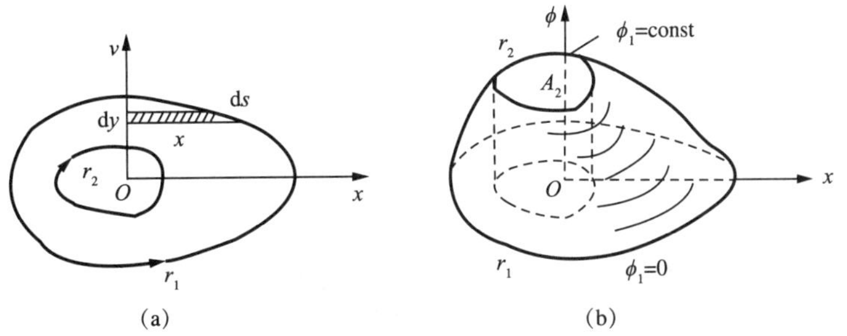

图 7.4　薄膜比拟

取薄膜的一个微小部分 $abcd$，如图 7.5 所示，它在 xOy 面上的投影是一个矩形，矩形的边长分别是 dx 和 dy。由于薄膜单位宽度上的拉力为 γ，则由 z 方向的平衡条件得

$$\gamma dy\frac{\partial}{\partial x}\left(z+\frac{\partial z}{\partial x}dx\right)-\gamma dy\frac{\partial z}{\partial x}+\gamma dx\frac{\partial}{\partial y}\left(z+\frac{\partial z}{\partial y}dy\right)-\gamma dx\frac{\partial z}{\partial y}+q dx dy=0 \tag{7-50}$$

化简后得到

$$\gamma\left(\frac{\partial^2 z}{\partial x^2}+\frac{\partial^2 z}{\partial y^2}\right)+q=0 \tag{7-51}$$

即

$$\nabla^2 z=-\frac{q}{\gamma} \tag{7-52}$$

此外，薄膜在边界上的垂度为 0，即边界条件为

$$z_s=0 \tag{7-53}$$

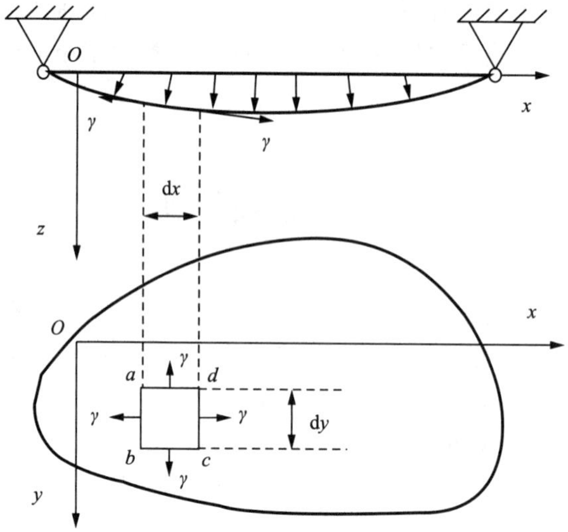

图 7.5　薄膜受力图

对于圆柱扭转，有

$$\nabla^2\phi=-2G\alpha \tag{7-54}$$

$$\phi_s=0 \tag{7-55}$$

将上述两个模型进行对比，可见存在比拟关系

$$\frac{\phi}{z}=\frac{2G\alpha}{q/\gamma} \tag{7-56}$$

对于圆柱扭转有

$$2\iint\phi\mathrm{d}x\mathrm{d}y = T \tag{7-57}$$

对于薄膜比拟有

$$V=\iint z\mathrm{d}x\mathrm{d}y=\iint\frac{q}{2G\gamma\alpha}\phi\,\mathrm{d}x\mathrm{d}y=\frac{qT}{4G\gamma\alpha} \tag{7-58}$$

即

$$\frac{T}{2V}=\frac{2G\alpha}{q/\gamma} \tag{7-59}$$

另外有应力分量

$$\begin{cases}\tau_{zx}=\tau_{xz}=\dfrac{\partial\phi}{\partial y}\\ \tau_{zy}=\tau_{yz}=-\dfrac{\partial\phi}{\partial x}\end{cases} \tag{7-60}$$

则有比拟关系

$$\frac{\tau_{zx}}{\partial z/\partial y}=\frac{2G\alpha}{q/\gamma} \tag{7-61}$$

假设调整该薄膜所受的压力 q，则薄膜的 q/γ 的数值等于扭杆 $2G\alpha$ 的数值，则可以得到如下结论：

(1) 该扭杆的应力函数 ϕ 等于该薄膜的垂度 z。

(2) 该扭杆所受的扭矩 T 等于该薄膜及其边界平面之间体积的 2 倍，即 $2V$。

(3) 该扭杆横截面上某一点处的切应力 τ_{zx}(沿着 x 方向)等于该薄膜上对应点处的斜率 $\frac{\partial z}{\partial y}$(沿着 y 方向)。

因为 x 轴和 y 轴可以取在扭杆横截面上任意两个互相垂直的方向,所以上述三个结论可以推广为:在扭杆横截面上某一点沿着任意方向的切应力,等于该薄膜在对应点沿着垂直方向的斜率。由此可见,扭杆横截面上的最大切应力等于该薄膜的最大斜率。同时需要注意,最大切应力的方向和最大斜率的方向是相互垂直的。

7.4　矩形截面杆的扭转

下面介绍狭长矩形截面杆的扭转问题。设矩形截面的边长为 a 和 b(图 7.6)。若 $a \gg b$,则称为狭长矩形。

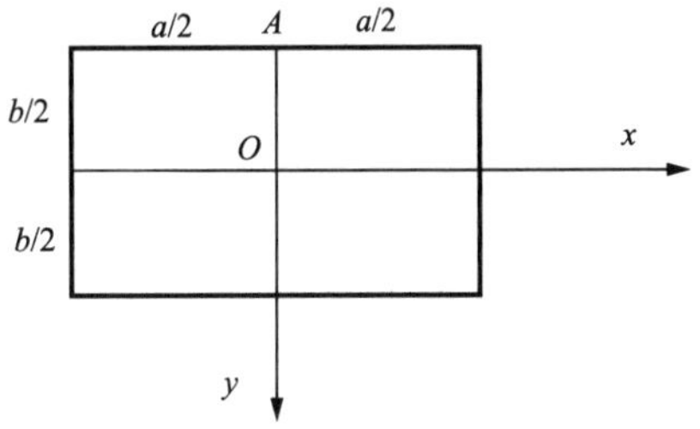

图 7.6　矩形截面杆

对于狭长矩形,由薄膜比拟可以推断,应力函数在绝大部分横截面上几乎不随 x 变化,因为对应的薄膜几乎不受短边约束的影响,近似于柱面。于是可以取以下近似关系

$$\frac{\partial \phi}{\partial x} \cong 0 \tag{7-62}$$

$$\frac{\partial \phi}{\partial y} = \frac{\mathrm{d}\phi}{\mathrm{d}y} \tag{7-63}$$

方程 $\nabla^2 \phi = C$ 可以化为

$$\frac{\mathrm{d}^2 \phi}{\mathrm{d}y^2} = C \tag{7-64}$$

边界条件为

$$(\phi)_{y=\pm\frac{b}{2}} = 0 \tag{7-65}$$

则应力函数为

$$\phi = \frac{C}{2}\left(y^2 - \frac{b^2}{4}\right) \tag{7-66}$$

为了求出常数 C,将上式代入端面的边界条件

$$2\iint \phi \mathrm{d}x\mathrm{d}y = T \tag{7-67}$$

可以得到

$$2\int_{-\frac{a}{2}}^{\frac{a}{2}}\int_{-\frac{b}{2}}^{\frac{b}{2}} \frac{C}{2}\left(y^2 - \frac{b^2}{4}\right)\mathrm{d}x\mathrm{d}y = T \tag{7-68}$$

整理可以得到 $C = -\frac{6T}{ab^3}$,则应力函数为

$$\phi = \frac{3T}{ab^3}\left(\frac{b^2}{4} - y^2\right) \tag{7-69}$$

对应的扭转角 α 为

$$\alpha=-\frac{C}{2G}=\frac{3T}{ab^3G} \tag{7-70}$$

则应力分量为

$$\begin{cases}\tau_{zx}=\dfrac{\partial\phi}{\partial y}=-\dfrac{6T}{ab^3}y\\ \tau_{zy}=-\dfrac{\partial\phi}{\partial x}=0\end{cases} \tag{7-71}$$

由薄膜比拟可知，最大切应力发生在矩形截面的长边上，方向平行于 x 轴，其大小为

$$\tau_{\max}=(\tau_{zx})_{y=-\frac{b}{2}}=\frac{3T}{ab^2} \tag{7-72}$$

进而得到扭转角

$$\alpha=-\frac{C}{2G}=\frac{3T}{ab^3G} \tag{7-73}$$

则应力函数可写为

$$\phi=G\alpha\left(\frac{b^2}{4}-y^2\right) \tag{7-74}$$

7.5 薄壁杆件的扭转

实际工程中经常遇到开口薄壁杆件，例如角钢、槽钢、工字钢等，这些薄壁杆件的横截面大都是等宽的狭矩形。无论杆件是直的还是曲的，根据薄膜比拟，只要狭矩形具有相同的长度和宽度，则两个扭杆的扭矩及横截面切应力没有多大差别。

设 a_i 及 b_i 分别表示扭杆横截面的第 i 个狭矩形的长度和宽度，T_i 表示该狭矩形截面上承受的扭矩，T 表示整个横截面上的扭矩，τ_i 代表该矩形长边中点附近的切应力，α 代表扭杆单位长度的扭角。由狭矩形的结果得

$$\tau_i=\frac{3T_i}{a_ib_i^2} \tag{7-75}$$

$$\alpha=\frac{3T_i}{Ga_ib_i^3} \tag{7-76}$$

其中

$$T_i=\frac{G\alpha a_ib_i^3}{3} \tag{7-77}$$

$$T=\sum T_i=\frac{G\alpha}{3}\sum a_ib_i^3 \tag{7-78}$$

则有

$$G\alpha=\frac{3T}{\sum a_ib_i^3} \tag{7-79}$$

$$\tau_i=\frac{3Tb_i}{\sum a_ib_i^3} \tag{7-80}$$

$$\alpha = \frac{3T}{G\sum a_i b_i^3} \tag{7-81}$$

$$T_i = \frac{G\alpha a_i b_i^3}{3} = \frac{a_i b_i^3}{\sum a_i b_i^3} T \tag{7-82}$$

值得注意的是，由上述公式给出的狭矩形长边中点的切应力已相当精确，然而由于应力集中的存在，两个狭矩形的连接处可能存在远大于长边中点的局部切应力。

应用薄膜比拟法求杆件应力。如图 7.7 所示，假想在薄壁杆件的界面边界上张一块薄膜，在边界的垂度为零，在内边界处垂度为 h，且为常量，可以假想 CD 是一块无重的刚性平板。

由于杆壁的厚度 δ 很小，可以认为薄膜的斜率沿厚度不变，于是切应力的大小为

$$\tau = \frac{h}{\delta} \tag{7-83}$$

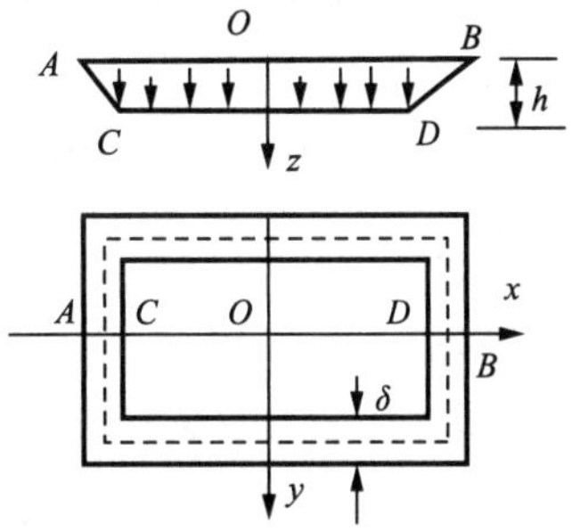

图 7.7　薄膜比拟

如图 7.7 所示，扭矩 T 应等于 $ABCD$ 体积的两倍，即 $T=2Ah$。面积 A 可以取为内外两边界所包围面积的平均值，也可取为杆壁的中线所包围的面积，根据以上两式可以得到

$$\tau = \frac{T}{2A\delta} \tag{7-84}$$

由此可见，最大切应力发生在杆壁最薄处。

设薄膜对平板所施加的拉力为 $\gamma\mathrm{d}s$，则在竖直方向的投影为

$$\gamma\mathrm{d}s\sin\alpha \approx \gamma\mathrm{d}s\,\frac{h}{\delta} \tag{7-85}$$

式中，s 为杆壁中线的全长。

由整个平板在竖直方向的平衡

$$\int \gamma\mathrm{d}s\,\frac{h}{\delta} = qA \tag{7-86}$$

整理得到

$$\frac{h}{A}\int\frac{\mathrm{d}s}{\delta} = \frac{q}{\gamma} \tag{7-87}$$

另外

$$T = 2Ah \tag{7-88}$$

$$q/\gamma = 2G\alpha \tag{7-89}$$

亦即

$$\frac{T}{2A^2}\int\frac{\mathrm{d}s}{\delta} = 2G\alpha \tag{7-90}$$

则有

$$\alpha = \frac{T}{4A^2G}\int\frac{\mathrm{d}s}{\delta} \tag{7-91}$$

对于均匀厚度的闭口薄壁杆，δ 为常数，则有

$$\alpha=\frac{Ts}{4A^2G\delta} \tag{7-92}$$

式中，s 为杆壁中线的全长。

在界面有凹角之处，由于存在应力集中，局部的最大切应力 τ_{max} 可能远大于前面求出的切应力数值。

习 题

7-1 试证明函数 $\phi=m(r^2-a^2)$ 可作为圆杆或圆管的扭转应力函数。提示：对于圆管，在外边界（$r=a$）及内边界（$r=b$）处取 $\phi_{r=a}=0$，$\phi_{r=b}=m(b^2-a^2)$。

7-2 受扭矩 T 作用的任意截面形状的杆件，在截面中有一面积为 A_H 的孔，若在内边界上取 $\phi_H=\text{const}$，外边界上取 $\phi=0$，试证明：为满足边界条件，有关系 $T=2\iint\phi\,\mathrm{d}x\mathrm{d}y+2\phi_H A_H$。

7-3 半径为 a 的圆截面杆件，两端作用着扭矩 T，试求该杆件的应力函数、剪应力分量、最大剪应力及位移分量。

7-4 半轴比 $\kappa=\dfrac{a}{b}$ 的椭圆截面杆件，当符合下列条件之一时，试分析所承受的扭矩 T 随 κ 的变化规律，并分别画出 $T(\kappa)$ 的曲线。

（1）最大剪应力 $|\tau_{max}|$ 为常数；

（2）杆件单位长度的扭转角 α 为常数；

（3）轴向位移的最大值 $|w_{max}|$ 为常数。

7-5 已知函数 $\phi=m\left[x^2+y^2-\dfrac{1}{a}(x^3-3xy^2)-\dfrac{4}{27}a^2\right]$，试问它能否作为图 7.8 所示高度为 a 的正三角形截面杆件的扭转应力函数？若能，求其应力分量和位移分量。

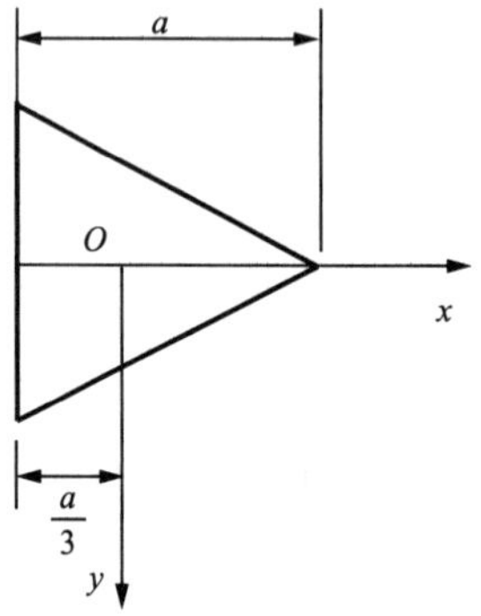

图 7.8 三角形截面杆

7-6 正三角形截面杆件与椭圆截面杆件的截面积相等，材料相同，所承受的扭矩也相等，当分别符合下列条件时，试求椭圆截面杆件的半轴比 $\kappa=\dfrac{a}{b}$。

（1）具有相同的最大剪应力；

（2）具有相同的 w_{max}。

7-7　试证明函数 $\phi=\frac{m}{4}\left(r^2-2ar\cos\beta+2\frac{b^2a}{r}\cos\beta-b^2\right)$可以作为图 7.9 所示截面杆件的扭转应力函数。求其最大剪应力，并与 B 点($\beta=0, r=2a$)剪应力值进行比较；求其扭转刚度$\frac{T}{\alpha}$，当圆槽很小时与圆杆的扭转刚度进行比较。

7-8　边长为 a 和 b($a>b$)的矩形截面(图 7.10)杆件，在杆端作用着扭矩 T，试求作用在长边和短边上剪应力分量的最大值及单位扭转角。

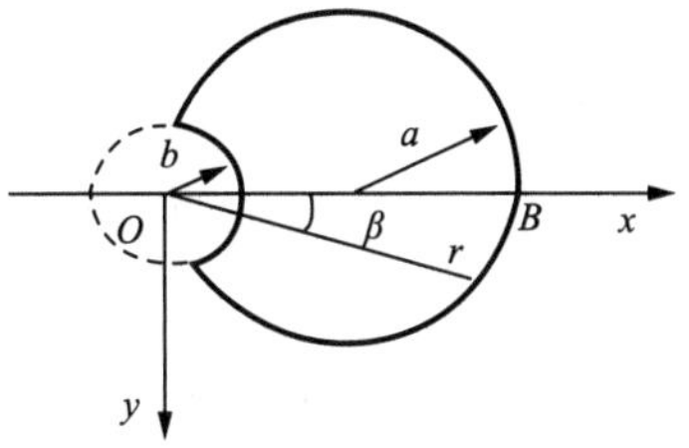

图 7.9　特殊截面杆件

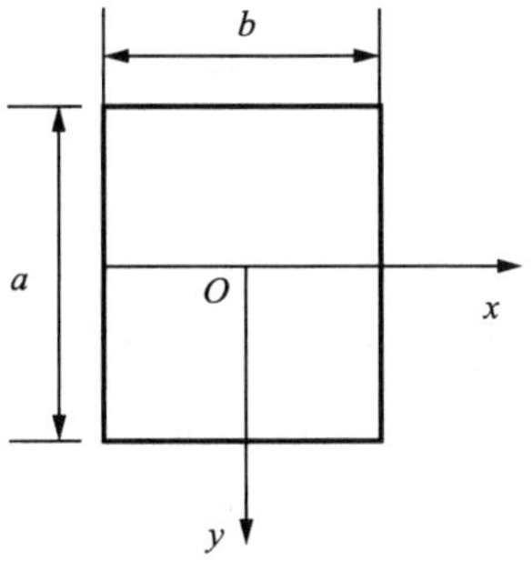

图 7.10　矩形截面杆件

7-9　对于小变形情况，试证明按位移求解扭转问题时所假设的 x 和 y 方向的位移分量 $u=-\alpha zy$ 和 $v=\alpha zx$ 的正确性。

7-10　若受扭杆件的位移分量为 $u=-6zy, v=\alpha zx, w=0$，试证明该轩件的截面为圆形。

7-11　如图 7.11 所示各截面的杆件，承受扭矩 $T=5\ 000\ \text{N}\cdot\text{mm}$，试求最大剪应力。

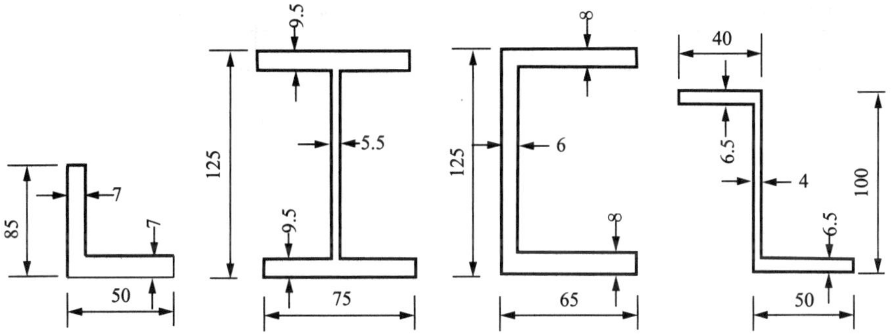

图 7.11　各种截面杆件(单位：mm)

7-12　两个薄壁圆管，半径为 R，壁厚为 t，沿着其中一根管的母线切一小的缝隙，试比较两个薄壁管的抗扭刚度及最大剪应力。

7-13　如图 7.12 所示槽形(开口)薄壁截面杆件与正方形(闭口)管状薄壁杆件，其截面的面积相等，试比较其抗扭刚度与最大剪应力。

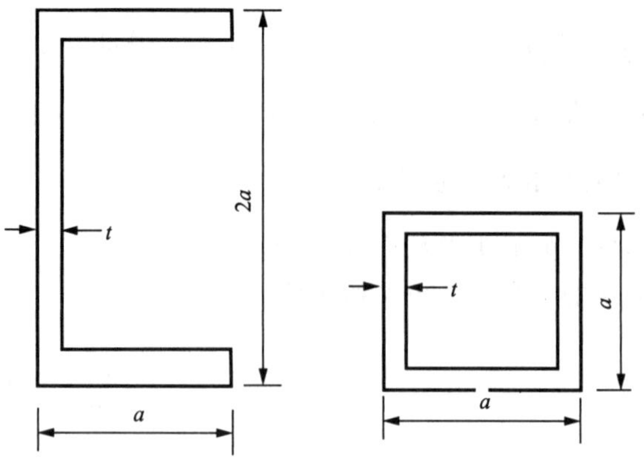

图 7.12　开口与闭口杆件

7-14　如图 7.13 所示截面的薄壁杆件，承受扭矩 T 的作用，若杆件壁厚均为 t，试求管壁中最大剪应力及单位长度的扭转角。

7-15　如图 7.14 所示截面的薄壁杆件，其厚度均为 t，承受扭矩为 T，试求最大剪应力及单位扭转角。

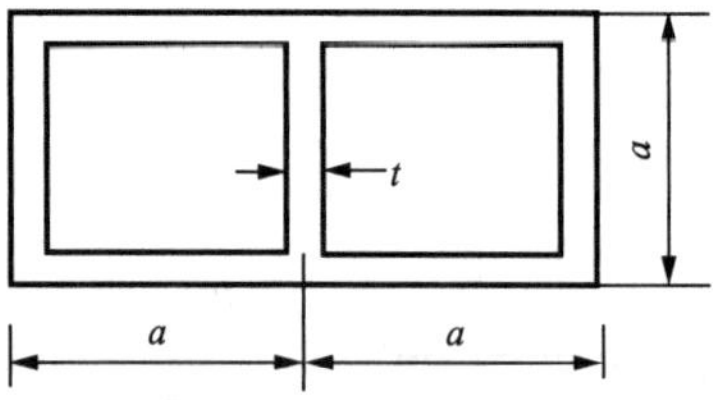

图 7.13　薄壁杆件

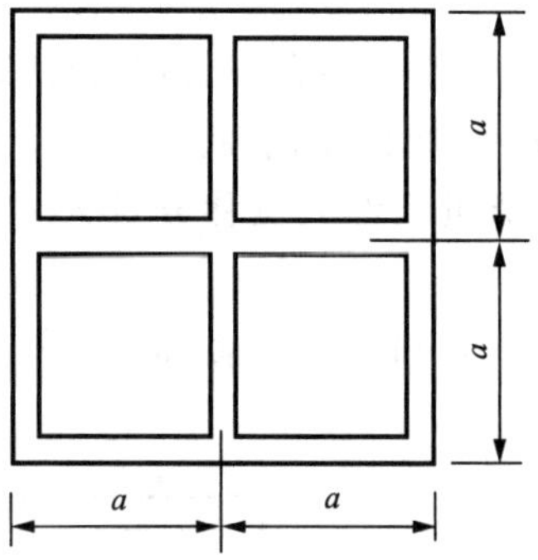

图 7.14　薄壁杆件

第 8 章

空间问题

8.1 按位移求解

按位移求解空间问题，是选取位移分量作为基本未知函数。对空间问题来说，就要从 15 个基本方程中消去应力分量和应变分量，得出只包含位移分量的微分方程和边界条件。

控制方程即拉梅-纳维叶方程如下

$$G\nabla^2\boldsymbol{u}+(\lambda+G)\nabla(\nabla\cdot\boldsymbol{u})+\boldsymbol{f}=\boldsymbol{0} \tag{8-1}$$

将上述按位移求解的方程展开为

$$\begin{cases}\dfrac{E}{2(1+\nu)}\left(\dfrac{1}{1-2\nu}\dfrac{\partial\theta}{\partial x}+\nabla^2 u\right)+f_x=0\\ \dfrac{E}{2(1+\nu)}\left(\dfrac{1}{1-2\nu}\dfrac{\partial\theta}{\partial y}+\nabla^2 v\right)+f_y=0\\ \dfrac{E}{2(1+\nu)}\left(\dfrac{1}{1-2\nu}\dfrac{\partial\theta}{\partial z}+\nabla^2 w\right)+f_z=0\end{cases} \tag{8-2}$$

式中，$\theta=\dfrac{\partial u}{\partial x}+\dfrac{\partial v}{\partial y}+\dfrac{\partial w}{\partial z}$，$\nabla^2=\dfrac{\partial^2}{\partial x^2}+\dfrac{\partial^2}{\partial y^2}+\dfrac{\partial^2}{\partial z^2}$。

一般来说，位移分量是两个或者三个坐标的函数，求解比较困难。因此数学、力学工作者曾经引入位移函数，把位移分量用位移函数表示，代入平衡方程，得到位移函数所满足的方程。然后致力于寻求各种问题的位移函数，从而求得位移分量和应力分量。一般来说，位移函数所满足的方程比原来位移分量所满足的方程简单。

为简单起见，只讨论体力不计的情况。方程简化为

$$\begin{cases}\dfrac{1}{1-2\nu}\dfrac{\partial\theta}{\partial x}+\nabla^2 u=0\\ \dfrac{1}{1-2\nu}\dfrac{\partial\theta}{\partial y}+\nabla^2 v=0\\ \dfrac{1}{1-2\nu}\dfrac{\partial\theta}{\partial z}+\nabla^2 w=0\end{cases} \tag{8-3}$$

假设位移是有势的，即位移在某一方向的分量与位移势函数 $\phi(x,y,z)$ 在该方向的导数成正比，即

$$\begin{cases} u=\dfrac{1}{2G}\dfrac{\partial\phi}{\partial x} \\ v=\dfrac{1}{2G}\dfrac{\partial\phi}{\partial y} \\ w=\dfrac{1}{2G}\dfrac{\partial\phi}{\partial z} \end{cases} \tag{8-4}$$

将上式代入控制方程后得到

$$\frac{\partial}{\partial x}\nabla^2\phi=\frac{\partial}{\partial y}\nabla^2\phi=\frac{\partial}{\partial z}\nabla^2\phi=0 \tag{8-5}$$

也就是

$$\nabla^2\phi=C \tag{8-6}$$

式中，C 为任意常数。显然，若取 $C=0$，则有 $\nabla^2\phi=0$，$\theta=0$，应力为

$$\begin{cases} \sigma_x=\dfrac{\partial^2\phi}{\partial x^2} \\ \sigma_y=\dfrac{\partial^2\phi}{\partial y^2} \\ \sigma_z=\dfrac{\partial^2\phi}{\partial z^2} \end{cases} \tag{8-7}$$

$$\begin{cases} \tau_{yz}=\dfrac{\partial^2\phi}{\partial y\partial z} \\ \tau_{zx}=\dfrac{\partial^2\phi}{\partial x\partial z} \\ \tau_{xy}=\dfrac{\partial^2\phi}{\partial x\partial y} \end{cases} \tag{8-8}$$

运用按位移求解空间问题的方法，可以得到一个半空间体的应力、应变、位移等分量。

如图 8.1 所示，设有半空间体，其材料密度为 ρ_s，在其表面受均布压力 q。边界面为 xOy 平面，z 轴垂直向下，这样，体力分量就是

$$\begin{cases} f_x=f_y=0 \\ f_z=\rho_s g \end{cases} \tag{8-9}$$

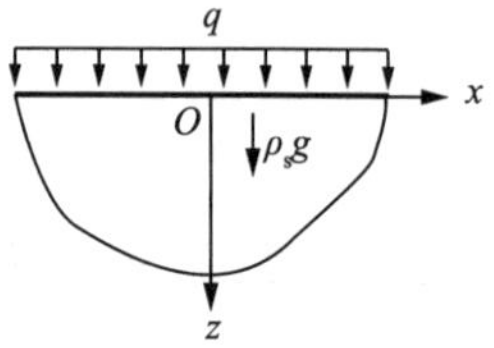

图 8.1 半空间体承受均布载荷作用

由于水平方向无载荷作用，并且任一垂直平面都是对称面，试假设

$$\begin{cases} u=0 \\ v=0 \\ w=w(z) \end{cases} \tag{8-10}$$

从而有

$$\theta=\frac{\partial u}{\partial x}+\frac{\partial v}{\partial y}+\frac{\partial w}{\partial z}=\frac{\mathrm{d}w}{\mathrm{d}z} \tag{8-11}$$

则有

$$\begin{cases}\dfrac{\partial\theta}{\partial x}=0\\ \dfrac{\partial\theta}{\partial y}=0\\ \dfrac{\partial\theta}{\partial z}=\dfrac{\mathrm{d}^2 w}{\mathrm{d}z^2}\end{cases}\tag{8-12}$$

代入微分方程有

$$\frac{E}{2(1+\nu)}\left(\frac{1}{1-2\nu}\frac{\mathrm{d}^2 w}{\mathrm{d}z^2}+\frac{\mathrm{d}^2 w}{\mathrm{d}z^2}\right)+\rho_s g=0\tag{8-13}$$

化简得到

$$\frac{\mathrm{d}^2 w}{\mathrm{d}z^2}=-\frac{(1+\nu)(1-2\nu)}{E(1-\nu)}\rho_s g\tag{8-14}$$

对上式进一步积分得到

$$\theta=\frac{\mathrm{d}w}{\mathrm{d}z}=-\frac{(1+\nu)(1-2\nu)}{E(1-\nu)}\rho_s g(z+A)\tag{8-15}$$

即

$$w=-\frac{(1+\nu)(1-2\nu)}{2E(1-\nu)}\rho_s g(z+A)^2+B\tag{8-16}$$

将以上结果代入本构关系，得应力分量

$$\begin{cases}\sigma_x=\sigma_y=-\dfrac{\nu}{1-\nu}\rho_s g(z+A)\\ \sigma_z=-\rho_s g(z+A)\\ \tau_{yz}=\tau_{zx}=\tau_{xy}=0\end{cases}\tag{8-17}$$

应力边界条件为

$$\begin{cases}(\tau_{zx})_{z=0}=0\\ (\tau_{zy})_{z=0}=0\\ (\sigma_z)_{z=0}=-q\end{cases}\tag{8-18}$$

求得系数 $A=\dfrac{q}{\rho_s g}$。最终得到结果

$$\begin{cases}\sigma_x=\sigma_y=-\dfrac{\nu}{1-\nu}(\rho_s gz+q)\\ \sigma_z=-(\rho_s gz+q)\\ \tau_{yz}=\tau_{zx}=\tau_{xy}=0\end{cases}\tag{8-19}$$

垂直位移为

$$w=-\frac{(1+\nu)(1-2\nu)}{2E(1-\nu)}\rho_s g\left(z+\frac{q}{\rho_s g}\right)^2+B\tag{8-20}$$

式中，常数 B 为 z 方向的刚体位移，为确定常数 B，必须利用相应的约束条件。

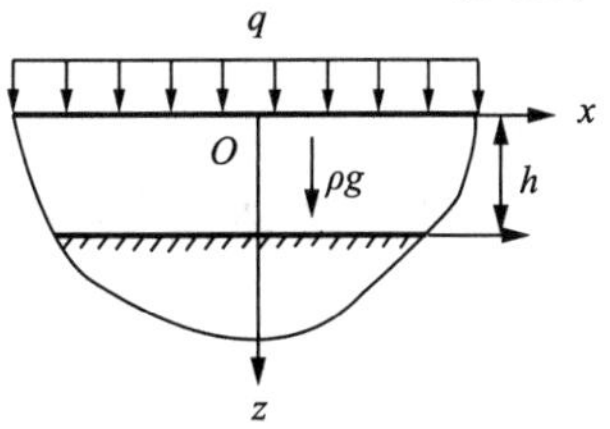

图 8.2　半空间体受力

现假定半空间体在距表面为 h 处没有位移，如图 8.2 所示，则有 $(w)_{z=h}=0$，即 $B=\dfrac{(1+\nu)(1-2\nu)}{2E(1-\nu)}\rho_s g\left(h+\dfrac{q}{\rho_s g}\right)^2$。最终得到垂直位移为

$$w=\frac{(1+\nu)(1-2\nu)}{E(1-\nu)}\left[q(h-z)+\frac{\rho_s g}{2}(h^2-z^2)\right] \tag{8-21}$$

所以问题的位移解答为

$$\begin{cases}u=0\\v=0\end{cases} \tag{8-22}$$

$$w=\frac{(1+\nu)(1-2\nu)}{E(1-\nu)}\left[q(h-z)+\frac{\rho_s g}{2}(h^2-z^2)\right] \tag{8-23}$$

应力解答为

$$\begin{cases}\sigma_x=\sigma_y=-\dfrac{\nu}{1-\nu}(\rho_s gz+q)\\ \sigma_z=-(\rho_s gz+q)\\ \tau_{yz}=\tau_{zx}=\tau_{xy}=0\end{cases} \tag{8-24}$$

显然最大位移发生在表面上，即

$$w_{\max}=(w)_{z=0}=\frac{(1+\nu)(1-2\nu)}{E(1-\nu)}\left(qh+\frac{\rho_s g}{2}h^2\right) \tag{8-25}$$

并且另有关系

$$\frac{\sigma_x}{\sigma_z}=\frac{\sigma_y}{\sigma_z}=\frac{\nu}{1-\nu} \tag{8-26}$$

8.2 齐次拉梅-纳维叶方程的一般解

对于空间弹性体问题，其以位移为变量的控制方程为拉梅-纳维叶方程

$$Gu_{i,jj}+(\lambda+G)u_{j,ji}+f_i=0 \tag{8-27}$$

该方程对应的齐次方程为

$$Gu_{i,jj}+(\lambda+G)u_{j,ji}=0 \tag{8-28}$$

齐次方程的一般解在求解弹性力学边值问题中具有非常重要的意义。通常非齐次方程的边值问题在求得方程的一个特解后，最终也化为齐次方程的边值问题。

例如，对于边值问题

$$\begin{cases}Gu_{i,jj}+(\lambda+G)u_{j,ji}+f_i=0\\ u_i=\bar{u}_i\end{cases} \tag{8-29}$$

由于方程及边界条件是线性的，故可以采用叠加原理将 u_i 表达为

$$u_i=u_i'+u_i'' \tag{8-30}$$

其中 u_i' 为非齐次方程的一个特解，它只满足方程而不满足边界条件，其在边界 S 上取值 $\tilde{u}_i$，通常 $\tilde{u}_i\neq\bar{u}_i$。

将位移表达式代入边值问题中可知，u_i'' 必须满足如下的边值问题

$$\begin{cases}Gu''_{i,jj}+(\lambda+G)u''_{j,ji}=0 & (\text{在 } V \text{ 内})\\ u_i''=\bar{u}_i-\tilde{u}_i & (\text{在 } S \text{ 上})\end{cases} \tag{8-31}$$

于是对有体力存在的弹性力学问题，只要设法求得非齐次方程的任何一个特解，就能把原弹

性力学边值问题转化为在新的边界条件下求对应齐次方程的一般解问题。通常求解非齐次方程的特解并不困难，主要困难在于寻求齐次方程的一般解。因此考虑无体力情况下的一般解不仅具有理论及实际意义，也不丧失一般性。

根据前述齐次方程(8-28)，令

$$P_{,jj}=-\frac{\lambda+G}{G}u_{j,j}=-\frac{1}{1-2\nu}u_{j,j} \tag{8-32}$$

根据

$$Gu_{i,jj}+(\lambda+G)u_{j,ji}=0 \tag{8-33}$$

则有

$$(u_i-P_{,i})_{,jj}=0 \tag{8-34}$$

令 $u_i=b_i+P_{,i}$，则有

$$P_{,ii}=-\frac{1}{2(1-\nu)}b_{i,i} \tag{8-35}$$

另外有关系

$$\frac{1}{2}(x_k b_k)_{,jj}=\frac{1}{2}(b_j+x_k b_{k,j})_{,j}=b_{j,j}+\frac{1}{2}x_k b_{k,jj}=b_{j,j} \tag{8-36}$$

则由上式可以得到

$$\left[P+\frac{1}{4(1-\nu)}x_k b_k\right]_{,jj}=0 \tag{8-37}$$

此式又是一个调和方程，令其解为$-\frac{b_0}{4(1-\nu)}$，b_0为调和函数，则有以下表达式

$$P=-\frac{1}{4(1-\nu)}(b_0+x_k b_k) \tag{8-38}$$

则可得到位移表达式

$$\boldsymbol{u}=\boldsymbol{b}-\frac{1}{4(1-\nu)}\nabla(b_0+\boldsymbol{r}\cdot\boldsymbol{b}) \tag{8-39}$$

这就是帕普科维奇-诺依贝尔(P. F. Papkovich，1887－1946；G. Neuber，1850－1932)一般解。

在帕普科维奇-诺依贝尔解中，位移 u_i是通过四个调和函数来表示的。若将 u_i表示为重调和函数，则得到布希涅斯克(J. V. Boussinesq，1842－1929)-迦辽金一般解

$$b_i=g_{i,jj} \tag{8-40}$$

位移解答为

$$u_i=b_i-\frac{1}{4(1-\nu)}(b_0+x_k b_k)_{,i} \tag{8-41}$$

由于 u_i为调和函数，显然 g_i为重调和函数，即 $g_{i,jjkk}=0$。

对$(b_0+x_k b_k)$做调和运算得

$$(b_0+x_k b_k)_{,jj}=b_{0,jj}+(x_k b_k)_{,jj}=(x_k b_k)_{,jj}=2b_{j,j}=2g_{i,ijj} \tag{8-42}$$

则有

$$b_0+x_k b_k=2(g_{i,i}+f_{,ii}) \tag{8-43}$$

则位移可以表示为

$$u_i=g_{i,jj}-\frac{1}{2(1-\nu)}(g_{i,i}+f_{,ii})_{,i} \tag{8-44}$$

式中,f 为重调和函数。

上述位移进而可以写为

$$u_i=\left(g_i-\frac{1}{1-2\nu}f_{,i}\right)_{,jj}-\frac{1}{2(1-\nu)}\left(g_{j,j}-\frac{1}{1-2\nu}f_{,jj}\right)_{,i} \tag{8-45}$$

令 $a_i=g_i-\dfrac{f_{,i}}{1-2\nu}$,则有

$$u_i=a_{i,jj}-\frac{1}{2(1-\nu)}a_{j,ji} \tag{8-46}$$

其实体形式为

$$\boldsymbol{u}=\nabla\cdot\nabla\boldsymbol{a}-\frac{1}{2(1-\nu)}\nabla(\nabla\cdot\boldsymbol{a}) \tag{8-47}$$

在帕普科维奇-诺依贝尔解中含有四个调和函数,所需要的未知函数数目可以大大减少。常见的一种形式是在迦辽金矢量中仅保留一个非零矢量 $\boldsymbol{a}$,即取 $a_1=0,a_2=0,a_3=2(1-\nu)L$,其中函数 L 称为勒夫应变函数。此时有

$$\begin{cases}u_i=2(1-\nu)\delta_{3i}L_{,jj}-\left(\dfrac{\partial L}{\partial x_3}\right)_{,i}\\ \boldsymbol{u}=2(1-\nu)\boldsymbol{e}_3\nabla^2L-\nabla\left(\dfrac{\partial L}{\partial x_3}\right)\end{cases} \tag{8-48}$$

其分量形式为

$$\begin{cases}u=-\dfrac{\partial^2L}{\partial x\partial z}\\ v=-\dfrac{\partial^2L}{\partial y\partial z}\\ w=2(1-\nu)\nabla^2L-\dfrac{\partial^2L}{\partial z^2}\end{cases} \tag{8-49}$$

还有以下常见的调和函数

$$A(x^2-y^2)+2Bxy$$

$$Cr^n\cos(n\varphi)\quad 其中,r^2=x^2+y^2$$

$$C\ln\left(\frac{r}{a}\right)\quad 其中,r^2=x^2+y^2$$

$$C\varphi\quad 其中,\varphi=\mathrm{artan}\left(\frac{y}{x}\right)$$

$$\frac{C}{R}\quad 其中,R^2=x^2+y^2+z^2$$

$$C\ln(R+z)\quad 其中,R^2=x^2+y^2+z^2$$

对于空间轴对称问题,位移可以表示为

$$\begin{cases}u_\rho=-\dfrac{1}{2G}\dfrac{\partial^2L}{\partial\rho\partial z}\\ w=\dfrac{1}{2G}\left[2(1-\nu)\nabla^2L-\dfrac{\partial^2L}{\partial z^2}\right]\end{cases} \tag{8-50}$$

式中,$\nabla^2L=\dfrac{\partial^2L}{\partial\rho^2}+\dfrac{1}{\rho}\dfrac{\partial L}{\partial\rho}+\dfrac{\partial^2L}{\partial z^2}$。进而可以得到勒夫位移函数应满足条件

$$\nabla^4L=0 \tag{8-51}$$

即满足重调和方程，则得到应力分量

$$\begin{cases}\sigma_\rho=\dfrac{\partial}{\partial z}\left(\nu\nabla^2 L-\dfrac{\partial^2 L}{\partial\rho^2}\right)\\ \sigma_\varphi=\dfrac{\partial}{\partial z}\left(\nu\nabla^2 L-\dfrac{1}{\rho}\dfrac{\partial L}{\partial\rho}\right)\\ \sigma_z=\dfrac{\partial}{\partial z}\left[(2-\nu)\nabla^2 L-\dfrac{\partial^2 L}{\partial z^2}\right]\\ \tau_{z\rho}=\dfrac{\partial}{\partial\rho}\left[(1-\nu)\nabla^2 L-\dfrac{\partial^2 L}{\partial z^2}\right]\end{cases} \tag{8-52}$$

为了求解更为一般的、非轴对称的空间问题，伽辽金(B. Galerkin，1871－1945)把勒夫应变函数加以推广，引入三个位移函数 $L(x,y,z)$，$M(x,y,z)$，$N(x,y,z)$，则其位移分量表示为

$$\begin{cases}u=\dfrac{1}{2G}\left[2(1-\nu)\nabla^2 L-\dfrac{\partial}{\partial x}\left(\dfrac{\partial L}{\partial x}+\dfrac{\partial M}{\partial y}+\dfrac{\partial N}{\partial z}\right)\right]\\ v=\dfrac{1}{2G}\left[2(1-\nu)\nabla^2 M-\dfrac{\partial}{\partial y}\left(\dfrac{\partial L}{\partial x}+\dfrac{\partial M}{\partial y}+\dfrac{\partial N}{\partial z}\right)\right]\\ w=\dfrac{1}{2G}\left[2(1-\nu)\nabla^2 N-\dfrac{\partial}{\partial z}\left(\dfrac{\partial L}{\partial x}+\dfrac{\partial M}{\partial y}+\dfrac{\partial N}{\partial z}\right)\right]\end{cases} \tag{8-53}$$

式中，$\nabla^2=\dfrac{\partial^2}{\partial x^2}+\dfrac{\partial^2}{\partial y^2}+\dfrac{\partial^2}{\partial z^2}$。

上述三个位移函数应满足条件

$$\begin{cases}\nabla^4 L=0\\ \nabla^4 M=0\\ \nabla^4 N=0\end{cases} \tag{8-54}$$

则对应的应力分量为

$$\begin{cases}\sigma_x=2(1-\nu)\dfrac{\partial}{\partial x}\nabla^2 L+\left(\nu\nabla^2-\dfrac{\partial^2}{\partial x^2}\right)\left(\dfrac{\partial L}{\partial x}+\dfrac{\partial M}{\partial y}+\dfrac{\partial N}{\partial z}\right)\\ \sigma_y=2(1-\nu)\dfrac{\partial}{\partial y}\nabla^2 M+\left(\nu\nabla^2-\dfrac{\partial^2}{\partial y^2}\right)\left(\dfrac{\partial L}{\partial x}+\dfrac{\partial M}{\partial y}+\dfrac{\partial N}{\partial z}\right)\\ \sigma_z=2(1-\nu)\dfrac{\partial}{\partial z}\nabla^2 N+\left(\nu\nabla^2-\dfrac{\partial^2}{\partial z^2}\right)\left(\dfrac{\partial L}{\partial x}+\dfrac{\partial M}{\partial y}+\dfrac{\partial N}{\partial z}\right)\\ \tau_{yz}=(1-\nu)\left(\dfrac{\partial}{\partial y}\nabla^2 N+\dfrac{\partial}{\partial z}\nabla^2 M\right)-\dfrac{\partial^2}{\partial y\partial z}\left(\dfrac{\partial L}{\partial x}+\dfrac{\partial M}{\partial y}+\dfrac{\partial N}{\partial z}\right)\\ \tau_{zx}=(1-\nu)\left(\dfrac{\partial}{\partial z}\nabla^2 L+\dfrac{\partial}{\partial x}\nabla^2 N\right)-\dfrac{\partial^2}{\partial x\partial z}\left(\dfrac{\partial L}{\partial x}+\dfrac{\partial M}{\partial y}+\dfrac{\partial N}{\partial z}\right)\\ \tau_{yz}=(1-\nu)\left(\dfrac{\partial}{\partial x}\nabla^2 M+\dfrac{\partial}{\partial y}\nabla^2 L\right)-\dfrac{\partial^2}{\partial x\partial y}\left(\dfrac{\partial L}{\partial x}+\dfrac{\partial M}{\partial y}+\dfrac{\partial N}{\partial z}\right)\end{cases} \tag{8-55}$$

应当指出，并不是所有问题中的位移都是有势的，因此位移势函数并不是在所有问题中都存在。实际上，若位移势函数存在，则有 $\theta=\dfrac{1}{2G}\nabla^2\varphi=\dfrac{1}{2G}C$，表示体应变在整个弹性体中是常量。这种情况是非常特殊的，因此位移势函数所能解决的问题是很少的。

8.3 非齐次拉梅-纳维叶方程的解

考虑体力的的拉梅-纳维叶位移方程为

$$u_{i,jj}+\frac{1}{1-2\nu}u_{j,ji}=-\frac{1}{G}f_i \tag{8-56}$$

令

$$P_{,jj}=-\frac{1}{1-2\nu}u_{j,j} \tag{8-57}$$

代入式(8-56)得

$$(u_i-P_{,i})_{,jj}=-\frac{1}{G}f_i \tag{8-58}$$

继续令

$$b_i=u_i-P_{,i} \tag{8-59}$$

式(8-58)可简化为

$$b_{i,jj}=-\frac{1}{G}f_i \tag{8-60}$$

式(8-59)左右两端求散度可得

$$u_{i,i}=b_{i,i}+P_{,ii} \tag{8-61}$$

联立式(8-57)和式(8-61)有

$$P_{,ii}=-\frac{1}{2(1-\nu)}b_{i,i} \tag{8-62}$$

推导有

$$\begin{aligned}\frac{1}{2}(x_kb_k)_{,jj}&=\frac{1}{2}(\delta_{kj}b_k+x_kb_{k,j})_{,j}=\frac{1}{2}(b_j+x_kb_{k,j})_{,j}\\&=\frac{1}{2}b_{j,j}+\frac{1}{2}\delta_{kj}b_{k,j}+\frac{1}{2}x_kb_{k,jj}=b_{j,j}+\frac{1}{2}x_kb_{k,jj}\end{aligned} \tag{8-63}$$

整理得到

$$b_{j,j}=\frac{1}{2}(x_kb_k)_{,jj}-\frac{1}{2}x_kb_{k,jj} \tag{8-64}$$

将式(8-64)代入式(8-62)和式(8-58)中得到

$$\left[P+\frac{1}{4(1-\nu)}x_kb_k\right]_{,jj}=-\frac{1}{4(1-\nu)G}x_kf_k \tag{8-65}$$

令

$$P+\frac{1}{4(1-\nu)}x_kb_k=-\frac{1}{4(1-\nu)}b_0 \tag{8-66}$$

有

$$b_{0,jj}=\frac{1}{G}x_kf_k=\frac{1}{G}\boldsymbol{r}\cdot\boldsymbol{f} \tag{8-67}$$

化简式(8-66)得

$$P=-\frac{1}{4(1-\nu)}(b_0+x_kb_k) \tag{8-68}$$

将化简后的 P 的表达式代回前面定义的位移分量的关系式(8-59)，得到位移张量为

$$\begin{cases} u_i=b_i-\dfrac{1}{4(1-\nu)}(b_0+x_kb_k)_{,i} \\ \boldsymbol{u}=\boldsymbol{b}-\dfrac{1}{4(1-\nu)}\nabla(b_0+\boldsymbol{r}\cdot\boldsymbol{b}) \end{cases} \tag{8-69}$$

其中

$$b_{i,jj}=-\frac{1}{G}f_i \tag{8-70}$$

$$b_{0,jj}=\frac{1}{G}x_kf_k=\frac{1}{G}\boldsymbol{r}\cdot\boldsymbol{f} \tag{8-71}$$

另外有关系

$$\begin{cases} r^2=x_ix_i \\ r^2_{,j}=2x_j \\ r^2_{,jj}=2\delta_{jj}=6 \end{cases} \tag{8-72}$$

当体力 $\boldsymbol{f}$ 为常体力时，有

$$\begin{cases} (r^2f_k)_{,jj}=6f_k \\ (r^2x_kf_k)_{,jj}=10x_kf_k \end{cases} \tag{8-73}$$

即

$$\begin{cases} b_{i,jj}=-\dfrac{1}{G}f_i \\ (r^2f_k)_{,jj}=6f_k \end{cases} \tag{8-74}$$

代入第一项，式(8-70)变为

$$\left(b_i+\frac{r^2}{6G}f_i\right)_{,jj}=0 \tag{8-75}$$

解式(8-75)有

$$b_i=B_i-\frac{r^2}{6G}f_i \tag{8-76}$$

其中，B_i 为一调和函数。同理将式(8-73)的第二项代入式(8-71)有

$$b_{0,jj}=\frac{1}{G}x_kf_k=\frac{1}{G}\boldsymbol{r}\cdot\boldsymbol{f} \tag{8-77}$$

$$(r^2x_kf_k)_{,jj}=10x_kf_k \tag{8-78}$$

其中

$$b_0=B_0+\frac{r^2}{10G}x_kf_k \tag{8-79}$$

式中，B_0 为一调和函数。

利用上述推导可以求得在常体力情况下方程的一个特解。

对于体力不为常数的一般情况，可用格林函数法求泊松方程的特解。三维泊松方程的格林函数为

$$G(\boldsymbol{r}_0;\boldsymbol{r})=-\frac{1}{4\pi R} \tag{8-80}$$

其中

$$\begin{cases} \boldsymbol{r}_0=\xi_i\boldsymbol{e}_i \\ \boldsymbol{r}=x_i\boldsymbol{e}_i \\ R=|\boldsymbol{r}-\boldsymbol{r}_0|=\sqrt{(x_i-\xi_i)(x_i-\xi_i)} \end{cases} \tag{8-81}$$

则有

$$b_{i,jj}=-\frac{1}{G}f_i \tag{8-82}$$

$$b_{0,jj}=\frac{1}{G}x_kf_k=\frac{1}{G}\boldsymbol{r}\cdot\boldsymbol{f} \tag{8-83}$$

格林函数表示由作用在 $r_0(\xi_i)$ 处的“点源”所引起的域内其余各 $r(x_i)$ 点处的场。知道了该点源场，就可用叠加法算出任意源的场。故上式的一个特解为

$$b_i=\frac{1}{4\pi G}\int_V\frac{f_i(\xi_1,\xi_2,\xi_3)}{R}\mathrm{d}\xi_1\mathrm{d}\xi_2\mathrm{d}\xi_3 \tag{8-84}$$

$$b_0=-\frac{1}{4\pi G}\int_V\frac{\xi_i\boldsymbol{e}_i\cdot\boldsymbol{f}(\xi_1,\xi_2,\xi_3)}{R}\mathrm{d}\xi_1\mathrm{d}\xi_2\mathrm{d}\xi_3 \tag{8-85}$$

根据解答可以得到

$$\boldsymbol{u}(x_1,x_2,x_3)=\frac{1}{16(1-\nu)\pi G}\left[(3-4\nu)\int_V\frac{\boldsymbol{f}}{R}\mathrm{d}V+\int_V\frac{\boldsymbol{R}\cdot\boldsymbol{f}}{R^3}\boldsymbol{R}\mathrm{d}V\right] \tag{8-86}$$

当仅在 $P(x_{iP})$ 处沿坐标轴 $\boldsymbol{e}_i$ 方向作用一个单位集中力时，力矢量 $\boldsymbol{f}$ 可用 δ 函数记为

$$\boldsymbol{f}=\delta(x_1-x_{1P},x_2-x_{2P},x_3-x_{3P})\boldsymbol{e}_i \tag{8-87}$$

由上式的单位力所产生的位移矢量场记为 $\boldsymbol{U}_i(P,Q)$，这里 P 表示力的作用点，Q 表示计算位移的点，下标 i 表示此位移场由方向的集中力所产生。此即开尔文(W. Thomson，1824—1907)解答(图 8.3)。

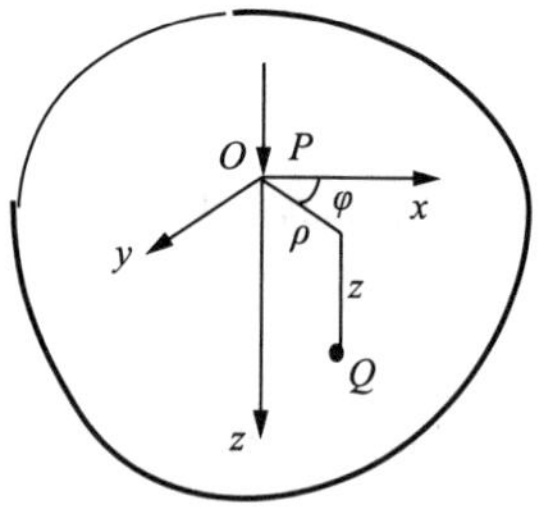

图 8.3 开尔文问题示意图

将式(8-87)代入开尔文解答得

$$\boldsymbol{U}_i(P,Q)=\frac{1}{16(1-\nu)\pi G}\left[(3-4\nu)\frac{1}{R}\boldsymbol{e}_i+\frac{\boldsymbol{R}\cdot\boldsymbol{e}_i}{R^3}\boldsymbol{R}\right] \tag{8-88}$$

有了单位集中力所引起的位移场表达式，就可利用叠加原理计算分布载荷作用下的弹性体的位移场。

$\boldsymbol{R}$ 为力的作用点与计算位移点间的矢量，表达式为

$$\begin{cases} \boldsymbol{R}=(x_i-x_{iP})\boldsymbol{e}_i \\ R=\sqrt{(x_i-x_{iP})(x_i-x_{iP})} \end{cases} \tag{8-89}$$

式中，$\boldsymbol{U}_i(P,Q)$ 有三个分量，各表示沿三个坐标轴方向的位移值。将 $\boldsymbol{U}_i(P,Q)$ 与坐标矢量点积，可得到这些位移值。记

$$U_{ij}(P,Q)\triangleq\boldsymbol{U}_i(P,Q)\cdot\boldsymbol{e}_i \tag{8-90}$$

则有

$$\begin{aligned} U_{ij}(P,Q)&=\frac{1}{16(1-\nu)\pi G}\left[(3-4\nu)\frac{1}{R}\delta_{ij}+\frac{\boldsymbol{R}\cdot\boldsymbol{e}_i}{R^3}\boldsymbol{R}\cdot\boldsymbol{e}_j\right] \\ &=\frac{1}{16(1-\nu)\pi G}\frac{1}{R}\left[(3-4\nu)\delta_{ij}+\frac{\partial R}{\partial x_i}\frac{\partial R}{\partial x_j}\right] \end{aligned} \tag{8-91}$$

此处 $U_{ij}(P,Q)$ 表示由 P 点处沿坐标 x_i 方向作用的单位集中力所引起的 Q 点沿坐标 x_j 方向的位移。

另外有

$$U_{ij}(P,Q)=U_{ji}(Q,P) \tag{8-92}$$

有了单位集中力所引起的位移场表达式，就可以利用叠加原理来计算分布在合作用力下弹性体的位移场。

8.4　空间轴对称问题

在空间问题中，如果弹性体的几何形状、约束情况和所受的外来因素，都对称于某一个轴，即通过这个轴的任一平面都是对称面，则所有的应力、应变和位移也对称于这一个轴。这种问题称为空间轴对称问题。

8.4.1　控制方程

轴对称问题的弹性体的形状一般为圆柱体或半空间体。根据轴对称的特点，应采用圆柱坐标 (ρ,φ,z) 表示。若取对称轴为 z 轴，所有物理量仅为 ρ 和 z 的函数，与 φ 无关。不符合对称性的物理量不存在，都等于零，即 $u_\varphi=0$，$\tau_{z\varphi}=\tau_{\rho\varphi}=0$，$\gamma_{z\varphi}=\gamma_{\rho\varphi}=0$。

此时不为零的位移分量有 u_ρ，w，不为零的应力和应变分量有 σ_ρ，σ_φ，σ_z，$\tau_{\rho z}$，ε_ρ，ε_φ，ε_z，$\gamma_{\rho z}$。

建立如图 8.4 所示的直角坐标和柱坐标，用相距 $d\rho$ 的两个圆柱面，互成 $d\varphi$ 角的两个铅直面及相距 dz 的两个水平面，在圆柱体取出一个微六面体 $PABC$。

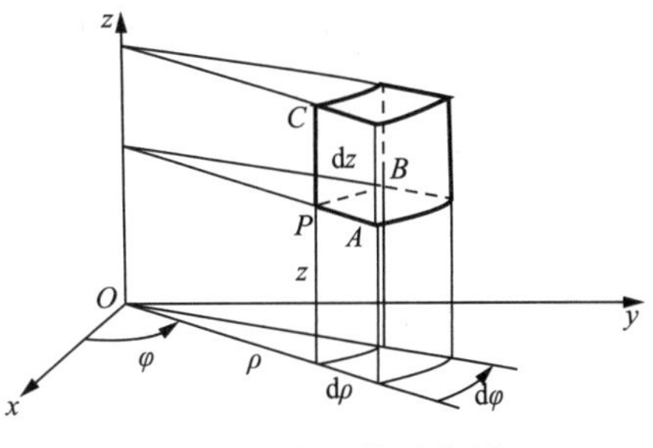

图 8.4　微元体示意图

如图 8.5 所示，首先分析 ρOz 面和 xOy 面上的应力情况。

列平衡方程为

$$\left(\sigma_\rho+\frac{\partial\sigma_\rho}{\partial\rho}\right)(\rho+d\rho)d\varphi dz-\sigma_\rho\rho d\varphi dz\cdot 2\sigma_\varphi d\rho dz\frac{d\varphi}{2}+$$

$$\left(\tau_{z\rho}+\frac{\partial\tau_{z\rho}}{\partial z}dz\right)\rho d\varphi d\rho-\tau_{z\rho}\rho d\varphi d\rho+f_\rho\rho d\varphi d\rho dz=0 \tag{8-93}$$

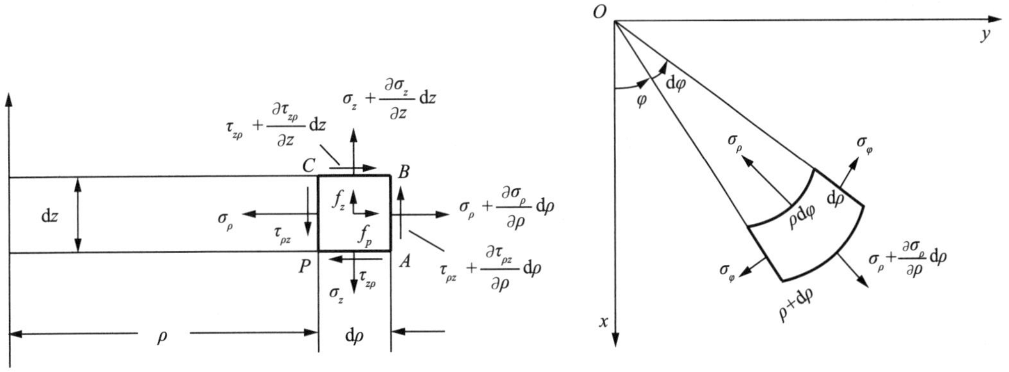

图 8.5　不同视图的受力分析

其中有近似关系 $\sin\frac{d\varphi}{2}\approx\frac{d\varphi}{2}$，$\cos\frac{d\varphi}{2}\approx1$。另一个方向的平衡方程为

$$\begin{aligned}&\left(\tau_{\rho z}+\frac{\partial\tau_{\rho z}}{\partial\rho}d\rho\right)(\rho+d\rho)d\varphi dz-\tau_{\rho z}\rho d\varphi dz+\\&\left(\sigma_z+\frac{\partial\sigma_z}{\partial z}dz\right)\rho d\varphi d\rho-\sigma_z\rho d\varphi d\rho+f_z\rho d\varphi d\rho dz=0\end{aligned}\tag{8-94}$$

进而得到平衡方程

$$\begin{cases}\dfrac{\partial\sigma_\rho}{\partial\rho}+\dfrac{\partial\tau_{z\rho}}{\partial z}+\dfrac{\sigma_\rho-\sigma_\varphi}{\rho}+f_\rho=0\\\dfrac{\partial\sigma_z}{\partial z}+\dfrac{\partial\tau_{\rho z}}{\partial\rho}+\dfrac{\tau_{\rho z}}{\rho}+f_z=0\end{cases}\tag{8-95}$$

通过与平面问题及极坐标中类似的分析，可见由径向位移 u_ρ 引起的应变分量为

$$\begin{cases}\varepsilon_\rho=\dfrac{\partial u_\rho}{\partial\rho}\\\varepsilon_\varphi=\dfrac{u_\rho}{\rho}\\\gamma_{z\rho}=\dfrac{\partial u_\rho}{\partial z}\end{cases}\tag{8-96}$$

由轴向位移 u_z 引起的应变分量为

$$\begin{cases}\varepsilon_z=\dfrac{\partial w}{\partial z}\\\gamma_{z\rho}=\dfrac{\partial w}{\partial\rho}\end{cases}\tag{8-97}$$

将两组应变叠加，得到空间轴对称问题的几何方程为

$$\begin{cases}\varepsilon_\rho=\dfrac{\partial u_\rho}{\partial\rho}\\\varepsilon_\varphi=\dfrac{u_\rho}{\rho}\\\varepsilon_z=\dfrac{\partial w}{\partial z}\\\gamma_{\rho z}=\dfrac{\partial w}{\partial\rho}+\dfrac{\partial u_\rho}{\partial z}\end{cases}\tag{8-98}$$

其本构关系为

$$\begin{cases}\varepsilon_\rho=\dfrac{1}{E}[\sigma_\rho-\nu(\sigma_\varphi+\sigma_z)]\\\varepsilon_\varphi=\dfrac{1}{E}[\sigma_\varphi-\nu(\sigma_z+\sigma_\rho)]\\\varepsilon_z=\dfrac{1}{E}[\sigma_z-\nu(\sigma_\rho+\sigma_\varphi)]\\\gamma_{z\rho}=\dfrac{1}{G}\tau_{z\rho}\end{cases}\tag{8-99}$$

其中

$$\Theta=\sigma_\rho+\sigma_\varphi+\sigma_z\tag{8-100}$$

$$\theta = \varepsilon_\rho + \varepsilon_\varphi + \varepsilon_z = \frac{\partial u_\rho}{\partial \rho} + \frac{u_\rho}{\rho} + \frac{\partial w}{\partial z} \tag{8-101}$$

另一种形式为

$$\begin{cases} \sigma_\rho = 2G\varepsilon_\rho + \lambda\theta \\ \sigma_\varphi = 2G\varepsilon_\varphi + \lambda\theta \\ \sigma_z = 2G\varepsilon_z + \lambda\theta \\ \tau_{z\rho} = G\gamma_{z\rho} \end{cases} \tag{8-102}$$

不计体力，位移满足的方程为

$$\frac{1}{1-2\nu}\frac{\partial\theta}{\partial\rho} + \nabla^2 u_\rho - \frac{u_\rho}{\rho^2} = 0 \tag{8-103}$$

$$\frac{1}{1-2\nu}\frac{\partial\theta}{\partial z} + \nabla^2 w = 0 \tag{8-104}$$

其中，$\nabla^2 = \frac{\partial^2}{\partial\rho^2} + \frac{1}{\rho}\frac{\partial}{\partial\rho} + \frac{\partial^2}{\partial z^2}$。引入位移势函数 $\phi(\rho,z)$，则有

$$\begin{cases} u_\rho = \frac{1}{2}\frac{\partial\phi}{\partial\rho} \\ w = \frac{1}{2}\frac{\partial\phi}{\partial z} \end{cases} \tag{8-105}$$

及

$$\nabla^2\phi = C \tag{8-106}$$

应力分量为

$$\begin{cases} \sigma_\rho = \frac{\partial^2\phi}{\partial\rho^2} \\ \sigma_\phi = \frac{1}{\rho}\frac{\partial\phi}{\partial\rho} \\ \sigma_z = \frac{\partial^2\phi}{\partial z^2} \\ \tau_{z\rho} = \frac{\partial^2\phi}{\partial\rho\partial z} \end{cases} \tag{8-107}$$

在直角坐标系中，有

$$\begin{cases} \sigma_x = \frac{\partial^2\phi}{\partial x^2} \\ \sigma_y = \frac{\partial^2\phi}{\partial y^2} \\ \sigma_z = \frac{\partial^2\phi}{\partial z^2} \end{cases} \tag{8-108}$$

$$\begin{cases} \tau_{yz} = \frac{\partial^2\phi}{\partial y\partial z} \\ \tau_{zx} = \frac{\partial^2\phi}{\partial x\partial z} \\ \tau_{xy} = \frac{\partial^2\phi}{\partial x\partial y} \end{cases} \tag{8-109}$$

8.4.2 等效应力和等效应变

对于空间轴对称问题，其不为零的应力和应变分量有 $\sigma_\rho,\sigma_\varphi,\sigma_z,\tau_{\rho z},\varepsilon_\rho,\varepsilon_\varphi,\varepsilon_z,\gamma_{\rho z}$，则其等效应力为

$$\sigma_{eq}=\sqrt{\frac{(\sigma_\rho-\sigma_\phi)^2+(\sigma_\phi-\sigma_z)^2+(\sigma_z-\sigma_\rho)^2+\frac{3}{2}\tau_{\rho z}^2}{2}} \tag{8-110}$$

等效应变为

$$\varepsilon_{eq}=\sqrt{\frac{8\ (\varepsilon_\rho-\varepsilon_\phi)^2+8\ (\varepsilon_\phi-\varepsilon_z)^2+8\ (\varepsilon_z-\varepsilon_\rho)^2+3\gamma_{\rho z}^2}{12}} \tag{8-111}$$

8.4.3 按位移求解

对于空间轴对称问题，其按位移求解的控制方程可以写为

$$\begin{cases}\sigma_\rho=\dfrac{E}{1+\nu}\left(\dfrac{\nu}{1-2\nu}\theta+\dfrac{\partial u_\rho}{\partial\rho}\right)\\ \sigma_\varphi=\dfrac{E}{1+\nu}\left(\dfrac{\nu}{1-2\nu}\theta+\dfrac{u_\rho}{\rho}\right)\\ \sigma_z=\dfrac{E}{1+\nu}\left(\dfrac{\nu}{1-2\nu}\theta+\dfrac{\partial w}{\partial z}\right)\\ \tau_{\rho z}=\dfrac{E}{2(1+\nu)}\left(\dfrac{\partial u_\rho}{\partial z}+\dfrac{\partial w}{\partial\rho}\right)\end{cases} \tag{8-112}$$

其中，$\theta=\dfrac{\partial u_\rho}{\partial\rho}+\dfrac{u_\rho}{\rho}+\dfrac{\partial w}{\partial z}$。

类似可以得到按位移求解空间轴对称问题时的微分方程为

$$\begin{cases}\dfrac{E}{2(1+\nu)}\left(\dfrac{1}{1-2\nu}\dfrac{\partial\theta}{\partial\rho}+\nabla^2u_\rho-\dfrac{u_\rho}{\rho^2}\right)+f_\rho=0\\ \dfrac{E}{2(1+\nu)}\left(\dfrac{1}{1-2\nu}\dfrac{\partial\theta}{\partial z}+\nabla^2w\right)+f_z=0\end{cases} \tag{8-113}$$

对于轴对称问题，勒夫应变函数仅为坐标 ρ 和 z 的函数，故有 $u_\theta=0$。

采用勒夫应变函数 L 可以得到

$$\begin{cases}u_\rho=-\dfrac{\partial^2L}{\partial\rho\partial z}\\ w=2(1-\nu)\nabla^2L-\dfrac{\partial^2L}{\partial z^2}\end{cases} \tag{8-114}$$

可以证明勒夫应变函数 L 为一个双调和函数，即$\nabla^2\nabla^2L=0$，并有

$$\theta=(1-2\nu)\frac{\partial}{\partial z}(\nabla^2L) \tag{8-115}$$

则得到应力分量为

$$\begin{cases}\sigma_\rho=2G\dfrac{\partial}{\partial z}\left(\nu\nabla^2L-\dfrac{\partial^2L}{\partial\rho^2}\right)\\ \sigma_\varphi=2G\dfrac{\partial}{\partial z}\left(\nu\nabla^2L-\dfrac{1}{\rho}\dfrac{\partial L}{\partial\rho}\right)\\ \sigma_z=2G\dfrac{\partial}{\partial z}\left[(2-\nu)\nabla^2L-\dfrac{\partial^2L}{\partial z^2}\right]\\ \tau_{\rho z}=2G\dfrac{\partial}{\partial\rho}\left[(1-\nu)\nabla^2L-\dfrac{\partial^2L}{\partial z^2}\right]\end{cases} \tag{8-116}$$

下面用上述方程求解无限大体内一点处受集中力作用时的开尔文解答。

取力的作用点位于坐标原点 O，力 P 的作用方向沿着 z 轴。其边界条件为：所有应力在无穷远处均趋于零；在 O 点处奇异应力的合力与沿着 z 方向大小为 P 的集中力等效。

不考虑无体力作用，可选重调和的勒夫应变函数进行求解。应力分量为勒夫应变函数的三阶偏导数，故选勒夫应变函数为

$$L=AR \tag{8-117}$$

式中，A 为待定参数，$R=\sqrt{\rho^2+z^2}$，代入式(8-117)后得到位移和应力分量为

$$\begin{cases} u_\rho=A\dfrac{\rho z}{R^3} \\ w=A\dfrac{1}{R^3}\left[(3-4\nu)+\dfrac{z^2}{R^2}\right] \end{cases} \tag{8-118}$$

$$\begin{cases} \sigma_\rho=2GA\left[\dfrac{(1-2\nu)z}{R^3}-\dfrac{3z\rho^2}{R^5}\right] \\ \sigma_\varphi=2GA\dfrac{(1-2\nu)z}{R^3} \\ \sigma_z=-2GA\left[\dfrac{(1-2\nu)z}{R^3}+\dfrac{3z^3}{R^5}\right] \end{cases} \tag{8-119}$$

$$\tau_{z\rho}=-2GA\left[\frac{(1-2\nu)\rho}{R^3}+\frac{3\rho z^2}{R^5}\right] \tag{8-120}$$

这些应力在原点是奇异的，在无限远处趋于零，并且为轴对称分布。因而它们只能与沿着对称轴方向作用的力相对应。其中常数 A 可以由平衡条件确定。

在 $z=\pm a$ 的两个平面内截出一个厚度为 $2a$、半径为 ρ 的无限大圆盘。当 $\rho\to\infty$时，圆盘边缘剪应力 $\tau_{\rho z}\sim\rho^{-2}$。该剪应力作用在圆盘边缘的柱面上，此柱面面积大小的量级为 ρ。因此剪应力 $\tau_{\rho z}$ 合力的量级为 ρ^{-1}。当 $\rho\to\infty$时，该合力为零，则平衡条件为

$$P=\int_0^\infty 2\pi\rho\mathrm{d}\rho(\sigma_z)_{z=-a}-\int_0^\infty 2\pi\rho\mathrm{d}\rho(\sigma_z)_{z=a} \tag{8-121}$$

考虑到当 z 为常数时，有 $\rho\mathrm{d}\rho=R\mathrm{d}R$，然后将上述应力表达式代入式(8-121)可以得到

$$P=8\pi GA\left[(1-2\nu)a\int_a^\infty\frac{R\,\mathrm{d}R}{R^3}+3a^3\int_a^\infty\frac{R\,\mathrm{d}R}{R^5}\right]=16\pi GA(1-\nu) \tag{8-122}$$

故而得到 $A=\dfrac{P}{16\pi GA(1-\nu)}$。

8.5　空心圆球受均布压力

在空间问题中，如果弹性体的几何形状、约束情况以及所受的外界载荷都对称于某一点，即通过这一点的任意平面都是对称面，则所有的应力、应变和位移也都对称于这一点，这种问题称为点对称问题，又称为球对称问题。显然，球对称问题只可能发生于空心或者实心的球体中。

在描述球对称问题时，采用球坐标非常简单。如果以弹性体的对称点为坐标原点 O，则所有的应力分量、应变分量、位移分量都将只是径向坐标 ρ 的函数，不随其余两个坐标 θ 和 φ

而改变。

首先推导微元体平衡微分方程。如图 8.6 所示，用相距 $d\rho$ 的两个球面和两个成 $d\varphi$ 角度的径向平面，从弹性体中选取一个微小六面体。设作用于内球面的径向正应力为 σ_ρ，则作用于外球面的径向正应力为 $\sigma_\rho+d\sigma_\rho$。由于对称，作用于径向平面的切向正应力 $\sigma_\theta=\sigma_\varphi$。又由于对称，该六面体上不存在切应力。径向应力用 f_ρ 表示。由于对称，不可能有切向体力。

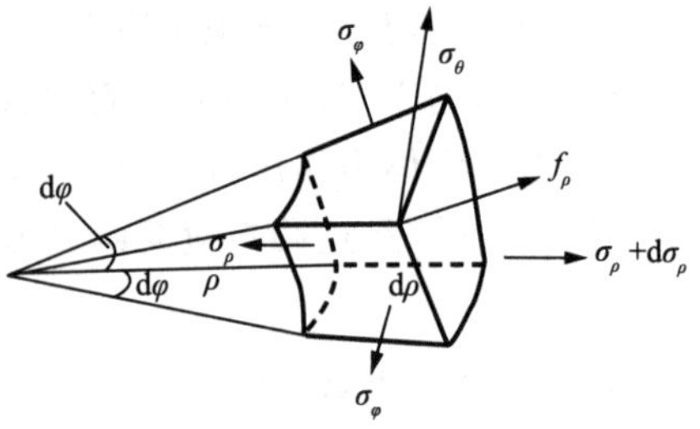

图 8.6　圆球微元受力图

平衡方程可以写为

$$(\sigma_\rho+d\sigma_\rho)[(\rho+d\rho)d\varphi]^2-\sigma_\rho(\rho d\varphi)^2-4\sigma_\theta d\rho(\rho d\varphi)\sin\frac{d\varphi}{2}+f_\rho(\rho d\varphi)^2 d\rho=0 \quad (8\text{-}123)$$

考虑到 $d\varphi$ 为小量，即 $\sin\frac{d\varphi}{2}\approx\frac{d\varphi}{2}$，则方程简化为

$$\frac{d\sigma_\rho}{d\rho}+\frac{2}{\rho}(\sigma_\rho-\sigma_\varphi)+f_\rho=0 \quad (8\text{-}124)$$

然后考虑几何方程。由于对称，只可能发生径向位移 u_ρ，不可能发生切向位移。又由于对称，只可能存在径向正应变 ε_ρ 以及切向正应变 ε_φ，不可能产生坐标方向的切应变，则几何方程为

$$\begin{cases}\varepsilon_\rho=\dfrac{du_\rho}{d\rho}\\[2mm] \varepsilon_\theta=\varepsilon_\varphi=\dfrac{u_\rho}{\rho}\end{cases} \quad (8\text{-}125)$$

本构关系满足胡克定律，其表达式为

$$\begin{cases}\varepsilon_\rho=\dfrac{1}{E}(\sigma_\rho-2\nu\sigma_\varphi)\\[2mm] \varepsilon_\varphi=\dfrac{1}{E}[(1-\nu)\sigma_\varphi-\nu\sigma_\rho]\end{cases} \quad (8\text{-}126)$$

或者

$$\begin{cases}\sigma_\rho=\dfrac{E}{(1+\nu)(1-2\nu)}[(1-\nu)\varepsilon_\rho+2\nu\varepsilon_\varphi]\\[2mm] \sigma_\varphi=\dfrac{E}{(1+\nu)(1-2\nu)}(\varepsilon_\varphi+\nu\varepsilon_\rho)\end{cases} \quad (8\text{-}127)$$

下面考虑一个经典例子。设有空心圆球，其内半径为 a，外半径为 b，在内表面和外表面分别受到均布压力 q_a 以及 q_b，忽略体力，即 $f_\rho=0$。这是一个球对称问题。

将几何方程代入本构关系，可以得到控制方程为

$$\begin{cases}\sigma_\rho=\dfrac{E}{(1+\nu)(1-2\nu)}\left[(1-\nu)\dfrac{du_\rho}{d\rho}+2\nu\dfrac{u_\rho}{\rho}\right]\\[2mm] \sigma_\varphi=\dfrac{E}{(1+\nu)(1-2\nu)}(\varepsilon_\varphi+\nu\varepsilon_\rho)\end{cases} \quad (8\text{-}128)$$

进而将上式代入平衡方程可以得到

$$\frac{E(1-\nu)}{(1+\nu)(1-2\nu)}\left(\frac{d^2u_\rho}{d\rho^2}+\frac{2}{\rho}\frac{du_\rho}{d\rho}-\frac{2}{\rho^2}u_\rho\right)=0 \quad (8\text{-}129)$$

则平衡方程为

$$\frac{\mathrm{d}^2 u_\rho}{\mathrm{d}\rho^2}+\frac{2}{\rho}\frac{\mathrm{d}u_\rho}{\mathrm{d}\rho}-\frac{2u_\rho}{\rho^2}=0 \tag{8-130}$$

这个常微分方程可以写成

$$\frac{\mathrm{d}}{\mathrm{d}\rho}\left[\frac{1}{\rho^2}\frac{\mathrm{d}}{\mathrm{d}\rho}(\rho^2 u_\rho)\right]=0 \tag{8-131}$$

对上式逐步积分可以得到

$$u_\rho=A\rho+\frac{B}{\rho^2} \tag{8-132}$$

式中，A 和 B 为任意常数。继而可以得到应力分量为

$$\begin{cases}\sigma_\rho=\dfrac{E}{1-2\nu}A-\dfrac{2E}{1+\nu}\dfrac{B}{\rho^3}\\[2mm]\sigma_\varphi=\dfrac{E}{1-2\nu}A+\dfrac{E}{1+\nu}\dfrac{B}{\rho^3}\end{cases} \tag{8-133}$$

其边界条件为

$$\begin{cases}(\sigma_\rho)_{\rho=a}=-q_a\\(\sigma_\rho)_{\rho=b}=-q_b\end{cases} \tag{8-134}$$

将边界条件代入应力表达式可以得到

$$\begin{cases}\dfrac{E}{1-2\nu}A-\dfrac{2E}{1+\nu}\dfrac{B}{a^3}=-q_a\\[2mm]\dfrac{E}{1-2\nu}A-\dfrac{2E}{1+\nu}\dfrac{B}{b^3}=-q_b\end{cases} \tag{8-135}$$

进而可以得到 $A=\dfrac{a^3q_a-b^3q_b}{E(b^3-a^3)}(1-2\nu)$，$B=\dfrac{a^3b^3(q_a-q_b)}{2E(b^3-a^3)}(1+\nu)$。

径向位移表达式为

$$u_\rho=\frac{(1+\nu)\rho}{E}\left(\frac{\dfrac{b^3}{2\rho^3}+\dfrac{1-2\nu}{1+\nu}}{\dfrac{b^3}{a^3}-1}q_a-\frac{\dfrac{a^3}{2\rho^3}+\dfrac{1-2\nu}{1+\nu}}{1-\dfrac{a^3}{b^3}}q_b\right) \tag{8-136}$$

继而可以得到应力解答为

$$\begin{cases}\sigma_\rho=\dfrac{\dfrac{b^3}{\rho^3}-1}{\dfrac{b^3}{a^3}-1}q_a-\dfrac{1-\dfrac{a^3}{\rho^3}}{1-\dfrac{a^3}{b^3}}q_b\\[4mm]\sigma_\varphi=\dfrac{\dfrac{b^3}{2\rho^3}+1}{\dfrac{b^3}{a^3}-1}q_a-\dfrac{1+\dfrac{a^3}{2\rho^3}}{1-\dfrac{a^3}{b^3}}q_b\end{cases} \tag{8-137}$$

由于不存在坐标方向的切应力分量，上式所示的径向正应力及切向正应力就是主应力。

如果空心圆球只受到内压力 q，则径向位移可以简化为

$$u_\rho=\frac{(1+\nu)q\rho}{E}\frac{\dfrac{b^3}{2\rho^3}+\dfrac{1-2\nu}{1+\nu}}{\dfrac{b^3}{a^3}-1} \tag{8-138}$$

应力分量为

$$\begin{cases}\sigma_\rho=\dfrac{\dfrac{b^3}{\rho^3}-1}{\dfrac{b^3}{a^3}-1}q\\[2ex]\sigma_\varphi=\dfrac{\dfrac{b^3}{2\rho^3}+1}{\dfrac{b^3}{a^3}-1}q\end{cases}\tag{8-139}$$

假设有一个无限大弹性体，它有一个半径为 a 的圆球形小孔洞，在孔洞内受到压力 q 的作用。此时令弹性体外半径 b 趋于无穷大，则有

$$\begin{cases}u_\rho=\dfrac{(1+\nu)qa^3}{2E\rho^2}\\[1ex]\sigma_\rho=-\dfrac{qa^3}{\rho^3}\\[1ex]\sigma_\varphi=\dfrac{qa^3}{2\rho^3}\end{cases}\tag{8-140}$$

由此可见，径向位移随 ρ^2 的增大而减小，径向及切向应力均随 ρ^3 的增大而减小。在 ρ 远大于 a 之处，应力数值很小，可以忽略不计。这又一次验证了圣维南原理，因为圆球孔洞内的压力为自平衡力系。另外，需要注意，孔边将发生 $q/2$ 的切向拉应力，它可能引起脆性材料的开裂。

8.6 半空间体表面受法向集中力

不计体力的半空间体在其边界平面上受法向集中力作用的问题称为布西内斯克问题。这是一个以力 F 的作用线为对称轴的空间轴对称问题。我们把 z 轴放在力 F 的作用线上，把坐标原点放在力 F 的作用点，建立圆柱坐标系，如图 8.7 所示。

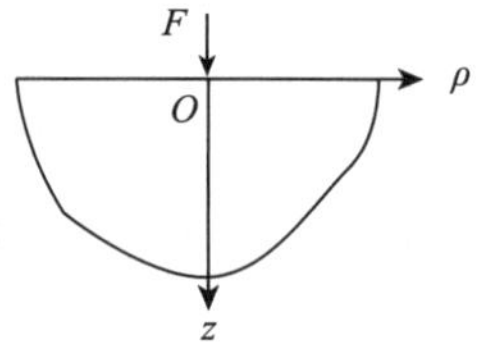

图 8.7 半空间体表面受法向集中力

采用位移法求解，位移分量应当满足如下基本微分方程

$$\begin{cases}\dfrac{1}{1-2\nu}\dfrac{\partial\theta}{\partial\rho}+\nabla^2u_\rho-\dfrac{u_\rho}{\rho^2}=0\\[1ex]\dfrac{1}{1-2\nu}\dfrac{\partial\theta}{\partial z}+\nabla^2w=0\end{cases}\tag{8-141}$$

除去力 F 的作用点，半空间体表面的应力边界条件为

$$\begin{cases}(\sigma_z)_{z=0,\rho\neq0}=0\\(\tau_{z\rho})_{z=0,\rho\neq0}=0\end{cases}\tag{8-142}$$

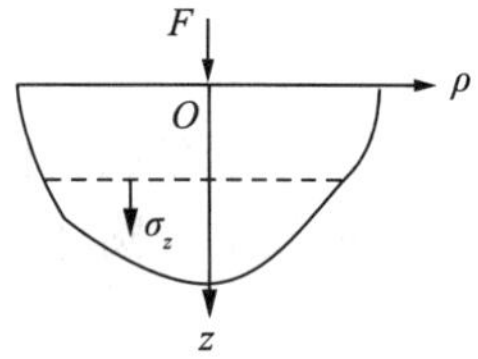

图 8.8 半空间体受集中力

如图 8.8 所示，在集中力 F 的作用点，无法按常规写出应力边界条件。我们可以这样考虑，假想有一水平的无限大平面将半空间截成两部分，取上半部分平板状脱离体为研究对象，则截面上 z 方向正应力合成的效果当与力 F 相平衡，于是有如下平衡条件

$$\int_0^{\infty}\sigma_z\cdot 2\pi\rho\mathrm{d}\rho+F=0 \tag{8-143}$$

1885 年,法国力学家布西内斯克采用势函数法首次得出满足上述条件的解答。

其位移为

$$\begin{cases}u_\rho=\dfrac{(1+\nu)F}{2\pi ER}\left[\dfrac{\rho z}{R^2}-\dfrac{(1-2\nu)\rho}{R+z}\right]\\ w=\dfrac{(1+\nu)F}{2\pi ER}\left[2(1-\nu)+\dfrac{z^2}{R^2}\right]\end{cases} \tag{8-144}$$

应力为

$$\begin{cases}\sigma_\rho=\dfrac{F}{2\pi R^2}\left[\dfrac{(1-2\nu)R}{R+z}-\dfrac{3\rho^2 z}{R^3}\right]\\ \sigma_\varphi=\dfrac{(1-2\nu)F}{2\pi R^2}\left(\dfrac{z}{R}-\dfrac{R}{R+z}\right)\\ \sigma_z=-\dfrac{Fz^3}{2\pi R^5}\\ \tau_{z\rho}=\tau_{\rho z}=-\dfrac{3F\rho z^2}{2\pi R^5}\end{cases} \tag{8-145}$$

式中,$R=\sqrt{\rho^2+z^2}$,$\dfrac{\partial R}{\partial\rho}=\dfrac{\rho}{R}$,$\dfrac{\partial R}{\partial z}=\dfrac{z}{R}$。

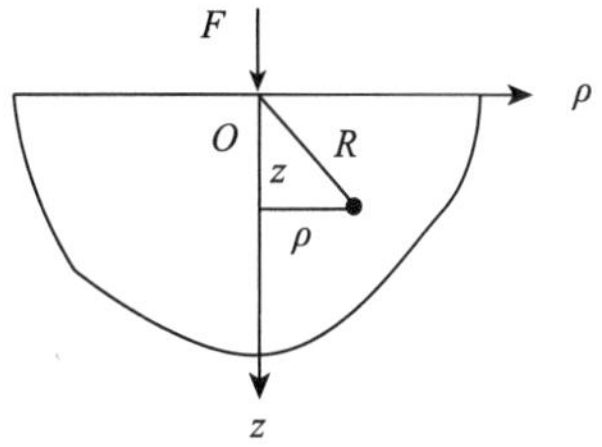

图 8.9 半空间体受力

如图 8.9 所示,由位移解答可得边界面上任一点的铅垂位移,即所谓的表面沉陷为

$$\eta=(w)_{z=0}=\frac{(1-\nu^2)F}{\pi E\rho} \tag{8-146}$$

由此可见,η 与到集中力作用点的距离 ρ 成反比。位移和应力分布有如下特点

$$\begin{cases}u\propto\dfrac{1}{R}\\ \sigma\propto\dfrac{1}{R^2}\end{cases} \tag{8-147}$$

可见,位移和应力解答在集中力作用点处具有奇异性;在靠近集中力作用点处,应力非常大;在距离集中力作用点非常远处,应力非常小。在水平截面上,应力 σ_z,$\tau_{z\rho}$ 与弹性常数无关,因而在任何材料的弹性部分中都是同样的分布。

由于$\dfrac{\tau_{z\rho}}{\sigma_z}=\dfrac{\rho}{z}$,并注意到这两个应力分量都是负值,因此,水平截面上的全应力 p 都指向集中力的作用点。

水平截面上的全应力为

$$p=\sqrt{\tau_{z\rho}^2+\sigma_z^2}=\frac{3Fz^2}{2\pi R^5}\sqrt{\rho^2+z^2}=\frac{3Fz^2}{2\pi R^4} \tag{8-148}$$

当全应力为常数时,上式表示一个过原点且与边界平面相切的球面。这表明,在与该球面相交的任何水平平面上,交点处的全应力为常数。

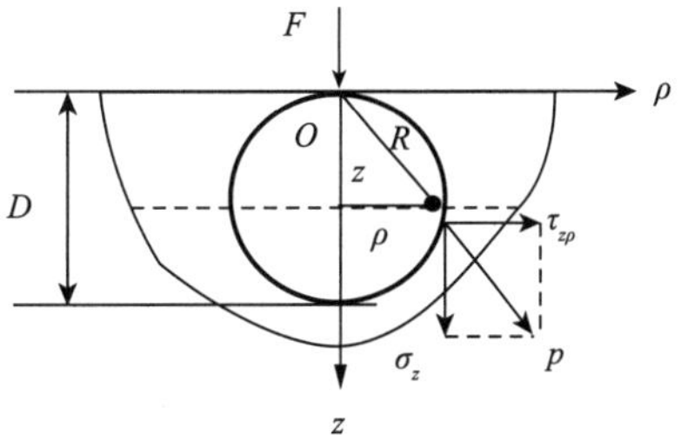

图 8.10 应力示意图

如图 8.10 所示,在半空间体内做一直径为 D,并在

O 点与边界面相切的球，球面上各点满足 $\frac{z}{R}=\frac{R}{D}$，则球面上各点水平截面上的全应力 $p=\frac{3F}{2\pi D^2}$，也就是说，球面上各点处的水平截面全应力大小相等，并都指向集中力的作用点。

8.7 半空间体在边界上受法向和切向分布力

有了上述法向集中力的结果，就可以利用叠加原理计算边界平面上任意分布载荷所引起的位移和应力。

如图 8.11 所示，假定均布载荷作用在半径为 a 的圆面上。求半空间体边界上距离圆心为 r 的一点 M 的沉陷。在载荷范围内取微分面积 $\mathrm{d}A=s\mathrm{d}\varphi\mathrm{d}s$，如图中的阴影所示，则可以得到 M 点的沉陷为

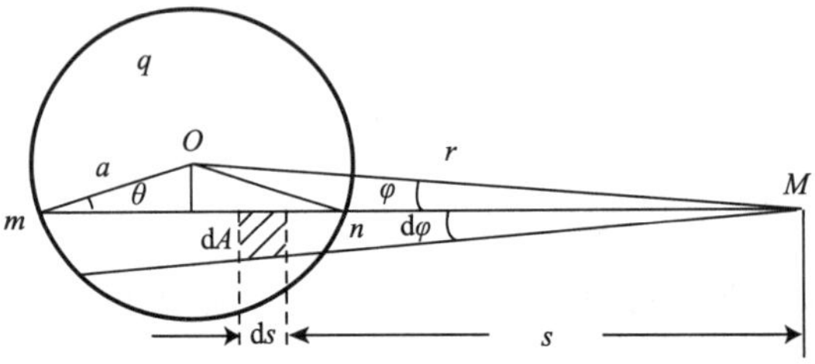

图 8.11 半空间体受法向力

$$\frac{(1-\nu^2)q\mathrm{d}A}{\pi Es}=\frac{(1-\nu^2)qs\mathrm{d}\varphi\mathrm{d}s}{\pi Es}=\frac{(1-\nu^2)q}{\pi E}\mathrm{d}\varphi\mathrm{d}s \tag{8-149}$$

M 点的总沉陷为

$$w=\frac{(1-\nu^2)q}{\pi E}\iint\mathrm{d}\varphi\mathrm{d}s \tag{8-150}$$

对 s 进行积分，注意到弦 mn 的长度为 $2\sqrt{a^2-r^2\sin^2\varphi}$，并在对 φ 进行积分时考虑对称性，得到

$$w=2\frac{(1-\nu^2)q}{\pi E}\int_0^{\varphi_1}2\sqrt{a^2-r^2\sin^2\varphi}\,\mathrm{d}\varphi \tag{8-151}$$

式中，φ_1 为 φ 的最大值，即圆的切线与 OM 之间的夹角。引用变量 θ 代替变量 φ，则有 $a\sin\theta=r\sin\varphi$，于是得

$$\mathrm{d}\varphi=\frac{a\cos\theta}{r\cos\varphi}\mathrm{d}\theta=\frac{a\cos\theta}{r\sqrt{1-\frac{a^2}{r^2}\sin^2\theta}}\mathrm{d}\theta \tag{8-152}$$

代入式(8-151)可得

$$\begin{aligned}w&=\frac{4(1-\theta^2)q}{\pi E}\int_0^{\pi/2}\frac{a^2\cos^2\theta}{r\sqrt{1-\frac{a^2}{r^2}\sin^2\theta}}\mathrm{d}\theta\\&=\frac{4(1-\theta^2)qr}{\pi E}\left[\int_0^{\pi/2}\sqrt{1-\frac{a^2}{r^2}\sin^2\theta}\,\mathrm{d}\theta-\left(1-\frac{a^2}{r^2}\right)\int_0^{\pi/2}\frac{\mathrm{d}\theta}{\sqrt{1-\frac{a^2}{r^2}\sin^2\theta}}\right]\end{aligned} \tag{8-153}$$

当 M 点位于载荷圆的边界上时有 $r=a$，则式(8-153)简化为

$$w=\frac{4(1-\nu^2)qa}{\pi E}\int_0^{\pi/2}\cos\theta\mathrm{d}\theta=\frac{4(1-\nu^2)qa}{\pi E} \tag{8-154}$$

如果 M 点是在载荷面积之内，仍然取微分面积 $\mathrm{d}A=s\mathrm{d}\varphi\mathrm{d}s$，则 M 点的沉陷仍为

$$w=\frac{(1-\nu^2)q}{\pi E}\iint\mathrm{d}\varphi\mathrm{d}s \tag{8-155}$$

但此时弦 mn 的长度为 $2a\cos\theta$，有

$$w=\frac{4(1-\nu^2)qa}{\pi E}\int_0^{\pi/2}\cos\theta\mathrm{d}\varphi \tag{8-156}$$

利用关系 $a\sin\theta=r\sin\varphi$，则式(8-156)可写为

$$w=\frac{4(1-\nu^2)qa}{\pi E}\int_0^{\pi/2}\sqrt{1-\frac{r^2}{a^2}\sin^2\varphi}\,\mathrm{d}\varphi \tag{8-157}$$

最大沉降将发生在圆心，有

$$w_{\max}=\frac{2(1-\nu^2)qa}{E} \tag{8-158}$$

应力也可以通过叠加法求得。为了求得 z 轴上任意一点处的应力分量 σ_z，可以把载荷面积分为微分圆环，用圆环上载荷 $2\pi rq\mathrm{d}r$ 代替载荷，积分得到

$$\sigma_z=-\frac{3z^3}{2\pi}\int_0^a\frac{2\pi rq\,\mathrm{d}r}{(r^2+z^2)^{5/2}}=-q\left[1-\frac{z^3}{(z^2+a^2)^{3/2}}\right] \tag{8-159}$$

为了求得该点处的应力分量 σ_ρ 和 σ_φ，将载荷面积分为微分面积，如 1,2,3,4 等。微分面积 1 和 2 上的两个载荷为 $qr\mathrm{d}\varphi\mathrm{d}r$，则有

$$\begin{cases}\mathrm{d}\sigma_\rho'=2\dfrac{qr\mathrm{d}\varphi\mathrm{d}r}{2\pi R^2}\left[\dfrac{(1-2\nu)R}{R+z}-\dfrac{3r^2z}{R^3}\right]\\ \mathrm{d}\sigma_\varphi'=2\dfrac{(1-2\nu)qr\mathrm{d}\varphi\mathrm{d}r}{2\pi R^2}\left(\dfrac{z}{R}-\dfrac{R}{R+z}\right)\end{cases} \tag{8-160}$$

同样，根据微分面积 3 和 4 上的两个载荷 $qr\mathrm{d}\varphi\mathrm{d}r$ 得到

$$\begin{cases}\mathrm{d}\sigma_\varphi''=2\dfrac{qr\mathrm{d}\varphi\mathrm{d}r}{2\pi R^2}\left[\dfrac{(1-2\nu)R}{R+z}-\dfrac{3r^2z}{R^3}\right]\\ \mathrm{d}\sigma_\rho''=2\dfrac{(1-2\nu)qr\mathrm{d}\varphi\mathrm{d}r}{2\pi R^2}\left(\dfrac{z}{R}-\dfrac{R}{R+z}\right)\end{cases} \tag{8-161}$$

叠加后得到微分面积 1,2,3,4 上的载荷引起的应力分量为

$$\mathrm{d}\sigma_\rho=\mathrm{d}\sigma_\varphi=\frac{qr\mathrm{d}\varphi\mathrm{d}r}{\pi}\left[(1-2\nu)\frac{z}{R^3}-\frac{3r^2z}{R^5}\right] \tag{8-162}$$

则有

$$\sigma_\rho=\sigma_\varphi=\frac{q}{2}\int_0^a\left[\frac{(1-2\nu)z}{(r^2+z^2)^{3/2}}-\frac{3r^2z}{(r^2+z^2)^{5/2}}\right]r\mathrm{d}r \tag{8-163}$$

积分以后得到

$$\sigma_\rho=\sigma_\varphi=-\frac{q}{2}\left[(1+2\nu)+\frac{z^3}{(a^2+z^2)^{3/2}}-\frac{2(1+\nu)z}{(a^2+z^2)^{1/2}}\right] \tag{8-164}$$

该点的最大切应力发生在与 z 轴成 45°的平面上，即

$$\frac{1}{2}(\sigma_\varphi-\sigma_z)=\frac{q}{2}\left[\frac{1-2\nu}{2}+\frac{(1+\nu)z}{(z^2+a^2)^{1/2}}-\frac{3}{2}\frac{z^3}{(z^2+a^2)^{3/2}}\right] \tag{8-165}$$

在 $z=a\sqrt{\dfrac{2(1+\mu)}{7-2\mu}}$ 处有最大切应力，即

$$\tau_{\max}=\frac{q}{2}\left[\frac{1-2\nu}{2}+\frac{2}{9}(1+\nu)\sqrt{2(1+\nu)}\right] \tag{8-166}$$

若取 $\nu=0.3$，则在 $z=0.638a$ 处产生最大剪应力 $\tau_{\max}=0.33q$。

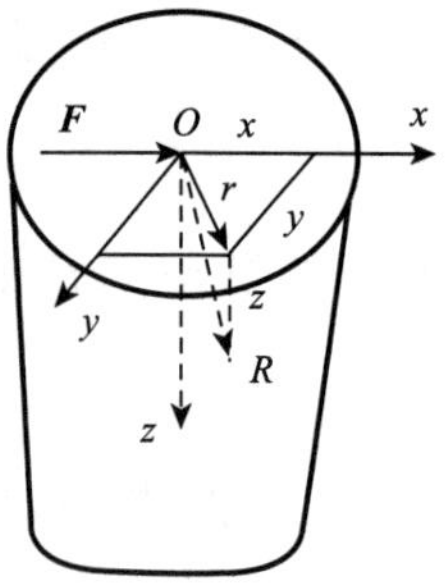

图 8.12 半空间体受剪力

如图 8.12 所示，不计体力的半空间体在其边界平面上受到切向集中力 F 作用，这样的问题称为塞路提(C. Cerruti，1820—1905)问题。

应力边界条件要求

$$(\sigma_z,\tau_{zx},\tau_{zy})_{z=0,r\neq 0}=0 \tag{8-167}$$

由应力边界条件转换来的平衡条件为

$$\begin{cases}\int_{-\infty}^{+\infty}\int_{-\infty}^{+\infty}\tau_{zx}\,\mathrm{d}x\mathrm{d}y+F=0\\ \int_{-\infty}^{+\infty}\int_{-\infty}^{+\infty}\tau_{zy}\,\mathrm{d}x\mathrm{d}y=0\\ \int_{-\infty}^{+\infty}\int_{-\infty}^{+\infty}\sigma_z\,\mathrm{d}x\mathrm{d}y=0\\ \int_{-\infty}^{+\infty}\int_{-\infty}^{+\infty}(y\sigma_z-z\tau_{zy})\,\mathrm{d}x\mathrm{d}y=0\\ \int_{-\infty}^{+\infty}\int_{-\infty}^{+\infty}(x\sigma_z-z\tau_{zx})\,\mathrm{d}x\mathrm{d}y=0\\ \int_{-\infty}^{+\infty}\int_{-\infty}^{+\infty}(y\tau_{zx}-x\tau_{zy})\,\mathrm{d}x\mathrm{d}y=0\end{cases} \tag{8-168}$$

取如下一次幂重调和函数为伽辽金位移函数，即

$$L=A_1 r \tag{8-169}$$
$$M=0 \tag{8-170}$$
$$N=A_2 x\ln(R+z) \tag{8-171}$$

再取如下零次幂重调和函数为位移势函数

$$\psi=\frac{A_3 x}{R+z} \tag{8-172}$$

求出位移分量和应力分量，再由边界条件求得常数 $A_1=\dfrac{F}{4\pi(1-\nu)}$，$A_2=\dfrac{(1-2\nu)F}{4\pi(1-\nu)}$，$A_3=\dfrac{(1-2\nu)F}{2\pi}$。这样得到塞路提解答为

$$\begin{cases}u=\dfrac{(1+\nu)F}{2\pi ER}\left\{1+\dfrac{x^2}{R^2}+(1-2\nu)\left[\dfrac{R}{R+z}-\dfrac{x^2}{(R+z)^2}\right]\right\}\\ v=\dfrac{(1+\nu)F}{2\pi ER}\left[\dfrac{xy}{R^2}-\dfrac{(1-2\nu)xy}{(R+z)^2}\right]\\ w=\dfrac{(1+\nu)F}{2\pi ER}\left[\dfrac{xz}{R^2}+\dfrac{(1-2\nu)x}{R+z}\right]\end{cases} \tag{8-173}$$

$$\begin{cases}\sigma_x=\dfrac{Fx}{2\pi R^3}\left[\dfrac{1-2\nu}{(R+z)^2}\left(R^2-y^2-\dfrac{2Ry^2}{R+z}\right)-\dfrac{3x^2}{R^2}\right]\\ \sigma_y=\dfrac{Fx}{2\pi R^3}\left[\dfrac{1-2\nu}{(R+z)^2}\left(3R^2-x^2-\dfrac{2Rx^2}{R+z}\right)-\dfrac{3y^2}{R^2}\right]\\ \sigma_z=\dfrac{3Fxz^2}{2\pi R^5}\\ \tau_{yz}=-\dfrac{3Fxyz}{2\pi R^5}\\ \tau_{zx}=-\dfrac{3Fx^2z}{2\pi R^5}\\ \tau_{xy}=\dfrac{Fy}{2\pi R^3}\left[\dfrac{1-2\nu}{(R+z)^2}\left(-R^2+x^2+\dfrac{2Rx^2}{R+z}\right)-\dfrac{3x^2}{R^2}\right]\end{cases}\tag{8-174}$$

当 $R\to\infty$时，各个应力分量都趋近于零。当 $R\to 0$ 时，各个应力分量都趋近于无限大。这就是说，在离集中力作用点非常远处应力非常小，在靠近集中力作用点处应力非常大。

水平截面上的应力分量(σ_z，$\tau_{z\rho}$，τ_{zx}，τ_{zy})都与弹性常数无关，因而任何材料的弹性部分中都有同样的应力分布，其他截面上的应力一般随泊松比而变。

水平截面上的全应力都指向集中力作用点的，因此有 $\sigma_z:\tau_{z\rho}=z:\rho$，$\sigma_z:\tau_{zx}:\tau_{zy}=z:x:y$。

8.8 两球体之间的接触压力

采用上述解答可以分析两个弹性体之间的接触压力。如图 8.13 所示，假设两个弹性体为圆球，其半径分别为 R_1 和 R_2。当没有压力作用时，两球体仅在一点 O 接触。设两球体表面上距公法线为 r 的 M_1 点及 M_2 点，它们距公共切面的距离分别为 z_1 和 z_2，则由几何关系有

$$\begin{cases}(R_1-z_1)^2+r^2=R_1^2\\ (R_2-z_2)^2+r^2=R_2^2\end{cases}\tag{8-175}$$

由此可以得到

$$\begin{cases}z_1=\dfrac{r^2}{2R_1-z_1}\\ z_2=\dfrac{r^2}{2R_2-z_2}\end{cases}\tag{8-176}$$

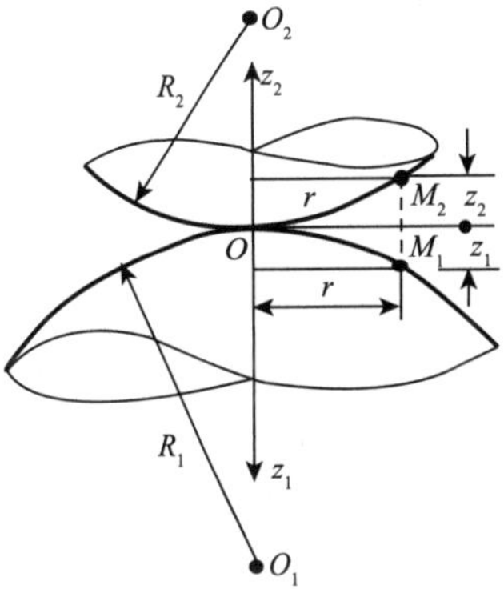

图 8.13　接触问题示意图

如果 M_1 及 M_2 离接触点 O 很近，则 z_1 远小于 $2R_1$，z_2 远小于 $2R_2$，可以认为

$$\begin{cases}z_1=\dfrac{r^2}{2R_1}\\ z_2=\dfrac{r^2}{2R_2}\end{cases}\tag{8-177}$$

M_1 与 M_2 之间的距离为

$$z_1+z_2=r^2\left(\frac{1}{2R_1}+\frac{1}{2R_2}\right)=\frac{R_1+R_2}{2R_1R_2}r^2\tag{8-178}$$

如图 8.14 所示，当两球体以某一力 F 相压时，在接触点附近将发生局部变形而出现一个边界为圆形的接触面。由于接触面的边界半径总小于 R_1 及 R_2，故可用前述解答来进行分析。令 M_1 沿 z_1 方向的位移及 M_2 沿 z_2 方向的位移分别为 w_1 及 w_2，并令 z_1 轴上及 z_2 轴上“距 O 较远处”的两点相互趋近的距离为 α，则 M_1 与 M_2 之间的距离缩短为 $\alpha-(w_1+w_2)$。这里所谓“距 O 较远处”是指该处的变形已经可以忽略不计。假定在发生局部变形以后，M_1 及 M_2 成为接触面上的同一点 M，则由几何关系有

$$\alpha-(w_1+w_2)=z_1+z_2 \tag{8-179}$$

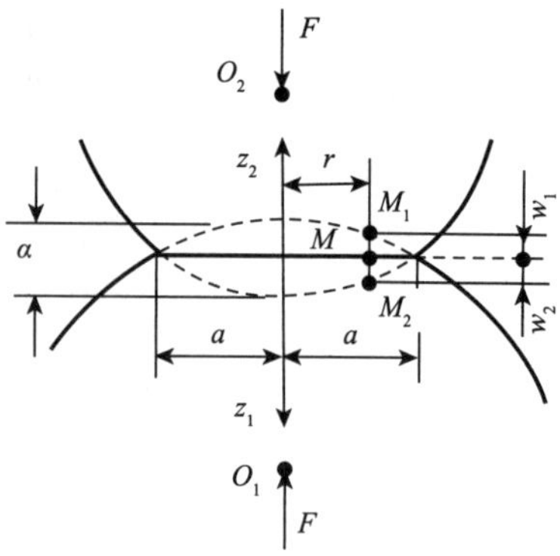

图 8.14　接触界面变形示意图

则有

$$w_1+w_2=\alpha-\beta r^2 \tag{8-180}$$

式中，$\beta=\dfrac{R_1+R_2}{2R_1R_2}$。

如果图 8.14 中的圆表示接触面，而 M 点表示下面的球体在接触面上的一点（即变形以前的 M_1），则该点的位移为

$$w_1=\frac{1-\nu_1^2}{\pi E_1}\iint q\mathrm{d}s\mathrm{d}\varphi \tag{8-181}$$

式中，ν_1 及 E_1 为下面球体的弹性常数，而积分应该包括整个接触面。对于上面的球体也可以写出类似表达式。于是得到

$$w_1+w_2=(k_1+k_2)\iint q\mathrm{d}s\mathrm{d}\varphi \tag{8-182}$$

式中，$k_1=\dfrac{1-\nu_1^2}{\pi E_1}$，$k_2=\dfrac{1-\nu_2^2}{\pi E_2}$，并且

$$(k_1+k_2)\iint q\mathrm{d}s\mathrm{d}\varphi=\alpha-\beta r^2 \tag{8-183}$$

下一步需要找出压力 q 的分布规律，使上式得以满足。

赫兹（H. R. Hertz，1857—1894）指出，如果在接触面的边界上做半圆球面，并用它在各点的高度代表压力 q 在各点处的大小，则式（8-183）可以满足。

证明：令 q_0 为半圆球面在 O 点处的高度，亦即 q 的最大值。沿着通过 M 点的弦 mn，压力的变化如虚线半圆所示。因此，沿着弦 mn 的积分为

$$\int q\mathrm{d}s=\frac{q_0}{a}A \tag{8-184}$$

式中，A 为该半圆的面积，即 $A=\dfrac{\pi}{2}(a^2-r^2\sin^2\varphi)$，代入式（8-184）得到

$$2(k_1+k_2)\int_0^{\frac{\pi}{2}}\frac{q_0}{a}\frac{\pi}{2}(a^2-r^2\sin^2\varphi)\mathrm{d}\varphi=\alpha-\beta r^2 \tag{8-185}$$

积分以后得到

$$(k_1+k_2)\frac{\pi^2 q_0}{4a}(2a^2-r^2)=\alpha-\beta r^2 \tag{8-186}$$

为使得这一条件在 r 为任意值时都能满足，可以得到

$$(k_1+k_2)\frac{\pi^2 a q_0}{2}=\alpha \tag{8-187}$$

$$(k_1+k_2)\frac{\pi^2 q_0}{4a}=\beta \tag{8-188}$$

为了得到 q_0，令上述半圆球的体积等于总的压力 F，即

$$q_0\ \frac{2\pi a^2}{3}=F \tag{8-189}$$

由此得出最大压力为

$$q_0=\frac{3F}{2\pi a^2} \tag{8-190}$$

它等于平均压力 $F/(\pi a^2)$ 的 1.5 倍。最终得到

$$a^3=\frac{3\pi F(k_1+k_2)R_1R_2}{4(R_1+R_2)} \tag{8-191}$$

$$\alpha^3=\frac{9\pi^2F^2\ (k_1+k_2)^2(R_1+R_2)}{16R_1R_2} \tag{8-192}$$

由此可以求得最大接触压力为

$$q_0=\frac{3F}{2\pi a^2}=\frac{3F}{2\pi}\left[\frac{4(R_1+R_2)}{3\pi F(k_1+k_2)R_1R_2}\right]^{\frac{2}{3}} \tag{8-193}$$

当 $E_1=E_2=E$ 以及 $\nu_1=\nu_2=0.3$ 时，可以得到工程中实用的公式

$$a=1.11\left[\frac{FR_1R_2}{E(R_1+R_2)}\right]^{\frac{1}{3}} \tag{8-194}$$

$$\alpha=1.23\left[\frac{F^2R_1R_2}{E^2(R_1+R_2)}\right]^{\frac{1}{3}} \tag{8-195}$$

$$q_0=0.388\left[\frac{FE^2\ (R_1+R_2)^2}{R_1^2R_2^2}\right]^{\frac{1}{3}} \tag{8-196}$$

确定了接触面积以及接触压力，即可求得球体中的应力。最大压应力发生在接触面的中心，其值为 q_0，最大切应力发生在公共法线上距接触中心约 $0.47a$ 处，其值约为 $0.31q_0$，最大拉应力发生在接触面的边界上，其值约为 $0.133q_0$。

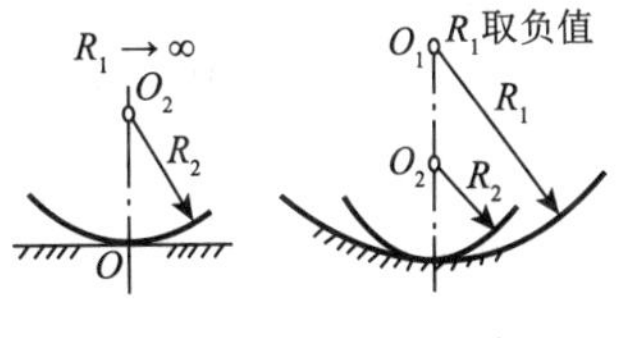

图 8.15　接触界面示意图

如图 8.15 所示，对于球体放置在平面上的情况，只需令 $R_1\to\infty$；对于球体放置在球座内的情况，R_1 取负值。

习　题

8-1　在半无限弹性体的边界面上作用着两个相等的力 $P_1=P_2$（图 8.16）。设已作出深度为 z 处由载荷 P_2 引起的应力 σ_z 分布图。试证明在计算 A 点由力 P_1 引起的应力 σ_z 时，可以利用上述由力 P_2 引起 σ_z 的图形。此外再证明由载荷 P_2 引起的应力 σ_z 同时是 A 点应力的影响线，亦即由该图的纵坐标可以算出 A 点由分布在表面的任意垂直载荷所引起的应力。

8-2 如图 8.17 所示的半无限弹性体，$P=1$ 作用于边界面上 B 点时引起的 $z=h$ 截面上的 σ_z 分布图为已知。试计算由图 8.17 所示的载荷引起的 A 点应力。

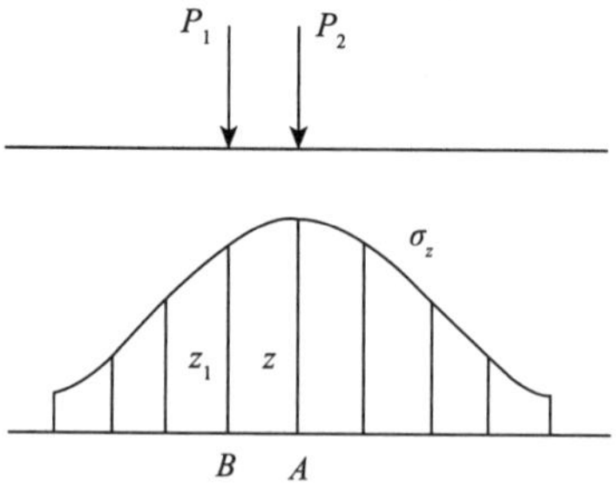

图 8.16 半空间体受力

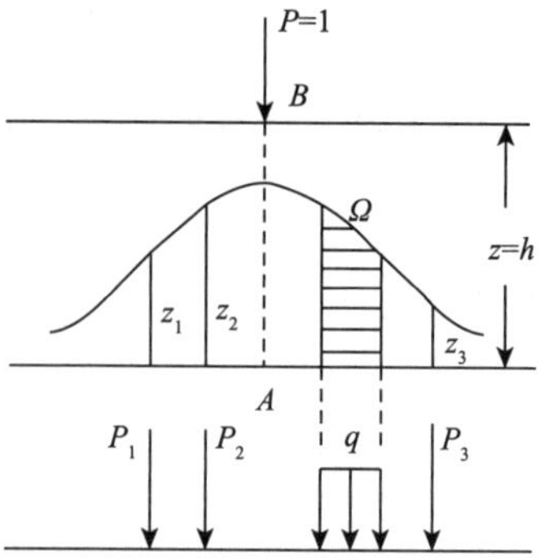

图 8.17 半空间体受力

8-3 试证明在集中力 P 作用的平无限弹性体内，应力分布有下述特点：作一个直径为 d 并在 O 点与边界面相切的球（图 8.18），则在与球面相截的所有水平面上各点的总应力 p 均相等，且（在与球面相截的点）$p=\dfrac{3P}{2\pi d^2}$。

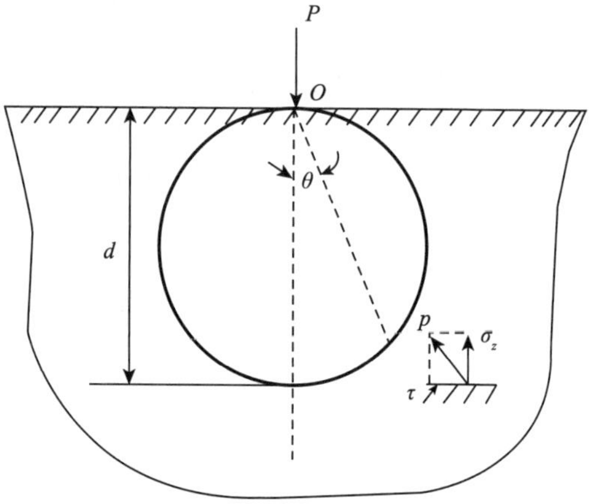

图 8.18 半空间体受力

8-4 半径为 R 的绝对刚性球，在力 P 作用下压入半无限弹性体（图 8.19），因此，球与半无限弹性体由最初的点接触变为球面接触，该接触面在边界面上的投影为以 a 为半径的圆，半无限弹性体的表面点发生位移。试根据载荷在接触面上按“半球”规律分布的假设（这假设符合实际情况），求出接触圆的半径 a、挠度以及载荷中心点的载荷强度。

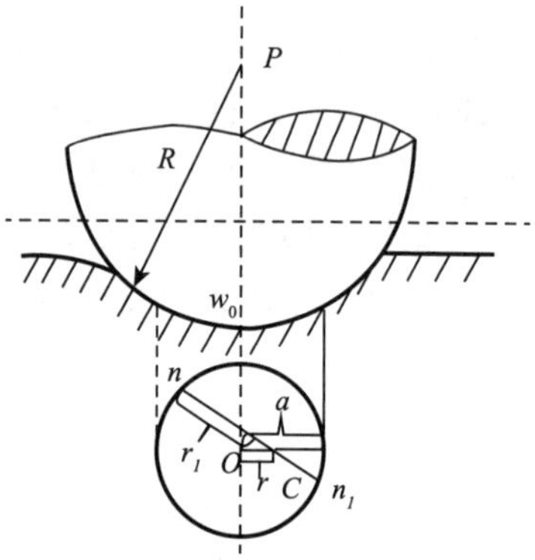

图 8.19 刚性球压入弹性体

8-5 直径为 10 mm 的钢球分别与直径 100 mm 的钢球、钢平面、半径 50 mm 的凹球面相接触，两者材料性质相同，其间的压紧力 $P=10$ N，试求接触圆的半径 a，两中心相对位移 δ 和最大接触压应力 q（已知 $E=2.1\times10^5$ N/mm，$\mu=0.3$）。

8-6 已知半径为 1 mm 的钢球静置在同径的钢球上，试求由自重引起的最大压应力 q_0（已知钢的重度 $\gamma=7.8\times10^{-8}$ N/mm^3，弹性模量 $E=2.1\times10^8$ N/mm^2）。

8-7 已知半径 $R_2=50$ mm 的凹球面与半径 $R_1=10$ mm 的球面接触，受到压力 $P=10$ N 的作用，材料均为钢质，$E_1=E_2=E=2.1\times10^5$ N/mm^2，$\nu_1=\nu_2=0.3$，试求接触面的半径 a，球中心的相对位移 δ，最大压应力 q_0，$\sigma_{\max}$ 与 $\tau_{\max}$。

8-8 钢平面与半径为 R_0 的钢球接触，$R_0=10$ mm，如材料的许用应力为 1 500 N/mm^2，试求容许最大压力 P、钢球中心的位移 δ 及接触面的半径 a。

8-9　图 8.20 所示的两个钢制圆柱传递 100 kN 的压力，如接触面上的应力不能超过 1 000 N/mm^2，试选定圆柱的直径（已知 $E=2.1\times10^5$ N/mm^2）。

8-10　桥梁的辊轴支座如图 8.21 所示，辊轴和支承平台均系钢制（已知 $E=2.1\times10^5$ N/mm^2）。已知 $d=100$ mm，$l=300$ mm，试问在最大接触应力不超过 1 000 N/mm^2 时，力 P 所能达到的最大值是多少？

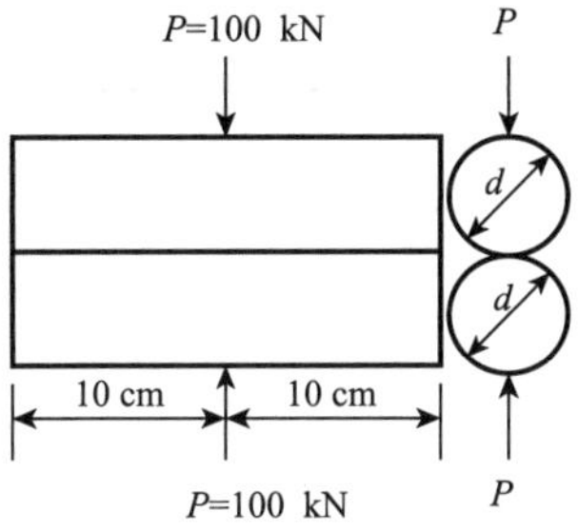

图 8.20　圆柱受力

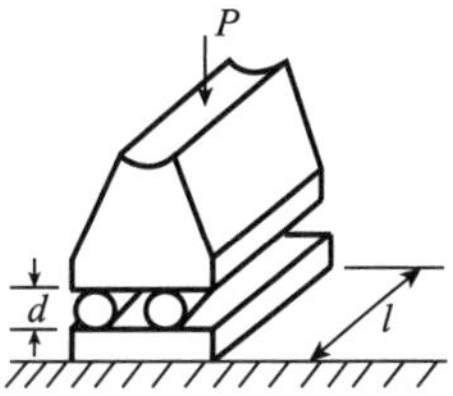

图 8.21　辊轴支座受力图

8-11　设有一圆柱形刚硬的模压器，在中心压力 P 的作用下被压在半无限弹性体的边界平面上，模压器的半径为 a。试求模压器底部压力分布的规律。

第 9 章

能量法

能量(energy)是力学中一个非常重要的概念。在日常生活中我们经常接触到诸如动能、重力势能、弹簧的弹性势能、电能、风能、热能、太阳能、化学能等名词。根据热力学第一定律,能量是可以相互转化的,但是能量的总和是守恒的。能量是对系统整体力学行为的一种宏观描述,从能量角度出发,可以获取一个系统的很多力学信息。

9.1 常见的能量和功

9.1.1 常见的应变能和应变余能

前文中已经介绍了应变能和应变余能的概念。现在对于一些典型受力情况的应变能或者应变余能进行分析。

1) 单向拉伸

考虑一根等截面直杆受到单向拉伸作用,其体内任意一点均处于单向应力状态,其不为零的应力分量为 σ_x。不为零的应变分量为 ε_x,考虑泊松效应有 $\varepsilon_y=\varepsilon_z=-\nu\varepsilon_x$。应变能密度为

$$u_s=\frac{1}{2}\sigma_x\varepsilon_x=\frac{1}{2}E\varepsilon_x^2=\frac{\sigma_x^2}{2E} \tag{9-1}$$

进而得到整根杆的应变能为

$$U_s=\int_V\frac{\sigma_x^2}{2E}\mathrm{d}V=\frac{N^2l}{2EA} \tag{9-2}$$

其中轴力 $N=\sigma_xA$,A 为杆的横截面积,l 为杆长。式(9-2)中应变能的表达式也可用于应变余能 U_c。

2) 圆轴扭转

圆轴扭转时,其截面上任意一点不为零的应力为 $\tau_\rho=\frac{T}{I_p}\rho$,应变分量为 γ_ρ,则有应变能密度

$$u_s = \frac{1}{2}\tau_\rho\gamma_\rho = \frac{1}{2G}\tau_\rho^2 = \frac{T^2}{2GI_p^2}\rho^2 \tag{9-3}$$

式中，T 为截面上的扭矩，I_p 为截面的极惯性矩，ρ 为截面内任一点的极半径。

应变能为

$$U_s = \int_V u_s \mathrm{d}V = l\int_A \frac{T^2}{2GI_p^2}\rho^2 \mathrm{d}A = \frac{T^2 l}{2GI_p} \tag{9-4}$$

上式中应变能的表达式也等于应变余能 U_c。

3）梁的纯弯曲

定义梁的轴线为 x 轴，通过截面 yOz 的形心，z 轴为中性轴，总长度为 l。梁发生纯弯曲，截面上任意一点的坐标为(y,z)，其对应的轴向应变为

$$\varepsilon_x = \frac{y}{\rho} \tag{9-5}$$

式中，ρ 为中性层的曲率半径。

根据胡克定律有

$$\sigma_x = E\varepsilon_x = E\frac{y}{\rho} \tag{9-6}$$

则其应变能密度为

$$u_s = \frac{1}{2}\sigma_x\varepsilon_x = \frac{1}{2}Ey^2\frac{1}{\rho^2} = \frac{1}{2}Ey^2\left(\frac{\mathrm{d}\theta}{\mathrm{d}s}\right)^2 \tag{9-7}$$

式中，θ 为轴线上任意一点的倾角，s 为沿着轴向的弧长。

该梁对应的应变能为

$$U_s = \int_V u_s \mathrm{d}V = \frac{1}{2}E\int_0^l\left(\int_A y^2 \mathrm{d}A\right)\frac{1}{\rho^2}\mathrm{d}s = \frac{1}{2}EI_z\int_0^l\left(\frac{\mathrm{d}\theta}{\mathrm{d}s}\right)^2\mathrm{d}s \tag{9-8}$$

式中，截面惯性矩 $I_z = \int_A y^2 \mathrm{d}A$ 。

对于小变形时，有

$$U_s = \frac{1}{2}EI_z\int_0^l (w'')^2\mathrm{d}x \tag{9-9}$$

考虑平衡方程，得到弯矩 M 的表达式为

$$M = EI_z w'' \tag{9-10}$$

式中，w 为梁的挠度，$''$代表对横坐标 x 进行二次求导，w''代表梁的挠曲线上任意一点的曲率。

应变能表达式为

$$U_s = \frac{M^2 l}{2EI_z} \tag{9-11}$$

式中应变能的表达式也可用于应变余能 U_c。

4）平面应力状态

考虑平面应力问题，其中任意一点不为零的应力分量为 $\sigma_x,\sigma_y,\tau_{xy}$，不为零的应变分量为 $\varepsilon_x,\varepsilon_y,\varepsilon_z,\gamma_{xy}$。

由于 $\sigma_z=0$，故根据胡克定律可知

$$\begin{cases}\varepsilon_x = \dfrac{1}{E}(\sigma_x - \nu\sigma_y)\\[2ex] \varepsilon_y = \dfrac{1}{E}(\sigma_y - \nu\sigma_x)\end{cases} \tag{9-12}$$

则有

$$\varepsilon_x+\varepsilon_y=\frac{1+\nu}{E}(\sigma_x+\sigma_y) \tag{9-13}$$

因此得到

$$\varepsilon_z=-\frac{\nu}{E}(\sigma_x+\sigma_y)=-\frac{\nu}{1-\nu}(\varepsilon_x+\varepsilon_y) \tag{9-14}$$

上述 σ_z 与 ε_z 的乘积为 0。

应变能密度为

$$u_s=\frac{1}{2}(\sigma_x\varepsilon_x+\sigma_y\varepsilon_y+\tau_{xy}\gamma_{xy}) \tag{9-15}$$

应变能为

$$U_s=\int_A\frac{1}{2}(\sigma_x\varepsilon_x+\sigma_y\varepsilon_y+\tau_{xy}\gamma_{xy})h\,\mathrm{d}A=\int_A\frac{1}{2}h(E\varepsilon_x^2+E\varepsilon_y^2+G\gamma_{xy}^2)\mathrm{d}A \tag{9-16}$$

式中应变能的表达式如果用应力作为变量，就是应变余能 U_c。

5）平面应变状态

考虑平面应变问题，任意一点不为零的应力分量为 $\sigma_x,\sigma_y,\tau_{xy},\sigma_z$，不为零的应变分量为 $\varepsilon_x,\varepsilon_y,\gamma_{xy}$。

由于 $\varepsilon_z=0$，故有

$$\sigma_z=\nu(\sigma_x+\sigma_y) \tag{9-17}$$

上述 σ_z 与 ε_z 的乘积为 0。

此时应变能密度为

$$u_s=\frac{1}{2}(\sigma_x\varepsilon_x+\sigma_y\varepsilon_y+\tau_{xy}\gamma_{xy}) \tag{9-18}$$

应变能为

$$U_s=\int_A\frac{1}{2}(\sigma_x\varepsilon_x+\sigma_y\varepsilon_y+\tau_{xy}\gamma_{xy})h\,\mathrm{d}A=\int_A\frac{1}{2}h(E\varepsilon_x^2+E\varepsilon_y^2+G\gamma_{xy}^2)\mathrm{d}A \tag{9-19}$$

式中应变能的表达式如果用应力作为变量，就是应变余能 U_c。

6）轴对称问题

轴对称平面应力状态对应的不为零的应力分量为 $\sigma_\rho,\sigma_\varphi$，不为零的应变分量为 $\varepsilon_\rho,\varepsilon_\varphi$。

由于 $\sigma_z=0$，故有

$$\varepsilon_z=-\frac{\nu}{E}(\sigma_\rho+\sigma_\varphi)=-\frac{\nu}{1-\nu}(\varepsilon_\rho+\varepsilon_\varphi) \tag{9-20}$$

此时应变能密度为

$$u_s=\frac{1}{2}(\sigma_\rho\varepsilon_\rho+\sigma_\varphi\varepsilon_\varphi) \tag{9-21}$$

应变能为

$$U_s=\int_A\frac{1}{2}(\sigma_\rho\varepsilon_\rho+\sigma_\varphi\varepsilon_\varphi)h\,\mathrm{d}A=\int_A\frac{1}{2}Eh(\varepsilon_\rho^2+\varepsilon_\varphi^2)\mathrm{d}A \tag{9-22}$$

式中应变能的表达式如果用应力作为变量，就是应变余能 U_c。

对于空间轴对称问题，其应力状态对应的不为零的应力分量为 $\sigma_\rho,\sigma_\varphi,\sigma_z,\tau_{\rho z}$，不为零的应

变分量为 $\varepsilon_\rho,\varepsilon_\varphi,\varepsilon_z,\gamma_{\rho z}$。

此时应变能密度为

$$
\begin{aligned}
u_s &= \frac{1}{2}(\sigma_\rho\varepsilon_\rho+\sigma_\varphi\varepsilon_\varphi+\sigma_z\varepsilon_z+\tau_{\rho z}\gamma_{\rho z})\\
&=\frac{1}{2}\Big[\frac{E}{1+\nu}\Big(\frac{\nu}{1-2\nu}\theta+\frac{\partial u_\rho}{\partial\rho}\Big)\frac{\partial u_\rho}{\partial\rho}+\frac{E}{1+\nu}\Big(\frac{\nu}{1-2\nu}\theta+\frac{u_\rho}{\rho}\Big)\frac{u_\rho}{\rho}+\\
&\quad \frac{E}{1+\nu}\Big(\frac{\nu}{1-2\nu}\theta+\frac{\partial u_z}{\partial z}\Big)\frac{\partial u_z}{\partial z}+\frac{E}{2(1+\nu)}\Big(\frac{\partial u_z}{\partial\rho}+\frac{\partial u_\rho}{\partial z}\Big)^2\Big]
\end{aligned}
\tag{9-23}
$$

式中，体应变 $\theta=\frac{\partial u_\rho}{\partial\rho}+\frac{u_\rho}{\rho}+\frac{\partial u_z}{\partial z}$。

应变能为

$$
U_s=\int_V\frac{1}{2}(\sigma_\rho\varepsilon_\rho+\sigma_\varphi\varepsilon_\varphi+\sigma_z\varepsilon_z+\tau_{\rho z}\gamma_{\rho z})\mathrm{d}V=\int_V\frac{1}{2}(E\varepsilon_\rho^2+E\varepsilon_\varphi^2+E\varepsilon_z^2+G\gamma_{\rho z}^2)\mathrm{d}V \tag{9-24}
$$

式中应变能的表达式如果用应力作为变量，就是应变余能 U_c。

7）等截面直杆扭转

长度为 l、截面面积为 A 的等截面直杆发生扭转时，其不为零的应力分量为 τ_{zx},τ_{zy}，应变分量为 γ_{zx},γ_{zy}，且

$$
\begin{cases}
\tau_{zx}=G\gamma_{zx}=\dfrac{\partial\phi}{\partial y}\\
\tau_{zy}=G\gamma_{zy}=-\dfrac{\partial\phi}{\partial x}
\end{cases}
\tag{9-25}
$$

则其对应的应变能密度为

$$
u_s=\frac{1}{2}(\tau_{zx}\gamma_{zx}+\tau_{zy}\gamma_{zy})=\frac{1}{2}G(\gamma_{zx}^2+\gamma_{zy}^2) \tag{9-26}
$$

对于等截面直杆的扭转，其应变余能密度为

$$
u_c=\frac{1}{2}(\tau_{zx}\gamma_{zx}+\tau_{zy}\gamma_{zy})=\frac{1}{2G}(\tau_{zx}^2+\tau_{zy}^2)=\frac{1}{2G}\Big[\Big(\frac{\partial\phi}{\partial x}\Big)^2+\Big(\frac{\partial\phi}{\partial y}\Big)^2\Big] \tag{9-27}
$$

对应的应变余能为

$$
U_c=\frac{L}{2G}\iint_A\Big[\Big(\frac{\partial\phi}{\partial x}\Big)^2+\Big(\frac{\partial\phi}{\partial y}\Big)^2\Big]\mathrm{d}A \tag{9-28}
$$

式中应变能的表达式如果用剪应变作为变量，就是应变能 U_s。

8）薄板弯曲

对于任意形状的薄板，其应变能一般可以写成

$$
U_s=\frac{D}{2}\iint_A\Big\{(\nabla^2 w)^2-2(1-\nu)\Big[\frac{\partial^2 w}{\partial x^2}\frac{\partial^2 w}{\partial y^2}-\Big(\frac{\partial^2 w}{\partial x\partial y}\Big)^2\Big]\Big\}\mathrm{d}x\mathrm{d}y \tag{9-29}
$$

式中，$D=\frac{Eh^3}{12(1-\nu^2)}$为板的抗弯刚度，此处有$\nabla^2 w=\frac{\partial^2 w}{\partial x^2}+\frac{\partial^2 w}{\partial y^2}$，积分域 A 为板的中面面积。

对于边界固定的任意形状板，以及板边 $w=0$ 的多边形板（板中不含孔洞），有

$$
\begin{aligned}
&\iint_A\Big[\frac{\partial^2 w}{\partial x^2}\frac{\partial^2 w}{\partial y^2}-\Big(\frac{\partial^2 w}{\partial x\partial y}\Big)^2\Big]\mathrm{d}x\mathrm{d}y\\
&=\oint_L\frac{\partial w}{\partial x}\frac{\partial^2 w}{\partial y^2}n_1\mathrm{d}s-\iint_A\Big[\frac{\partial w}{\partial x}\frac{\partial^3 w}{\partial x\partial y^2}+\Big(\frac{\partial^2 w}{\partial x\partial y}\Big)^2\Big]\mathrm{d}x\mathrm{d}y
\end{aligned}
$$

$$=\oint_L \frac{\partial w}{\partial x}\frac{\partial^2 w}{\partial y^2}n_1 \mathrm{d}s-\iint_A \frac{\partial\left(\frac{\partial w}{\partial x}\frac{\partial^2 w}{\partial x\partial y}\right)}{\partial y}\mathrm{d}x\mathrm{d}y$$

$$=\oint_L \frac{\partial w}{\partial x}\left(\frac{\partial^2 w}{\partial y^2}n_1-\frac{\partial^2 w}{\partial x\partial y}n_2\right)\mathrm{d}s \tag{9-30}$$

由于边界固定，同时若板的边界线为分段直线，在 $w=0$ 时其曲率为零，于是式(9-30)等于零。

因此板的应变能写成

$$U_s=\frac{D}{2}\iint_A (\nabla^2 w)^2 \mathrm{d}x\mathrm{d}y \tag{9-31}$$

9.1.2 动 能

需要强调，在中学阶段，我们所学的动能概念都是针对某一点而写出的。但在现实中，动能是针对一个系统的力学宏观量。下面是一些常见的动能表达式。

对于单一质点，若其质量为 m，速度为 v，则其动能为

$$K=\frac{1}{2}mv^2 \tag{9-32}$$

对于质点系，若其中任意一点的质量为 m_i，速度为 v_i，则其动能为

$$K=\frac{1}{2}\sum m_i v_i^2 \tag{9-33}$$

对于弹性体，其中任意一点的速度为 v，总质量为 m，则其动能为

$$K=\int_V \frac{1}{2}v^2\mathrm{d}m=\int_V \frac{1}{2}v^2\mathrm{d}m=\int_V \frac{1}{2}v_i v_i \mathrm{d}m \tag{9-34}$$

假设物体不发生变形，近似为刚体(rigid body)模型。刚体是一个连续的质点系，其动能的表达式与其运动状态有关。

质量为 m 的刚体做平动，其质心速度为 v_c，则其动能为

$$K=\frac{1}{2}mv_c^2 \tag{9-35}$$

若刚体绕着 z 轴做定轴转动，其转动惯量为 J_z，转动角速度为 ω，则其动能为

$$K=\frac{1}{2}J_z\omega^2 \tag{9-36}$$

若刚体做平面运动，其绕着质心轴的转动惯量为 J_c，则其动能为

$$K=\frac{1}{2}mv_c^2+\frac{1}{2}J_c\omega^2 \tag{9-37}$$

对于弹性体，动能需要严格按照积分来表达。例如，对于一根杆，若其密度为 ρ_s，截面面积为 A，当其纵向振动时轴线上任意一点沿着水平方向(x 轴)的位移为 u，$\dot{u}=\frac{\mathrm{d}u}{\mathrm{d}t}$，其中 t 为时间变量，则其动能为

$$K=\int_l \frac{1}{2}\rho_s A\dot{u}^2\mathrm{d}x \tag{9-38}$$

若其发生横向振动，轴线上任意一点沿着竖直方向(y 轴)的位移为 w，$\dot{w}=\frac{\mathrm{d}w}{\mathrm{d}t}$，则其动

能为

$$K=\int_l \frac{1}{2}\rho_s A\dot{w}^2\,dx \tag{9-39}$$

9.1.3　功

1）功的定义

功是力学中经常用到的一个重要概念，其英文名字为 work，顾名思义，就是在某一过程中干的活、得到的工作量。

一个受到集中力 $\boldsymbol{F}$ 和一个力偶 $\boldsymbol{M}$ 作用的质点，其对应的位移增量为 $d\boldsymbol{r}$，角度增量为 $d\boldsymbol{\varphi}$，$\boldsymbol{r}$ 为任意一点的矢径，则其对应的功为

$$W=\int_C \boldsymbol{F}\cdot d\boldsymbol{r}+\int_\varphi \boldsymbol{M}\cdot d\boldsymbol{\varphi} \tag{9-40}$$

一个弹性体在体力和外力作用下的功为

$$W=\int_V \boldsymbol{f}\cdot\boldsymbol{u}dV+\int_{\Gamma_\sigma}\bar{\boldsymbol{t}}\cdot\boldsymbol{u}dS=\int_V f_i u_i dV+\int_{\Gamma_\sigma}\bar{t}_i u_i dS \tag{9-41}$$

式中，$\boldsymbol{f}$ 为体力，$\bar{\boldsymbol{t}}$ 为给定面力，$\boldsymbol{u}$ 为任意一点的位移，V 为弹性体的体积，S 为弹性体的表面积。

实际工程中电机的铭牌上往往写着功率和转速的数值。对于匀速转动的电机而言，其轴传递的扭矩是一个常数。此时功的表达式为

$$W=\int_0^\varphi T d\varphi=T\varphi \tag{9-42}$$

对应的功率为

$$P=\dot{W}=T\dot{\varphi}=T\omega \tag{9-43}$$

另外有

$$\omega=2\pi f=\frac{\pi n}{30} \tag{9-44}$$

则可以推出

$$T=\frac{P}{\omega}=\frac{30}{\pi}\frac{P}{n}\approx 9.55\,\frac{P}{n} \tag{9-45}$$

这一公式经常出现在机械设计、电器设计等相关的手册和课本中。

2）变形功与可能功

载荷在其本身所引起的物体准静态弹性变形上所做的功为变形功。在此过程中，载荷与变形成正比，即 $F_i=ku_i$。

功的表达式为

$$W=\int_0^{u_i}F_i du_i=\int_0^{u_i}ku_i du_i=\frac{1}{2}ku_iu_i=\frac{1}{2}ku_i^2 \tag{9-46}$$

因此在线弹性情况下，变形功$=\frac{1}{2}$（广义力×广义位移）。

载荷在约束许可的任何变形可能位移（包括虚位移）上所做的功称为可能功（包括虚功）。计算可能功时载荷与可能位移无关，因此有

$$W=\int_0^{u_i}F_i du_i=F_iu_i \tag{9-47}$$

即

$$\text{可能功}=\text{广义力}\times\text{广义可能位移}$$

$$\text{虚功}=\text{广义力}\times\text{虚位移}$$

如图 9.1 所示，某悬臂梁在自由端集中载荷 P 作用下发生变形，自由端位移为 δ。对于变形功，考虑到载荷与位移之间存在先行比例关系，故得到 $W=\frac{1}{2}P\delta$。如果 δ 为可能位移，则其与载荷 P 没有直接关系，此时对应的可能功 $W=P\delta$。

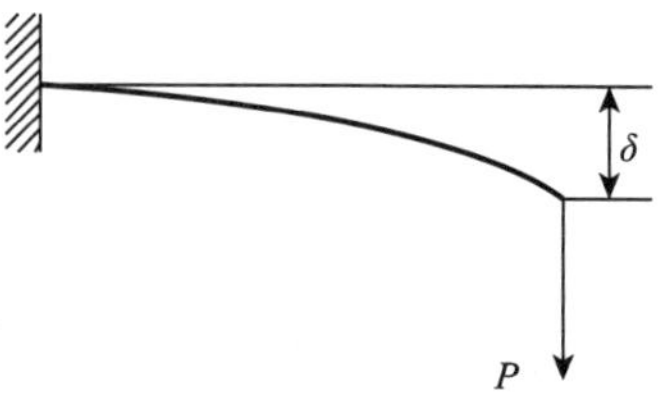

图 9.1　悬臂梁变形示意图

9.2　变分法基本知识

9.2.1　变分法简介

变分法是 17 世纪末开始发展起来的数学分析的一个重要分支，它是研究依赖于某些未知函数的积分型泛函问题的一门科学。用现在的数学术语来说，变分法所研究的对象即求解泛函的极值问题。而与变分法有密切关系的泛函分析则是 20 世纪发展起来的一门新兴数学学科，如今已渗入工程技术和自然科学中，甚至融入经济金融、人文社科等许多领域。由此可见，尽管变分法是泛函分析的一个重要组成部分，但从历史发展来看，变分法出现在前，而泛函分析出现在后。

通常把求泛函极值的问题统称为变分问题或变分原理。法国数学家克莱罗(A. C. Clairaut，1713－1765)早在 1733 年就发表了关于变分法的首篇论文《论极大极小的某些问题》。著名数学家欧拉于 1744 年发表的著作《寻求具有某种极大或极小性质的曲线的技巧》标志着变分法这门学科的诞生。变分法一词由法国数学家拉格朗日于 1755 年 8 月给欧拉的一封信中首次提出，他当时称之为变分方法(method of variation)，而欧拉则在 1756 年提出了变分法(calculus of variation)这一名词。

由于变分法与泛函(functional)关系非常密切，因此我们首先介绍泛函的基本概念。简单来说，**泛函就是函数的函数**。我们早已经学过，当一个变量 y 以确定的关系依赖于另一个变量 x 时，则 x 称为自变量，y 称为关于 x 的函数，即 $y=y(x)$。在很多数学物理问题中经常会遇到另外一类变量，它们依赖于在一定约束条件下函数关系可以任意变化的函数 $y(x)$，则 $y(x)$ 称为自变函数，而依赖于自变函数的变量称为泛函。泛函的具体定义为：设有一个函数集合 A，如果对于每一个元素 $\varphi(x)\in A$，有某一个数 $J[\varphi(x)]$ 与之对应，那么就说在函数集合 A 上定义了一个泛函 $J[\varphi(x)]$。我们一般用 $I[z(x,y)]$，$J[\varphi(x)]$，$J[y(x)]$，$I[\varphi(x)]$ 等符号表示泛函。

尽管泛函是一个新概念，但是实际上我们在很多场合早就接触过许多泛函的实例。下面就是一些常见的泛函的例子：

(1) 对于某个函数 $f(x)$，如果要求一定区间内该函数下方所包围的面积，就可以引入泛函。很显然，定积分表达式 $I[f(x)]=\int_a^b f(x)\mathrm{d}x$ 就是这样的一个泛函，它的物理意义就是把函数集合 $C_{[a,b]}$ 映射为实数，也就是对应的曲边梯形的面积。

(2) 常见的傅里叶(Fourier)级数中的系数一般定义为

$$\begin{cases} a_n = I[f(x)] = \dfrac{1}{L}\displaystyle\int_{-L}^{L} f(x)\cos\frac{n\pi x}{L}\mathrm{d}x \\ b_n = J[f(x)] = \dfrac{1}{L}\displaystyle\int_{-L}^{L} f(x)\sin\frac{n\pi x}{L}\mathrm{d}x \end{cases} \tag{9-48}$$

上面的两个表达式都可以看作泛函。由此可见,这些泛函把满足狄利赫里条件,以 $2L$ 为周期的函数映射为实数。

(3) 定积分表达式 $I[y(x)] = \int_a^b \sqrt{1+y'^2}\,\mathrm{d}x$ 也是一个泛函,它把定义在$[a,b]$区间上的可求长度的曲线 $y(x)$映射为一个正数,其物理意义为代表曲线的长度。

(4) 一根长度为 L 的梁在外界载荷作用下会产生弯曲变形。在线弹性梁发生小挠度变形的情况下,其产生弯曲的弹性应变可以写为

$$U[y(x)] = \frac{1}{2}\int_0^L EI\,[y''(x)]^2\,\mathrm{d}x \tag{9-49}$$

式中,E 为梁的弹性模量,I 为梁的横截面惯性矩,$y(x)$为梁的挠曲线,则应变能 U 是对应于挠度曲线的一个泛函。

(5) 一条质量均匀分布的弦,其长度为 L,两端固定,受到大小不变的张力作用,则弦在稳定的平衡位置附近会做微小的横向振动。该振动弦的动能可以表示为

$$K[u(x)] = \frac{1}{2}\int_0^L \rho_s u_t^2\,\mathrm{d}x \tag{9-50}$$

式中,ρ_s 为弦的线密度,$u(x,t)$为弦上任意一点的位移函数,x 为弦初始构型(直线)的坐标,t 为时间变量,u_t代表对时间的偏导数。

由此可见,动能 K 是 $u(x,t)$的泛函。

(6) 某曲面函数为 $z=z(x,y)$,则该曲面面积 S 可以写为

$$S[z(x,y)] = \iint_S \sqrt{1+\left(\frac{\partial z}{\partial x}\right)^2+\left(\frac{\partial z}{\partial y}\right)^2}\,\mathrm{d}x\mathrm{d}y \tag{9-51}$$

由此可见,曲面面积 S 是函数 $z(x,y)$的泛函。

(7) 常见的某一泛函的表达式为

$$J[\varphi(s)] = \iint_B K(s,t)\varphi(s)\varphi(t)\,\mathrm{d}s\mathrm{d}t + \int_a^b [\varphi(s)]^2\,\mathrm{d}s - 2\int_a^b \varphi(s)f(s)\,\mathrm{d}s \tag{9-52}$$

其中,$B=\left\{(s,t)\,\middle|\, \begin{matrix} a\leqslant s\leqslant b \\ a\leqslant t\leqslant b \end{matrix}\right\}$,$K(s,t)\in C_B$ 和 $f(s)\in C_{[a,b]}$ 为给定的已知函数,则 $J[\varphi]$为 $\varphi(s)\in C_{[a,b]}$ 的泛函。

我们知道,泛函 $J[y(x)]$是定义在域 I 上具有某种性质的函数集合到数集的一个映射。若 A 为泛函 $J[y(x)]$的可取函数集合,如果存在函数 $y=Y(x)\in A$,对于任意 $y(x)\in A$,使得 $J[Y(x)]\leqslant J[y(x)]$恒成立,则称 $J[Y(x)]$是泛函的最小值,$Y(x)$是它的最小函数。

与函数一样,泛函 $J[y(x)]$的极小值指它在适当邻近的可取函数范围内成为最小。关于邻近区域可以有不同的解释。例如,给出某个正数 δ,把满足 $|y(x)-Y(x)|<\delta x\in I$ 的可取函数 $y(x)$的全体定义为 $Y(x)$的邻近区域。

由以上的定义可见，泛函的极值是在局部范围内的最值，它是个局部概念，而最值是个全局概念。

9.2.2　常见的变分问题

为了更加清楚地介绍变分法所研究问题的特点，我们先从历史上的几个经典变分问题讲起。

1) 最速降线问题(Brachistochrone)

如图 9.2 所示，在某一平面内，设 A，B 为不在同一条铅垂线上的两个点，则在所有连接 A 及 B 两点的光滑曲线中，求一条曲线：当该质点仅在重力作用下运动时，且没有初速度地沿此曲线从点 A 滑行到点 B，所需的时间最短。这一问题即最速降线问题。这是历史上最早出现的变分法问题之一，通常被认为是变分法历史的起点，也是变分法发展历程中的一个重要标志。

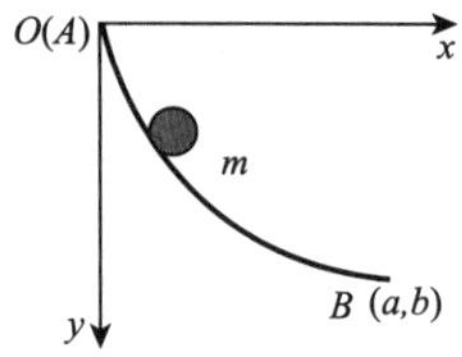

图 9.2　最速降线

实际上早在 1630 年，意大利科学家伽利略就提出了这一问题，但他认为最速降线为圆弧段。1969 年瑞士数学家约翰·伯努利在 *Acta Eruditorum*(《教师学报》)上就最速降线问题向全欧洲的数学家提出挑战。这一问题征集发布后，引起了欧洲数学界的轰动。约翰·伯努利的哥哥雅各布·伯努利(J. Bernoulli，1654－1705)、莱布尼兹(G. W. Leibniz，1646－1716)、洛必塔(G. F. A. de L'Hospital，1661－1704)、牛顿都给出了各种形式的解答。其中雅可布·伯努利从几何角度出发，直观地给出的解法更具有一般性，这一解答朝变分法的方向迈出了较大的步伐。尽管牛顿寄来的征解来信没有署名，但是约翰·伯努利立刻猜出了这位作者，并说："我从他的利爪中认出了这头雄狮。"

经分析可知，质点运动的时间不仅取决于路径的长短，而且与速度的大小有关。连接 A 和 B 两点的所有曲线中以直线段为最短，但它未必是质点运动时间最短的路径。很显然，这样的最速降线应该处于过点 A 及点 B 的铅垂平面里，在此平面内，取点 A 作为坐标原点 O，x 轴指向水平面，y 轴垂直向下(图 9.2)。假设任取一条过 $A(0,0)$，$B(a, b)$的光滑曲线，其方程为

$$y=y(x)\quad (0\leqslant x\leqslant a) \tag{9-53}$$

它应满足边界条件

$$\begin{cases} y(0)=0 \\ y(a)=b \end{cases} \tag{9-54}$$

设质点的质量为 m，如果在曲线上任取一点 $M(x,y)$，根据机械能守恒定律，则质点在 M 点的运动速率 v 与这点的坐标 y 的关系式为

$$\frac{1}{2}mv^2=mgy \tag{9-55}$$

根据上式，进一步有

$$v=\sqrt{2gy} \tag{9-56}$$

式中，g 为重力加速度。

该质点经过弧 $\mathrm{d}s$ 所需的时间为

$$\mathrm{d}t=\frac{\mathrm{d}s}{v}=\frac{\sqrt{1+y'^2}}{\sqrt{2gy}}\mathrm{d}x \tag{9-57}$$

因此，质点沿此曲线从点 A 滑行到点 B 所需的时间为

$$t[y(x)]=\frac{1}{\sqrt{2g}}\int_0^a\frac{\sqrt{1+y'^2}}{\sqrt{y}}\mathrm{d}x \tag{9-58}$$

上式给出了一个具体的泛函 $t[y(x)]$，它是把所有可能连接点 A 与点 B 的平面光滑曲线的集合映射为时间，也是一个实数集合。如果从这个曲线集合中任取一条曲线 $y(x)$，则式(9-58)给出质点沿着它滑下的时间 t。由此可见，时间 t 依赖于曲线 $y(x)$ 的选取。从这个曲线集合中选出使 t 为最小值的那一条就是最速降线。这种曲线的集合叫作可取曲线集合 A。

总之，求最速降线的问题最后归结为求泛函 $t[y(x)]$ 的极小值问题，即求某一函数 $Y(x)\in A$，使得 $t[Y(x)]=\min\limits_{y(x)\in A}t[y(x)]$，或使 $\frac{1}{\sqrt{2g}}\int_0^a\frac{\sqrt{1+y'^2}}{\sqrt{y}}\mathrm{d}x=\min$。

2）液滴的极小曲面问题

如图 9.3 所示，在光滑固体表面上有一个稳定存在的液滴。液滴为凝聚态物体，当忽略其重力时，该液滴与固体的接触形状在理想情况下为一个圆，其半径为 a。液滴与周围空气通过一个液-气界面而接触。由于这个圆周与固体、液体、气体都有接触，故这一圈称为三相接触线（triple contact line）。在二维情况下，圆周简化为两个接触点，称为三相接触点。

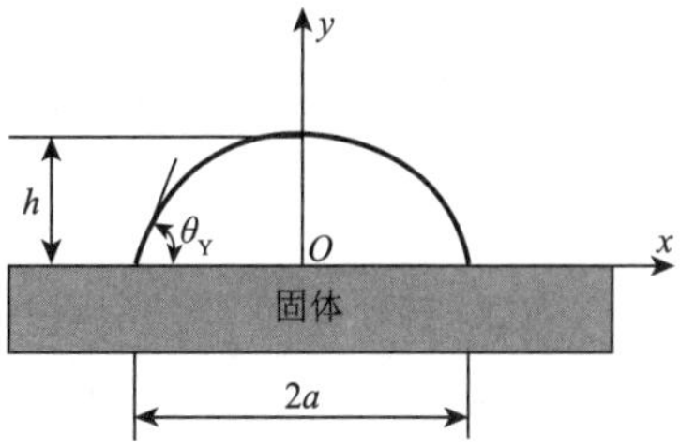

图 9.3　固体表面上的液滴示意图

考虑实际情况，设在 xOy 平面内，液滴的轮廓线为 $y=y(x)$，则液滴与气体之间界面的表面积可以写为

$$S[y(x)]=2\pi\int_{-a}^{a}x\sqrt{1+y'^2}\mathrm{d}x \tag{9-59}$$

可以想象曲线 $y=y(x)$ 绕 y 轴旋转一周后，会形成一个旋转曲面。由上式可见，$S[y(x)]$ 是一个泛函，它的值依赖于曲线 $y=y(x)$ 的选取。在实际情况下，由于液滴的表面具有表面张力，总是呈现收缩的趋势而使其表面能变得最小，对应的最终结果就是让此表面积最小。从而问题可以描述为：在满足边界条件情况下，求某一个特定的函数 $y=Y(x)$，使得 $S[y(x)]=2\pi\int_{-a}^{a}x\sqrt{1+y'^2}\mathrm{d}x=\min$。

3）短程线问题

已知某一曲面方程为 $G(x,y,z)=0$，同时该曲面上有两个点 $A(x_1,y_1,z_1)$，$B(x_2,y_2,z_2)$。在曲面 $G(x,y,z)=0$ 上找一条连接点 A、点 B 的曲线，使得弧长 AB 最短，此为短程线问题。

设在曲面上连接点 A、点 B 的曲线方程是

$$\begin{cases}y=y(x)\\z=z(x)\end{cases} \tag{9-60}$$

且它满足条件 $G(x,y,z)=0$，则 AB 弧的弧长为

$$L[y(x),z(x)]=\int_{x_1}^{x_2}\sqrt{1+\left(\frac{\mathrm{d}y}{\mathrm{d}x}\right)^2+\left(\frac{\mathrm{d}z}{\mathrm{d}x}\right)^2}\mathrm{d}x \tag{9-61}$$

于是，我们所研究的变分命题可以叙述为：在曲面上满足 $G(x,y,z)=0$，从一切过 A，B 两点的曲线中选取一条特定曲线，使得泛函 $L[y(x),z(x)]$为最小。

4）等周问题

等周问题也是一个经典问题，这类问题中最简单的情况是：求一条长度一定的闭曲线，使其围成的面积最大。

设所求的曲线用参数形式

$$\begin{cases} x=x(t) \\ y=y(t) \end{cases} \quad t_1 \leqslant t \leqslant t_2 \tag{9-62}$$

给出。因为要求曲线是封闭的，所以有 $x(t_1)=x(t_2)$，$y(t_1)=y(t_2)$。此外，还应满足等周条件，即周长

$$L=\int_{t_1}^{t_2}\sqrt{\left(\frac{\mathrm{d}x}{\mathrm{d}t}\right)^2+\left(\frac{\mathrm{d}y}{\mathrm{d}t}\right)^2}\,\mathrm{d}t \tag{9-63}$$

为常数。此曲线所围成的面积为

$$S[x(t),y(t)]=\frac{1}{2}\int_{t_1}^{t_2}\left(x\frac{\mathrm{d}y}{\mathrm{d}t}-y\frac{\mathrm{d}x}{\mathrm{d}t}\right)\mathrm{d}t$$

于是，等周问题可以用数学语言叙述为：在满足封闭曲线条件和等周条件的前提下，从一切形如 $x=x(t)$，$y=y(t)$ 的函数中选出一对函数 $x=X(t)$，$y=Y(t)$，使泛函 $S[x(t),y(t)]$取得最大值 $\max S[X(t),Y(t)]$。

这几个问题都是历史上有名的变分问题，其中问题 1 和问题 2 是最简单的变分问题，可以抽象为在可取函数集合 $A=\left\{y(x)\left|\begin{array}{c} y(x)\in C^{(1)}_{[x_1,x_2]} \\ y(x_1)=y_1, y(x_2)=y_2 \end{array}\right.\right\}$中求一个函数 $Y(x)\in A$，使泛函 $I[y(x)]=\int_{x_0}^{x_1}F(x,y,y')\mathrm{d}x=\min$。可取函数的集合在几何上代表所有以给定的固定点$(x_0,y_0)$和$(x_1,y_1)$为端点，且能表示为 $y=y(x)$的足够光滑的曲线集合。

9.2.3 欧拉方程

我们在高等数学里面已经学过，一个连续可微的函数 $f(x)$在某一点 x_0具有极小值的必要条件是：它的微分在这点等于零，即

$$\mathrm{d}f=f'(x_0)\mathrm{d}x=0 \tag{9-64}$$

或者

$$f'(x_0)=0 \tag{9-65}$$

但是在实际情况中 $f(x)$在 x_0是否取得极值？取得的极值是极大还是极小？这可以根据问题的物理意义和几何意义来决定，当然也可以通过进一步的数学运算来判定。为此，我们先给出以下引理。

设函数 $f(x)$在$[x_1,x_2]$上连续，$\eta(x)$是在$[x_1,x_2]$上高阶可微的任意函数，且它满足边界条件 $\eta(x_1)=\eta(x_2)=0$，如果恒有

$$\int_{x_1}^{x_2}f(x)\eta(x)\mathrm{d}x=0 \tag{9-66}$$

成立，则必有

$$f(x)\equiv 0, x\in[x_1,x_2] \tag{9-67}$$

这一结论可以采用反证法得以证明。

有了以上引理，我们可以进一步研究最简单的变分问题，即求泛函

$$I[y(x)]=\int_{x_1}^{x_2}F(x,y,y')\mathrm{d}x$$

的极小值，其可取函数的集合为

$$A=\left\{y(x)\left|\begin{array}{l}y(x)\in C^{(1)}_{[x_1,x_2]}\\ y(x_1)=y_1,y(x_2)=y_2\end{array}\right.\right\}$$

这里，两个点的坐标(x_1,y_1)和(x_2,y_2)是给定的，$F(x,y,y')$看作三个独立变量x,y,y'的一个已知函数，且它具有二阶连续偏导数。可取函数集合A的任意元素$y(x)$都满足下列两个条件：(1) $y(x)$在区间上二阶连续可导；(2) 在区间的两端，$y(x)$取预先给定的值，$y(x_1)=y_1,y(x_2)=y_2$。

下面我们证明关于简单变分问题的基本命题，即$Y(x)\in A$使泛函$I[y(x)]=\int_{x_1}^{x_2}F(x,y,y')\mathrm{d}x$取得极小值的必要条件是：$Y(x)\in A$是微分方程

$$F_y-\frac{\mathrm{d}}{\mathrm{d}x}F_{y'}=0 \tag{9-68}$$

的解。其中$F_y=\dfrac{\partial F}{\partial y},F_{y'}=\dfrac{\partial F}{\partial y'}$。

式(9-68)是著名的欧拉方程或者欧拉-拉格朗日方程。进一步将$\dfrac{\mathrm{d}}{\mathrm{d}x}F_{y'}$展开，方程可以写成下列二阶微分方程

$$F_y(x,y,y')-F_{xy'}(x,y,y')-F_{yy'}(x,y,y')y'-F_{y'y'}(x,y,y')y''=0 \tag{9-69}$$

为了证明上述命题，我们采用变分法中一种经常使用的办法，即用下面简单而又巧妙的想法，把泛函$I[y(x)]=\int_{x_1}^{x_2}F(x,y,y')\mathrm{d}x$的极值问题归结为函数的极值问题。

设$y=Y(x)$使泛函$I[y(x)]=\int_{x_1}^{x_2}F(x,y,y')\mathrm{d}x$取得极值，$\eta(x)$是在区间$[x_1,x_2]$上有二阶连续导数，且满足$\eta(x_1)=\eta(x_2)=0$的任意的函数，$\varepsilon$为任何实数。我们把$Y(x)$嵌入泛函$I[y(x)]=\int_{x_1}^{x_2}F(x,y,y')\mathrm{d}x$的可取函数类

$$y(x)=Y(x)+\varepsilon\eta(x) \tag{9-70}$$

中，显然，当$\varepsilon=0$时，有$y(x)=Y(x)$。将$y(x)$代入上述泛函中进行计算，把变量x积分去掉，于是得到一个含参变量ε的函数$\phi(\varepsilon)$，即

$$I[y(x)]=\int_{x_1}^{x_2}F(x,Y+\varepsilon\eta,Y'+\varepsilon\eta')\mathrm{d}x=\phi(\varepsilon) \tag{9-71}$$

因为$Y(x)$给出了泛函的极小值，故函数$\phi(\varepsilon)$应该在$\varepsilon=0$时具有极小值，而其导数在这点必然等于零，即

$$\phi'(0)=\int_{x_1}^{x_2}[F_y(x,Y,Y')\eta+F_{y'}(x,Y,Y')\eta']\mathrm{d}x=0 \tag{9-72}$$

为了求解欧拉方程，将上式的第二项分部积分，则有

$$\int_{x_1}^{x_2}\bar{F}_{y'}\eta'\mathrm{d}x=-\int_{x_1}^{x_2}\eta\frac{\mathrm{d}}{\mathrm{d}x}\bar{F}_{y'}\mathrm{d}x \tag{9-73}$$

其中 $\bar{F}_{y'}=F_{y'}(x,Y(x),Y'(x))$。又令 $\bar{F}_y=F_y(x,Y(x),Y'(x))$，则可以得到

$$\phi'(0)=\int_{x_1}^{x_2}\eta\left[\bar{F}_y-\frac{\mathrm{d}}{\mathrm{d}x}\bar{F}_{y'}\right]\mathrm{d}x=0 \tag{9-74}$$

由于对于满足上述条件的任意函数 $\eta(x)$，上述积分都为零，故根据变分学的基本引理，可以证明

$$\bar{F}_y-\frac{\mathrm{d}}{\mathrm{d}x}\bar{F}_{y'}=0 \tag{9-75}$$

9.2.4 变分的定义及运算

我们知道，自变量的增量 Δx 的线性主部叫作自变量的微分，记作 $\mathrm{d}x$。设有函数 $y=\phi(x)$，在原点的邻域满足可微条件，我们称 $\phi'(x)\cdot\Delta x$ 为函数 $\phi(x)$ 在 $x=0$ 处的一阶微分。

对应于函数的这个概念，我们在变分法中引入了变分的概念。对于泛函 $I[y(x)]$ 而言，在 x 处取固定值时，如果函数 $y(x)$ 从 $Y(x)$ 变成 $y(x)=Y(x)+\varepsilon\eta(x)$，其中 $y(x)$ 和 $Y(x)$ 都满足某种边界条件，则称差值 $y(x)-Y(x)=\varepsilon\eta(x)$ 为函数 $y(x)$ 的变分，记作 δy，即

$$\delta y=\varepsilon\eta(x) \tag{9-76}$$

这样，泛函 $I[y(\varepsilon)]$ 就变成了一个参变数 ε 的函数，即

$$I[y(x)]=\phi(\varepsilon)=\int_{x_1}^{x_2}F(x,Y+\varepsilon\eta,Y'+\varepsilon\eta')\mathrm{d}x \tag{9-77}$$

与函数的一阶微分相对应，有

$$\begin{aligned}\phi'(x)\varepsilon&=\varepsilon\int_{x_1}^{x_2}(\eta\bar{F}_y+\eta'\bar{F}_{y'})\mathrm{d}x\\&=\varepsilon\int_{x_1}^{x_2}\left(\eta\bar{F}_y-\frac{\mathrm{d}}{\mathrm{d}x}\bar{F}_{y'}\right)\eta\mathrm{d}x+\varepsilon\bar{F}_{y'}\eta\Big|_{x_1}^{x_2}\\&=\int_{x_1}^{x_2}\left(\bar{F}_y-\frac{\mathrm{d}}{\mathrm{d}x}\bar{F}_{y'}\right)\delta y\mathrm{d}x+\bar{F}_{y'}\delta y\Big|_{x_1}^{x_2}\end{aligned} \tag{9-78}$$

我们把式(9-78)称为泛函 $I[y(\varepsilon)]$ 在 $y=Y(x)$ 上的一阶变分，记作 $\delta I|_{y=Y(x)}$。一般地，泛函的一阶变分为

$$\delta I=\int_{x_1}^{x_2}\left(F_y-\frac{\mathrm{d}}{\mathrm{d}x}F_{y'}\right)\delta y\mathrm{d}x+F_{y'}\delta y\Big|_{x_1}^{x_2} \tag{9-79}$$

在物理和力学中进行变分演算时，常常使用变分符号 δ。实际上在理论力学中已经有了虚位移的概念，其符号也用 δ 表示，表示虚设的、假想的位移，与此处的变分符号有一定相通之处。符号 δ 的性质在许多方面与微分符号 d 相类似。已知一个函数 $F(x,y(x),y'(x))$，或简单地记作 $F(x,y,y')$，我们考虑 x 是固定的，定义

$$\Delta F=F(x,y+\varepsilon\eta,y'+\varepsilon\eta')-F(x,y,y') \tag{9-80}$$

利用泰勒(B. Taylor，1685—1731)展开式，有

$$F(x,y+\varepsilon\eta,y'+\varepsilon\eta')=F(x,y,y')+\frac{\partial F}{\partial y}\varepsilon\eta+\frac{\partial F}{\partial y'}\varepsilon\eta'+\cdots \tag{9-81}$$

这里省略号包含 $\varepsilon^2,\varepsilon^3,\cdots$ 项，于是式(9-81)可写为

$$\Delta F=\frac{\partial F}{\partial y}\varepsilon\eta+\frac{\partial F}{\partial y'}\varepsilon\eta'+\cdots \tag{9-82}$$

式(9-82)右面的前两项之和用 δF 来记,并称其为 F 的变分,即

$$\delta F=\frac{\partial F}{\partial y}\delta y+\frac{\partial F}{\partial y'}\delta y' \tag{9-83}$$

其中 $\delta y=\varepsilon\eta,\delta y'=\varepsilon\eta'$。我们看到

$$\delta\left(\frac{\partial y}{\partial x}\right)=\alpha\eta'=\frac{\mathrm{d}}{\mathrm{d}x}(\alpha\eta)=\frac{\mathrm{d}}{\mathrm{d}x}(\delta y) \tag{9-84}$$

即

$$\delta\left(\frac{\partial y}{\partial x}\right)=\frac{\mathrm{d}}{\mathrm{d}x}(\delta y)\text{或 }\delta y'=(\delta y)' \tag{9-85}$$

这说明算子 δ 和$\frac{\mathrm{d}}{\mathrm{d}x}$是可交换的。

关于变分的运算法则,我们有以下命题:

设 F_1 和 F_2 是 x,y,y' 的可微函数,则有

(1) $\delta(F_1+F_2)=\delta F_1+\delta F_2$;

(2) $\delta(F_1F_2)=F_1\delta F_2+F_2\delta F_1$;

(3) $\delta\int_{x_1}^{x_2}F(x,y,y')\mathrm{d}x=\int_{x_1}^{x_2}\delta F(x,y,y')\mathrm{d}x$。

下面给出一个定理。

设函数的集合 $A=\left\{y(x)\left|\begin{array}{c}y(x)\in C_{[x_1,x_2]}^{(2)}\\ y(x_1)=y_1,y(x_2)=y_2\end{array}\right.\right\}$,证明泛函 $\int_{x_1}^{x_2}F(x,y,y')\mathrm{d}x$ 取得极值的必要条件是

$$\delta I=\delta\int_{x_1}^{x_2}F(x,y,y')\mathrm{d}x=0 \tag{9-86}$$

证　将等式(9-86)两边乘以 ε,可知极值的必要条件是

$$\int_{x_1}^{x_2}\left(\frac{\partial F}{\partial y}\varepsilon\eta+\frac{\partial F}{\partial y'}\varepsilon\eta'\right)\mathrm{d}x=0 \tag{9-87}$$

上式可改写为

$$\int_{x_1}^{x_2}\left(\frac{\partial F}{\partial y}\delta y+\frac{\partial F}{\partial y'}\delta y'\right)\mathrm{d}x=\int_{x_1}^{x_2}\delta F\mathrm{d}x=\delta\int_{x_1}^{x_2}F\mathrm{d}x=0 \tag{9-88}$$

此即所需的结果,定理证完。

最后可以证明,由 $\delta\int_{x_1}^{x_2}F\mathrm{d}x=0$ 可以导推出欧拉方程。因为

$$\delta\int_{x_1}^{x_2}F\mathrm{d}x=\int_{x_1}^{x_2}\delta F\mathrm{d}x=\int_{x_1}^{x_2}\left(\frac{\partial F}{\partial y}\delta y+\frac{\partial F}{\partial y'}\delta y'\right)\mathrm{d}x \tag{9-89}$$

将积分号内$\frac{\partial F}{\partial y'}\delta y'$分部积分,且注意到 $\delta y|_{x_1}=\delta y|_{x_2}=0$,所以有

$$\delta\int_{x_1}^{x_2}F\mathrm{d}x=\int_{x_1}^{x_2}\left(F_y-\frac{\mathrm{d}}{\mathrm{d}x}F_{y'}\right)\delta y\mathrm{d}x=0 \tag{9-90}$$

由于 δy 的任意性,根据变分学的基本引理,则有

$$F_y-\frac{\mathrm{d}}{\mathrm{d}x}F_{y'}=0 \tag{9-91}$$

从而又得到欧拉方程。工程中常用的是这种方法。

9.2.5 对其他情况的变分推广

对其他情况的变分推广常见的有以下形式。

1) 含有多个函数的情形

前面我们介绍了最简单的变分问题,得到了泛函取极值的必要条件为:其极值函数应满足欧拉方程。但是,面对更加复杂的实际工程问题时,关于变分需要做进一步的推广。例如,当我们在分析动力学中研究质点(或质点系)的运动时,就引出了依赖于几个函数的泛函的变分问题,即具有几个函数作为变分函数的多元泛函的变分问题。

我们先讨论依赖两个变化的函数 $y_1(x)$ 和 $y_2(x)$ 的泛函的情形,因为函数的个数更多时,原则上计算思路并没有什么本质差别。

设可取函数的集合为 $A=\left\{y_i(x)\left|\begin{array}{c}y_i(x)\in C^{(2)}_{[x_1,x_2]}\\ y_i(x_1)=y_{i1},y_i(x_2)=y_{i2}\end{array}\right.\right\}(i=1,2)$,其中集合中的 $y_{i1},y_{i2}(i=1,2)$ 是给定的数,以及定义在可取函数集合上的泛函为

$$I[y_1(x),y_2(x)]=\int_{x_1}^{x_2}F(x,y_1,y_2,y_1{}',y_2{}')\mathrm{d}x \tag{9-92}$$

与最简单的变分问题一样,我们断定,当函数 $F(x,y_1,y_2,y_1{}',y_2{}')$ 对所有的变量 $x,y_1,y_2,y_1{}',y'$ 有二阶连续偏导数时,$y_i=Y_i(x)(i=1,2)$ 使泛函取得极值的必要条件为:$y_i=Y_i(x)$ 是微分方程组

$$F_{y_i}-\frac{\mathrm{d}}{\mathrm{d}x}F_{y_i'}=0\quad(i=1,2) \tag{9-93}$$

的解。此微分方程组仍称为泛函的欧拉方程。

例 9-1 设 $A_1=\left\{y(x)\left|\begin{array}{c}y(x)\in C^{(2)}_{[0,\pi/2]}\\ y(0)=0,y\left(\frac{\pi}{2}\right)=1\end{array}\right.\right\}$, $A_2=\left\{z(x)\left|\begin{array}{c}z(x)\in C^{(2)}_{[0,\pi/2]}\\ z(0)=0,z\left(\frac{\pi}{2}\right)=-1\end{array}\right.\right\}$ 为泛函 $I[y(x),z(x)]=\int_0^{\frac{\pi}{2}}(y'^2+z'^2+2yz)\mathrm{d}x$ 可取的函数集合,求此泛函的极值曲线。

解 极值曲线是欧拉方程的解。因为 $F=y'^2+z'^2+2yz$,故对应的欧拉方程为

$$\begin{cases}y''-z=0\\ z''-y=0\end{cases} \tag{9-94}$$

对式(9-94)中的第一式求二阶导数,再与第二式相加得

$$y^{(4)}-y=0 \tag{9-95}$$

其通解为

$$y=c_1\mathrm{e}^x+c_2\mathrm{e}^{-x}+c_3\cos x+c_4\sin x \tag{9-96}$$

由 $z-y''=0$ 得到

$$y=c_1\mathrm{e}^x+c_2\mathrm{e}^{-x}+c_3\cos x+c_4\sin x \tag{9-97}$$

因为 $y\in A_1,z\in A_2$,即要求 $y(x),z(x)$ 分别满足边界条件:$y(0)=0,y\left(\frac{\pi}{2}\right)=1;z(0)=0,z\left(\frac{\pi}{2}\right)=-1$,因而求得 $c_1=0,c_2=0,c_3=0,c_4=1$。于是,所有的极值曲线为 $y=\sin x,z=-\sin x$。

我们可以把上述命题推广到含有 n 个函数的情形。设可取函数集合 $A_i=\left\{y_i(x)\left|\begin{array}{c}y_i(x)\in C^{(2)}_{[x_1,x_2]}\\ y_i(x_1)=y_1,y_i(x_2)=y_2\end{array}\right.\right\}(i=1,2,\cdots,n)$，其中 y_1,y_2 是给定的实数。定义在可取函数集合 $A_i(i=1,2,\cdots,n)$ 上的泛函是

$$I[y_1(x)\cdots,y_n(x)]=\int_{x_1}^{x_2}F(x,y_1,\cdots,y_n,y_1',\cdots,y_n')\mathrm{d}x \tag{9-98}$$

式中，F 对所有变元 $x,y_1,\cdots,y_n,y_1',\cdots,y_n'$ 有连续的二阶偏导数。

我们可以断定：$y_i=Y_i(x)(Y_i(x)\in A_i;i=1,2,\cdots,n)$ 使上述泛函取得极值的必要条件为它们满足方程组

$$F_{y_i}-\frac{\mathrm{d}}{\mathrm{d}x}F_{y_i'}=0\quad(i=1,2,\cdots,n) \tag{9-99}$$

上述微分方程组也称为对应泛函的欧拉方程。

关于上述欧拉方程组的积分，和最简单的变分问题一样，我们可以类似地证明：

如果 F 不显含 x，即 $F(y_1,\cdots,y_n,y_1',\cdots,y_n')$，则欧拉方程组有初积分

$$\sum_{i=1}^{n}F_{y_i'}\cdot y_i'-F=c \tag{9-100}$$

式中，c 为积分常数。

2）含有高阶导数的情形

到目前为止，我们研究了依赖多个函数的情形，如

$$\int_{x_1}^{x_2}F(x,y_1,y_2,\cdots,y_n,y_1',y_2',\cdots,y_n')\mathrm{d}x \tag{9-101}$$

的泛函的变分问题。此泛函的被积式中并未含二阶及以上的导数，但在一些力学问题(如弹性力学、流体力学)中经常会遇到含高阶导数的泛函。所谓含高阶导数的泛函，即泛函的积分式所包含的未知函数的导数，可能有一阶，而且一定还含有高阶导数。上述寻求泛函极值的方法可以推广到较为一般的情况中。为了简单起见，我们先考虑含有一个未知函数的泛函变分情况。我们来研究依赖于高阶导数的泛函

$$I[y_1(x)]=\int_{x_1}^{x_2}F(x,y,y',y'',\cdots,y^{(n)})\mathrm{d}x \tag{9-102}$$

取得极值的必要条件，并且其可取函数的集合可以写为

$$A=\left\{y(x)\left|\begin{array}{c}y(x)\in C^{(2)}_{[x_1,x_2]}\\ y^{(i)}(x_1)=y_1^{(i)},y^{(i)}(x_2)=y_2^{(i)},i=0,1,\cdots,n-1\end{array}\right.\right\}$$

式中，$y_1^{(i)},y_2^{(i)}(i=0,1,\cdots,n-1)$ 是给定的实数。

如果 F 对其变元 $x,y,y',y'',\cdots,y^{(n)}$ 有 $n+1$ 阶连续偏导数，$y=Y(x)\in A$ 使上述泛函取得极值的必要条件是：$Y(x)$ 满足方程

$$F_y-\frac{\mathrm{d}}{\mathrm{d}x}F_{y'}+\frac{\mathrm{d}^2}{\mathrm{d}x^2}F_{y''}-\cdots+(-1)^n\frac{\mathrm{d}^n}{\mathrm{d}x^n}F_{y^{(n)}}=0 \tag{9-103}$$

我们称上述微分方程为欧拉-泊松(Euer-Poisson)方程。

例 9-2 设可取函数的集合为 $A=\left\{y(x)\left|\begin{array}{c}y(x)\in C^{(4)}_{[0,1]}\\ y(0)=0,y'(0)=1,y(1)=1,y'(1)=1\end{array}\right.\right\}$，求泛函 $I[y_1(x)]=\int_0^1(1+y''^2)\mathrm{d}x$ 的极值曲线，并判断泛函在此极值曲线上取得极值的

情况。

解 因为 $F=1+y''^2$，所以泛函的欧拉-泊松方程是

$$\frac{\mathrm{d}^2}{\mathrm{d}x^2}(2y'')=0 \tag{9-104}$$

即 $y^{(4)}=0$，它的通解是 $y=c_1x^3+c_2x^2+c_3x+c_4$。由于 $y(x)$ 满足条件：$y(0)=0, y'(0)=1, y(1)=1, y'(1)=1$，我们可以定出 $c_1=c_2=c_4=0, c_3=1$，于是得出极值曲线 $y=x$。这就是说，泛函的极值只可能在直线 $y=x$ 上取得。然而，泛函是否真的在 $y=x$ 上取得极值？是极大值还是极小值？对于上述简单泛函，我们不难直接看出 $y=x\in A$ 可以使 $1+y''^2=1$ 达到最小，因而使泛函达到最小。

对于依赖于多个函数的高阶导数的泛函

$$I[y_1(x),\cdots,y_m(x)]=\int_{x_1}^{x_2}F[x,y_1,y_1',\cdots,y_1^{(n_1)},y_2,y_2',\cdots,y_2^{(n_2)},\cdots,y_m,y_m',\cdots,y_m^{(n_m)}]\mathrm{d}x \tag{9-105}$$

的极值问题，可以做同样的推理，并得到更一般的结论，这时，欧拉-泊松方程组为

$$F_{y_i}-\frac{\mathrm{d}}{\mathrm{d}x}F_{y_i'}+\frac{\mathrm{d}^2}{\mathrm{d}x^2}F_{y''}-\cdots+(-1)^{n_i}\frac{\mathrm{d}^{n_i}}{\mathrm{d}x^{n_i}}F_{y_i^{(n_i)}}=0\quad (i=1,2,\cdots,m) \tag{9-106}$$

3）两个以上的独立变量的情形

我们讨论由重积分定义的泛函的极值问题，为了简单起见，先考虑如下泛函

$$I[u(x,y)]=\iint_B F(x,y,u,u_x,u_y)\mathrm{d}x\mathrm{d}y \tag{9-107}$$

并设 F 对所有变元都二阶连续可导，B 为 xOy 坐标面上由边界线 Γ 围成的区域，可取函数集合为 $C_B^{(2)}=\left\{u(x,y)\,\middle|\,\begin{matrix}u(x,y)\text{在区域 }B\text{ 内二阶连续可导}\\ u|_\Gamma=f(M)\end{matrix}\right\}$，其中 $f(M)$ 是已知的函数。同样可以断定 $I[U(x,y)]=\min\limits_{u\in C_B^{(2)}}I[u(x,y)]$ 的必要条件 $u=U(x,\ y)$ 是边值问题

$$\begin{cases}F_x-\dfrac{\partial}{\partial x}F_{u_x}-\dfrac{\partial}{\partial y}F_{u_y}=0\\ u|_\Gamma=f(M)\end{cases} \tag{9-108}$$

的解。

例 9-3 设泛函为 $\Pi[w(x,y)]=\iint_B\left[\left(\dfrac{\partial w}{\partial x}\right)^2+\left(\dfrac{\partial w}{\partial y}\right)^2\right]\mathrm{d}x\mathrm{d}y$，其中 B 是以 Γ 为边界所围成的域。可取函数集合为 $C_B^{(2)}=\left\{w(x,y)\,\middle|\,\begin{matrix}w(x,y)\text{在区域 }B\text{ 内二阶连续可导}\\ w(x,y)|_\Gamma=f(x,y)\end{matrix}\right\}$，则本题中的欧拉方程为

$$\frac{\partial^2 w}{\partial x^2}+\frac{\partial w^2}{\partial y^2}=0 \tag{9-109}$$

或缩写为

$$\nabla^2 w=0 \tag{9-110}$$

这是有名的拉普拉斯方程，如果还要求满足边界条件 $w(x,y)|_\Gamma=f(x,y)$，就得到数学物理中有名的狄利赫里(P. G. Lejeune，1805－1859)问题。

把上面最简单的情况加以推广，我们也可以把泛函在 $C_B^{(2)}$ 中的取极值的必要条件推广

到更一般的多元函数的情形。如对泛函

$$I[Z(\cdots)]=\iint\limits_D\cdots\int F(x_1,\cdots,x_n,Z,Z_{x_1},Z_{x_2},\cdots,Z_{x_n})\mathrm{d}x_1\cdots\mathrm{d}x_n$$

在可取函数类 $C_D^{(2)}=\left\{Z(x_1,x_2,\cdots,x_n)\left|\begin{array}{l}Z\text{ 在区域 }D\text{ 内二阶连续可导}\\ Z|_\Gamma=f(x_1,x_2,\cdots,x_n)\end{array}\right.\right\}$（其中 Γ 为域 D 的边界）中取极值的必要条件 $\delta I=0$，我们可以完全类似地推得欧拉方程为

$$F_u-\sum_{i=1}^{n}\frac{\partial}{\partial x_i}(F_{Z_{x_i}})=0 \tag{9-111}$$

即若 $Z=Z(x_1,x_2,\cdots,x_n)$ 使 $I[Z(\cdots)]$ 取得极值，则它应该满足欧拉方程。

又如讨论泛函 $I[Z(x,y)]=\iint\limits_B F(x,y,Z,Z_x,Z_y,Z_{xx},Z_{xy},Z_{yy})\mathrm{d}x\mathrm{d}y$ 的极值问题，我们可以得到它的欧拉方程为

$$F_u-\frac{\partial}{\partial x}F_{Z_x}-\frac{\partial}{\partial y}F_{Z_y}-\frac{\partial^2}{\partial x^2}F_{Z_{xx}}+\frac{\partial^2}{\partial x\partial y}F_{Z_{xy}}+\frac{\partial^2}{\partial y^2}F_{Z_{yy}}=0 \tag{9-112}$$

例 9-4　泛函

$$I[Z(x,y)]=\iint\limits_D\left[\left(\frac{\partial^2 Z}{\partial x^2}\right)^2+\left(\frac{\partial^2 Z}{\partial y^2}\right)^2+2\left(\frac{\partial^2 Z}{\partial x\partial y}\right)^2-2Zf(x,y)\right]\mathrm{d}x\mathrm{d}y \tag{9-113}$$

的欧拉方程是

$$\frac{\partial^4 Z}{\partial x^4}+2\frac{\partial^4 Z}{\partial x^2\partial y^2}+\frac{\partial^4 Z}{\partial x^4}=f(x,y) \tag{9-114}$$

当 $f(x,y)=0$ 时，通常把它称为重调和方程，即

$$\nabla^4 Z=\nabla^2\nabla^2 Z=\Delta^2 Z=f(x,y) \tag{9-115}$$

当 D 的边界较复杂时，求这类边值问题的精确解一般来说是比较困难的。

9.3　最小势能原理

9.3.1　虚位移原理

考虑一个处于平衡状态的弹性体，其所受的体力为 $\boldsymbol{f}$，在面力边界上受到的力为 $\bar{\boldsymbol{t}}$。令 $\boldsymbol{u}$ 为该弹性体中实际存在的位移分量，满足用位移表达的平衡方程，并满足位移边界条件以及用位移表达的应力边界条件。

假想位移发生了位移边界条件所容许的微小改变，即所谓的虚位移 $\delta\boldsymbol{u}$。假设弹性体在发生虚位移的过程中并没有温度改变，也没有速度改变，即没有热能或动能的改变。根据热力学第一定律，即能量守恒定律，应变能的增加应当等于外力所做的功，即虚功(virtual work)。由于虚位移是微小的，在虚位移过程的衡中，外力的大小和方向不变，则有

$$\delta U_s=\delta W \tag{9-116}$$

因为虚功为可能功，所以对虚功展开，其变分过程中**外力与位移没有关系**，可得到

$$\delta W=\int\limits_V\boldsymbol{f}\cdot\delta\boldsymbol{u}\mathrm{d}V+\int\limits_{S_\sigma+S_u}\bar{\boldsymbol{t}}\cdot\delta\boldsymbol{u}\mathrm{d}S \tag{9-117}$$

由于 $\delta\boldsymbol{u}$ 是在位移边界条件容许下发生的，因此在位移边界 S_u 上，有 $\delta\boldsymbol{u}=\boldsymbol{0}$，故而式(9-117)

积分只需要包括全部受已知面力的边界 S_σ，故有

$$\delta W = \int_V \boldsymbol{f} \cdot \delta \boldsymbol{u} \mathrm{d}V + \int_{S_\sigma} \bar{\boldsymbol{t}} \cdot \delta \boldsymbol{u} \mathrm{d}S \tag{9-118}$$

即

$$\delta W = \int_V f_i \delta u_i \mathrm{d}V + \int_{S_\sigma} \bar{t}_i \delta u_i \mathrm{d}S \tag{9-119}$$

而

$$\delta U_s = \delta \int_V u_s \mathrm{d}V = \int_V \delta u_s \mathrm{d}V = \int_V \frac{\partial u_s}{\partial \varepsilon_{ij}} \delta \varepsilon_{ij} \mathrm{d}V = \int_V \sigma_{ij} \delta \varepsilon_{ij} \mathrm{d}V \tag{9-120}$$

最终得到虚位移原理或者虚功原理。

$$\int_V \boldsymbol{\sigma} : \delta \boldsymbol{\varepsilon} \mathrm{d}V = \int_V \boldsymbol{f} \cdot \delta \boldsymbol{u} \mathrm{d}V + \int_{S_\sigma} \bar{\boldsymbol{t}} \cdot \delta \boldsymbol{u} \mathrm{d}S \tag{9-121}$$

或者

$$\int_V \sigma_{ij} : \delta \varepsilon_{ij} \mathrm{d}V = \int_V f_i \delta u_i \mathrm{d}V + \int_{S_\sigma} \bar{t}_i \delta u_i \mathrm{d}S \tag{9-122}$$

即外力在虚位移上做的虚功等于应力在虚应变上做的虚功。

9.3.2 线弹性理论的最小势能原理

下面根据虚功原理推导线弹性理论的最小势能原理。

$$\delta U_s = \delta W = \int_V \boldsymbol{f} \cdot \delta \boldsymbol{u} \mathrm{d}V + \int_{S_\sigma} \bar{\boldsymbol{t}} \cdot \delta \boldsymbol{u} \mathrm{d}S \tag{9-123}$$

$$= \int_V \delta(\boldsymbol{f} \cdot \boldsymbol{u}) \mathrm{d}V + \int_{S_\sigma} \delta(\bar{\boldsymbol{t}} \cdot \boldsymbol{u}) \mathrm{d}S \tag{9-124}$$

上式变分过程中外力与位移无关，即

$$\delta U_s = \delta W = \delta\left(\int_V \boldsymbol{f} \cdot \boldsymbol{u} \mathrm{d}V + \int_{S_\sigma} \bar{\boldsymbol{t}} \cdot \boldsymbol{u} \mathrm{d}S\right) \tag{9-125}$$

移项可以得到

$$\delta \Pi_s = 0 \tag{9-126}$$

其中

$$\Pi_s = U_s + V_s \tag{9-127}$$

$$V_s = -W \tag{9-128}$$

式中，V_s为外力势，即

$$\Pi_s = U_s - \int_V f_i u_i \mathrm{d}V - \int_{S_\sigma} \bar{t}_i u_i \mathrm{d}S \tag{9-129}$$

最小势能原理的准确描述为：

(1) 对在有势力作用下的线弹性小变形问题，可建立以位移为自变函数的势能泛函 $\Pi_s[\boldsymbol{u}]$。

(2) 作为自变函数的位移是在域内可描述连续体位移场的单值连续函数，在给定位移边界 S_u上满足位移边界条件 $\boldsymbol{u}=\bar{\boldsymbol{u}}$，即自变函数为几何许可的位移场。

(3) 势能泛函包括应变场与外力势能两部分

$$\Pi_s = U_s - \int_V f_i u_i \mathrm{d}V - \int_{S_\sigma} \bar{t}_i u_i \mathrm{d}S \tag{9-130}$$

$$U_s = \iint_V \left[\frac{\lambda}{2} u_{i,i} u_{j,j} + \frac{G}{4}(u_{i,j} + u_{j,i})(u_{i,j} + u_{j,i})\right] \mathrm{d}V \tag{9-131}$$

(4) 真实变形状态的位移场使势能泛函取最小值。

(5) 使势能泛函取驻值的位移场即真实变形状态的位移场，即弹性力学问题唯一的位移解。

9.3.3　伽辽金变分

实际存在的位移除了满足位移边界条件以外，还应当满足用位移表示的平衡微分方程和应力边界条件。同时发现，实际存在的位移，除了满足位移边界条件以外，还要满足位移变分方程(或虚位移原理，或最小势能原理)。通过运算，还可以从位移变分方程导出平衡微分方程和应力边界条件。可见，位移变分方程等价于平衡微分方程和应力边界条件。

进一步考虑，如果位移除满足位移边界条件以外，还满足应力边界条件，则根据几何方程有

$$\delta\boldsymbol{\varepsilon} = \delta\,\frac{1}{2}(\nabla\boldsymbol{u} + \boldsymbol{u}\,\nabla) = \delta\,\frac{1}{2}[\nabla(\delta\boldsymbol{u}) + (\delta\boldsymbol{u})\nabla] \tag{9-132}$$

即

$$\delta\varepsilon_{ij} = \delta\,\frac{1}{2}(u_{i,j} + u_{j,i}) = \frac{1}{2}[(\delta u_i)_{,j} + (\delta u_j)_{,i}] \tag{9-133}$$

其中

$$\begin{aligned} \delta U_s &= \int_V \sigma_{ij}\,\delta\varepsilon_{ij}\,\mathrm{d}V \\ &= \int_V \sigma_{ij}\,\frac{1}{2}[(\delta u_i)_{,j} + (\delta u_j)_{,i}]\mathrm{d}V \\ &= \int_V \sigma_{ij}\,(\delta u_i)_{,j}\mathrm{d}V \\ &= \int_S \sigma_{ij}\,\delta u_i n_j\,\mathrm{d}S - \int_V \sigma_{ij,j}\,\delta u_i\,\mathrm{d}V \end{aligned} \tag{9-134}$$

因此在位移边界 S_u 上有 $\delta\boldsymbol{u}=\boldsymbol{0}$。上式运用了分部积分，进而得到

$$\delta U_s = \int_{S_\sigma} \sigma_{ij}\,\delta u_i n_j\,\mathrm{d}S - \int_V \sigma_{ij,j}\,\delta u_i\,\mathrm{d}V \tag{9-135}$$

$$\delta W = \int_V f_i \delta u_i \mathrm{d}V + \int_{S_\sigma} \bar{t}_i \delta u_i \mathrm{d}S \tag{9-136}$$

若在面力边界 S_σ 上有 $\bar{t}_i = \sigma_{ij} n_j$，则有

$$\int_{S_\sigma} \sigma_{ij} n_j \delta u_i \mathrm{d}S - \int_{S_\sigma} \bar{t}_i \delta u_i \mathrm{d}S = 0 \tag{9-137}$$

整理得到

$$\int_V (\sigma_{ij,j} + f_i)\delta u_i \mathrm{d}V = 0 \tag{9-138}$$

亦即

$$\int_V (\nabla\cdot \boldsymbol{\sigma} + \boldsymbol{f})\cdot \delta \boldsymbol{u} \mathrm{d}V = 0 \tag{9-139}$$

式(9-139)中括号里面的表达式对应于平衡方程的左侧,如果严格满足平衡方程,则其值为零。此式表示括号项加权后积分值为零。

9.4 最小余能原理

9.4.1 虚应力原理

考虑一个处于平衡状态的弹性体。令 $\boldsymbol{\sigma}=\sigma_{ij}\boldsymbol{e}_i\boldsymbol{e}_j$ 为实际存在的应力,满足平衡微分方程以及应力边界条件,也满足应力相容方程,其对应的位移满足位移边界条件。

假设体力和应力边界条件上给定的面力不变,而应力发生了微小改变 $\delta\boldsymbol{\sigma}$,即所谓的虚应力或者应力的变分,则有

$$\boldsymbol{\sigma}'=\boldsymbol{\sigma}+\delta\boldsymbol{\sigma} \tag{9-140}$$

这里 $\boldsymbol{\sigma}'$特指发生微小改变后的应力张量,并不是前文中的应力偏张量。继而有

$$\nabla\cdot\boldsymbol{\sigma}'+\boldsymbol{f}=\boldsymbol{0} \tag{9-141}$$

$$\nabla\cdot\boldsymbol{\sigma}+\boldsymbol{f}=\boldsymbol{0} \tag{9-142}$$

上面两式相减后,可以得到

$$\nabla\cdot(\delta\boldsymbol{\sigma})=\boldsymbol{0} \tag{9-143}$$

亦即

$$\delta\sigma_{ij,j}=0 \tag{9-144}$$

应力边界条件为

$$\boldsymbol{n}\cdot(\delta\boldsymbol{\sigma})=\boldsymbol{0} \tag{9-145}$$

则变分为

$$\begin{aligned}\delta U_{\mathrm{c}} &= \int_V \delta u_{\mathrm{c}} \mathrm{d}V = \int_V \frac{\partial u_{\mathrm{c}}}{\partial\sigma_{ij}}\delta\sigma_{ij}\mathrm{d}V = \int_V \varepsilon_{ij}\delta\sigma_{ij}\mathrm{d}V \\ &= \int_V \frac{1}{2}(u_{i,j}+u_{j,i})\delta\sigma_{ij}\mathrm{d}V = \int_V u_{i,j}\delta\sigma_{ij}\mathrm{d}V \\ &= \int_S u_i n_j \delta\sigma_{ij}\mathrm{d}S - \int_V u_i\delta\sigma_{ij,j}\mathrm{d}V\end{aligned} \tag{9-146}$$

上述面积分项在应力边界上为 0,即

$$\delta U_{\mathrm{c}} = \int_{S_u} \bar{u}_i n_j \delta\sigma_{ij}\mathrm{d}S = \int_{S_u} \bar{u}_i \delta t_i \mathrm{d}S \tag{9-147}$$

这就是应力变分方程,即

$$\int_V \varepsilon_{ij}\delta\sigma_{ij}\mathrm{d}V = \int_{S_u} \bar{u}_i n_j \delta\sigma_{ij}\mathrm{d}S \tag{9-148}$$

这就是虚应力原理。它表示如果在虚应力发生之前,弹性体处于平衡状态,那么在虚应力发生过程中,虚面力在给定位移边界上所做的功等于虚应力在弹性体内的应变上所做的功。

9.4.2 线弹性理论的最小余能原理

对上面应变余能和功进行移项可以得到

$$\Pi_c = U_c + V_c \tag{9-149}$$

式中，$V_c = -\int_{S_u} \bar{u}_i n_j \delta\sigma_{ij} \mathrm{d}S$，则有

$$\delta\Pi_c = 0 \tag{9-150}$$

上式实际存在的应力张量，除了满足平衡方程和应力边界条件外，其相应的位移还应当满足几何方程和位移边界条件。从上述推导也可以看出，实际存在的应力除了满足平衡方程和应力边界条件以外，还满足应力变分方程（或虚应力原理，或最小余能原理）。通过运算，可以从应力变分方程导出几何方程和位移边界条件。可见，应力变分方程可以代替几何方程和位移边界条件。

最小余能原理的内容为：

(1) 对在有势力作用下的线弹性小变形问题，可建立以应力为自变函数的余能泛函 $\Pi_c[\boldsymbol{\sigma}]$。

(2) 作为自变函数的应力是在域内满足平衡方程，在面力边界上满足面力边界条件，即 $\nabla \cdot \boldsymbol{\sigma} + \boldsymbol{f} = \boldsymbol{0}$，$\boldsymbol{n} \cdot \boldsymbol{\sigma} = \bar{\boldsymbol{t}}$（在 S_σ 上），即自变函数为与给定外力平衡许可的应力场。

(3) 余能泛函包括弹性体余能和边界约束余能两部分：

$$\Pi_c = U_c - \int_{S_u} \bar{u}_i t_i \mathrm{d}S \tag{9-151}$$

其中

$$U_c = \frac{1}{2E}\int_V [(1+\nu)\sigma_{ij}\sigma_{ij} - \nu\sigma_{ii}\sigma_{jj}]\mathrm{d}V \tag{9-152}$$

(4) 真实变形状态的应力场使余能泛函取最小值。

(5) 使余能泛函取驻值的应力场亦即真实变形状态的应力场，即弹性力学问题唯一的应力解。

此外，有

$$\begin{aligned}\Pi_s + \Pi_c &= \int_V (u_s + u_c)\mathrm{d}V - \int_V f_i u_i \mathrm{d}V - \int_{S_\sigma} \bar{t}_i u_i \mathrm{d}V - \int_{S_u} t_i \bar{u}_i \mathrm{d}V \\ &= \int_V \sigma_{ij}\varepsilon_{ij}\mathrm{d}V - \int_V f_i u_i \mathrm{d}V - \int_S t_i u_i \mathrm{d}V \\ &= 0\end{aligned} \tag{9-153}$$

所以有 $\Pi_s = -\Pi_c$。

9.5 功的互等定理

设同一弹性体在某一状态中所受的体力 $\boldsymbol{f}^{(1)} = f_i^{(1)}\boldsymbol{e}_i$，应力边界上所受的面力为 $\bar{\boldsymbol{t}}^{(1)} = \bar{t}_i^{(1)}\boldsymbol{e}_i$，位移边界上给定位移为 $\bar{\boldsymbol{u}}^{(1)} = \bar{u}_i^{(1)}\boldsymbol{e}_i$，对应的应力、应变、位移分别为 $\boldsymbol{\sigma}^{(1)} = \sigma_{ij}^{(1)}\boldsymbol{e}_i\boldsymbol{e}_j$，$\boldsymbol{\varepsilon}^{(1)} = \varepsilon_{ij}^{(1)}\boldsymbol{e}_i\boldsymbol{e}_j$，$\boldsymbol{u}^{(1)} = u_i^{(1)}\boldsymbol{e}_i$。它在另一状态中所受的体力为 $\boldsymbol{f}^{(2)} = f_i^{(2)}\boldsymbol{e}_i$，应力边界上所受的面力为

$\bar{\boldsymbol{t}}^{(2)}=\bar{t}_i^{(2)}\boldsymbol{e}_i$，位移边界上给定位移为 $\boldsymbol{u}^{(2)}=u_i^{(2)}\boldsymbol{e}_i$，对应的应力、应变、位移分别为 $\boldsymbol{\sigma}^{(2)}=\sigma_{ij}^{(2)}\boldsymbol{e}_i\boldsymbol{e}_j$，$\boldsymbol{\varepsilon}^{(2)}=\varepsilon_{ij}^{(2)}\boldsymbol{e}_i\boldsymbol{e}_j$，$\boldsymbol{u}^{(2)}=u_i^{(2)}\boldsymbol{e}_i$。

第一状态中的外力在第二状态的位移上所做的功为

$$W_{12}=\int_V f_i^{(1)}u_i^{(2)}\mathrm{d}V+\int_S t_i^{(1)}u_i^{(2)}\mathrm{d}S \tag{9-154}$$

式中，$t_i^{(1)}$ 为第一状态弹性体边界上应力矢量的分量，在应力边界上等于已知的面力，在位移边界上是约束的面力，但在位移边界上 $u_i^{(2)}$ 是已知的数值。

$$\begin{aligned}\int_S t_i^{(1)}u_i^{(2)}\mathrm{d}S&=\int_S n_j\sigma_{ij}^{(1)}u_i^{(2)}\mathrm{d}S\\&=\int_V[\sigma_{ij}^{(1)}u_i^{(2)}]_{,j}\mathrm{d}V\\&=\int_V[\sigma_{ij,j}^{(1)}u_i^{(2)}+\sigma_{ij}^{(1)}u_{i,j}^{(2)}]\mathrm{d}V\\&=\int_V\left\{\sigma_{ij,j}^{(1)}u_i^{(2)}+\sigma_{ij}^{(1)}\frac{1}{2}[u_{i,j}^{(2)}+u_{j,i}^{(2)}]\right\}\mathrm{d}V\\&=\int_V[\sigma_{ij,j}^{(1)}u_i^{(2)}+\sigma_{ij}^{(1)}\varepsilon_{ij}^{(2)}]\mathrm{d}V\end{aligned} \tag{9-155}$$

定义

$$W_{12}=\int_V\{[\sigma_{ij,j}^{(1)}+f_i^{(1)}]u_i^{(2)}+\sigma_{ij}^{(1)}\varepsilon_{ij}^{(2)}\}\mathrm{d}V=\int_V\sigma_{ij}^{(1)}\varepsilon_{ij}^{(2)}\mathrm{d}V \tag{9-156}$$

则第二状态中的外力在第一状态的位移上所做的功为

$$W_{21}=\int_V\sigma_{ij}^{(2)}\varepsilon_{ij}^{(1)}\mathrm{d}V \tag{9-157}$$

而

$$\sigma_{ij}^{(1)}\varepsilon_{ij}^{(2)}=c_{ijkl}\varepsilon_{kl}^{(1)}\varepsilon_{ij}^{(2)}=c_{klij}\varepsilon_{ij}^{(1)}\varepsilon_{kl}^{(2)}=c_{ijkl}\varepsilon_{ij}^{(1)}\varepsilon_{kl}^{(2)} \tag{9-158}$$

即

$$\sigma_{ij}^{(2)}\varepsilon_{ij}^{(1)}=c_{ijkl}\varepsilon_{kl}^{(2)}\varepsilon_{ij}^{(1)} \tag{9-159}$$

因此

$$W_{12}=W_{21} \tag{9-160}$$

此为贝蒂(E. Betti，1823－1892)定理，即功的互等定理。

例 9-5 应用上述定理可以很简便地求得弹性体的某种整体变形。例如，一根等截面直杆受到两个大小相等而方向相反的横向压力 F_1，具体如图 9.4 所示。

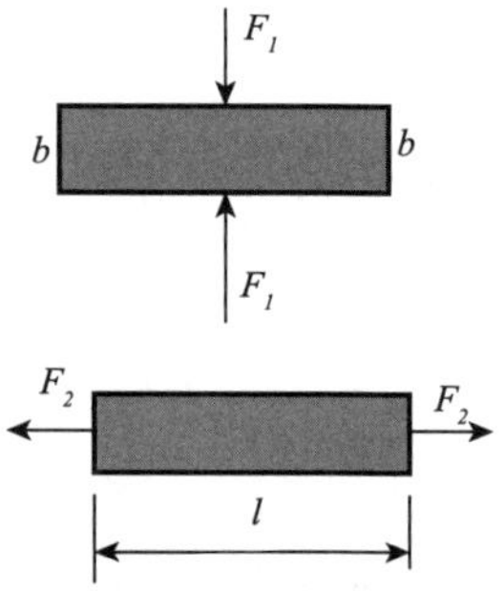

图 9.4 直杆受到一对集中力作用

若要求出杆中各点的应力或变形，则问题将会非常复杂。

把给出的状态当作第一状态，所求的总伸长为 Δ_1。把该杆受轴向拉力 F_2 当作第二状态，则可算出杆的横向收缩为

$$\Delta_2=\nu\frac{F_2b}{EA} \tag{9-161}$$

根据功的互等定理

$$F_2\Delta_1=F_1\Delta_2 \tag{9-162}$$

即

$$F_2\Delta_1 = F_1\nu\frac{F_2 b}{EA} \tag{9-163}$$

可以得到

$$\Delta_1 = \nu\frac{F_1 b}{EA} \tag{9-164}$$

9.6　间接解法:欧拉方程和自然边界条件

变分问题有两种解法:早期以欧拉为代表的研究工作,把变分方程转化为相应的微分方程来求解,称为欧拉方程。这一研究阐明了弹性力学变分提法和微分提法之间的相互关系,并能从统一的前提(泛函表达式)出发同时导出给定问题的域内微分方程和与之匹配的全套边界条件。如果所得微分方程有解,则可以间接地求得变分问题的精确解。后来,李兹、伽辽金等人提出了直接求解变分方程的各种解法,统称为直接法,开辟了求解变分问题的新方法。目前在直接法及其各种推广形式(例如有限元)的基础上已经发展出一批能利用计算机进行高速运算的数值方法。

例 9-6　如图 9.5 所示,一根梁,弹性模量为 E,惯性矩为 I,受均布载荷 q 作用,任意一点的挠度为 $w(x)$,梁的长度为 l,试采用变分法推导其方程和边界条件。

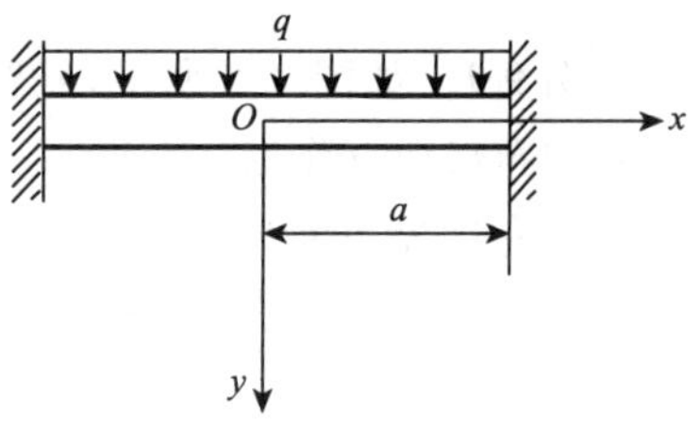

图 9.5　两端固支梁

解　系统的势能泛函为

$$\Pi_s = \frac{1}{2}EI\int_0^l (w'')^2\,\mathrm{d}x - \int_0^l qw\,\mathrm{d}x \tag{9-165}$$

固有边界条件为

$$\begin{cases} w(0)=0 \\ w'(0)=0 \\ w(l)=0 \\ w'(l)=0 \end{cases} \tag{9-166}$$

则其变分为

$$\begin{cases} \delta w(0)=0 \\ \delta w'(0)=0 \\ \delta w(l)=0 \\ \delta w'(l)=0 \end{cases} \tag{9-167}$$

根据最小势能原理 $\delta\Pi_s=0$,有

$$\begin{aligned} \delta\Pi_s &= EI\int_0^l w''\delta w''\mathrm{d}x - \int_0^l q\delta w\mathrm{d}x \\ &= (EIw''\delta w')_0^l - (EIw'''\delta w)_0^l + \int_0^l (EIw^{(4)} - q)\delta w\mathrm{d}x \\ &= EIw''(l)\delta w'(l) - EIw''(0)\delta w'(0) - EIw'''(l)\delta w(l) + EIw'''(0)\delta w(0) + \\ &\quad \int_0^l (EIw^{(4)} - q)\delta w\mathrm{d}x \\ &= \int_0^l (EIw^{(4)} - q)\delta w\mathrm{d}x \end{aligned} \tag{9-168}$$

根据变分的任意性,控制方程为

$$EIw^{(4)}-q=0 \tag{9-169}$$

则有

$$\begin{cases} w'''=\dfrac{q}{EI}x+C_1 \\ w''=\dfrac{q}{2EI}x^2+C_1x+C_2 \\ w'=\dfrac{q}{6EI}x^3+\dfrac{1}{2}C_1x^2+C_2x+C_3 \\ w=\dfrac{q}{24EI}x^4+\dfrac{1}{6}C_1x^3+\dfrac{1}{2}C_2x^2+C_3x+C_4 \end{cases} \tag{9-170}$$

代入边界条件得 $C_3=C_4=0, C_1=-\dfrac{ql}{2EI}, C_2=\dfrac{ql^2}{12EI}$。

挠曲线方程为

$$w=\frac{qx^4}{24EI}-\frac{qlx^3}{12EI}+\frac{ql^2x^2}{24EI} \tag{9-171}$$

则最大值为 $w_{\max}=w\left(\dfrac{l}{2}\right)=\dfrac{ql^4}{384EI}$。

例 9-7 如图 9.6 所示,悬臂梁长度为 l,抗弯刚度为 EI,承受均布载荷 q 作用。

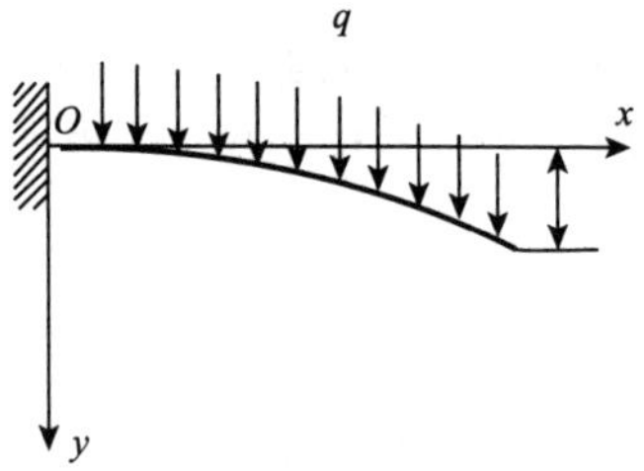

图 9.6 悬臂梁承受均布载荷

固有边界条件为

$$\begin{cases} w(0)=0 \\ w'(0)=0 \end{cases} \tag{9-172}$$

系统的势能泛函写为

$$\Pi_s=\frac{1}{2}EI\int_0^l (w'')^2\,\mathrm{d}x-\int_0^l qw\,\mathrm{d}x \tag{9-173}$$

由最小势能原理 $\delta\Pi_s=0$ 得到变分过程

$$\begin{aligned}\delta\Pi_s &= EI\int_0^l w''\delta w''\mathrm{d}x-\int_0^l q\delta w\mathrm{d}x \\ &= (EIw''\delta w')_0^l-(EIw'''\delta w)_0^l+\int_0^l [EIw^{(4)}-q]\delta w\mathrm{d}x \\ &= EIw''(l)\delta w'(l)-EIw'''(l)\delta w(l)+\int_0^l [EIw^{(4)}-q]\delta w\mathrm{d}x \end{aligned} \tag{9-174}$$

由变分的任意性可以得到对应关系:

① 根据 $\delta w'(l)$ 的任意性得 $EIw''(l)=0$,对应于自由端的弯矩为 0;

② 根据 $\delta w(l)$ 的任意性得 $EIw'''(l)=0$,对应于自由端的剪力为 0;

③ 根据 δw 的任意性得 $EIw^{(4)}=q$,对应于梁的控制方程。

与挠度相关的表达式为

$$\begin{cases} w=\dfrac{q}{24EI}x^4+\dfrac{1}{6}C_1x^3+\dfrac{1}{2}C_2x^2 \\ w''=\dfrac{q}{2EI}x^2+C_1x+C_2 \end{cases} \tag{9-175}$$

代入边界条件后可以得到 $C_1=-\frac{ql}{EI}$，$C_2=\frac{ql^2}{2EI}$，则挠曲线为

$$w=\frac{qx^4}{24EI}-\frac{qlx^3}{6EI}+\frac{ql^2x^2}{4EI} \tag{9-176}$$

最大挠度为 $w_{\max}=w(l)=\frac{ql^4}{8EI}$。

例 9-8　如图 9.7 所示，悬臂梁长度为 l，抗弯刚度为 EI，在自由端承受集中载荷 P 作用。

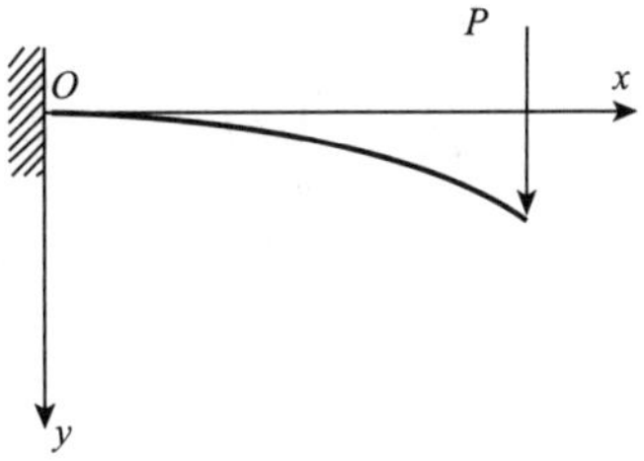

图 9.7　悬臂梁承受集中载荷

固有边界条件为

$$\begin{cases} w(0)=0 \\ w'(0)=0 \end{cases} \tag{9-177}$$

系统的势能泛函

$$\Pi_s=\frac{1}{2}EI\int_0^l (w'')^2\,\mathrm{d}x-Pw(l) \tag{9-178}$$

由最小势能原理 $\delta\Pi_s=0$ 得到变分过程

$$\begin{aligned}\delta\Pi_s &= EI\int_0^l w''\delta w''\mathrm{d}x-P\delta w(l) \\ &= (EIw''\delta w')_0^l-(EIw'''\delta w)_0^l+\int_0^l EIw^{(4)}\delta w\mathrm{d}x-P\delta w(l) \\ &= EIw''(l)\delta w'(l)-[EIw'''(l)+P]\delta w(l)+\int_0^l EIw^{(4)}\delta w\mathrm{d}x\end{aligned} \tag{9-179}$$

由变分的任意性可以得到如下对应关系：

① 根据 $\delta w'(l)$ 的任意性得 $EIw''(l)=0$ 的自然边界条件，对应集中力处弯矩为 0；

② 根据 $\delta w(l)$ 的任意性得 $EIw'''(l)=-P$ 的自然边界条件，对应集中力处的剪力条件；

③ 根据 δw 的任意性得 $EIw^{(4)}=0$ 的控制方程，即欧拉方程。

挠曲线的结果为

$$\begin{cases} w=\frac{1}{6}C_1x^3+\frac{1}{2}C_2x^2 \\ w'''=C_1 \\ w''=C_1x+C_2 \end{cases} \tag{9-180}$$

代入边界条件可得 $C_1=-\frac{P}{EI}$，$C_2=\frac{Pl}{EI}$，则有

$$w=\frac{1}{6}C_1x^3+\frac{1}{2}C_2x^2=-\frac{Px^3}{6EI}+\frac{Plx^2}{2EI} \tag{9-181}$$

最大挠度 $w_{\max}=w(l)=\frac{Pl^3}{3EI}$。

例 9-9　如图 9.8 所示，求梁的大变形方程。

解　梁发生大变形时，其构型会发生较大变化，故而不能采用小变形模型，不能在变形之前的构型上建立方程。此时需要引入弧坐标 s，定义梁轴线上任意一点的倾角为 θ，θ 为该点切线与水平线之间的夹角。

固有边界条件为

$$\begin{cases} w(0)=0 \\ \theta(0)=0 \end{cases} \tag{9-182}$$

几何关系

$$\begin{cases} \cos\theta=\dot{x} \\ \sin\theta=\dot{w} \end{cases} \tag{9-183}$$

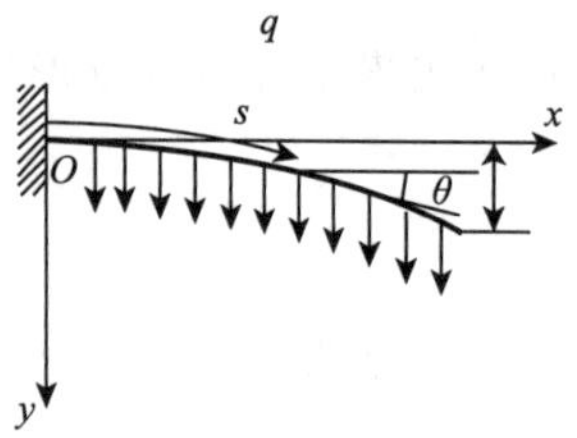

图 9.8 悬臂梁承受均布载荷发生大变形

系统的势能泛函

$$\Pi_s = \frac{1}{2}EI\int_0^l \dot{\theta}^2\,\mathrm{d}s - \int_0^l qw\,\mathrm{d}s + \int_0^l \lambda(\dot{w}-\sin\theta)\,\mathrm{d}s \tag{9-184}$$

由最小势能原理 $\delta\Pi=0$ 得变分过程

$$\begin{aligned}
\delta\Pi_s &= EI\int_0^l \dot{\theta}\delta\dot{\theta}\mathrm{d}s - \int_0^l q\delta w\mathrm{d}s + \int_0^l \delta\lambda(\dot{w}-\sin\theta)\mathrm{d}s + \int_0^l \lambda(\delta\dot{w}-\cos\theta\delta\theta)\mathrm{d}s \\
&= (EI\dot{\theta}\delta\theta)_0^l + (\lambda\delta w)_0^l - \int_0^l (EI\ddot{\theta}+\lambda\cos\theta)\delta\theta\mathrm{d}s + \\
&\quad \int_0^l \delta\lambda(\dot{w}-\sin\theta)\mathrm{d}s - \int_0^l (\dot{\lambda}+q)\delta w\mathrm{d}s \\
&= EI\dot{\theta}(l)\delta\theta(l)+\lambda(l)\delta w(l) - \int_0^l (EI\ddot{\theta}+\lambda\cos\theta)\delta\theta\mathrm{d}s + \\
&\quad \int_0^l \delta\lambda(\dot{w}-\sin\theta)\mathrm{d}s - \int_0^l (\dot{\lambda}+q)\delta w\mathrm{d}s
\end{aligned} \tag{9-185}$$

由变分的任意性得对应关系为：

① 根据 $\delta\theta(l)$ 的任意性得 $EI\dot{\theta}(l)=0$，即右端弯矩为 0；

② 根据 $\delta w(l)$ 的任意性得 $\lambda(l)=0$，即右端剪力为 0；

③ 根据 δw 的任意性得 $q=-\dot{\lambda}$；

④ 根据 $\delta\lambda$ 的任意性得 $\dot{w}=\sin\theta$；

⑤ 根据 $\delta\theta$ 的任意性得 $EI\ddot{\theta}+\lambda\cos\theta=0$。

例 9-10 从系统的应变余能泛函出发，推导出等截面直杆(单连通域)所满足的欧拉方程。

解 剪应力为

$$\begin{cases} \tau_{zx}=G\gamma_{zx}=\dfrac{\partial\phi}{\partial y} \\ \tau_{zy}=G\gamma_{zy}=-\dfrac{\partial\phi}{\partial x} \end{cases} \tag{9-186}$$

扭矩

$$T = 2\int_A \phi\,\mathrm{d}A \tag{9-187}$$

应变余能为

$$\begin{aligned}
\Pi_c &= \frac{L}{2}\int_A (\tau_{zx}\gamma_{zx}+\tau_{zy}\gamma_{zy})\mathrm{d}A - \alpha LT \\
&= \frac{L}{2G}\int_A \left[\left(\frac{\partial\phi}{\partial x}\right)^2+\left(\frac{\partial\phi}{\partial y}\right)^2\right]\mathrm{d}A - 2\alpha L\int_A \phi\,\mathrm{d}A
\end{aligned} \tag{9-188}$$

由最小余能原理 $\delta\Pi_c=0$ 得变分过程为

$$\delta\Pi_c = \frac{L}{G}\int_A\left(\frac{\partial\phi}{\partial x}\delta\frac{\partial\phi}{\partial x}+\frac{\partial\phi}{\partial y}\delta\frac{\partial\phi}{\partial y}\right)\mathrm{d}A - 2\alpha L\int_A\delta\phi\mathrm{d}A$$
$$= \frac{L}{G}\oint_l\left(\frac{\partial\phi}{\partial x}l+\frac{\partial\phi}{\partial y}m\right)\delta\phi\mathrm{d}s - \frac{L}{G}\int_A\left(\frac{\partial^2\phi}{\partial x^2}+\frac{\partial^2\phi}{\partial y^2}\right)\delta\phi\mathrm{d}A - 2\alpha L\int_A\delta\phi\mathrm{d}A \tag{9-189}$$

强制边界条件为

$$\begin{cases}\phi\,|_l=0\\ \delta\phi\,|_l=0\end{cases} \tag{9-190}$$

欧拉方程为

$$\nabla^2\phi=-2G\alpha \tag{9-191}$$

例 9-11　用最小势能原理推导平面应力问题中用位移表示的平衡方程和力边界条件。

解　平面应力问题的应变能为

$$U_s = \frac{1}{2}\int_A(\sigma_x\varepsilon_x+\sigma_y\varepsilon_y+\tau_{xy}\gamma_{xy})\mathrm{d}A$$
$$= \frac{G}{1-\nu}\int_A\left(\varepsilon_x^2+\varepsilon_y^2+2\nu\varepsilon_x\varepsilon_y+\frac{1-\nu}{2}\gamma_{xy}^2\right)\mathrm{d}A$$
$$= \frac{E}{2(1-\nu^2)}\int_A\left[\left(\frac{\partial u}{\partial x}\right)^2+\left(\frac{\partial v}{\partial y}\right)^2+2\nu\frac{\partial u}{\partial x}\frac{\partial v}{\partial y}+\frac{1-\nu}{2}\left(\frac{\partial v}{\partial x}+\frac{\partial u}{\partial y}\right)^2\right]\mathrm{d}A \tag{9-192}$$

系统总势能为

$$\Pi_s = U_s - \int_A(f_x u+f_y v)\mathrm{d}A - \int_{\Gamma_\sigma}(\bar{t}_x u+\bar{t}_y v)\mathrm{d}s \tag{9-193}$$

由最小势能原理 $\delta\Pi=0$ 得变分过程为

$$\delta\Pi_s = \frac{E}{2(1-\nu^2)}\int_A\left[2\left(\frac{\partial u}{\partial x}+\nu\frac{\partial v}{\partial y}\right)\delta\frac{\partial u}{\partial x}+2\left(\frac{\partial v}{\partial y}+\nu\frac{\partial u}{\partial x}\right)\delta\frac{\partial v}{\partial y}\right]\mathrm{d}A+\frac{E}{2(1-\nu^2)}\int_A\left[(1-\nu)\left(\frac{\partial v}{\partial x}+\right.\right.$$
$$\left.\left.\frac{\partial u}{\partial y}\right)\left(\delta\frac{\partial v}{\partial x}+\delta\frac{\partial u}{\partial y}\right)\right]\mathrm{d}A - \int_A(f_x\delta u+f_y\delta v)\mathrm{d}A - \int_{\Gamma_\sigma}(\bar{t}_x\delta u+\bar{t}_y\delta v)\mathrm{d}s$$
$$=-\int_A\left\{\frac{E}{1-\nu^2}\left[\left(\frac{\partial^2 u}{\partial x^2}+\nu\frac{\partial^2 v}{\partial x\partial y}\right)+\frac{1-\nu}{2}\left(\frac{\partial^2 v}{\partial x\partial y}+\nu\frac{\partial^2 u}{\partial y^2}\right)\right]+f_x\right\}\delta u\mathrm{d}A -$$
$$\int_A\left\{\frac{E}{1-\nu^2}\left[\left(\frac{\partial^2 v}{\partial y^2}+\nu\frac{\partial^2 u}{\partial x\partial y}\right)+\frac{1-\nu}{2}\left(\frac{\partial^2 u}{\partial x\partial y}+\nu\frac{\partial^2 v}{\partial x^2}\right)\right]+f_y\right\}\delta v\mathrm{d}A +$$
$$\int_\Gamma\left\{\frac{E}{1-\nu^2}\left[n_1\left(\frac{\partial u}{\partial x}+\nu\frac{\partial v}{\partial y}\right)+n_2\frac{1-\nu}{2}\left(\frac{\partial u}{\partial y}+\frac{\partial v}{\partial x}\right)\right]\delta u\right\}\mathrm{d}s +$$
$$\int_\Gamma\left\{\frac{E}{1-\nu^2}\left[n_2\left(\frac{\partial v}{\partial y}+\nu\frac{\partial u}{\partial x}\right)+n_1\frac{1-\nu}{2}\left(\frac{\partial u}{\partial y}+\frac{\partial v}{\partial x}\right)\right]\delta v\right\}\mathrm{d}s - \int_{\Gamma_\sigma}(\bar{t}_x\delta u+\bar{t}_y\delta v)\mathrm{d}s \tag{9-194}$$

由于 δu 和 δv 可以相互独立地任意选择，所以它们的系数应分别为 0。由面积分可得欧拉方程

$$\begin{cases}\dfrac{E}{1-\nu^2}\left[\left(\dfrac{\partial^2 u}{\partial x^2}+\nu\dfrac{\partial^2 v}{\partial x\partial y}\right)+\dfrac{1-\nu}{2}\left(\dfrac{\partial^2 v}{\partial x\partial y}+\nu\dfrac{\partial^2 u}{\partial y^2}\right)\right]+f_x=0\\[2ex] \dfrac{E}{1-\nu^2}\left[\left(\dfrac{\partial^2 v}{\partial y^2}+\nu\dfrac{\partial^2 u}{\partial x\partial y}\right)+\dfrac{1-\nu}{2}\left(\dfrac{\partial^2 u}{\partial x\partial y}+\nu\dfrac{\partial^2 v}{\partial x^2}\right)\right]+f_y=0\end{cases} \tag{9-195}$$

此即用位移表示的平衡方程。

自然边界条件为

$$\begin{cases}\dfrac{E}{1-\nu^2}\left[n_1\left(\dfrac{\partial u}{\partial x}+\nu\dfrac{\partial v}{\partial y}\right)+n_2\ \dfrac{1-\nu}{2}\left(\dfrac{\partial u}{\partial y}+\dfrac{\partial v}{\partial x}\right)\right]=\bar{t}_x \\ \dfrac{E}{1-\nu^2}\left[n_2\left(\dfrac{\partial v}{\partial y}+\nu\dfrac{\partial u}{\partial x}\right)+n_1\ \dfrac{1-\nu}{2}\left(\dfrac{\partial u}{\partial y}+\dfrac{\partial v}{\partial x}\right)\right]=\bar{t}_y\end{cases} \tag{9-196}$$

此即用位移表示的面力边界条件。

在给定位移边界上有

$$\begin{cases}u=\bar{u} \\ v=\bar{v}\end{cases} \tag{9-197}$$

9.7 直接解法

最小势能原理和最小余能原理的第二种应用是以它们为基础发展出的各种直接求解泛函极值问题的近似计算方法。

李兹法的基本思想是把寻找泛函极值问题真解的过程分成两步。第一步先找可能状态:选择一组在边界上满足给定约束条件的容许函数,把它们配上待定系数并进行叠加,作为试函数代替真实的自变函数。第二步逼近真实状态:调整试函数中的待定常数,使其满足泛函的驻值条件 $\delta\Pi_s=0$,求得逼近于真解的近似解。试函数选得越好,解的精度越高。

伽辽金法是加权余量(加权残数)法的一种特殊形式。它可以处理不存在泛函的一类微分方程的边值问题,适用范围比李兹法广,但对存在泛函的弹性保守系统来说,李兹法更为实用。李兹法仅要求试函数满足约束边界条件,而伽辽金法还要求满足自然边界条件。

9.7.1 最小势能原理的直接解法

设定一组包含若干待定系数的位移分量的表达式,使其满足位移边界条件,然后求满足位移变分方程,从中求出待定系数,从而得到位移近似解。

位移的试函数为

$$u_i=u_i^0+A_{in}u_{in}\quad(i=1,2,3;\ n=1,2,\cdots,N) \tag{9-198}$$

式中,i 为自由指标,n 为哑标,u_i^0 为三个满足给定非齐次位移边界条件($u_i^0=\bar{u}_i$)的位移函数,u_{in} 是 $3N$ 个满足齐次位移边界条件($u_{in}=0$)的位移函数,A_{in} 是 $3N$ 个待定位移参数。代入系统的势能表达式 $\Pi_s(u_i)=\Pi_s(A_{in})$,然后计算变分,由于 u_i^0 和 u_{in} 的函数形式已经选定,则变分时只有待定参数能发生变化 δA_{in}。由最小势能原理有

$$\delta\Pi_s=\frac{\partial\Pi_s}{\partial A_{in}}\delta A_{in}=0 \tag{9-199}$$

由于 δA_{in} 相互独立,它们的系数分别等于 0,即

$$\frac{\partial\Pi_s}{\partial A_{in}}=0 \tag{9-200}$$

这是李兹法的求解方程,其实质是用位移参数表示的近似平衡方程。对于线弹性问题,总势能是位移及其导数的二次泛函,化为位移参数 A_{in} 的二次函数,得到关于参数 A_{in} 的线性代数

方程。由 $3N$ 个代数方程求解出 $3N$ 个待定位移参数 A_{in}，得到逼近真实位移场的近似解。由位移可以进一步计算应变和应力。

例 9-12　用李兹法求解四边固定矩形薄板的平面问题的位移场，体力 f_x 和 f_y 平行于板面。

解　平面问题的试函数的一般形式取为

$$u=\sum_m\sum_n A_{mn}\sin\frac{m\pi x}{a}\sin\frac{n\pi y}{b} \tag{9-201}$$

$$v=\sum_m\sum_n B_{mn}\sin\frac{m\pi x}{a}\sin\frac{n\pi y}{b} \tag{9-202}$$

此位移表达式满足位移边界条件

$$\frac{\partial U_s}{\partial A_{mn}}=\int_A f_x u_m \mathrm{d}A+\int_{\Gamma_\sigma}\bar{t}_x u_m \mathrm{d}s \tag{9-203}$$

$$\frac{\partial U_s}{\partial B_{mn}}=\int_A f_y v_m \mathrm{d}A+\int_{\Gamma_\sigma}\bar{t}_y v_m \mathrm{d}s \tag{9-204}$$

其中

$$\begin{aligned}\frac{\partial U_s}{\partial A_{mn}}=&\frac{E}{2(1-\nu^2)}\int_A\left[2\frac{\partial u}{\partial x}\frac{\partial}{\partial A_{mn}}\left(\frac{\partial u}{\partial x}\right)+2\nu\frac{\partial v}{\partial y}\frac{\partial}{\partial A_{mn}}\left(\frac{\partial u}{\partial x}\right)\right]\mathrm{d}A+\\&\frac{E}{2(1-\nu^2)}\int_A\left[(1-\nu)\left(\frac{\partial v}{\partial x}+\frac{\partial u}{\partial y}\right)\frac{\partial}{\partial A_{mn}}\left(\frac{\partial u}{\partial y}\right)\right]\mathrm{d}A\end{aligned} \tag{9-205}$$

积分后可以得到

$$\begin{cases}\dfrac{\partial U_s}{\partial A_{mn}}=\dfrac{E\pi^2ab}{4(1-\nu^2)}\left(\dfrac{m^2}{a^2}+\dfrac{1-\nu}{2}\dfrac{n^2}{b^2}\right)A_{mn}\\[2ex]\dfrac{\partial U_s}{\partial B_{mn}}=\dfrac{E\pi^2ab}{4(1-\nu^2)}\left(\dfrac{n^2}{b^2}+\dfrac{1-\nu}{2}\dfrac{m^2}{a^2}\right)B_{mn}\end{cases} \tag{9-206}$$

设 $u_m=v_m=\sin\frac{m\pi x}{a}\sin\frac{n\pi y}{b}$，则有

$$\begin{cases}\dfrac{E\pi^2ab}{4(1-\nu^2)}\left(\dfrac{m^2}{a^2}+\dfrac{1-\nu}{2}\dfrac{n^2}{b^2}\right)A_{mn}=\displaystyle\int_0^a\int_0^b f_x\sin\frac{m\pi x}{a}\sin\frac{n\pi y}{b}\mathrm{d}x\mathrm{d}y\\[2ex]\dfrac{E\pi^2ab}{4(1-\nu^2)}\left(\dfrac{n^2}{b^2}+\dfrac{1-\nu}{2}\dfrac{m^2}{a^2}\right)B_{mn}=\displaystyle\int_0^a\int_0^b f_y\sin\frac{m\pi x}{a}\sin\frac{n\pi y}{b}\mathrm{d}x\mathrm{d}y\end{cases} \tag{9-207}$$

只要给出体力的具体分布规律，就可由上式定出各个待定常数 A_{mn} 和 B_{mn}，回代就可以得到位移场的近似解。

9.7.2　伽辽金法

对最小势能原理做变化，有

$$\delta\Pi_s=\delta U_s-\int_V f_i\delta u_i\mathrm{d}V-\int_{S_\sigma}\bar{t}_i\delta u_i\mathrm{d}S \tag{9-208}$$

其中

$$\delta U_s=\int_V\delta u_s\mathrm{d}V=\int_V\frac{\partial u_s}{\partial\varepsilon_{ij}}\delta\varepsilon_{ij}\mathrm{d}V=\int_V\frac{1}{2}\sigma_{ij}[(\delta u_i)_{,j}+(\delta u_j)_{,i}]\mathrm{d}V \tag{9-209}$$

利用应力张量的对称性和高斯积分定理可以得到

$$\delta U_s = \int_V \sigma_{ij}\ (\delta u_i)_{,j}\,\mathrm{d}V = \int_S \sigma_{ij} n_i \delta u_i \mathrm{d}S - \int_V \sigma_{ij,j} \delta u_i \mathrm{d}V \tag{9-210}$$

由于在位移边界上 $\delta u_i=0$，故而上式面积分的范围 S 可以改成 S_u，整理后得到

$$\delta \Pi_s = -\int_V (\sigma_{ij,j} + f_i)\delta u_i \mathrm{d}V + \int_{S_\sigma} (\sigma_{ij} n_j - \bar{t}_i)\delta u_i \mathrm{d}S = 0 \tag{9-211}$$

上述变换实际上就是推导欧拉方程的过程。同时需要指出，精确解满足平衡方程和面力边界条件，从而可以推得三维弹性体的域内平衡方程即欧拉方程，以及力边界条件即自然边界条件。

但在一般情况下，弹性力学的精确解不容易求得，因此伽辽金方法放松了要求，只要求试函数满足位移边界条件和应力边界条件，并在域内按积分意义满足平衡方程，即

$$\int_V (\sigma_{ij,j} + f_i)\delta u_i \mathrm{d}V = 0 \tag{9-212}$$

总之，伽辽金法并不要求每个点满足平衡方程的精确解，而只是要求整体满足平衡方程的近似解。

引进试函数，把 σ_{ij} 表示成位移参数 A_{in} 的函数，同时有 $\delta u_i = u_{in}\delta A_{in}$，代入后注意到 δA_{in} 相互独立，令其系数分别为 0，得

$$\int_V (\sigma_{ij,j} + f_i) u_{in} \mathrm{d}V = 0 \quad (i = 1,2,3; j = 1,2,3; n = 1,2,\cdots,N) \tag{9-213}$$

上式中指标 i 不叠加，这就是伽辽金法的求解方程。积分后可以化为参数 A_{in} 的 $3N$ 个线性代数方程。

加权残数的基本思想为：放松要求后的试函数在域内并不处处满足平衡方程，因而代入平衡方程后，会出现非零的残差。调整试函数中的待定参数，只要使得残差与某些权函数之积在整个域内积分值等于 0，就可以得到近似解。

例 9-13 用最小势能原理求解如图 9.6 所示悬臂梁挠度。其中梁的抗弯刚度为 EI。

解 本题采用李兹法进行求解。

作为一级近似，试函数取为

$$w = a\left(1-\cos\frac{\pi x}{2l}\right) \tag{9-214}$$

固有边界条件

$$\begin{cases} w(0)=0 \\ w'(0)=0 \end{cases} \tag{9-215}$$

代入系统总势能

$$\Pi_s = \frac{1}{2}EI\int_0^l (w'')^2\mathrm{d}x - \int_0^l qw\mathrm{d}x = \frac{l}{4}EI\left(\frac{\pi}{2l}\right)^4 a^2 - qal\left(1-\frac{2}{\pi}\right) \tag{9-216}$$

由 $\dfrac{\partial \Pi_s}{\partial a}=0$ 得

$$a = \frac{32}{\pi^4}\left(1-\frac{2}{\pi}\right)\frac{ql^4}{EI} \tag{9-217}$$

最大挠度 $w(l)=a=0.119\ 37\dfrac{ql^4}{EI}$，而精确解 $w(l)=\dfrac{ql^4}{8EI}$，其误差为 4.5%。

本题也可以采用伽辽金法进行求解。

当选挠度 w 为自变函数时，其控制方程为

$$\int_0^l (EIw^{(4)} - q)w_n \mathrm{d}x = 0 \quad (n=1,2,\cdots,N) \tag{9-218}$$

当选曲率 w'' 为自变函数时，则方程为

$$\int_0^l (EIw'' - M)w_n'' \mathrm{d}x = 0 \quad (n=1,2,\cdots,N) \tag{9-219}$$

式中，w_n 和 w_n'' 是试函数中所含的容许函数。对于一级近似，可以取 $N=1$。

应该指出，在伽辽金法的求解方程中，被积函数的物理意义是功。若把平衡方程看作广义力，则权函数应该取为相应的广义位移，因此若写成

$$\int_0^l (EIw'' - M)w_n \mathrm{d}x = 0 \quad \text{或} \quad \int_0^l (EIw^{(4)} - q)w_n'' \mathrm{d}x = 0 \tag{9-220}$$

都不是伽辽金法的求解方程。

伽辽金法要求试函数同时满足应力和位移边界条件。李兹法的试函数不能满足 $x=l$ 处弯矩和剪力为 0 的条件，因此不适用。如果勉强使用，则会得到 $w(l)=-0.441ql^4/(EI)<0$ 的荒谬结果。

设

$$w''=a\left(1-\sin\frac{\pi x}{2l}\right) \tag{9-221}$$

满足 $w''(l)=0, w'''(l)=0$。从而取试函数

$$w=a\left[\frac{x^2}{2}-\frac{2lx}{\pi}+\left(\frac{2l}{\pi}\right)^2\sin\frac{\pi x}{2l}\right] \tag{9-222}$$

将其代入伽辽金法的方程中可以得到

$$\int_0^l \left[EIa\left(\frac{\pi}{2l}\right)^2\sin\frac{\pi x}{2l}-q\right]\left[\frac{x^2}{2}-\frac{2lx}{\pi}+\left(\frac{2l}{\pi}\right)^2\sin\frac{\pi x}{2l}\right]\mathrm{d}x = 0 \tag{9-223}$$

从而得到 $a=0.469\dfrac{ql^2}{EI}$，以及 $w(l)=0.126\dfrac{ql^4}{EI}$。

9.7.3　最小余能原理的直接解法

总余能 Π_c 是 6 个应力分量 σ_{ij} 的泛函，其表达式为

$$\Pi_c(\sigma_{ij}) = \int_V u_c \mathrm{d}V - \int_{S_u} \bar{u}_i t_i \mathrm{d}V \tag{9-224}$$

在面力边界上自变函数 σ_{ij} 满足约束条件

$$\sigma_{ij} n_j = \bar{t}_i \quad (\text{在 } S_\sigma \text{ 上}) \tag{9-225}$$

最小余能原理的李兹解法要求先假设一组静力可能得应力试函数

$$\sigma_{ij} = \sigma_{ij}^0 + A_n \sigma_{ijn} \quad (i=1,2,3;j=1,2,3;n=1,2,\cdots,N) \tag{9-226}$$

其中 σ_{ij}^0 和 σ_{ij} 在域内应满足平衡方程。在应力边界上，σ_{ij}^0 满足给定的非齐次边界条件，其余的 σ_{ijn} 均分别满足齐次边界条件。因为 6 个应力分量应满足平衡方程而互不独立，所以一般只给每个可能应力场配一个待定参数，而不允许每个应力分量独立地任意变化。

最小余能原理要求

$$\frac{\partial \Pi_c}{\partial A_n} = 0 \tag{9-227}$$

这就是李兹法的求解方程，其实质是用应力场参数表示的近似协调方程，是一个线性代数方

程组。由此解出 N 个待定参数 A_n，将其回代就可以得到逼近真实应力的近似解。如果需要进一步求解应变和位移，但一般所得到的应变是不协调的，位移场不一定单值连续。

实际问题中，选择同时满足平衡方程和面力边界条件的静力可能应力场 σ_{ij}^0 和 σ_{ij} 是相当困难的。但在无体力或者常体力情况下，应力函数能够自动满足平衡方程，因此把总余能看作应力函数的泛函更为方便。相应地在面力边界上给定应力函数的边界条件。

例 9-14 用最小余能原理求图 9.9 所示超静定梁的支座反力。

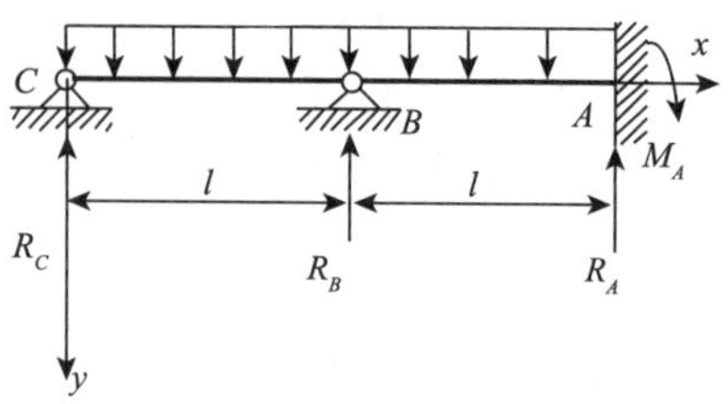

图 9.9 超静定梁

此为二次超静定系统，选择支反力 R_B 和 R_C 为待定力参数。平衡方程为

$$R_A+R_B+R_C=2ql \tag{9-228}$$

$$(R_B+2R_C)l+M_A=2ql^2 \tag{9-229}$$

可以求得

$$\begin{cases}R_A=2ql-R_B-R_C\\ M_A=2ql^2-(R_B+2R_C)l\end{cases} \tag{9-230}$$

静力可能内力场用力参数的表达式为

CB 段

$$M_1=R_Cx-\frac{1}{2}qx^2 \tag{9-231}$$

BA 段

$$M_1=R_Cx-\frac{1}{2}qx^2+R_B(x-l) \tag{9-232}$$

注意到支座没有位移，余势 $V_C=0$，则总余能为

$$\begin{aligned}\Pi_c &= \int_0^l \frac{M_1^2}{2EI}dx+\int_l^{2l}\frac{M_2^2}{2EI}dx\\ &=\frac{1}{2EI}\left\{\int_0^l\left(R_Cx-\frac{1}{2}qx^2\right)^2dx+\int_l^{2l}\left[R_Cx-\frac{1}{2}qx^2+RB(x-l)\right]^2dx\right\}\\ &=\frac{l^3}{2EI}\left(\frac{8}{3}R_C^2-4qlR_C+\frac{8}{5}q^2l^2+\frac{1}{3}R_B^2+\frac{5}{3}R_CR_B-\frac{17}{12}qlR_B\right)\end{aligned} \tag{9-233}$$

进而得到

$$\begin{cases}\dfrac{\partial\Pi_c}{\partial R_B}=\dfrac{l^3}{24EI}(8R_B+20R_C-17ql)=0\\ \dfrac{\partial\Pi_c}{\partial R_C}=\dfrac{l^3}{6EI}(5R_B+16R_C-12ql)=0\end{cases} \tag{9-234}$$

求得 $R_B=\frac{8}{7}ql, R_C=\frac{11}{28}ql$，最终求得 $R_A=\frac{13}{28}ql\ M_A=\frac{1}{14}ql^2$。

例 9-15 用最小余能原理求解矩形截面杆的自由扭转问题。

解 余能泛函为

$$\Pi_c=\frac{L}{2G}\iint_A\left\{\left[\left(\frac{\partial\phi}{\partial x}\right)^2+\left(\frac{\partial\phi}{\partial y}\right)^2\right]-4G\alpha\phi\right\}dA \tag{9-235}$$

应力函数 ϕ 在边界上满足 $\phi|_S=0$，试函数选为

$$\phi=\sum_m A_m\phi_m \tag{9-236}$$

其中每个 ϕ_m 都应满足齐次边界条件 $\phi_m|_\Gamma=0$，取

$$\phi=A_0\left(x^2-\frac{a^2}{4}\right)\left(y^2-\frac{a^2}{4}\right) \tag{9-237}$$

由最小余能原理 $\frac{\partial \Pi_c}{\partial A_0}=0$ 得

$$\iint_A\left[\frac{\partial\phi}{\partial x}\frac{\partial}{\partial A_0}\left(\frac{\partial\phi}{\partial x}\right)+\frac{\partial\phi}{\partial y}\frac{\partial}{\partial A_0}\left(\frac{\partial\phi}{\partial y}\right)-2G\alpha\frac{\partial\phi}{\partial A_0}\right]\mathrm{d}A=0 \tag{9-238}$$

求解得 $A_0=\frac{5G\alpha}{2a^2}$，则有

$$\begin{cases}\phi=\dfrac{5G\alpha}{2a^2}\left(x^2-\dfrac{a^2}{4}\right)\left(y^2-\dfrac{a^2}{4}\right)\\ T=\dfrac{5}{36}G\alpha a^4\\ \alpha=\dfrac{36T}{5Ga^4}\end{cases} \tag{9-239}$$

9.8　广义变分原理

在经典变分原理中只有一类变量，且在一定的约束条件下才能独立变分。在最小势能原理中位移可变，但必须是变形可能的；在最小余能原理中应力可变，但必须是静力可能的。约束多了，试函数的选择范围就变小了，对于寻求近似解不方便。海林格（E. Hellinger，1883—1950）和莱斯纳（E. Reissner，1913—1996）首先放松了对应力的“静力可能”约束，把经典变分原理推广为含位移、应力两类变量的广义变分原理。后来，胡海昌（1928—2011）和鹫津久一郎（H. Washizu，1921—1981）又进一步放松了对位移的“变形可能”约束，导出了位移、应变、应力三者都能无条件独立变分的三类变量广义变分原理。钱伟长（1912—2010）最先用 Lagrange 乘子法导出广义变分原理。广义变分原理在有限元法中得到了有效应用，成为发展杂交有限元、混合有限元、拟协调有限元等的理论基础。

9.8.1　三类变量广义变分原理

最小势能原理泛函为

$$\Pi_s=\int_V[U_s(\varepsilon_{ij})-f_iu_i]\mathrm{d}V-\int_{S_\sigma}\bar{t}_iu_i\mathrm{d}S=0 \tag{9-240}$$

式(9-240)中的 9 个可变函数 u_i 和 ε_{ij} 必须是变形可能的，即边界上要满足位移边界条件，域内要满足应变-位移几何关系。因此 $\delta\Pi_s=0$ 是一个带有附加约束条件

$$\varepsilon_{ij}-\frac{1}{2}(u_{i,j}+u_{j,i})=0\quad(\text{在 } V \text{ 内}) \tag{9-241}$$

$$u_i-\bar{u}_i=0\quad(\text{在 } S_u \text{ 上}) \tag{9-242}$$

的条件驻值问题。引进拉格朗日乘子，把附加条件吸收到泛函中，得到

$$\Pi_{s\mathrm{I}} = \int_V [u_s(\varepsilon_{ij}) - f_i u_i] \mathrm{d}V - \int_{S_\sigma} \bar{t}_i u_i \mathrm{d}S -$$

$$\int_V \lambda_{ij} \left[\varepsilon_{ij} - \frac{1}{2}(u_{i,j} + u_{j,i}) \right] \mathrm{d}V - \int_{S_u} \mu_i (u_i - \bar{u}_i) \mathrm{d}S \qquad (9\text{-}243)$$

式中,6 个 λ_{ij} 和 3 个 μ_i 分别是域内和位移边界上的任意函数,称为 Lagrange 乘子。

解除约束后,6 个应变和 3 个位移已独立无关,因此新的泛函含有 18 个相互独立的自变函数(μ_i,ε_{ij},λ_{ij},u_i),每个自变函数都不受任何约束条件的限制。

新的泛函的驻值条件为

$$\delta\Pi_{s\mathrm{I}} = \int_V \left\{ \frac{\partial u_s}{\partial \varepsilon_{ij}} \delta\varepsilon_{ij} - f_i \delta u_i - \delta\lambda_{ij} \left[\varepsilon_{ij} - \frac{1}{2}(u_{i,j} + u_{j,i}) \right] - \lambda_{ij} \delta\varepsilon_{ij} + \right.$$

$$\left. \frac{1}{2}\lambda_{ij}(\delta u_{i,j} + \delta u_{j,i}) \right\} \mathrm{d}V - \int_{S_\sigma} \bar{t}_i u_i \mathrm{d}S + \int_{S_u} [\delta\mu_i (u_i - \bar{u}_i) + \mu_i \delta u_i] \mathrm{d}S = 0$$

$$(9\text{-}244)$$

设 $\lambda_{ij} = \lambda_{ji}$ 具有对称性,则

$$\delta\Pi_{s\mathrm{I}} = \int_V \left\{ \left(\frac{\partial u_s}{\partial \varepsilon_{ij}} - \lambda_{ij} \right) \delta\varepsilon_{ij} - (\lambda_{ij,j} + f_i) \delta u_i - \delta\lambda_{ij} \left[\varepsilon_{ij} - \frac{1}{2}(u_{i,j} + u_{j,i}) \right] \right\} \mathrm{d}V +$$

$$\int_{S_\sigma} (\lambda_{ij}\nu_j - \bar{t}_i) \delta u_i \mathrm{d}S - \int_{S_u} [\delta\mu_i (u_i - \bar{u}_i) + (\mu_i - \lambda_{ij}\nu_j) \delta u_i] \mathrm{d}S = 0 \qquad (9\text{-}245)$$

由变分的任意性可以推得

$$\text{在 } V \text{ 内} \quad \lambda_{ij} = \frac{\partial u_s}{\partial \varepsilon_{ij}}, \sigma_{ij} = \frac{\partial u_s}{\partial \varepsilon_{ij}}$$

$$\text{在 } V \text{ 内} \quad \lambda_{ij,j} + f = 0, \sigma_{ij,j} + f = 0$$

$$\text{在 } V \text{ 内} \quad \varepsilon_{ij} = \frac{1}{2}(u_{i,j} + u_{j,i})$$

$$\text{在 } S_\sigma \text{ 上} \quad \lambda_{ij}\nu_j = \bar{t}_i, \sigma_{ij}\nu_j = \bar{t}_i$$

$$\text{在 } S_u \text{ 上} \quad \mu_i = \lambda_{ij}\nu_j, t_i = \sigma_{ij}\nu_j$$

$$\text{在 } S_u \text{ 上} \quad u_i = \bar{u}_i$$

通过比较,可知和变形关系相关的 Lagrange 乘子 λ_{ij} 和 μ_i 的物理意义就是应力 σ_{ij} 和约束反力 t_i,最终可能含有三类变量的独立自变函数(σ_{ij},ε_{ij},u_i)的泛函为

$$\Pi_{s3} = \int_V [u_s(\varepsilon_{ij}) - f_i u_i] \mathrm{d}V - \int_{S_\sigma} \bar{t}_i u_i \mathrm{d}S -$$

$$\int_V \sigma_{ij} \left[\varepsilon_{ij} - \frac{1}{2}(u_{i,j} + u_{j,i}) \right] \mathrm{d}V - \int_{S_u} \sigma_{ij} n_j (u_i - \bar{u}_i) \mathrm{d}S \qquad (9\text{-}246)$$

称为三类变量的广义势能。其驻值条件为:$\delta\Pi_{s3}=0$,称为三类变量广义变分原理或胡海昌-鹫津久一郎原理。这一原理可以叙述为:在由三类变量(σ_{ij},ε_{ij},u_i)任意选择所得到的一切可能状态中,真实状态使得泛函 Π_{s3} 取驻值。

可以看到,三类变量广义变分原理的独立变量包括弹性力学中全部 15 个基本未知量,根据其驻值条件能导出弹性力学的全部基本方程和边界条件,有

$$\int_V \sigma_{ij} \left[\varepsilon_{ij} - \frac{1}{2}(u_{i,j} + u_{j,i}) \right] \mathrm{d}V = \int_S \sigma_{ij} n_j u_i \mathrm{d}S - \int_V \sigma_{ij,j} u_i \mathrm{d}V \qquad (9\text{-}247)$$

进而有

$$\Pi_{c3}=\int_V[\sigma_{ij}\varepsilon_{ij}-u_s(\varepsilon_{ij})+(\sigma_{ij,j}+f_i)u_i]\mathrm{d}V-\int_{S_\sigma}(\sigma_{ij}n_j-\bar{t}_i)u_i\mathrm{d}S-\int_{S_u}\sigma_{ij}n_j\bar{u}_i\mathrm{d}S \tag{9-248}$$

显然 $\Pi_{s3}=-\Pi_{c3}$ 。

9.8.2　二类变量广义变分原理

应用最小余能原理，泛函

$$\Pi_c=\int_V u_c(\sigma_{ij})\mathrm{d}V-\int_{S_u}\sigma_{ij}n_j\bar{u}_i\mathrm{d}S \tag{9-249}$$

的 6 个可变函数 σ_{ij} 必须是静力可能的，即边界上要满足力边界条件，域内要满足平衡方程。因此 $\delta\Pi_c=0$ 是一个带有附加约束条件

$$\sigma_{ij,j}+f=0\quad(\text{在 }V\text{ 内}) \tag{9-250}$$

$$\sigma_{ij}n_j=\bar{t}_i\quad(\text{在 }S_\sigma\text{ 上}) \tag{9-251}$$

的条件驻值问题。引进 Lagrange 乘子后转化为如下新泛函的无条件驻值问题

$$\Pi_{c2}=\int_V[u_c(\sigma_{ij})+(\sigma_{ij,j}+f_i)u_i]\mathrm{d}V-\int_{S_\sigma}(\sigma_{ij}n_j-\bar{t}_i)u_i\mathrm{d}S-\int_{S_u}\sigma_{ij}n_j\bar{u}_i\mathrm{d}S \tag{9-252}$$

此处和静力关系相关的 Lagrange 乘子的物理意义是位移 u_i。它含有二类 9 个独立自变函数(σ_{ij}，u_i)，称为二类变量广义余能。其驻值条件 $\delta\Pi_{c2}=0$，称为二类变量广义变分原理。这一原理可叙述为：在由二类变量(σ_{ij}，u_i)任意选择所得到的一切可能状态中，真实状态使得泛函 Π_{c2} 取驻值。

$$\text{在 }V\text{ 内}\quad \frac{\partial u_c}{\partial\sigma_{ij}}=\frac{1}{2}(u_{i,j}+u_{j,i})\quad \begin{cases}\varepsilon_{ij}=\dfrac{\partial u_c}{\partial\sigma_{ij}}\\[2mm] \varepsilon_{ij}=\dfrac{1}{2}(u_{i,j}+u_{j,i})\end{cases}$$

$$\text{在 }V\text{ 内}\quad \sigma_{ij,j}+f_i=0$$

$$\text{在 }S_\sigma\text{ 上}\quad \sigma_{ij}n_j=\bar{t}$$

$$\text{在 }S_u\text{ 上}\quad u_i=\bar{u}_i$$

令

$$\Pi_{c2}=\int_V\left[-u_c(\sigma_{ij})-f_iu_i+\frac{1}{2}\sigma_{ij}(u_{i,j}+u_{j,i})u_i\right]\mathrm{d}V-\int_{S_\sigma}\bar{t}u_i\mathrm{d}S-\int_{S_u}\sigma_{ij}n_j(u_i-\bar{u}_i)\mathrm{d}S \tag{9-253}$$

Π_{c2} 称为二类变量广义势能，其驻值条件：$\delta\Pi_{c2}=0$。这一表达式称为海林格-莱斯纳原理。

在三类变量广义变分原理中，应力和应变可以完全独立地任意选择。如果对它们加以约束，要求满足本构关系

$$\begin{cases}\varepsilon_{ij}=\dfrac{\partial u_c}{\partial\sigma_{ij}}\\[2mm] \sigma_{ij}=\dfrac{\partial u_s}{\partial\varepsilon_{ij}}\end{cases} \tag{9-254}$$

经过整理后得到

$$u_s(\varepsilon_{ij})+u_c(\sigma_{ij})=\sigma_{ij}\varepsilon_{ij} \tag{9-255}$$

并且发现此时三类变量广义变分原理退化为二类变量广义变分原理。

如果对二类变量广义变分原理中的应力加以约束，要求它满足静力平衡关系，则 Π_{c2} 退化为最小余能原理中的 Π_c；如果对二类变量与案例中的位移加以约束，要求它满足变形关系，同时考虑本构关系，则 Π_{s2} 退化为最小势能原理中的 Π_s。

习　题

9-1　采用最小势能原理推导变截面圆轴扭转的控制方程以及自然边界条件。

9-2　采用最小势能原理推导空间轴对称问题的控制方程以及自然边界条件。

9-3　根据弹性力学中应变能的一般表达式，求出材料力学中在一定假设下的直杆拉伸、弯曲和圆轴扭转的应变能公式：

$$U_{拉伸}=\frac{1}{2}\int_0^l\frac{N^2(x)\mathrm{d}x}{EA}=\frac{1}{2}\int_0^l EA\left(\frac{\mathrm{d}u}{\mathrm{d}x}\right)^2\mathrm{d}x$$

$$U_{弯曲}=\frac{1}{2}\int_0^l\frac{M^2(x)\mathrm{d}x}{EI}=\frac{1}{2}\int_0^l EI\left(\frac{\mathrm{d}^2w}{\mathrm{d}x^2}\right)^2\mathrm{d}x$$

$$U_{扭转}=\frac{1}{2}\int_0^l\frac{M_t{}^2}{GI_p}\mathrm{d}x=\frac{1}{2}\int_0^l GI_p\left(\frac{\mathrm{d}\varphi}{\mathrm{d}x}\right)^2\mathrm{d}x$$

9-4　试推导如下应变能的表达式。

(1) 空间应力状态：

$$U=\iiint_V\left[\frac{1}{2}\lambda\theta^2+G(e_x^2+e_y^2+e_z^2)+\frac{G}{2}(\gamma_{xy}^2+\gamma_{yz}^2+\gamma_{zx}^2)\right]\mathrm{d}V$$

即　$$U=\frac{1}{2E}\iiint_V[\sigma_x^2+\sigma_y^2+\sigma_z^2-2\nu(\sigma_x\sigma_y+\sigma_y\sigma_z+\sigma_x\sigma_z)+2(1+\nu)(\tau_{xy}^2+\tau_{yz}^2+\tau_{zx}^2)]\mathrm{d}V$$

(2) 平面应力状态：

$$U=\frac{1}{2E}\iint[(\sigma_x^2+\sigma_y^2)-2\nu\sigma_x\sigma_y+2(1+\nu)\tau_{xy}^2]\mathrm{d}x\mathrm{d}y$$

即　$$U=\iint\left[\frac{E}{2(1-\nu^2)}(\varepsilon_x^2+\varepsilon_y^2+2\nu\varepsilon_x\varepsilon_y)+\frac{E}{4(1+\nu)}\gamma_{xy}^2\right]\mathrm{d}x\mathrm{d}y$$

(3) 平面应变状态：

$$U=\iint\left[\frac{1}{2}\lambda\theta^2+G(\varepsilon_x^2+\varepsilon_y^2)+\frac{G}{2}\gamma_{xy}^2\right]\mathrm{d}x\mathrm{d}y$$

即　$$U=\iint\frac{1}{2E}[(\sigma_x^2+\sigma_y^2)-2\nu\sigma_x\sigma_y-\nu^2(\sigma_x+\sigma_y)^2+2(1+\nu)\tau_{xy}^2]\mathrm{d}x\mathrm{d}y$$

以上结果证明，在平面应力和对应的平面应变($\varepsilon_z=0$)两种情况下，如果两者的应力 σ_x，σ_y，τ_{xy} 相同，则在平面应力情况下单位厚度的应变能较大。

9-5　长短轴半径为 a，b 的椭圆截面杆，其长度为 l，承受扭矩 T 的作用，已知其剪应力分布为 $\tau_{yz}=\frac{2T}{\pi a^3 b}x$，$\tau_{xz}=-\frac{2T}{\pi ab^3}y$。如椭圆方程为 $\frac{x^2}{a^2}+\frac{y^2}{b^2}=1$，试计算受扭杆的应变能。

9-6　试用虚位移原理求如图 9.10 所示梁的挠度曲线，并求出 $a=l/2$ 处的挠度值(忽略剪切变形的影响)。

9-7　试用虚位移原理求如图 9.11 所示梁的挠度曲线，设 $w=-a_1\sin\dfrac{\pi x}{l}$。

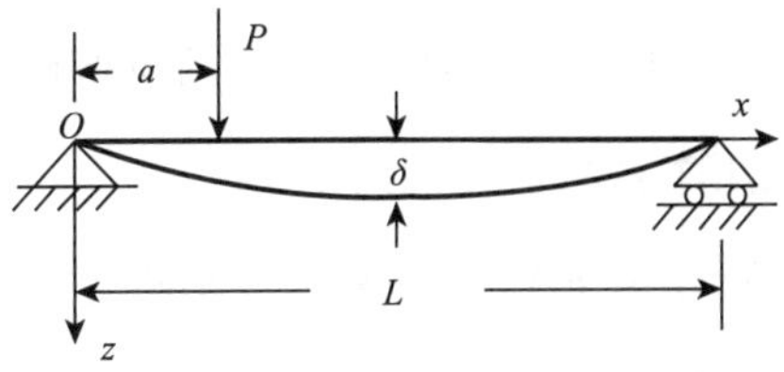

图 9.10　简支梁受力

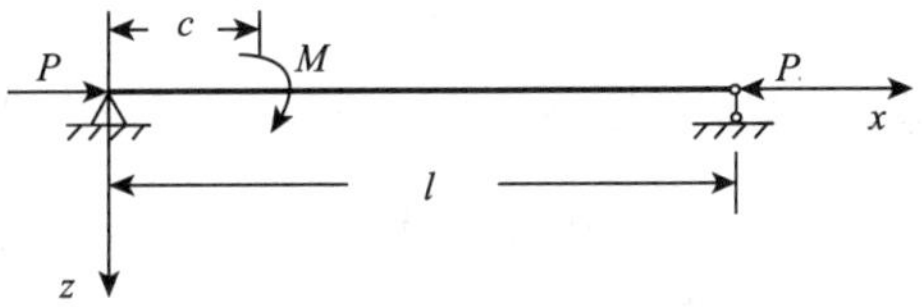

图 9.11　简支梁受力

9-8　试用虚位移原理求如图 9.12 所示梁的固定端的弯矩 M_A。

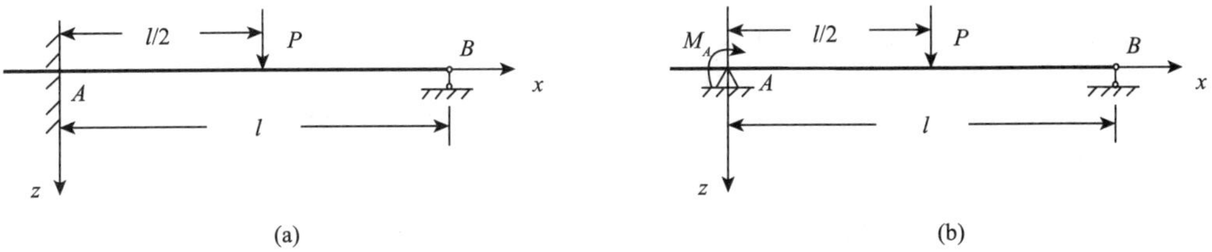

图 9.12　梁的分析

9-9　已知如图 9.13 所示的悬臂梁，自由端作用有集中力 P 和弯矩 M，自由端的挠度和转角为 $w(x)_{x=l}=\delta_l$，$\left.\dfrac{\mathrm{d}w}{\mathrm{d}x}\right|_{x=l}=\theta_l$，抗弯刚度 EI 为常数，设挠度曲线 $w=a_2x^2+a_3x^3$。试用虚位移原理求集中力和弯矩的大小和方向。

9-10　已知一简支梁，跨度为 l，抗弯刚度为常数，承受均匀分布载荷 q 的作用。试用最小势能原理求该梁跨度中点处的挠度近似值。

9-11　已知一两端固定的梁，跨度为 l，抗弯刚度 EI 为常数，中点受集中载荷 P 的作用。试用最小势能原理求该梁跨度中点处的挠度。

9-12　已知如图 9.14 所示的悬臂梁，在自由端承受集中力 P 和弯矩 M 的作用，设跨度为 l，抗弯刚度为 EI。试用最小势能原理求出梁的挠度的微分方程以及边界条件。

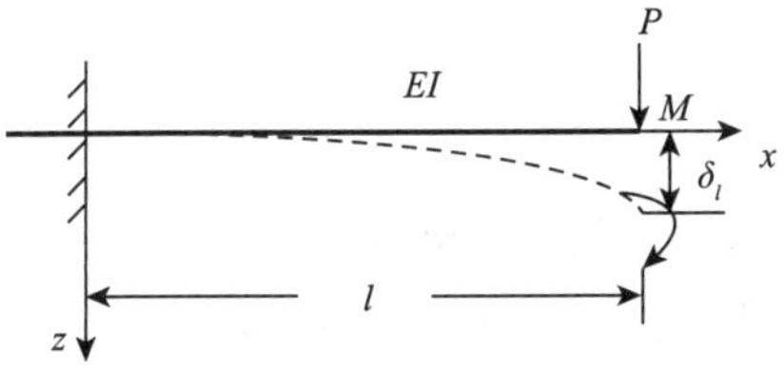

图 9.13　悬臂梁受力

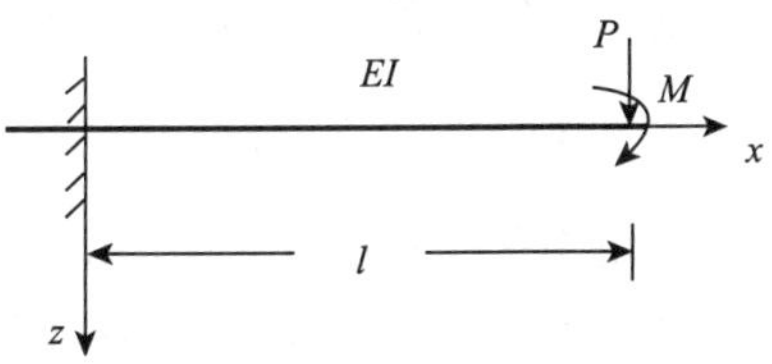

图 9.14　悬臂梁

9-13　已知如图 9.15 所示梁一端固定，一端弹性支承的梁，跨度为 l，抗弯刚度 EI 为常数，弹簧刚度为 k，承受分布载荷 $q(x)$ 的作用。试用最小势能原理求出梁的挠度形式的平衡微分方程及边界条件。

9-14　已知一悬臂梁，跨度为 l，承受均匀分布载荷 q 的作用，梁的抗弯刚度 EI 为常数，梁的左端固定、右端自由，设挠度曲线函数为 $w = a_1\left(1 - \cos\dfrac{\pi x}{2l}\right)$。试用李兹法求最大挠度。

9-15　已知一两端固定的梁跨度为 l，承受均匀分布载荷 q 的作用，梁的抗弯刚度 EI 为常数，设挠度曲线函数为 $w = a_1\left(1 - \cos\dfrac{\pi x}{2l}\right)$。试用李兹法与伽辽金法求最大挠度。

9-16　已知一两端固定的梁，跨度为 l，中点受向下集中载荷 P 作用，梁的抗弯刚度 EI 为常数，设挠度曲线函数为 $w = a_1\left(1 - \cos\dfrac{\pi x}{2l}\right)$。试用李兹法求最大挠度。

9-17　已知如图 9.16 所示的等截面杆，其抗拉刚度为 EA，承受两个大小相等、方向相反的压力 P 的作用。试利用功的互定理求出该杆轴线方向的伸长 Δl。

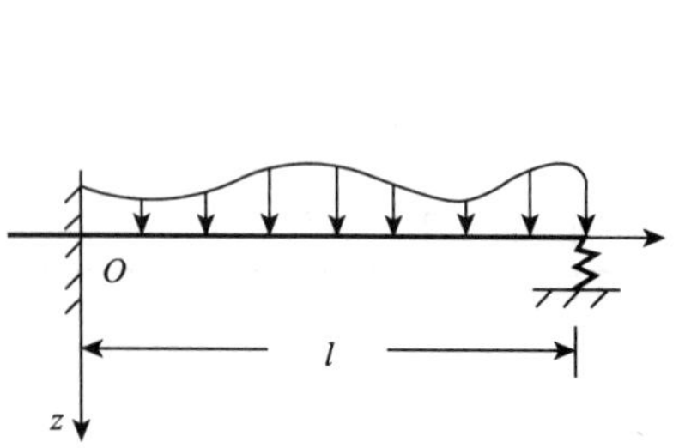

图 9.15　梁的受力

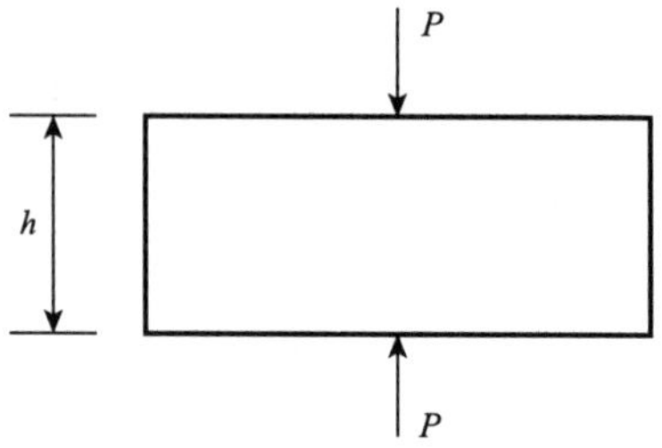

图 9.16　杆的受力

9-18　已知如图 9.17 所示的同一弹性体的两种受力状态。试求：(a) 物体在静水压力 q 作用下的应变分量；(b) 物体在一对等值反向的压力 P 作用下的体积变化 ΔV（已知 $AB = l$）。

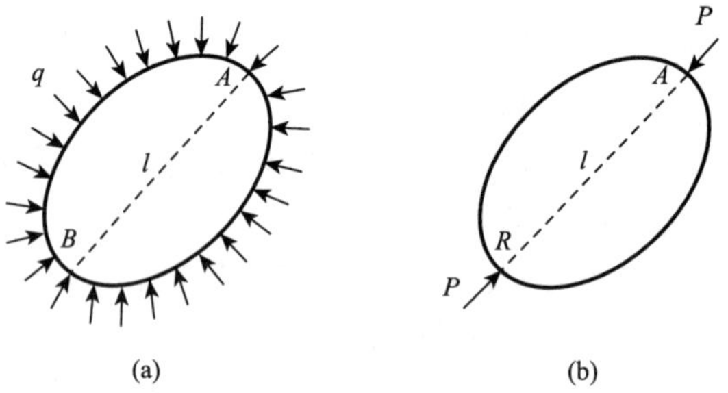

图 9.17　功的互等定理

9-19　已知一矩形截面柱体，其边界为 $x = \pm a$，$y = \pm b$，承受扭矩 T 的作用，设扭转应力函数为 $\phi = A\cos\dfrac{\pi x}{2a}\cos\dfrac{\pi y}{2b}$，试用能量法求扭转刚度。

9-20　试用李兹法求图 9.18 所示柱体截面扭转时的扭转刚度。

9-21　已知如图 9.19 所示的矩形薄板，三边固定，一边承受均匀分布压力 q_0 的作用，设应力函数为 $\phi = -\dfrac{q_0 x^2}{2} + \dfrac{q_0 a^2}{2}\left(A_1\dfrac{x^2 y^2}{a^2 b^2} + A_2\dfrac{y^2}{b^2}\right)$。试用能量法求应力分量，其中 $\nu = 0$。

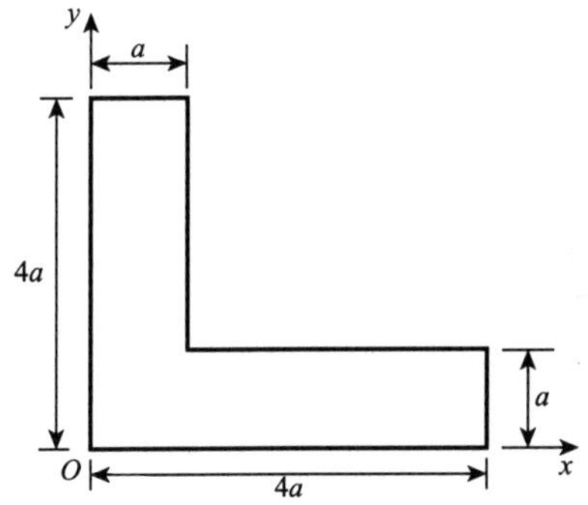

图 9.18　柱体截面

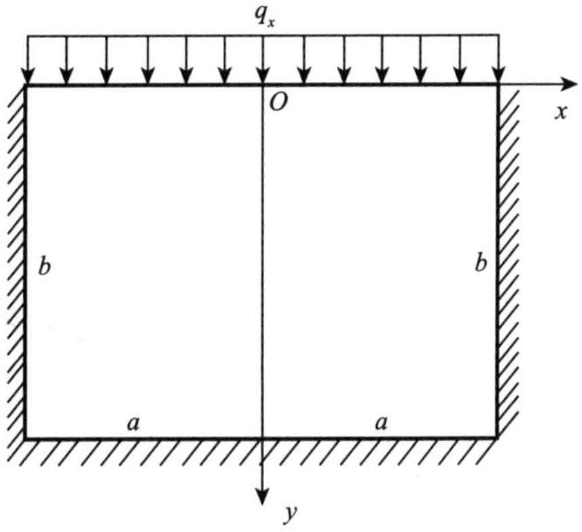

图 9.19　矩形薄板

参考文献

[1] 杜庆华,余寿文,姚振汉.弹性理论[M].北京:科学出版社,1986.

[2] 陆明万,罗学富.弹性理论基础[M].北京:清华大学出版社,1990.

[3] 钱伟长,叶开源.弹性力学[M].北京:科学出版社,1956.

[4] 徐芝纶.弹性力学(上、下)[M].北京:人民教育出版社,1982.

[5] 黄克智,薛明德,陆明万.张量分析[M].北京:清华大学出版社,1986.

[6] 武际可.力学史[M].北京:重庆出版社,2000.

[7] TIMOSHENKO S P, GOODIER J N. Theory of elasticity[M]. New York: McGraw-Hill, 1970.

[8] LOVE A E H. A treatise on the mathematical theorgy of elasticity[M]. New York: Dover, 1944.

[9] 徐秉业,黄炎,刘信声,等.弹性力学与塑性力学解题指导及习题集[M].北京:高等教育出版社,1985.